普通高等学校"十四五"规划土建类专业新形态教材
课程思政建设与一流课程建设示范教材

土木工程材料

主　编　伦云霞　李宗梅　龙娈珍
副主编　徐　方
主　审　王雨利

华中科技大学出版社
中国·武汉

图书在版编目(CIP)数据

土木工程材料/伦云霞,李宗梅,龙娈珍主编. —武汉:华中科技大学出版社,2021.9(2024.1重印)
ISBN 978-7-5680-7368-4

Ⅰ.①土…　Ⅱ.①伦…　②李…　③龙…　Ⅲ.①土木工程-建筑材料-高等学校-教材　Ⅳ.①TU5

中国版本图书馆 CIP 数据核字(2021)第 162987 号

土木工程材料
Tumu Gongcheng Cailiao

伦云霞　李宗梅　龙娈珍　主编

策划编辑:王一洁
责任编辑:陈　骏
责任校对:刘　竣
责任监印:朱　玢
出版发行:华中科技大学出版社(中国·武汉)　　电话:(027)81321913
　　　　　武汉市东湖新技术开发区华工科技园　　邮编:430223
录　　排:华中科技大学惠友文印中心
印　　刷:武汉市洪林印务有限公司
开　　本:889mm×1194mm　1/16
印　　张:17.75
字　　数:461 千字
版　　次:2024 年 1 月第 1 版第 2 次印刷
定　　价:55.00 元

前　言

新时期我国的高等教育要结合中国特色的历史、文化和国情，更好地发挥"四个服务"的功能，把"做人做事的基本道理、社会主义核心价值观的要求、实现民族复兴的理想和责任"融入课程建设的方方面面。"土木工程材料"作为土建学科专业基础课，除了对学生专业基础知识体系的构建产生重要影响，还对"拔节孕穗期"学生的世界观、人生观、价值观的形成具有重要作用。同时，随着我国基础设施建设的飞速发展，土木工程材料相关的技术标准不断更新。为了紧跟时代发展步伐，践行"立德树人"的根本任务，编写了本书。

本书依据《高等学校土木工程本科指导性专业规范》以及现行的国家和行业标准、规范进行编写，系统地介绍了土木工程中使用的主要材料的基本组成、结构、性能和选用，同时介绍了我国古今著名建筑的材料特点。

本书在系统介绍土木工程材料的基本理论与知识的基础上，详细介绍了常用土木工程材料的基本组成、结构、性能和应用。全书分为 13 章，内容包括绪论、土木工程材料的基本性质、建筑钢材、气硬性胶凝材料、水泥、水泥混凝土及砂浆、沥青材料、沥青混合料、木材、墙体材料、新型建筑功能材料、合成高分子材料、前沿专题。另有附录部分，为常用土木工程材料试验。重点章节后附有复习思考题，便于使用者巩固所学知识点。

本书应用性强，可作为高等学校土木类、建筑类及材料科学与工程等专业的教学用书或参考书，也可供土木工程设计人员和施工人员参考，还可为课程建设提供参考。

本书由武汉轻工大学伦云霞、成都锦城学院李宗梅、武昌首义学院龙娈珍担任主编，中国地质大学(武汉)徐方担任副主编，武汉轻工大学刘杰胜、湖北交通职业技术学院朱婧、武汉轻工大学程英伟、中国葛洲坝集团有限公司刘绍舜参与了编写。河南理工大学王雨利教授担任主审。本书各章节编写分工如下：李宗梅编写第 1 章和第 6 章 6.6 节；伦云霞编写第 2 章、第 4 章、第 5 章 5.1.7小节、第 9 章、第 10 章、第 12 章及附录；龙娈珍编写第 6 章 6.1～6.5 节；徐方编写第 5 章 5.1.1～5.1.6小节、第 5 章 5.2～5.3 节；朱婧编写第 3 章；程英伟编写第 7 章、第 8 章；刘杰胜编写第 11 章和第 13 章 13.2 节，刘绍舜编写第 13 章 13.1 节。全书由伦云霞统稿。

本书在编写过程中参考了大量的相关书籍和资料，在此向相关文献的作者们表示衷心的感谢！

由于土木工程材料的技术、工艺和品种不断推陈出新，加上编者水平有限，书中难免存在疏漏和不妥之处，敬请广大读者批评指正。

编　者
2021 年 4 月

教学支持说明

普通高等学校"十四五"规划土建类专业新形态教材系华中科技大学出报社重点规划的系列教材。

为了提高教材的使用效率，满足高校授课教师的教学需求，更好地提供教学支持，本教材配备了相应的教学资料（PPT 电子教案、教学大纲等）和拓展资源（案例库、习题库、试卷库、视频资料等）。

我们将向使用本教材的高校授课教师免费赠送相关教学资源，烦请授课教师通过电话、QQ、邮件或加入土建专家俱乐部 QQ 群等方式与我们联系。

联系方式：

地址：湖北省武汉市东湖新技术开发区华工园六路华中科技大学出版社

邮编：430223

电话：027-81339688 转 782

E-mail：wangyijie027@163.com

土建专家俱乐部 QQ 群：947070327

土建专家俱乐部 QQ 群二维码：

土建专家俱乐部 QQ 群作为资源共享、专业交流、经验分享的平台，欢迎您的加入！

目　　录

1 绪 论

土木工程材料是建筑物的物质基础。土木工程材料课程的学习要围绕各类材料的组成与结构、生产与工艺、性能与应用三大模块进行，才能化繁为简、化难为易。建筑师应将建筑艺术和建筑材料综合考虑；结构工程师应充分了解建筑材料的性能，根据力学计算并确定建筑构件的尺寸，创造出先进的结构形式。

本章的学习重点是了解土木工程材料的分类。

自古以来，我国劳动者在土木工程材料的生产和使用方面都取得了许多巨大成就。从上古时期的"巢"和"穴"两种原始的居住形式开始，人们逐步采用黏土、石、木等材料建造房屋。土坯房、吊脚楼（如图1-1所示）都是利用自然界中容易获得的材料（如土、木材等）建造而成的。始建于西周时期的万里长城，每个朝代的修缮都遵循"因地形，用险制塞"的原则就地取材，有夯土、块石片

图 1-1 吊脚楼

石、砖石混合等结构。建于隋朝的赵州桥，在漫长岁月中，虽然经过无数次洪水冲击、风吹雨打、冰雪风霜的侵蚀，仍安然无恙。赵州桥是一座空腹式的圆弧形石拱桥，是我国现存最早、保存最好的石拱桥。无论在选材、结构受力还是在艺术造型和经济上，赵州桥都达到了很高水平，入选世界纪录协会世界最早的敞肩石拱桥，创造了世界之最。还有世界最大的宫殿——故宫，世界屋脊的明珠——布达拉宫，清代的皇家花园——颐和园，中国第一座皇家陵园——秦始皇陵，江南三大名楼——黄鹤楼、岳阳楼和滕王阁等，都有力地证明了中国人民在材料生产、施工和使用方面的智慧和技巧。

我国的水泥、平板玻璃、建筑卫生陶瓷和石墨、滑石等非金属矿产品产量连续多年稳居世界第一，成为世界土木工程材料生产大国，与土木工程行业一起成为国民经济的重要产业。我国"十四五"规划纲要提出，改造提升传统产业，推动石化、钢铁、有色、建材等原材料产业布局优化和结构调

整,推广绿色建材、装配式建筑和钢结构住宅,建设低碳城市,推动煤炭等化石能源清洁高效利用,推进钢铁、石化、建材等行业绿色化改造。因此,作为重要生产资料和生活资料的土木工程材料,在数量和质量上都面临着更高要求。需积极采用高技术成果,全面推动建材工业的现代化,降低能源和资源消耗,发展功能型土木工程材料,提供绿色化土木工程材料产品,实现"增量扩张"向"提质增效"的转变。土木工程材料与土木工程的设计、结构、经济、施工等一样,是土木工程学科的一部分。正确选择和合理使用土木工程材料,对土木工程的安全、实用、美观、耐久及造价有着重大的意义。深入学习和掌握土木工程材料的特性,最大限度地发挥其效能,进而达到更好的社会效益和经济效益,无疑具有非常重要的意义。

1.1　土木工程材料的分类

土木工程材料是指土木工程中所使用的各种材料及制品的总称,它是一切土木工程的物质基础。由于组成、结构和构造不尽相同,土木工程材料的品种繁多,性能也存在较大差异。为了方便使用,工程中按不同分类原则对土木工程材料进行了分类。

按材料来源,可分为天然材料和人造材料。天然材料有砂、石、土、木材和竹材等,如图 1-2 和图 1-3 所示。人造材料有水泥、混凝土、金属材料、陶瓷、玻璃、塑料、涂料、钢材等,如图 1-4 和图 1-5所示。

图 1-2　天然石材

图 1-3　用木材和黏土建造的房屋

图 1-4　混凝土

图 1-5　建筑钢材

按使用功能,可分为结构材料、围护材料、功能材料。结构材料主要指工程的主体部位如梁、板、柱、基础和其他受力构件所使用的材料,比如建筑钢材、混凝土等。围护材料有承重、非承重围护材料,比如砖、砌块、石膏板等,如图1-6所示。功能材料是具有某些建筑功能的非承重材料,如装饰材料、防水材料、吸声和隔声材料、绝热材料等,如图1-7所示。

图 1-6 砌块

图 1-7 随处可见的功能材料

按使用部位,可分为结构材料、屋面材料、墙体材料和地面材料等。

按组成物质的种类及化学成分,可分为无机材料、有机材料和复合材料三大类,见表1-1。其中复合材料是指由两种或两种以上的有机或无机材料按照一定组成结构所构成的材料。由于克服了单一材料的某些缺点,复合材料能够发挥多种优势,较好地满足土木工程对于材料性能更高的要求。

表 1-1 土木工程材料的分类

无机材料	金属材料	黑色金属	钢、铁、锰、铬及其合金、不锈钢等
		有色金属	铝、铜、锌及其合金
	非金属材料	天然石材	砂、石及其制品
		烧土制品	砖、瓦、陶瓷等
		胶凝材料及其制品	石灰、石膏、水泥、混凝土、硅酸盐制品等
		玻璃及熔融制品	普通平板玻璃、特种玻璃、玻璃棉
		无机纤维材料	玻璃纤维、矿物棉等
有机材料	植物材料		木材、竹材、植物纤维及其制品
	沥青材料		煤沥青、石油沥青及其制品
	合成高分子材料		塑料、涂料、胶黏剂、合成橡胶
复合材料	无机非金属材料与有机材料复合		聚合物混凝土、沥青混凝土、玻璃纤维增强塑料
	金属材料与无机非金属材料复合		钢筋混凝土、钢管混凝土、夹丝玻璃
	金属材料与有机材料复合		有机涂层铝合金板、PVC钢板、金属增强塑料

1.2 土木工程材料的发展方向

土木工程材料是构成建筑物或构筑物实体的材料,其发展与土木工程技术的进步有着不可分割的联系,既相互制约,又相互依赖、相互推动。土木工程材料的性能决定了工程的结构形式和施工工艺;新型土木工程材料的应用也推动了土木工程设计方法和施工工艺的革新。新的土木工程设计方法和施工工艺对土木工程材料的种类、规格和性能也提出了更多更高的要求,推动了土木工程材料在原材料、生产工艺、结构及构造、性能、产品形式、应用等诸多方面的发展和完善。

时代的进步和技术的发展对土木工程材料提出了更高的要求,可持续发展理念已逐渐深入土木工程材料的生产和应用中,研发并推广使用节能、环保、轻质、高强、高性能的绿色土木工程材料势在必行。在原材料方面,最大限度地节约资源,充分利用再生资源、工农业废料和废渣,尽量减少废水、废气、废渣的排放,生产可再生循环、可回收利用、无污染环境的绿色生态产品。在生产工艺方面,采用现代生产技术,改造或淘汰陈旧设备,设备大型化、科技化,生产工业化、规模化、现代化,降低原材料及能源消耗。在材料性能方面,研制轻质、高强、高耐久性的高性能、多功能、复合型、智能化材料。在产品形式方面,材料的使用向着机械化、自动化的方向发展,因此需积极发展预制技术,提高构件化、单元化、商品化的水平。目前,开发研制具有自感知、自调节、自修复的智能型土木工程材料是必然的发展趋势。要用发展的眼光看待问题,社会发展日新月异,要有开放的心态以及终身学习的意识和能力,与时俱进,不断学习新知识、新理论、新方法来完善自己的知识结构,提升自己的综合能力,将所学知识用于自己的专业领域。

1.3　工程技术标准

为了保证土木工程材料及土木工程生产建设质量,作为有关材料研究、生产、设计应用和管理等部门共同遵循的工作依据,由专门机构制定并颁布了相应的技术标准,对其产品规格、分类、质量要求、检验方法、验收规则、包装及标志、运输和贮存注意事项等做出了详尽而明确的规定。

世界各国对土木工程材料的标准化都相当重视,均制定了自己的国家标准。比如:美国材料试验学会标准,代号为 ASTM;日本工业标准,代号为 JIS;德国标准,代号为 DIN;英国标准,代号为 BS;法国标准,代号为 NF 等。另外,还有在世界范围统一使用的 ISO 国际标准。

目前,在我国,技术标准分为四级,分别是国家标准、部标准(或行业标准)、地方标准和企业标准,它们分别由相应的标准化管理部门批准并颁布。国家市场监督管理总局是国家标准化管理的最高机构。国家标准是由国家标准化管理委员会发布的全国性指导技术文件,包括强制性标准(代号 GB)和推荐性标准(代号 GB/T)。强制性标准是全国必须执行的技术指导文件,产品的技术指标必须满足标准规定的要求;推荐性标准在执行时也可采用其他相关标准的规定。此外,与土木工程材料有关的国家标准,还有工程建设国家标准(代号 GBJ)和中国工程建设标准化协会标准(代号 CECS)。部标准(行业标准)也是全国性指导技术文件,是为了规范本行业产品质量而制定的技术标准,由各行业生产主管部门(或总局)发布,其代号按部名而定,如建工行业标准(代号 JG)、建材行业标准(代号 JC)、冶金行业标准(代号 YB)、交通行业标准(代号 JT)、石油行业标准(代号 SY)等。地方标准是地方主管部门发布的地方性指导技术文件,在本地区使用,所制定的技术要求应高于国家标准,代号 DB。企业标准是由企业制定发布的指导本企业生产的技术文件,仅适用于本企业,代号 QB。凡没有制定国家标准、部标准的产品,均应制定企业标准。企业标准所制定的技术要求应高于类似或相关产品的国家标准。

标准的一般表示方法由标准名称、部门代号、标准编号和颁布年份等组成。例如 1999 年制定的国家推荐性 17671 号水泥胶砂强度检验方法(ISO 法)的标准为《水泥胶砂强度检验方法(ISO 法)》(GB/T 17671—1999);又如 2011 年由中国建筑科学研究院等起草、由住房和城乡建设部颁布的部标准《普通混凝土配合比设计规程》(JGJ 55—2011),如图 1-8 所示。目前,土木工程材料标准大致包括材料质量要求和检验检测两个大方面。在学习和工作中要熟读标准,养成严格遵守国家、行业或地方各种标准规范的习惯,按照规范做事,增强遵纪守法意识。

　　土木工程材料作为土木工程类专业的基础课,通过课堂教学,结合现行的技术标准,以土木工程材料的性能与应用为中心,进行系统讲述。要在熟悉常用土木工程材料的组成、结构、质量要求及检验方法基础上,掌握材料的性能与应用。在学习过程中,要注意了解事物的本质和内在联系。同时,还将安排必要的实验课,验证基本理论,学习试验方法,培养科学研究能力和严谨的科学态度。通过实验课,掌握常用土木工程材料试验检测的基本技能,具备一定的材料测试和质量评定能力。

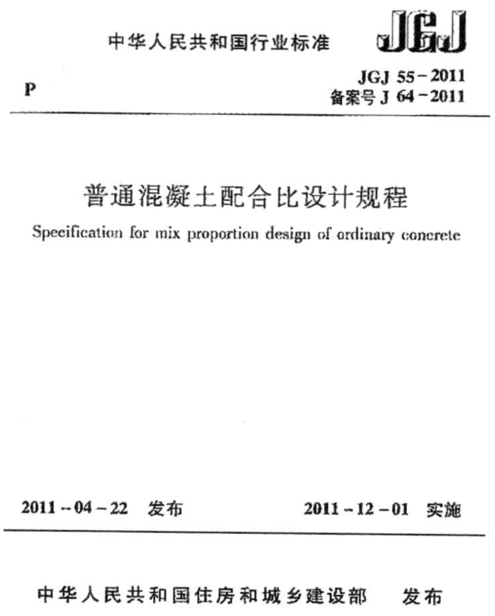

中华人民共和国行业标准　**JGJ**

P

JGJ 55－2011
备案号 J 64－2011

普通混凝土配合比设计规程

Specification for mix proportion design of ordinary concrete

2011－04－22　发布　　　　2011－12－01　实施

中华人民共和国住房和城乡建设部　　发布

图 1-8　《普通混凝土配合比设计规程》封面

复习思考题

一、填空题

1.国家标准是由国家标准局发布的全国性指导技术文件,包括强制性标准(代号为_____)和推荐性标准(代号为_____)。

2.目前,我国常用的标准主要有国家级、_____、_____和_____四类,它们分别由相应的标准化管理部门批准并颁布。

3.按组成物质的种类及化学成分,土木工程材料可分为_____、_____和_____三大类。

4.土木工程材料的技术标准一般表示方法由_____、_____、_____和_____四部分组成。

二、选择题

1.土木工程材料按来源分为(　　　)。

A.无机材料　　　　B.天然材料　　　　C.有机材料　　　　D.人造材料

2.下列属于有机材料的是(　　　)。

A.木材　　　　　　B.砌块　　　　　　C.石灰　　　　　　D.石膏

E.水泥　　　　　　F.沥青　　　　　　G.钢筋

3.目前,(　　　)是最主要的建筑材料。

A.钢筋混凝土及预应力钢筋混凝土　　　B.建筑塑料

C.铝合金材料　　　　　　　　　　　　D.建筑陶瓷

4.下列属于无机材料的是(　　　)。

A.沥青材料　　　　B.植物材料　　　　C.黑色金属　　　　D.合成高分子材料

2 土木工程材料的基本性质

　　使用适宜的土木工程材料是保证建筑物和构筑物质量的关键。工程师应充分熟悉和掌握材料的性质和特点,并在工程设计和施工中正确地使用。

　　本章的学习目的是熟悉和掌握材料的三大基本性质的概念、表示方法,学习重点是掌握材料的基本物理性质、与水有关的性质的概念及表示方法,并能较熟练地运用;掌握材料力学性质和耐久性的基本概念。

央视大楼的
材料使用

　　土木工程的建筑物和构筑物由多种材料构成。土木工程材料随着功能或使用部位的不同而承受不同的物理力学作用或化学作用,这就要求材料必须具备相应的性质。土木工程材料的基本性质材料是处于不同的使用条件和使用环境时通常必须具备的性质。它主要包括材料的物理性质、力学性质和耐久性。

2.1 材料的物理性质

2.1.1 基本物理性质

1. 材料的孔隙和体积

(1)孔隙。

大多数土木工程材料由于多余水分的蒸发、发泡剂的作用或焙烧作用,在宏观或细观结构层次上含有一定数量和大小的孔隙。

孔隙按其形态特征可分为三种。①连通孔隙或开口孔隙:孔隙之间互相连通且与外界相通。②封闭孔隙或闭口孔隙:孔隙是孤立的,彼此不连通,孔壁致密。③半封闭孔隙:孔隙是孤立的,但孔壁粗糙,有一定的透水性和透气性。本章只考虑开口孔隙和闭口孔隙。

（2）体积。

材料的体积是指材料占据的空间大小。含孔材料的体积构成如图 2-1 所示。

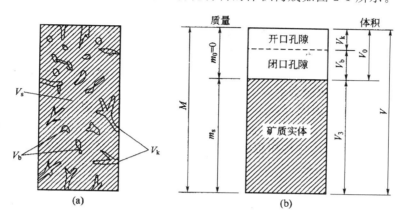

图 2-1 含孔材料体积构成

根据材料所处物理状态的不同,体积分为以下三种。

①绝对密实体积（V）:材料内部没有孔隙时的体积或不包括内部孔隙的材料体积称为材料的绝对密实体积。除个别材料如玻璃、钢铁、沥青等,在自然状态下能直接测定其绝对密实体积外,大多数材料在自然状态下含有孔隙,不能直接测定绝对密实体积。测量含孔材料的绝对密实体积的方法是先将材料粉碎磨细成粉状,消除材料内部孔隙,再用李氏瓶法测定粉末体积。测定结果的准确性与粉末的粗细有关,材料粉磨得越细,测定结果越准确。

②表观体积（V_0 或 V'）:含孔材料在自然状态下的体积称为表观体积。表观体积包括矿质实体的体积和孔隙体积,而孔隙体积指的是开口孔隙和闭口孔隙体积之和。

规则外形材料的表观体积可通过测量其外形尺寸,用几何公式计算得到,不规则外形材料的表观体积可用排水法测得。为了防止测定体积时开口孔隙进水和水分的渗入,测定时,材料颗粒表面应涂蜡。

③堆积体积（V_0'）:散粒状材料（砂、石、水泥等）在堆积状态下总体外观体积称为堆积体积。堆积体积是矿质实体体积和颗粒之间的空隙体积之和。同一种材料在松散堆积下的体积较大,在密实堆积状态下的体积较小。材料的堆积体积,常以材料填充容器的容积大小来测量。

2. 材料的密度、表观密度和堆积密度

（1）密度。

密度是指材料在绝对密实状态下单位体积的质量。计算式为

$$\rho = \frac{m}{V} \tag{2.1}$$

式中:ρ 为密度（g/cm³）;m 为材料在干燥状态下的质量（g）;V 为材料的绝对密实体积（cm³）。

因材料质量的称量是在空气中进行的,所以矿质实体的质量就是材料的质量。材料密度仅由材料的组成和材料的结构决定,与材料所处的环境、材料干湿和孔隙无关,故密度是材料的特征指标。

（2）表观密度。

表观密度是指材料在自然状态下单位体积的质量，计算式为

$$\rho_0 = \frac{m}{V_0} \qquad (2.2)$$

式中：ρ_0 为表观密度（g/cm³ 或 kg/m³）；m 为材料的质量（g 或 kg）；V_0 为材料的表观体积，即材料在自然状态下的体积（cm³ 或 m³）。

对于含孔材料的表观密度，根据表观体积计算的不同分为两种：第一种是当考虑开口孔隙和闭口孔隙体积时计算得到的表观密度，也称为体积密度；第二种是忽略开口孔隙体积时，计算得到的表观密度，也称为视密度，如砂、石等。对于密实材料，由于开口孔隙和闭口孔隙的体积都很小，所以，在精度要求不高的情况下，材料的表观密度，特别是干表观密度值可代替密度值，如水泥、粉煤灰、磨细生石灰粉等。

（3）堆积密度。

堆积密度是指散粒状材料（砂、石、水泥等）在自然堆积状态或规定填装条件下，单位体积的质量，计算式为

$$\rho'_0 = \frac{m}{V_0'} \qquad (2.3)$$

式中：ρ'_0 为堆积密度（kg/m³）；m 为材料的质量（kg）；V_0' 为材料的堆积体积（m³）。

堆积密度的大小与材料装填于容器中的条件或堆积状态有关。以自然堆积体积计算的密度为松堆密度，以捣实体积计算的则为紧堆密度。工程上通常所说的堆积密度是指松堆密度。

对于同一种材料，由于材料内部存在空隙和孔隙，故一般密度大于表观密度，表观密度大于堆积密度。

在土木工程施工中常用密度、表观密度和堆积密度的数据计算材料的用量、构件自重以及确定运输量等。常用土木工程材料的三种密度数据见表 2-1。

表 2-1　常用土木工程材料的密度、表观密度及堆积密度

材料名称	密度/(g/cm³)	表观密度/(kg/m³)	堆积密度/(kg/m³)
钢材	7.85	7800～7850	—
水泥	2.8～3.2	—	1200～1300
碎石（石灰岩）	2.6～2.8	2300～2800	1400～1700
砂	2.5～2.8	—	1450～1650
粉煤灰（气干）	1.95～2.40	—	550～800
普通混凝土	—	2400～2500	—
烧结普通砖	2.5～2.7	2000～2800	—
红松木	1.55～1.60	400～600	—
石油沥青	0.96～1.04	—	—

3. 材料的密实度和孔隙率

块状材料由矿质实体和孔隙构成，孔隙按形态特征可分为开口孔隙和闭口孔隙。各部分所占比例的高低直接影响着材料的强度、抗渗性、吸水性及抗冻性等多种性质。

（1）密实度。

密实度是指块状材料的表观体积内被矿质实体充实的程度。计算公式为

$$D = \frac{V}{V_0} \times 100\% \quad 或 \quad D = \frac{\rho_0}{\rho} \times 100\% \tag{2.4}$$

（2）孔隙率。

孔隙率是指块状材料中孔隙的体积与材料的表观体积之比。计算公式为

$$P = \frac{V_0 - V}{V_0} \times 100\% = (1 - \frac{V}{V_0}) \times 100\% = (1 - \frac{\rho_0}{\rho}) \times 100\% \tag{2.5}$$

孔隙率的大小表明材料孔隙的多少，它对材料的影响恰好与密实度相反，两者关系为

$$P + D = 1$$

孔隙率可分为开口孔隙率和闭口孔隙率。

开口孔隙率是指材料被水充满的孔隙体积与材料的表观体积之比。计算公式为

$$P_K = \frac{m_s - m}{V_0} \cdot \frac{1}{\rho_w} \times 100\% \tag{2.6}$$

式中：P_K 为开口孔隙率；m_s 为水饱和状态下材料的质量（g）；ρ_w 为水的密度，常温下取 $1g/cm^3$；其他符号意义同前。

闭口孔隙率为总孔隙率与开口孔隙率之差，即

$$P_B = P - P_K$$

材料孔隙率的大小和孔隙特征直接影响材料的多种性质。对于同种材料，孔隙率相同时，其性质不一定相同。

4. 材料的填充率与空隙率

散粒状材料由矿质实体、孔隙及颗粒间空隙构成，各部分所占比例的高低影响着材料配比和级配。

（1）填充率。

填充率是指散粒状材料在堆积体积中，颗粒体积与堆积体积之比的百分率。计算公式为

$$D' = \frac{V_0}{V'_0} \times 100\% \quad 或 \quad D' = \frac{\rho'_0}{\rho_0} \times 100\% \tag{2.7}$$

（2）空隙率。

空隙率是指散粒状材料在堆积体积中，颗粒间空隙体积与堆积体积之比的百分率。计算公式为

$$P' = \frac{V'_0 - V_0}{V'_0} \times 100\% = (1 - \frac{V_0}{V'_0}) \times 100\% = (1 - \frac{\rho'_0}{\rho_0}) \times 100\% \tag{2.8}$$

空隙率的大小反映散粒状材料的颗粒之间互相填充的程度，如在配制混凝土和砂浆时，为了节约水泥，基本思路是粗集料空隙被细集料填充，细集料空隙被粉填充，粉空隙被胶凝材料填充，以达到节约胶凝材料的目的。

2.1.2 材料与水有关的性质

1. 材料的亲水性与憎水性

当固体材料在空气中与水接触时，由于水分与材料表面之间的相互作用的不同，表现出不同的润湿情况，据此可将材料分为亲水性材料和憎水性材料，见图 2-2。

材料的亲水性和憎水性可按润湿边角的大小划分。当材料与水接触时，在材料、水和空气的交

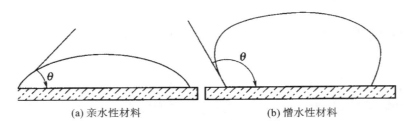

(a) 亲水性材料　　　　　　　　　　(b) 憎水性材料

图 2-2　材料浸润示意图

点处,沿水滴表面作切线,此切线与水和材料接触面所成的夹角 θ 称为润湿边角。润湿边角越小,材料越容易润湿。当润湿边角 $\theta = 0$ 时,说明该材料完全被水润湿。当润湿边角 $\theta \leqslant 90°$ 时,水分子之间的黏聚力小于水分子与材料之间的相互吸引力,此种材料称为亲水性材料。当润湿边角 $\theta > 90°$ 时,水分子间的黏聚力大于水分子与材料之间的相互吸引力,此种材料称为憎水性材料。如图 2-3 所示。上述概念也适用于其他液体对材料的润湿情况,相应称为亲液材料或憎液材料。

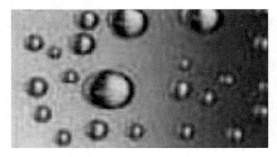
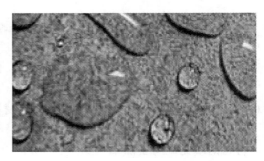

(a) 亲水性材料（$\theta \leqslant 90°$）　　　　　　　(b) 憎水性材料（$\theta > 90°$）

图 2-3　亲水性材料与憎水性材料

土木工程中的多数材料为亲水性材料,如粗细集料、普通砂浆、砖和混凝土等,水能在其表面铺展开,且能通过毛细管作用自动吸入材料内部;多数高分子有机材料为憎水性材料,如塑料、沥青和石蜡等,水不能在其表面铺展,且难以渗入材料的毛细管中。

2. 材料的吸水性

材料浸入水中时,吸收水分的能力称为吸水性。通常用吸水率表示材料吸水能力的大小。吸水率可分为质量吸水率和体积吸水率。

(1)质量吸水率。

质量吸水率是材料吸水饱和状态下,所吸水的质量占材料干质量的百分率,质量吸水率 W_m 的计算式为

$$W_m = \frac{m_S - m}{m} \times 100\% \tag{2.9}$$

式中:W_m 为质量吸水率(%);m_s 为材料吸水饱和状态下的质量(g 或 kg);m 为材料在干燥状态下的质量(g 或 kg)。

(2)体积吸水率。

体积吸水率是材料在吸水饱和状态下,所吸收的水的体积占材料干燥时表观体积的百分率,体积吸水率 W_v 的计算式为

$$W_v = \frac{m_S - m}{V_0} \cdot \frac{1}{\rho_w} \times 100\% \tag{2.10}$$

式中:W_v 为体积吸水率(%);m_s 为材料吸水饱和状态下的质量(g 或 kg);m 为材料在干燥状态下的质量(g 或 kg);V_0 为材料在干燥状态下的表观体积(cm³ 或 m³);ρ_w 为水的密度,常温一般取 1.0 g/cm³ 或 1000 kg/m³。

材料的质量吸水率与体积吸水率之间的关系式为

$$W_v = W_m \cdot \rho_0 \tag{2.11}$$

式中:ρ_0 为材料在干燥状态下的表观密度(g/cm³)。

海绵和珍珠岩的吸水性可用体积吸水率表示。一般如未加说明,吸水率均指质量吸水率。

材料的吸水率不仅与材料的亲水性或憎水性有关,还与孔隙率的大小和孔隙形态有关。水分一般由开口孔隙吸入,在经过与之相连通的孔隙进入材料内部。一般在孔隙形态相近时,孔隙率越大,吸水率也越大。不同形态的孔隙也影响材料的吸水率,一般水分不易进入闭口孔隙,而粗大开口孔隙也不易吸满水分;当材料具有较多微小开口且连通孔隙(毛细孔)时,吸水率比较大。材料表面不同形态孔隙如图 2-4 所示。

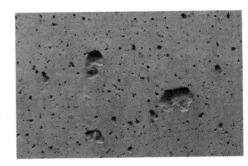

图 2-4 材料表面不同形态孔隙

不同材料由于孔隙率和孔隙形态的差异,吸水率相差很大,如花岗岩等致密岩石的吸水率为 0.02%～0.7%,普通混凝土为 2%～4%,烧结普通砖为 8%～20%,而多孔材料的吸水率常大于 100%。

材料吸水会对材料的许多性质产生不利影响,如吸水率增大会使材料的体积膨胀,表观密度和导热性增大,强度和抗冻性下降。

3. 材料的吸湿性

材料在潮湿空气中吸收水分的性质称为吸湿性。材料的吸湿性用含水率表示。含水率是指材料所含水的质量与材料干质量比值的百分率,计算公式为

$$W_h = \frac{m_m - m}{m} \times 100\% \tag{2.12}$$

式中:W_h 为含水率(%);m_m 为材料在潮湿状态下的质量(g 或 kg);m 为材料在干燥状态下的质量(g 或 kg)。

材料含水率的大小不仅与材料的孔隙有关,还受所处环境中空气湿度的影响。材料的吸湿作用是可逆的,当较干燥的材料处于较潮湿的空气中时,可吸收空气中的水分;而当较潮湿的材料处于较干燥的空气中时,会向空气中放出水分。当材料与空气湿度达到平衡时的含水率称为材料的平衡含水率。吸湿对材料的性能会带来不利影响,如增加自身质量,降低强度和耐久性等。

【例题 2.1】 已知某块状材料的孔隙率为 24%,在自然状态下的体积为 40 cm³,质量为 87 g,吸水饱和后的质量为 89 g,烘干后的质量为 80 g。求该材料的密度、干体积密度、干视密度、开口孔隙率、闭口孔隙率及含水率。

解:该材料的密度为

$$\rho = \frac{m}{V} = \frac{80}{40 \times (1 - 24\%)} \approx 2.63 (\text{g/cm}^3)$$

开口孔隙率为

$$P_{\mathrm{K}} = \frac{m_{\mathrm{s}} - m}{V_0} \cdot \frac{1}{\rho_{\mathrm{w}}} \times 100\% = \frac{89 - 80}{40} \times \frac{1}{1.0} \times 100\% = 22.5\%$$

闭口孔隙率为

$$P_{\mathrm{B}} = P - P_{\mathrm{K}} = 24\% - 22.5\% = 1.5\%$$

干体积密度为

$$\rho_0 = \frac{m}{V_0} = \frac{80}{40} = 2(\mathrm{g/cm^3})$$

干视密度为

$$\rho_0 = \frac{m}{V_0} = \frac{80}{40 \times (1 - 22.5\%)} \approx 2.58(\mathrm{g/cm^3})$$

含水率为

$$W_{\mathrm{h}} = \frac{m_{\mathrm{m}} - m}{m} \times 100\% = \frac{87 - 80}{80} \times 100\% \approx 8.8\%$$

4. 材料的耐水性

材料的耐水性是指材料长期在水的作用下既不被破坏,强度又不显著降低的性质。常用软化系数 K_{R} 作为衡量指标,计算公式为

$$K_{\mathrm{R}} = \frac{f_{\mathrm{b}}}{f_{\mathrm{g}}} \tag{2.13}$$

式中:K_{R} 为材料的软化系数;f_{b} 为材料在吸水饱和状态下的抗压强度(MPa);f_{g} 为材料在干燥状态的抗压强度(MPa)。

软化系数反映材料饱水后强度降低的程度。一般材料遇水后,由于水分子在材料表面的定向吸附,会削弱内部质点的结合力,导致强度有不同程度的降低。所以,材料软化系数在 $0 \sim 1$ 之间。如花岗岩长期浸泡在水中,强度将下降 3%,黏土砖和木材吸水后强度降低程度更大。

软化系数的大小是选择耐水材料的重要依据。软化系数小的材料耐水性差,使用环境受限制。通常称软化系数大于 0.85 的材料为耐水性材料,其可用于长期受水浸泡或处于潮湿环境的建筑物。一般材料用于轻微受潮或次要工程部位时,软化系数不宜小于 0.75。

5. 材料的抗渗性

材料的抗渗性是指材料抵抗压力水渗透的性质。材料的抗渗性通常用渗透系数或抗渗等级来表示。

(1)渗透系数。

根据达西定律,水在一定时间 t 内,通过多孔材料的水量 Q 与试件断面面积 A 及材料两侧的水头差 H 成正比,与试件厚度 d 成反比。所以渗透系数 K 的计算公式为

$$K = \frac{Qd}{AtH} \tag{2.14}$$

式中:K 为渗透系数(cm/h);Q 为透水量($\mathrm{cm^3}$);d 为试件厚度(cm);A 为透水面积($\mathrm{cm^2}$);t 为时间(h);H 为静水压力水头(cm)。

渗透系数越小,表示材料渗透的水量越少,材料抗渗性也越好。土木工程中材料的防水能力常以渗透系数表示。

(2)抗渗等级。

土木工程中,为直接反映材料适应环境的能力,对一些常用材料(如水泥混凝土和砂浆)的抗渗

能力常用抗渗等级表示,用符号 Pn 表示,其中 n 为在标准实验条件下,规定的试件所能承受的最大水压力的 10 倍。如某种材料能承受 0.4 MPa、0.6 MPa、0.8 MPa、1.0 MPa 的水压力而不渗水,则分别用 P4、P6、P8、P10 来表示其抗渗等级。抗渗等级愈高,材料的抗渗性越好。

材料抗渗性与其亲水性、孔隙率、孔隙特征及裂缝有密切关系。开口孔隙和连通孔是水分进入材料的重要通道。抗渗性是影响材料耐久性的重要因素,一般屋面材料、地面材料及地下建筑材料等要求具有较高的抗渗性。

6. 材料的抗冻性

材料的抗冻性是指浸水饱和的材料,经受多次冻融循环作用后不被破坏,强度也不严重降低的性质。

材料的抗冻性用抗冻等级表示,用符号 Fn 表示,其中 n 为最大冻融循环次数。最大冻融循环次数指的是材料在吸水饱和状态(最不利状态)下,经一定次数的冻融循环作用,强度损失和质量损失均不超过规定值且无明显损坏和剥落时,所能抵抗的最多冻融循环次数。

材料抗冻等级的选择主要根据结构物的种类、使用条件和气候条件等确定。如陶瓷面砖、轻混凝土等墙体材料一般要求抗冻等级为 F15 或 F25;用于桥梁和道路的混凝土材料应为 F50、F100 或 F200,而水工混凝土要求高达 F500。

抗冻性良好的材料,具有较强的抵抗温度变化、干湿交替的能力,所以抗冻性常作为考查材料耐久性的一个指标。寒冷地区和寒冷环境的建筑物必须选择抗冻性材料;处于温暖地区的建筑物,虽不受冻害作用,但为抵抗大气的风化作用,确保建筑物的耐久性,对材料也常有一定的抗冻性要求。

2.1.3 材料的热工性质

为了降低建筑物的使用能耗,常要求土木工程材料具有一定的热工性质。常考虑的热工性质包括导热性、热容性以及温度变形性。

1. 导热性

导热性是指当材料两侧有温差时,材料将热量从温度高的一侧传递到温度低的一侧的能力。材料导热能力的大小常用导热系数 λ 衡量。它在数值上等于在稳定传热条件下,单位厚度(1 m)的材料,当两侧表面的温差为 1 K(或 1 ℃)时,在单位时间(1 h)内,通过单位面积(1 m^2)所传递的热量,表示为

$$\lambda = \frac{Qa}{(t_1 - t_2)AZ} \tag{2.15}$$

式中:λ 为导热系数(W/(m·K));Q 为传导的热量(J);a 为材料的厚度(m);A 为材料的传热面积(m^2);Z 为传热时间(h);$t_1 - t_2$ 为材料两侧的温度差(K)。

材料的导热系数越小,绝热性越好。各种土木工程材料的导热系数差别很大,通常将导热系数小于 0.23W/(m·K)的材料称为绝热材料。一般非金属材料的绝热性优于金属材料。

材料的导热性与其孔隙率大小、孔隙特征、温度、含水率等有关,与材料的表观密度有较好的相关性,如表观密度小、孔隙率大,尤其是闭口孔隙率大的材料,导热系数小。因为水的导热系数大,干燥空气的导热系数小,所以,材料吸湿受潮后导热系数增大。

2. 热容量

热容量是指材料受热时吸收热量或冷却时放出热量的能力。热容量的大小用比热容表示,其物理意义是指 1 kg 材料在温度改变 1 K 时所吸收或放出的热量。计算公式为

$$C = \frac{Q}{(t_1 - t_2)m} \tag{2.16}$$

式中：C 为材料的比热容[kJ/(kg·K)]；Q 为材料的热容量(kJ)；m 为材料的质量(kg)；$t_1 - t_2$ 为材料受热或冷却前后的温度差。

材料的导热系数和比热容是建筑物围护结构热工计算时的重要参数，设计时应选择导热系数较小而比热容较大的材料。比热容对保持室内温度的稳定有很大作用，比热容大的材料(如木材，木纤维材料等)能在热量变动或采暖供热不均匀时，缓和室内温度的波动。

3. 材料的温度变形性

材料的温度变形性是指当温度升高或降低时的材料体积变化。大多数材料在温度升高时，体积膨胀，温度降低时，体积收缩。这种变化表现在单向尺寸时，为线膨胀或线收缩，相应的技术指标为线膨胀系数。材料的单向线膨胀量或线收缩量的计算公式为

$$\Delta L = (t_1 - t_2) \cdot \alpha \cdot L \tag{2.17}$$

式中：ΔL 为线膨胀量或线收缩量；$t_1 - t_2$ 为材料升(降)温前后的温度差(K)；α 为材料在常温下的平均线膨胀系数(1/K)；L 为材料原来的长度(mm)。

几种常见土木工程材料的热工参数见表 2-2。

表 2-2　几种常见土木工程材料的热工参数

材 料 名 称	导热系数/[W/(m·K)]	比热容/[kJ/(kg·K)]	线膨胀系数/(10^{-6}/K)
钢	55	0.46	10～20
普通混凝土	1.28～1.51	0.48～1.0	5.8～15
沥青混凝土	1.05	—	(负温下)20
花岗石	2.9～3.1	0.72～0.80	5.5～8.5
大理石	3.4	0.88	4.41
泡沫塑料	0.03	1.30	—
静止空气	0.025	1.00	—
水	0.60	4.19	—

2.2　材料的力学性质

材料的力学性质是指材料在外力作用下的变形性质和抵抗外力破坏的能力，主要表现为材料在外力作用下的强度和变形。

2.2.1　材料的强度

1. 强度

材料抵抗外力(荷载)破坏的能力称为强度。通常情况下，材料内部的应力多由外力(或荷载)作用而引起，随着外力增加，应力也增大，直至应力超过材料内部质点所能抵抗的极限(即强度极限)，材料发生破坏。这个强度极限就代表材料的强度，也称极限强度。

在工程上，通常采用破坏试验法对材料的强度进行实测，将预先制作的试件放置在材料试验机上，施加外力(荷载)直至破坏，根据试件尺寸和破坏时的荷载值计算材料的强度。

根据外力作用方式不同，材料的强度可分为抗拉强度(见图 2-5(a))，抗压强度(见图 2-5(b))，

抗剪强度(见图 2-5(c))和抗弯(抗折)强度(见图 2-5(d))等。

材料的抗拉、抗压、抗剪强度的计算式为

$$f = \frac{F_{\max}}{A} \tag{2.18}$$

材料受力
分析

式中:f 为材料的极限抗压(抗压或抗剪)强度(MPa);$F_{\max}$ 为材料能承受的最大荷载(N);A 为材料的受力面积(mm^2)。

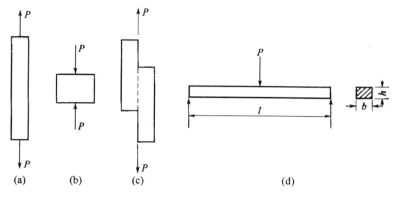

(a)　　(b)　　(c)　　　　　　(d)

图 2-5　材料受力示意图

材料抗弯试验有不同的加载方法,抗弯强度计算公式也不相同。一般将条形试件放在两支点上,中间作用一集中荷载,对矩形截面试件,抗弯强度计算公式为

$$f_{\mathrm{w}} = \frac{3F_{\max}L}{2bh^2} \tag{2.19}$$

式中:f_{w} 为材料抗弯(抗折)强度(MPa);$F_{\max}$ 为材料破坏时的最大荷载(N);L 为两支点间距(mm);b,h 为试件截面的宽度和高度(mm)。

材料的强度与其组成和结构等内在影响有密切的关系。不同种类的材料具有不同的抵抗外力能力。相同种类的材料,其孔隙率及孔隙特征不同,材料的强度也有较大的差异。材料的孔隙率越低,强度越高。石材、砖、混凝土和铸铁等脆性材料都具有较高的抗压强度,而其抗拉及抗弯强度很低。木材的强度具有方向性,顺纹方向强度与横纹方向强度不同,顺纹抗拉强度大于横纹抗拉强度。钢材的抗拉、抗压强度都很高。

材料的强度主要决定于内因,但外界因素对材料强度试验结果也有很大影响,如环境湿度,试件的含水率、形状、尺寸、表面状况及加荷时的速度等。可见,强度试验提供的是带有一定条件性的指标,为了获得具有可比性的强度值,必须严格按相关标准规定实验方法测试材料强度。常用土木工程材料的强度见表 2-3。

表 2-3　常用土木工程材料的强度

材　　　料	抗压强度/MPa	抗拉强度/MPa	抗弯强度/MPa
建筑钢材	240～1500	240～1500	—
普通混凝土	10～60	1～4	0.7～9
烧结普通砖	10～30	—	2.6～5.0
松木(顺纹)	30～50	80～120	60～100
花岗岩	100～300	5～8	10～14

对于以力学性质为主要性能指标的材料,常根据其强度的大小将材料划分为若干不同的等级,便于实际中合理选用,正确进行设计和控制工程质量。

2. 比强度

为了对不同材料的强度进行比较,提出了比强度这项指标。比强度是按单位体积质量计算的材料强度指标,其值等于材料的强度与其表观密度的比值。比强度是衡量材料轻质高强性能的一个指标,比强度值越大,材料轻质高强性能越好。

2.2.2 材料的弹性与塑性

1. 弹性变形

材料在外力作用下产生变形,当外力取消后,能完全恢复原来形状的性质称为弹性,由此产生的变形称为弹性变形,弹性变形属于可逆变形,弹性材料受力的变形曲线如图 2-6 所示。

材料在弹性范围内,弹性变形大小与其外力的大小成正比,这个比值称为弹性模量,其计算式为

$$E = \frac{\sigma}{\varepsilon} \tag{2.20}$$

式中:E 为材料的弹性模量(MPa);σ 为材料的应力(MPa);ε 为材料的应变。

弹性模量是反映材料抵抗变形能力大小的指标,弹性模量值愈大,外力作用下材料的变形愈小,材料的刚度也愈强。

2. 塑性变形

材料在外力作用下产生变形,当外力取消后,仍保持变形后的形状和尺寸,且不产生裂缝或发生断裂的性质称为塑性,这种不可恢复的永久变形称为塑性变形,塑性材料受力的变形曲线如图 2-7所示。

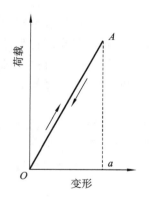

图 2-6　弹性材料的变形曲线

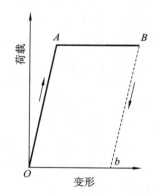

图 2-7　塑性材料的变形曲线

有些材料在外力不大时表现为弹性,当应力超过一定限值时表现为塑性,因此称为弹塑性材料,如建筑钢材。有些材料在外力作用下,弹性变形和塑性变形同时发生,如混凝土。

2.2.3 材料的脆性和韧性

外力作用下,材料未产生明显的变形而发生突然破坏的性质称为脆性,具有此性质的材料称为脆性材料。脆性材料的变形曲线如图 2-8 所示。一般脆性材料具有较高的抗压强度,但抗拉强度和抗弯强度较低,抗冲击能力和抗震能力较差。土木工程材料中的普通砖、天然石材、普通混凝土、

生铁和玻璃等都属于脆性材料。

材料在冲击、动荷载作用下,吸收大量能量,并产生较大的变形而不突然破坏的性质称为韧性。韧性材料破坏时能吸收较大的能量,其主要表现为在荷载作用下能产生较大变形。衡量韧性材料的指标是材料的冲击韧性值,即材料破坏时单位面积吸收的能量。

土木工程中,承受冲击或振动荷载的路面、吊车梁、桥梁等结构物的材料应选用具有较高的韧性的材料。常用的韧性材料有低碳钢、低合金钢、玻璃钢、木材及橡胶等。

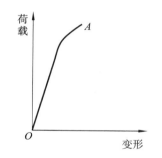

图 2-8 脆性材料的变形曲线

2.3 材料的耐久性

耐久性是指材料在多种自然因素及有害介质作用下,经久不变质、不破坏,长时间保持原有性能的能力。

材料在使用过程中,除受到各种外力作用外,还长期受到周围环境和各种自然因素的破坏作用,这些作用包括物理作用、化学作用、机械作用和生物作用。

物理作用包括环境温度、湿度的交替变化,引起材料的热胀冷缩、干缩湿胀、冻融循环,导致材料体积不稳定,产生内应力,如此反复,将使材料破坏。

化学作用包括大气、土壤和水中酸、碱、盐以及其他有害物质对材料的侵蚀作用,使材料产生质变而破坏,此外,日光、紫外线对材料也有不利作用。

机械作用包括持续荷载作用、交变荷载作用以及撞击引起材料疲劳、冲击、磨损、磨耗等。

生物作用包括昆虫、菌类等对材料所产生的蛀蚀、腐朽等破坏作用。

材料耐久性的数值说明材料在具体的气候和使用条件下能够保持工作性能的期限。因此,材料的耐久性是材料的一项综合性质。材料的组成与结构、强度、孔隙率、孔隙特征及表面状态等都影响其耐久性。通常工程中采用的改善材料耐久性的措施主要有:根据使用环境合理选择材料的种类;提高材料自身的密实度,控制孔隙率,改善孔隙特征;增强抵抗环境的能力,如适当改变成分;通过做保护层、降低湿度等措施,改善材料的表面状态。

材料的耐久性是一项重要技术性质,各国工程技术人员已达成共识,根据耐久性进行工程设计取代按强度进行设计,更具有科学性和实用性。

材料的组成
与结构

复习思考题

1. 材料的堆积密度、表观密度和密度有什么区别?

2. 某工地所用卵石材料的密度为 2.65 g/cm³、表观密度为 2.61 g/cm³、堆积密度为 1680 kg/m³,计算此石子的孔隙率与空隙率。

3. 某石材在气干、绝干、水饱和情况下测得的抗压强度分别为 174 MPa、178 MPa、165 MPa,求该石材的软化系数,并判断该石材可否用于水下工程。

4. 已知容积为 10 L 的量筒,质量为 3.4 kg,装满绝干石子后的总质量为 18.4 kg,然后向量筒内注水,水面始终浸过石子,待石子吸水饱和后,为注满此筒共注水 4.27 kg;再将吸水饱和的石子取出,擦干表面水分后称得质量为 15.2 kg。求该石子的表观密度、堆积密度及开口孔隙率。水的密度取 1.0 g/cm³。

5.将尺寸为 150 mm×150 mm×150 mm 混凝土立方体试件标准养护 28 d 后,进行抗压强度测试,测得试件破坏时所受的荷载为 800 kN,求该试件的抗压强度。

6.试述材料的弹性变形和塑性变形的区别。

7.解释韧性材料与脆性材料的定义。

3 建筑钢材

国家体育场(鸟巢)位于北京奥林匹克公园中心区南部,为 2008 年北京奥运会的主体育场。国家体育场(鸟巢)建筑面积 25.8 万平方米,可容纳 9.1 万观众。国家体育场工程为特级体育建筑,主体结构设计使用年限 100 年,主体建筑呈空间马鞍椭圆形,南北长 333 米、东西宽 296 米,最高处高 69 米。主体结构为钢桁架编织成的"鸟巢"结构,总用钢量 4.2 万吨,全部由武汉钢铁公司生产。

国家体育场(鸟巢)

本章的学习重点是了解钢材的分类及化学成分对钢性能的影响;熟悉钢材的主要力学性能和钢材的冷加工与热处理的作用;掌握钢材的品种与选用。

3.1 钢的生产与分类

3.1.1 钢的生产

钢的生产通常包括冶炼、铸锭和压力加工三个过程。生产中能否进行严格的工艺和质量控制,将对钢材的性能和使用产生直接的影响。

1. 钢的冶炼

由于铁和碳的化合力极强,所以工业上很难得到纯铁。含碳量低于 0.04% 的铁称为熟铁,熟铁软而易于加工,但力学强度很低。含碳量在 2.0% 以上的铁称为生铁,并含有较多的硅、硫、磷、锰等杂质。其中铁和碳以化合物 Fe_3C 形式存在的铁碳合金为白口铁,其断口为银白色,质地硬而强度高;碳以石墨状态呈游离态存在的铁碳合金为灰口铁,灰口铁软而强度低,多用于铸造业。

将生铁中的碳含量降至 2.0% 以下,使硫、磷等杂质含量降至一定范围内即成为钢,所以炼钢的基本原理是除碳、造渣和脱氧。

(1)除碳。

通过氧化法,可将一部分碳变成 CO 气体而逸出。

$$2Fe+O_2=2FeO$$
$$FeO+C=Fe+CO\uparrow$$

（2）造渣。

氧化还原反应可将生铁中的硅、锰变为钢渣，浮在钢水之上而排出。

$$FeO+Mn=Fe+MnO$$
$$2FeO+Si=2Fe+SiO_2$$

铁水中的硫、磷杂质只有在碱性条件下才能去除，通常采用加入一定量的石灰石的方法。

$$5FeO+2P+3CaO=5Fe+Ca_3(PO_4)_2$$
$$FeS+CaO=FeO+CaS$$

（3）脱氧。

由于锰、硅、铝与氧的结合能力大于氧与铁的结合能力，所以脱氧时在钢水中加入锰铁、硅铁或铝锭作为还原剂，将钢水中的 FeO 还原为铁，使氧变为锰、硅或铝的氧化物而进入钢渣。脱氧减少了钢材中的气泡并克服了元素分布不均（通常称为偏析）的缺点，可明显改善钢材的技术性质。

（4）炼钢方法。

常用的炼钢方法主要有氧气转炉法和电炉法两种。

①氧气转炉法：以熔融铁水为原料，由炉顶向转炉内吹入高压氧气，使铁水中硫、磷等有害杂质迅速氧化而被有效除去。其特点是冶炼速度快（每炉需 25～45 min），钢质较好且成本较低。常用来生产优质碳素钢和合金钢。目前，氧气转炉法是最主要的一种炼钢方法。

②电炉法：以废钢铁及生铁为原料，利用电能加热进行高温冶炼。该法熔炼温度高，且温度可自由调节，清除杂质较易，故电炉钢的质量最好，但成本也最高。主要用于冶炼优质碳素钢及特殊合金钢。

2. 钢的铸锭

将冶炼好的钢液注入锭模，冷凝后便形成柱状的钢锭（钢坯），此过程称为钢的铸锭。

钢在冶炼过程中，氧化作用使部分铁被氧化，多余氧化铁的存在使钢的质量变差。因此，钢液在铸锭之前须进行脱氧处理，即在精炼后期向炉内或钢包中加入脱氧剂，使氧化铁还原为金属铁。常用的脱氧剂有锰铁、硅铁和铝锭等，其中以铝锭的脱氧效果最好。钢液经脱氧处理后，方可进行铸锭。钢锭还须进行压力加工。

3. 压力加工

钢液在铸锭冷却过程中，由于内部某些元素在铁的液相中的溶解度高于固相，使这些元素向凝固较迟的钢锭中心聚集，导致化学成分在钢锭截面上分布不均匀，这种现象称为化学偏析。其中尤以硫、磷偏析最为严重，偏析现象对钢的质量影响很大。

除化学偏析外，在钢锭中往往还会有缩孔、气泡、晶粒粗大、组织不致密等缺陷存在，为了保证钢的质量并满足工程需要，钢锭须再经过压力加工，轧制成各种型钢和钢筋后才能使用。压力加工可分为热加工和冷加工两种。

（1）热加工。

将钢锭重新加热至一定温度，使其呈塑性状态，再施加压力改变其形状，称为热加工。热加工可使钢锭内部气泡焊合，使疏松组织致密。所以，热加工不仅能使钢锭被轧成各种型钢和钢筋，还能提高钢的强度和质量，一般碾轧的次数越多，钢的强度提高也越大。

（2）冷加工。

钢材在常温下进行的压力加工称为冷加工。冷加工的方式很多，有冷拉、冷拔、冷轧、冷扭、冲压等。在土木工程中常应用冷拉及冷拔来提高钢材的强度和硬度。

3.1.2　钢的分类

钢的品种繁多,为了便于选用,常从不同角度加以分类。

1. 按化学成分分类

按化学成分,钢可分为碳素钢和合金钢两大类。

(1)碳素钢。

碳素钢的化学成分主要是铁,其次是碳,故也称铁碳合金。此外,还含有少量硅、锰及极少量的硫、磷等元素。其中碳含量对钢的性质影响显著。根据含碳量不同,碳素钢又可分为:含碳量小于0.25%的低碳钢、含碳量为0.25%~0.60%的中碳钢及含碳量大于0.60%的高碳钢。

(2)合金钢。

合金钢是在碳素钢的基础上,特意加入少量的一种或多种合金元素(如硅、锰、钛、钒等)后冶炼而成的。合金元素的掺量虽少,但却能显著地改善钢的力学性能和工艺性能,同时可使钢获得某种特殊的理化性能。按照合金元素含量不同,合金钢又可分为:合金元素总含量小于5.0%的低合金钢、合金元素总含量为5.0%~10.0%的中合金钢及合金元素总含量大于10.0%的高合金钢。

2. 按脱氧程度分类

根据脱氧程度不同,钢可分为沸腾钢、镇静钢、半镇静钢和特殊镇静钢四种。

(1)沸腾钢。

沸腾钢是脱氧不完全的钢,经脱氧处理之后,在钢液中尚存有较多的氧化铁,当钢液注入锭模后,氧化铁与碳继续发生反应,生成大量CO气体,由此产生的气泡外逸引起钢液"沸腾",故称沸腾钢。沸腾钢化学成分不均匀,气泡含量多,密实性差,因而钢质较差,但成本较低、产量高,可广泛用于一般土木结构工程中。

(2)镇静钢。

镇静钢是用锰铁、硅铁和铝锭进行充分脱氧的钢。钢液在铸锭时不会产生气泡,在锭模内能够平静地凝固,故称镇静钢。镇静钢组织致密,化学成分均匀,机械性能好,因而钢质较好,但成本较高,主要用于承受冲击荷载作用或其他重要的结构工程。

(3)半镇静钢。

半镇静钢的脱氧程度和材质均介于沸腾钢和镇静钢之间。

(4)特殊镇静钢。

特殊镇静钢的脱氧程度比镇静钢更充分、彻底,故钢的质量最好,主要用于特别重要的结构工程。

3. 按有害杂质含量分类

按钢中有害杂质硫和磷含量的多少,钢可分为四类:硫含量不大于0.050%,磷含量不大于0.045%的普通钢;硫含量不大于0.035%,磷含量不大于0.035%的优质钢;硫含量不大于0.025%,磷含量不大于0.025%的高级优质钢;硫含量不大于0.015%,磷含量不大于0.025%的特级优质钢。

4. 按用途分类

按用途的不同,钢可分为三类。

(1)结构钢:主要用于工程结构及机械零件的钢,一般为低碳钢或中碳钢。

(2)工具钢:主要用于各种工具、量具及模具的钢,一般为高碳钢。

(3)特殊钢:具有特殊物理、化学或机械性能的钢,如不锈钢、耐热钢、耐酸钢、耐磨钢、磁性钢等,一般为合金钢。

3.2　钢的晶体组织、化学成分及其对性能的影响

3.2.1　钢的基本晶体组织及其对性能的影响

钢的基本成分是铁和碳。铁原子和碳原子之间的结合有三种基本方式,即固溶体、化合物及二者之间的机械混合物。由于铁与碳结合方式的不同,碳素钢在常温下形成的基本晶体组织有以下三种。

(1)铁素体。

铁素体是碳溶于 α-Fe(铁在常温下形成的体心立方晶格)中的固溶体。α-Fe 原子间间隙较小,溶碳能力较差,在室温下最大溶碳量不超过 0.006%。由于溶碳量少且晶格中滑移面较多,所以,铁素体的强度和硬度低,但塑性及韧性好。

(2)渗碳体。

渗碳体是铁与碳的化合物,分子式为 Fe_3C,含碳量高达 6.67%。其晶体结构复杂,塑性差,性质硬脆,抗拉强度低。

(3)珠光体。

珠光体是铁素体和渗碳体组成的机械混合物,为层状结构。其中铁素体与渗碳体相间分布(在铁素体基体上分布着硬脆的渗碳体片),二者既不互溶,也不化合,各自保持原有的晶格和性质,并有珍珠似的光泽。其性质介于铁素体与渗碳体之间。

碳素钢中基本晶体组织的相对含量与含碳量之间的关系如图 3-1 所示。

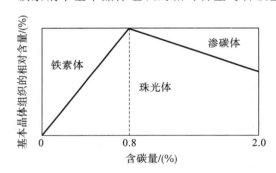

图 3-1　碳素钢基本晶体组织的相对含量与含碳量的关系

由图 3-1 可知,当含碳量小于 0.8% 时,钢的基本晶体组织由铁素体和珠光体组成,这种钢称为亚共析钢。随着含碳量的增加,铁素体逐渐减少而珠光体逐渐增多,钢材的强度、硬度逐渐提高,而塑性及韧性逐渐下降。当含碳量为 0.8% 时,钢的基本晶体组织仅为珠光体,这种钢称为共析钢,其性质由珠光体的性质所决定。当含碳量大于 0.8% 而小于 2.0% 时,钢的基本晶体组织由珠光体和渗碳体组成,称为过共析钢。此时随着含碳量的增加,珠光体减少,渗碳体含量相应增加,从而使钢的强度略有增加。但当含碳量超过 1% 后,受渗碳体影响,钢的强度开始下降,塑性和韧性降低,但硬度增大。

建筑钢材的含碳量一般均在 0.8% 以下,其基本晶体组织为铁素体和珠光体,而无渗碳体。所以,建筑钢材既具有较高的强度和硬度,又具有较好的塑性和韧性,因而能够很好地满足各种工程所需技术性能的要求。

3.2.2　钢的化学成分及其对性能的影响

钢中除基本成分铁和碳外,还含有少量其他元素,如硅、锰、硫、磷、氧、氮、钛、钒等。这些元素主要来自炼钢原料、炉气及脱氧剂,各种元素含量虽少,但都会对钢的性能产生一定的影响。为了保证钢的质量,国家标准对各类钢的化学成分都做了严格的规定。

（1）碳（C）。

碳是钢的重要元素,对钢材的机械性能有很大的影响,如图 3-2 所示。当含碳量低于 0.8% 时,随着含碳量的增加,钢的抗拉强度和硬度提高,而塑性及韧性降低。另外,含碳量高还将使钢的冷弯、焊接及抗腐蚀等性能降低,并增加钢材的冷脆性和时效敏感性。

（2）硅（Si）。

硅是在炼钢时为脱氧去硫而加入的,为我国低合金钢的主加合金元素。当钢中含硅量小于 1% 时,能显著提高钢的强度,而对塑性及韧性没有明显影响。在普通碳素钢中,其含量一般不大于 0.35%,在合金钢中不大于 0.55%。当含硅量超过 1% 时,钢的塑性和韧性会明显降低,冷脆性增加,可焊性变差。

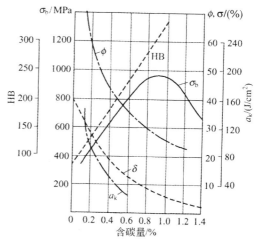

图 3-2　含碳量对热轧碳素钢性质的影响

σ_b—抗拉强度; a_k—冲击韧性;
HB—硬度; δ—伸长率; ψ—面积缩减率

（3）锰（Mn）。

锰是在炼钢时为脱氧去硫而加入的。锰能消除钢的热脆性,改善热加工性能。当含锰量为 0.8%～1.0% 时,可显著提高钢的强度和硬度,而几乎不降低其塑性及韧性。普通碳素钢中含锰量为 0.25%～0.8%,合金钢中含锰量为 0.8%～1.7%,为我国低合金钢的主加合金元素。

（4）钛（Ti）。

钛是强脱氧剂,能细化晶粒,显著提高钢的强度并改善韧性。钛还能减少钢的时效倾向,改善可焊性,是常用的合金元素。

（5）钒（V）。

钒是促进碳化物和氮化物形成的元素,钒加入钢中可减弱碳和氮的不利影响。钒能细化晶粒,有效地提高钢的强度,减小时效敏感性,但有增加焊接时硬脆倾向。钒也是合金钢常用的合金元素。

（6）磷（P）。

磷是钢中有害元素,由炼钢原料带入。磷可显著增加钢的冷脆性,使钢在低温下的冲击韧性大为降低。磷还能使钢的冷弯性能降低,可焊性变差。但磷可提高钢材的强度、硬度、耐磨性和耐蚀性。

（7）硫（S）。

硫是钢中最为有害的元素,也是从炼钢原料中带入的杂质。它能显著提高钢的热脆性,大大降低钢的热加工性和可焊性,同时会降低钢的冲击韧性、疲劳强度及耐蚀性。即使微量存在对钢也有危害,故其含量必须严格加以控制。

（8）氧（O）。

氧是钢中有害元素,主要存在于非金属夹杂物内,少量溶于铁素体中。非金属夹杂物能降低钢的力学性能,特别是韧性。氧化物所造成的低熔点也使钢的可焊性变差。

（9）氮（N）。

氮主要嵌溶于铁素体中,也可呈化合物形式存在。氮对钢性质的影响与碳、磷基本相似,它可使钢的强度提高,塑性、韧性显著下降。氮还可加剧钢的时效敏感性和冷脆性,降低可焊性。

3.3 建筑钢材的主要力学性能

建筑钢材的力学性能主要有抗拉、冲击韧性、硬度和疲劳强度等。

3.3.1 抗拉性能

抗拉性能是建筑钢材最重要的性能之一。低碳钢(软钢)是土木工程中广泛使用的一种钢材，由于其在常温、静载条件下受拉时的应力-应变关系曲线(见图 3-3)比较典型，所以钢材的抗拉性能常以此图来阐明。从图中可见，就变形性质而言，曲线可划分为以下四个阶段。

(1)弹性阶段($O \rightarrow A$)。

在曲线的 OA 范围内，荷载较小，此时如卸去拉力，试件能恢复原状，这种性质称为弹性，因此称 OA 段为弹性阶段，与 A 点对应的应力称为弹性极限(以 R_p 表示)。当应力稍低于 A 点对应的应力时，应力与应变的比值为常数，称为弹性模量，用 E 表示。弹性模量反映钢材的刚度，它是钢材在受力时计算结构变形的重要指标。

(2)屈服阶段($A \rightarrow B$)。

在曲线的 AB 范围内，当应力超过 A 点 R_p 以后，如果卸去拉力，变形不能立刻恢复，

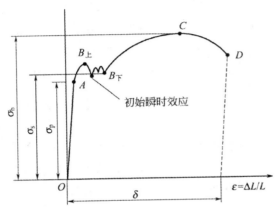

图 3-3 低碳钢受拉时的应力-应变关系曲线

表明已经出现塑性变形。在这一阶段，应力和应变不再保持正比例关系而呈锯齿形变化，应力的增长明显滞后于应变的增加，钢材内部暂时失去了抵抗变形的能力，这种现象称为屈服，因此称 AB 段为屈服阶段。如果达到屈服点后应力值发生下降，则应区分上屈服点($B_{上}$)和下屈服点($B_{下}$)。上屈服点是指试样发生屈服而应力首次下降前的最大应力。下屈服点是指不计初始瞬时效应时屈服阶段中的最小应力。由于下屈服点的测定值对试验条件较不敏感，并形成稳定的屈服平台，所以在结构计算时，以下屈服点对应的应力作为材料的屈服强度的标准值，以 R_{eL} 表示。钢材受力超过屈服点后，会产生较大的塑性变形，尽管其结构不会破坏，但已不能够满足使用要求，故工程上常以屈服点作为钢材设计强度取值的依据。

(3)强化阶段($B \rightarrow C$)。

经过屈服阶段，钢材内部组织结构发生了变化(晶格畸变、滑移受阻)，形成了新的平衡，使之抵抗塑性变形的能力重新提高而得到强化，应力-应变曲线开始继续上升直至最高点 C，故称 BC 段为强化阶段。对应 C 点的应力称为钢材的抗拉强度或极限强度，以 R_m 表示。

抗拉强度是钢材受拉时所能承受的最大应力值。在实际工程中，不仅要求钢材具有较高的屈服点，还应具有适当的抗拉强度。抗拉强度与屈服强度之比，称为强屈比。强屈比愈大，反映钢材受力超过屈服点工作时的可靠性愈大，结构的安全性愈高。但强屈比太大，则反映钢材性能不能被充分利用。钢材的强屈比一般应大于 1.2。

(4)颈缩阶段($C \rightarrow D$)。

当应力达到最高点 C 之后，钢材试件抵抗变形的能力开始降低，应力逐渐减小，变形迅速增加，试件被拉长。在某一薄弱截面(有杂质或缺陷之处)，断面开始明显减小，产生颈缩直到被拉断。故

称 CD 段为颈缩阶段。

试样拉断后,标距的伸长与原始标距长度的百分率,称为断后伸长率(A)。测定时将拉断的两部分在断裂处对接在一起,使其轴线位于同一直线上时(见图3-4),量出断后标距的长度(mm),即可计算伸长率 A。

试件断裂前的颈缩现象,使塑性变形在试件标距内的分布不均匀,当原标距与直径之比越大,则颈缩处的伸长值在整个伸长值中的比重越小,因而计算的伸长率偏小,通常取标距长度等于5或10倍试件直径 d_0,其伸长率以 A_5 或 A_{10} 表示,对于同一钢材,A_5 大于 A_{10}。

伸长率表明钢材的塑性变形能力,是钢材的重要技术指标。尽管结构通常是在弹性范围内工作的,但其应力集中处可能超过屈服强度而产生一定的塑性变形,使应力重新分布,从而避免结构破坏。

抗拉试验还可测定另一表明钢材塑性的指标——断面收缩率 Z。它是试件拉断后、颈缩处横截面积的最大缩减量与原始横截面积的百分比。

应当指出,有些钢材(中碳钢、高碳钢等硬钢)拉伸时的应力-应变关系曲线与低碳钢是完全不同的。其特点是抗拉强度高,塑性变形小,无明显屈服平台(见图3-5)。这类钢材难以测定其屈服点,故规范规定以产生残余变形达到原始标距长度 l_0 的 0.2% 时所对应的应力作为屈服强度,用 $R_{p0.2}$ 表示。

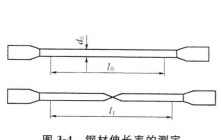

图3-4 钢材伸长率的测定

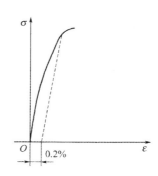

图3-5 硬钢的屈服点

3.3.2 冲击韧性

冲击韧性是指钢材抵抗冲击荷载的能力。冲击韧性指标是通过标准试件的弯曲冲击试验确定的,如图3-6所示。试验以摆锤打击刻槽的试件,在刻槽处将其打断,将试件单位截面积上打断时所消耗的功作为钢材的冲击韧性值,以 a_k 表示。

a_k 值越大,冲击韧性越好。钢材的冲击韧性对钢的化学成分、内部组织状态以及冶炼、轧制质量都较敏感。例如,钢中磷、硫含量较高,存在偏析或非金属夹杂物,以及焊接中形成的微裂纹等,都会使 a_k 值显著降低。同时,环境温度对钢材的冲击韧性也有很大的影响。试验表明,冲击韧性随温度的降低而下降,其变化规律是开始时下降缓和,当温度降低到某一范围时,突然下降很多而呈脆性,这种现象称为钢材的冷脆性,此时的温度称为脆性临界温度。它的数值越低,钢材的低温冲击性能越好。所以,在负温度下使用直接承受冲击荷载作用的结构,应选用脆性临界温度较使用温度低的钢材。

钢材随时间的延长而表现出强度提高、塑性和冲击韧性下降的现象,称为时效。通常,完成时效的过程可达数十年,但钢材如经冷加工或在使用中经振动和反复荷载的影响,其时效可迅速发展。因时效而导致性能改变的程度称为时效敏感性。时效敏感性越大的钢材,经过时效后,其冲击韧性和塑性的降低就越显著。对于承受动荷载的结构工程,如桥梁、吊车梁等,应当选用时效敏感性较小的钢材。

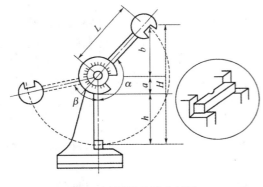

图 3-6　钢材的冲击试验

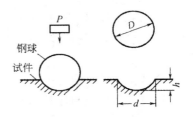

图 3-7　布氏硬度试验示意图

3.3.3　硬度

钢材的硬度是指其表面局部体积内抵抗外物压入而产生塑性变形的能力。

测定钢材硬度的方法有布氏法、洛氏法和维氏法,较常用的为布氏法和洛氏法。

布氏法的测定原理是用直径为 D 的淬火钢球,以荷载 P 将其压入试件表面,经规定的持续时间后卸除荷载,即得直径为 d 的压痕(见图 3-7)。以压痕表面积 F 除以荷载 P,所得的结果即为该试件的布氏硬度值,以 HB 表示。

材料的硬度值实际上是材料弹性、塑性、变形强化率、强度和韧性等一系列性能的综合反映。因此,硬度值往往与其他性能有一定的相关性。例如,钢材的 HB 值与抗拉强度 R_m 之间就有较好的相关关系。对于碳素钢,当 HB<175 时,$R_m=3.6$ HB;当 HB>175 时,$R_m \approx 3.5$ HB。根据这些关系,可以在钢结构的原位上测出钢材的 HB 值,来推算该钢材的抗拉强度,而不破坏钢结构本身。

3.3.4　疲劳强度

在反复交变荷载作用下,结构工程中所使用的钢材往往会在应力远低于其抗拉强度的情况下,发生突然破坏,这种现象称为钢材的疲劳破坏,以疲劳强度来表示。在疲劳试验中,试件在交变应力作用下,在规定的周期基数内不发生断裂时所能承受的最大应力值即为钢材的疲劳强度(σ_r)。在设计承受反复荷载且须进行疲劳验算的结构时,应当了解所用钢材的疲劳强度。

测定疲劳强度时,应根据结构使用条件确定采用的应力循环类型(如拉-拉型、拉-压型等)、应力特征值(最小与最大应力之比)和周期基数。例如,测定钢筋的疲劳强度时,通常采用的是承受大小改变的拉应力循环;应力特征值通常非预应力筋为 0.1～0.8,预应力筋为 0.7～0.85;周期基数为200 万次或 400 万次以上。

试验研究表明,钢材的疲劳破坏是由内部拉应力引起的。在长期交变荷载作用下,应力较高的点或材料有缺陷的点,逐渐形成微细裂缝,裂缝尖端处产生严重的应力集中,促使裂缝不断扩展,构件断面逐渐被削弱,直至断裂而破坏。因此,钢材组织状态不致密、化学偏析、夹杂物等内部缺陷的存在,是影响钢材疲劳强度的主要因素。此外,结构构件截面尺寸的变化、表面的光洁程度、加工损伤等外在因素也会对钢材的疲劳强度产生一定的影响。

疲劳破坏经常是突然发生的,因而具有很大的危险性,往往会造成严重的工程质量事故。所以,在实际工程设计和施工中应该给予足够的重视。

3.4 建筑钢材的工艺性能

工艺性能是指材料是否易于加工,能否满足各种成型工艺的性能。冷弯性能、冷加工性能及时效强化、焊接性能是建筑钢材的重要工艺性能。

3.4.1 冷弯性能

冷弯性能是指钢材在常温下承受弯曲变形的能力。钢材的冷弯性能指标用试件在常温下所能承受的弯曲程度表示。弯曲程度则通过试件被弯曲的角度(α)和弯心直径对试件厚度(或直径)的比值(d/d_0)来表示。冷弯试验示意图如图3-8所示。

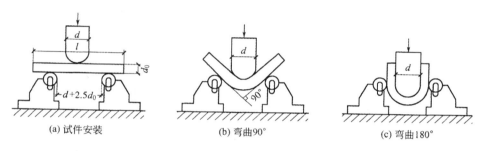

(a) 试件安装　　　　(b) 弯曲90°　　　　(c) 弯曲180°

图3-8 冷弯试验示意图

试验时采用的弯曲角度愈大,弯心直径对试件厚度(或直径)的比值愈小,表示对冷弯性能的要求愈高。按规定的弯曲角度和弯心直径进行试验时,试件的弯曲处不发生裂缝、裂断或起层,即认为冷弯性能合格。冷弯试验是通过试件弯曲处的不均匀塑性变形来实现的,它能在一定程度上揭示钢材是否存在内部组织的不均匀、内应力、夹杂物、未熔合和微裂纹等缺陷。因此,冷弯性能也反映了钢材的冶金质量和焊接质量。

3.4.2 冷加工性能及时效强化

将钢材于常温下进行冷拉、冷拔或冷轧,使之产生塑性变形,从而提高其屈服强度,称为冷加工强化。土木工程中经常利用该原理对热轧钢筋活圆盘条进行冷加工处理,从而达到提高强度和节约钢材的目的。

钢材经冷拉后的性能变化规律,可由图3-9中反映。图中$OBCD$为未经冷拉试件的应力-应变曲线。将试件拉至超过屈服极限的某一点K,然后卸去荷载,由于试件已产生塑性变形,故曲线沿KO'下降,KO'大致与BO平行。如重新拉伸,则新的屈服点将高于原来可达到的K点。可见钢材经冷拉以后屈服点将会提高。

产生冷加工强化的原因是:钢材在冷加工时晶格缺陷增多,晶格畸变,对位错运动的阻力

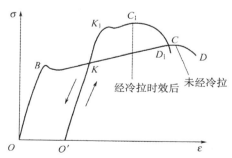

图3-9 钢筋冷拉及时效前后应力-应变图的变化

增大,因而屈服强度提高,塑性和韧性降低。由于冷加工时产生的内应力,故冷加工钢材的弹性模量有所下降。

将经过冷加工后的钢材于常温下存放 15～20 d,或加热到 100～2000 ℃并保持一定时间,这一过程称时效处理,前者称自然时效,后者称人工时效。

冷加工以后再经时效处理的钢筋,屈服点进一步提高,抗拉强度稍增大,塑性和韧性有所降低。由于时效过程中内应力的消减,弹性模量可基本恢复。

钢材的时效是普遍而长期的过程,有些未经冷加工的钢材,长期存放后也会出现时效现象。冷加工可以加速时效的发展,所以在实际工程中,冷加工和时效常常被一起采用。进行冷拉时,一般须通过试验来确定冷拉控制参数和时效方式。通常,强度较低的钢材宜采用自然时效,强度较高的钢材则应采用人工时效。

3.4.3　焊接性能

焊接是各种型钢、钢板和钢筋的重要连接方式。在土木工程中,钢结构有 90% 以上为焊接结构;钢筋混凝土结构中,焊接在钢筋接头、钢筋网、钢筋骨架、预埋件之间的连接以及装配式构件的安装时,被大量采用。焊接的质量主要取决于焊接工艺、焊接材料及钢材自身的可焊性等。

钢材的可焊性是指钢材是否适应用通常的方法与工艺进行焊接的性能。可焊性好的钢材,易于用通常的焊接方法和工艺进行施焊,焊口处不易形成裂纹、气孔和夹渣等缺陷;焊接后钢材的力学性能能够得到保证,其强度不低于原有钢材,硬脆倾向小。

建筑钢材的焊接方法最主要的是钢结构焊接用的电弧焊和钢筋连接用的电渣压力焊。焊件的质量主要取决于选择正确的焊接工艺和适当的焊接材料,以及钢材本身的可焊性。

电弧焊的焊接接头由基体金属和焊缝金属熔合而成。焊缝金属在焊接时电弧的高温作用下,由焊条金属熔化而成,同时基体金属的边缘也在高温下部分熔化,两者通过扩散作用均匀地熔合在一起。电渣压力焊则不使用焊条,而通过电流所形成的高温使钢筋接头处局部熔化,并在机械压力下使接头熔合。

焊接时由于在很短的时间内达到很高的温度,基体金属局部熔化的体积很小,故冷却速度很快,在焊接处必然产生剧烈的膨胀和收缩,易出现变形、内应力和内部组织的变化,进而形成焊接缺陷。焊缝金属的缺陷主要有裂纹、气孔、夹杂物等。基体金属热影响区的缺陷主要有裂纹、晶粒粗大和析出脆化(碳、氮等原子在焊接过程中形成碳化物和氮化物,在缺陷处析出,使晶格畸变加剧所引起的脆化)。由于焊接件在使用过程中所要求的主要力学性能是强度、塑性、韧性和耐疲劳性,因此,对性能最有影响的缺陷是裂纹、缺口、塑性和韧性的下降。

焊接质量的检验方法主要有取样试件试验和原位非破损检测两种。取样试件试验是指在结构焊接部位切取试样,然后在试验室进行各种力学性能的对比试验,以观察焊接的影响。非破损检测则是在不影响结构物使用性能的前提下,直接在结构原位采用超声、射线、磁力、荧光等物理方法,对焊缝进行缺陷探伤,从而间接推定力学性能的变化。

案例分析

3.5　建筑钢材的品种与选用

土木工程中常用的钢材可分为钢筋混凝土结构用钢筋、钢丝和钢结构用型钢两大类。各种钢材的技术性能主要取决于所用钢的种类及加工方法。

3.5.1 建筑钢材的主要钢种

土木工程中常用的钢材如钢筋、钢丝、型钢及预应力锚具等，基本上都是由碳素结构钢和低合金高强度结构钢等钢种，经热轧或再进行冷加工强化及热处理等工艺加工而成的。

1. 碳素结构钢

碳素结构钢是最基本的钢种，包括一般结构钢和工程用热轧钢板、钢带、型钢等。根据我国现行国家标准《碳素结构钢》（GB/T 700—2006）的规定，碳素结构钢可分为 4 个牌号（Q195、Q215、Q235 和 Q275），其含碳量在 0.06%～0.38% 之间。每个牌号又根据其硫、磷等有害杂质的含量分成若干等级。碳素结构钢的牌号由下列 4 个要素标示：

$$X_1 X_2 X_3 X_4$$

X_1 为钢材屈服强度，以"屈"字汉语拼音首位字母"Q"来表示；X_2 为屈服点数值（MPa），分 195、215、235、275 四种；X_3 为质量等级符号，按钢中硫、磷有害杂质含量由多到少分为 A、B、C、D 四级，钢的质量随 A、B、C、D 顺序逐级提高；X_4 为脱氧程度符号，有 F、b、Z、TZ 四种，分别代表沸腾钢、半镇静钢、镇静钢和特殊镇静钢。在牌号中，Z 和 TZ 符号可予以省略。

例如 Q235-Ab，表示碳素结构钢的屈服点≥235 MPa（当钢材厚度或直径≤16 mm 时）；质量等级为 A 级，即硫、磷含量均控制在 0.045% 以下；脱氧程度为半镇静钢。

各牌号钢的化学成分、力学性能、冷弯试验指标应分别符合表 3-1、表 3-2、表 3-3 的要求。碳素钢的屈服强度和抗拉强度随含碳量的增加而增高，伸长率则随含碳量的增加而下降。其中 Q235 的强度和伸长率均中等，两者得以兼顾，所以是结构钢常用的牌号。

表 3-1　碳素结构钢的化学成分

牌号	统一数字代号[a]	等级	厚度（或直径）/mm	化学成分（质量分数）/（%），不大于					脱氧方式
				C	Mn	Si	S	P	
Q195	U11952	—	—	0.12	0.50	0.30	0.040	0.035	F、Z
Q215	U12152	A	—	0.15	1.20	0.35	0.050	0.045	F、Z
	U12155	B					0.045		
Q235	U12352	A	—	0.22	1.40	0.35	0.050	0.045	F、Z
	U12355	B		0.20[b]			0.045		
	U12358	C		0.17			0.040	0.040	Z
	U12359	D					0.035	0.035	TZ
Q275	U12752	A	—	0.24	1.50	0.35	0.050	0.045	F、Z
	U12755	B	≤40	0.21			0.045	0.045	Z
			>40	0.22					
	U12758	C		0.20			0.040	0.040	Z
	U12759	D					0.035	0.035	TZ

a　表中为镇静钢、特殊镇静钢牌号的统一数字，沸腾钢牌号的统一数字代号如下：
　　Q195F—U11950；Q215AF—U12150，Q215BF—U12153；Q235AF—U12350，Q235BF—U12353；Q275AF—U12750。
b　经需方同意，Q235B 的碳含量可不大于 0.22%。

表 3-2　碳素结构钢的力学性能

牌号	等级	拉伸试验												冲击试验	
		屈服强度[a] R_{eH}/(N/mm²)						抗拉强度[b] R_m/(N/mm²)	伸长率 A/(%)					温度/℃	冲击吸收功(纵向)/J
		钢材厚度(直径)/mm							钢材厚度(直径)/mm						
		≤16	16~40	40~60	60~100	100~150	150~200		≤40	40~60	60~100	100~150	150~200		
		≥							≥						≥
Q195	—	195	185	—	—	—	—	315~430	33	—	—	—	—		
Q215	A	215	205	195	185	175	165	335~450	31	30	29	27	26	—	
	B													+20	27
Q235	A	235	225	215	215	195	185	370~500	26	25	24	22	21	—	
	B													20	27[c]
	C													—	
	D													−20	
Q275	A	275	265	255	245	225	215	410~540	22	21	20	18	17	—	
	B													+20	27
	C													0	
	D													20	

a　Q195 的屈服强度值仅供参考,不作交货条件。

b　厚度大于 100 mm 的钢材,抗拉强度下限允许降低 20 N/mm²,宽带钢(包括剪切钢板)抗拉强度上限不作交货条件。

c　厚度小于 25 mm 的 Q235B 级钢材,如供方能保证冲击吸收功值合格,经需方同意,可不做检验。

表 3-3　碳素结构钢的冷弯试验指标

牌号	试样方向	冷弯试验 180°　$B=2a$[a]	
		钢材厚度(直径)[b]/mm	
		≤60	60~100
		弯心直径 d	
Q195	纵	0	—
	横	0.5a	
Q215	纵	0.5a	1.5a
	横	a	2a
Q235	纵	a	2a
	横	1.5a	2.5a

牌　号	试样方向	冷弯试验 180° $B=2a^a$	
		钢材厚度（直径）^{b}/mm	
		≤60	60～100
		弯心直径 d	
Q275	纵	1.5a	2.5a
	横	2a	3a

a B 为试样宽度，a 为钢材厚度（或直径）。

b 钢材厚度（或直径）大于 100 mm 时，弯曲试验由双方协商确定。

一般而言，碳素结构钢的塑性较好，适宜于各种加工，在焊接、冲击及适当超载的情况下也不会突然破坏，它的化学性能稳定，对轧制、加热或骤冷的敏感性较小，因而常用于热轧钢。

2. 低合金高强结构钢

根据我国国家标准《低合金高强度结构钢》（GB/T 1591—2018）的规定，低合金高强度结构钢可分为 4 个牌号（Q355、Q390、Q420 和 Q460），每个牌号又根据其硫、磷等有害杂质的含量，分成 B、C、D、E、F 五个等级。低合金钢的合金元素一般不超过 5%，所加元素主要有锰、硅、钒、钛、铌、铬、镍及稀土元素。

低合金高强度结构钢的牌号由下列四个要素标示：

$$X_1X_2X_3X_4$$

X_1 为屈服点符号，以"屈"字汉语拼音首位字母"Q"来表示；X_2 为规定的最小上屈服强度值（MPa），分 355、390、420 和 460 四种；X_3 为交货状态代号，钢材以热轧（AR 或 WAR 可省略）、正火（N）、正火轧制（N）或热机械轧制（M）状态交货；X_4 为质量等级符号，分为 B、C、D、E、F 五个等级。

例如 Q355ND，表示低合金高强度结构钢的规定的最小上屈服点≥355 MPa；交货状态为正火或正火轧制；质量等级为 D 级。

低合金钢中的合金元素起了细晶强化和固溶强化等作用，使低合金钢不仅具有较高的强度，也具有较好的塑性、韧性和可焊性。因此，它是综合性能较好的建筑钢材，尤其在大跨度、承受动荷载和冲击荷载的建筑物中更为适用。表 3-4 和表 3-5 中列出了低合金高强度结构钢中热轧钢材的性能。

表 3-4　低合金高强度结构钢中热轧钢材的伸长率及弯曲试验

牌　号			断后伸长率 A/(%)，≥						180°弯曲试验 d=弯曲压头直径，a=试件厚度（直径）	
			公称厚度或直径/mm						≤16	16～100
钢级	质量等级	试样方向	≤40	40～63	63～100	100～150	150～250	250～400		
Q355	B、C、D	纵向	22	21	20	18	17	17^a	$d=2a$	$d=3a$
		横向	20	19	18	18	17	17^a		

续表

牌 号			断后伸长率 $A/(\%)$，$\geqslant$						180°弯曲试验 d＝弯曲压头直径，a＝试件厚度（直径）	
钢级	质量 等级	试样方向	公称厚度或直径/mm						$\leqslant16$	16 ～ 100
			$\leqslant40$	40 ～ 63	63 ～ 100	100 ～ 150	150 ～ 250	250 ～ 400		
Q390	B、C、D	纵向	21	20	20	19	—	—	$d=2a$	$d=3a$
		横向	20	19	19	18	—	—		
Q420[b]	B、C	纵向	20	19	19	19	—	—		
Q460[b]	C	纵向	18	17	17	17	—	—		

a 只适用于质量等级为 D 的钢板。

b 只适用于型钢和棒材。

表 3-5 低合金高强度结构钢中热轧钢材的力学性能

牌 号		上屈服强度 R_{eH}[a]/MPa									抗拉强度 R_m/MPa			
钢级	质量 等级	公称厚度（直径，边长）/mm												
		$\leqslant16$	16 ～ 40	40 ～ 63	63 ～ 80	80 ～ 100	100 ～ 150	150 ～ 200	200 ～ 250	250 ～ 400	$\leqslant100$	100 ～ 150	150 ～ 250	250 ～ 400
		$\geqslant$												
Q355	B、C	355	345	335	325	315	295	285	275	—	470 ～ 630	450 ～ 600	450 ～ 600	—
	D									265[b]				450 ～ 600[b]
Q390	B、C、D	390	380	360	340	340	320	—	—	—	490 ～ 650	470 ～ 620	—	—
Q420[c]	B、C	420	410	390	370	370	350	—	—	—	520 ～ 680	500 ～ 650	—	—
Q460[c]	C	460	450	430	400	410	390	—	—	—	550 ～ 720	530 ～ 700	—	—

a 当屈服不明显时，可用规定塑性延伸强度 $R_{p0.2}$ 代替上屈服强度。

b 只适用于质量等级为 D 的钢板。

c 只适用于型钢和棒材。

3.5.2 常用建筑钢材

1. 钢筋和钢丝

钢筋混凝土结构用钢筋和钢丝,主要由碳素结构钢和低合金高强度结构钢轧制而成。其主要品种有热轧钢筋、冷加工钢筋、热处理钢筋、预应力混凝土用钢丝和钢绞线等。按直条或盘条(盘圆)供货。

(1)热轧钢筋。

用加热钢坯轧制成的条形成品钢材,称为热轧钢筋。它是土木工程中用量最大的钢材品种之一,主要用于钢筋混凝土和预应力混凝土结构的配筋。

热轧钢筋按其表面特征可分为热轧光圆钢筋和热轧带肋钢筋两类。光圆钢筋横截面为圆形,表面光滑不带纹理。带肋钢筋横截面通常为圆形,但其表面带有两条纵肋和沿长度方向均匀分布的横肋。按肋纹形状不同,带肋钢筋可分为月牙肋和等高肋两种。月牙肋的纵横肋不相交,而等高肋则纵横肋相交。

月牙肋钢筋有生产简便、强度高、应力集中、敏感性小、耐疲劳性能好等优点,但其与混凝土的黏结锚固性能稍差于等高肋钢筋。

热轧钢筋按屈服强度分为 Ⅰ、Ⅱ、Ⅲ、Ⅳ 四个级别。其中,Ⅰ级钢筋为热轧光圆钢筋,由牌号为 Q300 的碳素结构钢轧制而成,宜用作非预应力筋,其技术性能应符合《钢筋混凝土用钢　第1部分:热轧光圆钢筋》(GB/T 1499.1—2017)的规定;Ⅱ、Ⅲ、Ⅳ级为热轧带肋钢筋,全部由低合金高强度结构钢轧制而成。热轧带肋钢筋的牌号由 HRB 和屈服点特征值构成,分为 HRB400、HRB500、HRB600 三种,H、R、B 分别为热轧(hot)、带肋(rolled)、钢筋(bar)三个词的英文首位字母。Ⅱ、Ⅲ、Ⅳ级钢筋宜用作非预应力筋和预应力筋,其技术性能应符合《钢筋混凝土用钢　第2部分:热轧带肋钢筋》(GB/T 1499.2—2018)的规定。各级热轧钢筋的力学性能及工艺性能要求见表 3-6 和表 3-7。

表 3-6 热轧钢筋的力学性能

钢筋级别	表面特征	牌号	下屈服强度 R_{eL}/MPa	抗拉强度 R_m/MPa	断后伸长率 A/(%)	最大力总延伸率 A_{gt}/(%)
			≥			
Ⅰ	光圆	HPB300	300	420	25	10.0
Ⅱ	月牙肋	HRB400 HRBF400	400	540	16	7.5
		HRB400E HRBF400E			—	9.0
Ⅲ		HRB500 HRBF500	500	630	15	7.5
		HRB500E HRBF500E			—	9.0
Ⅳ	等高肋	HRB600	600	730	14	7.5

表 3-7　热轧钢筋的工艺性能

牌　号	公称直径 a/mm	冷弯试验	
		角度	弯心直径 d
HPB300	6～22	180°	a
HRB400 HRBF400 HRB400E HRBF400E	6～25	180°	4a
	28～40		5a
	40～50		6a
HRB500 HRBF500 HRB500E HRBF500E	6～25	180°	6a
	28～40		7a
	40～50		8a
HRB600	6～25	180°	6a
	28～40		7a
	40～50		8d

低碳钢热轧圆盘条是由 Q195、Q215、Q235、Q275 碳素结构钢经热轧而成并成盘供应的光圆钢筋,在土木工程中应用也非常广泛。根据《低碳钢热轧圆盘条》(GB/T 701—2008)的规定,盘条按用途不同分建筑用和拉丝用两种,其力学性能和工艺性能应满足表 3-8 的要求。由表中可见,低碳钢热轧圆盘条强度较低,但塑性较好,便于弯折成形且易于焊接,可用作中、小型钢筋混凝土结构的受力钢筋和箍筋,或作为冷加工(冷拉、冷拔、冷轧)钢筋的原料。

表 3-8　低碳钢热轧圆盘条的力学性能及工艺性能

牌　号	力 学 性 能		冷弯试验 180° d=弯心直径, a=试件厚度(直径)
	抗拉强度 R_m/MPa	断后伸长率 $A_{11.3}$/(%)	
Q195	≤410	≥30	d=0
Q215	≤435	≥28	d=0
Q235	≤500	≥23	d=0.5a
Q275	≤540	≥21	d=1.5a

(2)冷轧带肋钢筋。

冷轧带肋钢筋是指热轧圆盘条经冷轧后,其表面带有沿长度方向均匀分布的三面或两面月牙形横肋的钢筋。根据《冷轧带肋钢筋》(GB 13788—2017)的规定,钢筋牌号由 CRB 和抗拉强度最小值构成,共分为 CRB550、CRB650、CRB800、CRB600H、CRB680H、CRB800H 六个牌号,C、R、B、H 分别为冷轧(cool)、带肋(rolled)、钢筋(bar)、高延性(high ductile)三个词的英文首位字母。CRB550、CRB600H、CRB680H 钢筋的公称直径范围为 4~12 mm,CRB650 及以上牌号钢筋的公称直径为 4 mm、5 mm、6 mm。各牌号冷轧带肋钢筋的力学性能及工艺性能要求见表 3-9。

表 3-9 冷轧带肋钢筋的力学性能及工艺性能

分类	牌　号	规定塑性延伸强度 $R_{p0.2}$ (MPa),不小于	抗拉强度 R_m (MPa),不小于	$R_m/R_{p0.2}$,不小于	断后伸长率/(%),不小于		最大力总延伸率/(%),不小于	弯曲试验[a] 180°	反复弯曲次数	应力松弛初始应力应相当于公称抗拉强度的 70% 1000 h/(%),不大于
					A	A_{100}	A_{gt}			
普通钢筋混凝土用	CRB550	500	550	1.05	11.0	—	2.5	$D=3d$	—	—
	CRB600H	540	600		14.0	—	5.0	$D=3d$	—	—
	CRB680H[b]	600	680		14.0	—	5.0	$D=3d$	4	5
预应力混凝土用	CRB650	585	650		—	4.0	2.5	—	3	8
	CRB800	720	800		—	4.0	2.5	—	3	8
	CRB800H	720	800		—	3.0	4.0	—	4	5

a　D 为弯心直径,d 为钢筋公称直径。
b　当该牌号钢筋作为普通钢筋混凝土用钢筋使用时,对反复弯曲和应力松弛不做要求;当该牌号钢筋作为预应力混凝土用钢筋使用时,应进行反复弯曲试验代替 180° 弯曲试验,并检测松弛率。

冷轧带肋钢筋是采用冷加工方法强化的典型产品,与传统的冷拔低碳钢丝相比,具有强度高、塑性好、握裹力强、节约钢材、质量稳定等优点。CRB550、CRB600H 为普通钢筋混凝土用钢筋,CRB650、CRB800、CRB800H 为预应力混凝土用钢筋,CRB680H 既可作为普通钢筋混凝土用钢筋,也可作为预应力混凝土用钢筋使用。

(3)预应力混凝土用钢棒。

预应力混凝土用钢棒(PCB)是用热轧带肋钢筋经淬火和回火调质处理而制成的钢筋。根据《预应力混凝土用钢棒》(GB/T 5223.3—2017)的规定,钢棒按外形分为光圆钢棒(P)、螺旋槽钢棒(HG)、螺旋肋钢棒(HR)和带肋钢棒(R),钢棒一般以热轧盘条为原料,经加工后淬火和回火制成。钢棒表面不得有影响使用的有害损伤和缺陷,允许有浮锈。钢棒的力学性能和工艺性能见表 3-10。

表 3-10　钢棒的力学性能和工艺性能

表面形状类型	公称直径 D_n/mm	抗拉强度 R_m/MPa，不小于	规定塑性延伸强度 $R_{p0.2}$/MPa，不小于	弯曲性能		应力松弛性能	
				性能要求	弯曲半径/mm	初始应力为公称抗拉强度的百分数/(%)	1000 h 应力松弛 r/(%)，不大于
光圆	6	1080 1230 1420 1570	930 1080 1280 1420	反复弯曲不小于 4 次	15	60 70 80	1.0 2.0 4.5
	7				20		
	8				20		
	9				25		
	10				25		
	11			弯曲 160°～180°后弯曲处无裂纹	弯曲压头直径为钢棒公称直径的 10 倍		
	12						
	13						
	14						
	15						
	16						
螺旋槽	7.1	1080 1230 1420 1570	930 1080 1280 1420	—			
	9.0						
	10.7						
	12.6						
	14.0						
螺旋肋	6	1080 1230 1420 1570	930 1080 1280 1420	反复弯曲不小于 4 次/180°	15	60 70 80	1.0 2.0 4.5
	7				20		
	8				20		
	9				25		
	10				25		
	11			弯曲 160°～180°后弯曲处无裂纹	弯曲压头直径为钢棒公称直径的 10 倍		
	12						
	13						
	14						
	16	1080 1270	930 1140				
	18						
	20						
	22						
带肋钢棒	6	1080 1230 1420 1570	930 1080 1280 1420	—			
	8						
	10						
	12						
	14						
	16						

（4）预应力混凝土用钢丝和钢绞线。

预应力混凝土用钢丝是采用优质碳素钢或其他相应性能的钢种，经冷加工及时效处理或热处理而制得的高强度钢丝。根据《预应力混凝土用钢丝》(GB/T 5223—2014)的规定,钢丝按加工状态分为冷拉钢丝和消除应力钢丝两类,按外形可分为光圆钢丝、螺旋肋钢丝和刻痕钢丝三种。

冷拉钢丝(代号为 WCD)公称直径有 3 mm、4 mm、5 mm、6 mm、7 mm、8 mm 六种规格,对 σ 及 $\sigma_{p0.2}$ 的要求因公称直径不同而有所区别,其范围是 $\sigma \geqslant 1470$ MPa,$\sigma_{p0.2} \geqslant 1100$ MPa,且 $\sigma_{p0.2} \geqslant 0.75\sigma_b$,其最大力总伸长率($L_0 = 200$ mm)应不小于 1.5%,1000 h 后应力松弛率应不大于 8%。

消除应力光圆钢丝(代号为 SP)公称直径在 3~12 mm 之间,共有 10 种规格;消除应力螺旋肋钢丝(代号为 SH)公称直径在 4~10 mm 之间,有 9 种规格;消除应力刻痕钢丝(代号为 SI)公称直径有不超过 5 mm 和大于 5 mm 两种规格。低松弛级光圆钢丝、螺旋肋钢丝及刻痕钢丝的力学性能应满足 $\sigma_{丝} \geqslant 1470$ MPa,$\sigma_{p0.2} \geqslant 1290$ MPa,$\sigma_{p0.2} \geqslant 0.88\sigma_b$,其最大力总伸长率($L_0 = 200$ mm)应不小于 3.5%,1000 h 后应力松弛率应不大于 4.5%。

预应力混凝土用钢绞线是以数根冷拉光圆钢丝或刻痕钢丝经绞捻和消除内应力的热处理后制成的。根据《预应力混凝土用钢绞线》(GB/T 5224—2014)的规定,钢绞线按结构分为以下八类,结构代号为:

用两根钢丝捻制的钢绞线	1×2
用三根钢丝捻制的钢绞线	1×3
用三根刻痕钢丝捻制的钢绞线	1×3I
用七根钢丝捻制的标准型钢绞线	1×7
用六根刻痕钢丝和一根光圆中心钢丝捻制的钢绞线	1×7I
用七根钢丝捻制又经模拔的钢绞线	(1×7)C
用十九根钢丝捻制的 1+9+9 西鲁式钢绞线	1×19S
用十九根钢丝捻制的 1+6+6/6 瓦林吞式钢绞线	1×19W

钢绞线的承载能力与其自身的结构类型及公称直径有直接关系,(1×7)C 结构类型的钢绞线,整根最大力可达 384 kN 以上。钢绞线的最大力总伸长率($L_0 \geqslant 400$ mm 或 500 mm)应不小于 3.5%,1000 h 后应力松弛率应不大于 4.5%。

由上述介绍可知,钢丝和钢绞线均属于冷加工强化及热处理钢材,拉伸试验时没有屈服点,但其抗拉强度却远远大于热轧及冷轧钢筋,并具有较好的柔韧性,且应力松弛率低,质量稳定,施工简便。二者均呈盘条状,松卷后可自行伸直,使用时可按要求长度切断。钢丝和钢绞线主要适用于大荷载、大跨度及需曲线配筋的预应力混凝土结构。

2. 型钢

钢结构构件一般应直接选用各种型钢,型钢之间可直接连接或附加连接钢板进行连接。连接的方式主要有铆接、焊接及螺栓连接等。所以钢结构用钢材主要是型钢和钢板。型钢有热轧及冷成型两种,钢板也有热轧和冷轧之分。

(1)热轧型钢。

常用的热轧型钢有角钢(等边和不等边)、工字钢、槽钢、T 形钢、H 形钢、Z 形钢等。我国建筑用热轧型钢主要采用碳素结构钢和低合金高强度结构钢来轧制。在碳素结构钢中主要用 Q235A(含碳量为 0.14%~0.22%),其强度适中,塑性及可焊性较好,且冶炼容易,成本低廉,适合土木工程使用。在钢结构设计规范中,推荐使用的低合金结构钢主要有两种,其牌号为 Q345 和 Q390。可用在大跨度、承受动荷载的钢结构中。

（2）冷弯薄壁型钢。

冷弯薄壁型钢通常采用 2～6 mm 厚度的薄钢板经冷弯或模压而成,有角钢、槽钢等开口薄壁型钢及方形、矩形等空心薄壁型钢。主要用于轻型钢结构。

（3）钢板及压型钢板。

用光面轧辊轧制而成的扁平钢材,以平板状态供货的称为钢板;以卷状供货的称为钢带。土木工程用钢板或钢带的钢种主要是碳素结构钢,一些重型结构、大跨度桥梁、高压容器等也采用低合金高强度结构钢。

钢板按轧制温度不同,可分为热轧和冷轧两类。按厚度不同,热轧钢板又可分为厚板(厚度大于 4 mm)和薄板(厚度为 0.35～4 mm)两种;而冷轧钢板只有薄板(厚度为 0.2～4 mm)一种。一般厚板可用于型钢的连接,组成钢结构承力构件;薄板则可用作屋面或墙面等围护结构,或作为涂层钢板及薄壁型钢的原材料。

薄钢板经冷压或冷轧成波形、双曲形、V 形等形状后,称为压型钢板。彩钢板(又称有机涂层薄钢板)、镀锌薄钢板、防腐薄钢板都可用来制作压型钢板。压型钢板具有单位质量轻、强度高、抗震性能好、施工速度快、造型美观等特点。其用途十分广泛,主要用作屋面板、楼板、墙板及各种装饰板,还可将其与保温材料结合制成复合墙板等。

案例分析

3.6 钢材的防火与防腐蚀

3.6.1 钢材的防火

在一般土木工程结构中,钢材通常是在常温条件下工作的,但对于某些长期处于高温环境中的结构,或遇到火灾等特殊情况时,则必须考虑温度对钢材性能的影响。

温度对钢材性能的影响,不能简单地用应力-应变关系来加以评定,必须同时考虑温度和高温持续时间两个因素。钢材在一定温度和应力作用下,产生随时间而缓慢增长的塑性变形,称为蠕变。温度愈高,蠕变现象愈明显,蠕变将导致应力松弛。此外,由于在高温下晶界强度较晶粒强度低,晶界滑移较易,会促使内部裂缝加速扩展。因此,随着温度的升高,钢材的持久强度将会显著下降。试验研究表明,工程中常用的低碳钢,当温度超过 350 ℃ 时,强度就会开始大幅度下降,500 ℃ 时屈服点及抗拉强度约为常温时的 1/2,600 ℃ 时其抗拉强度仅为常温时的 1/3。

钢材在高温下塑性变形增大,强度显著降低,与其自身的导热性大有直接关系,钢材的导热系数高达 63.63 W/(m³),这是钢结构及钢筋混凝土结构在遭遇火灾的情况下,极易在短时间内发生破坏的一个重要原因。试验研究和大量火灾实例表明,一般建筑钢材耐热临界温度为 540 ℃ 左右,而建筑物失火后,火场温度为 800～1000 ℃。因此处于火灾环境条件下裸露的钢材往往在 10～15 min 内,其自身温度就会上升到耐热临界温度 540 ℃ 以上,致使钢材强度和结构承载能力急剧下降,在纵向压力和横向拉力作用下,结构发生扭曲变形,导致建筑物整体坍塌。为了提高建筑物的防火性能,应对钢结构采取预防包覆措施,如设置防火板或涂刷防火涂料等。在钢筋混凝土结构中,钢筋应留设一定厚度的保护层。

表 3-11 为钢筋防火保护层对结构耐火极限的影响,由表中数据可以看出,对钢材进行适当的防火保护是非常必要的。

表 3-11　钢材防火保护层对结构耐火极限的影响

构 件 名 称	规格/mm	保护层厚度/mm	耐火极限/h
钢筋混凝土圆孔空心板	3300×600×180	10	0.9
预应力钢筋混凝土圆孔板	3300×600×200	30	1.5
	3300×600×90	10	0.4
	3300×600×110	30	0.85
无保护层钢柱		0	0.25
砂浆保护层钢柱		50	1.35
防火涂料保护层钢柱		25	2.0
无保护层钢梁		0	0.25
防火涂料保护层钢梁		15	1.5

3.6.2　钢材的腐蚀与防止

1.钢材被腐蚀的主要原因

(1)化学腐蚀。

钢材与周围介质直接发生化学反应而引起的腐蚀,称为化学腐蚀。通常是由于氧化作用使钢材中的铁形成疏松的氧化铁而被腐蚀。在干燥环境中,化学腐蚀进行缓慢,但在潮湿环境和温度较高时,腐蚀速度加快,这种腐蚀亦可由空气中的二氧化碳或二氧化硫作用,或者其他腐蚀性物质的作用而产生。

(2)电化学腐蚀。

金属在潮湿气体以及导电液体(电解质)中,由于电子流动而引起的腐蚀,称为电化学腐蚀。这是由于两种不同电化学势的金属之间的电势差,使负极金属发生溶解的结果。就钢材而言,当凝聚在钢铁表面的水分中溶入二氧化碳或硫化物气体时,即形成一层电解质水膜。钢铁本身是铁和铁碳化合物,以及其他杂质化合物的混合物,它们之间形成以铁为负极、以碳化铁为正极的原电池,由于电化学反应生成铁锈。

在钢铁表面,微电池的两极反应为

负极反应
$$Fe - 2e = Fe^{2+}$$

正极反应
$$2H^+ + 2e = H_2$$

从电极反应中所逸出的离子在水膜中的反应为

$$Fe + 2H^+ = Fe^{2+} + H_2 \uparrow$$

$$Fe^{2+} + 2OH^- = Fe(OH)_2$$

$Fe(OH)_2$ 又与水中溶解的氧发生下列反应

$$4Fe(OH)_2 + O_2 + 2H_2O = 4Fe(OH)_3$$

$Fe(OH)_2$、$Fe(OH)_3$ 以及 Fe^{2+}、Fe^{3+} 与 CO_3^{2-} 反应生成的 $FeCO_3$、$Fe_2(CO_3)_3$ 等是铁锈的主要成分,为了方便,通常以 $Fe(OH)_3$ 表示铁锈。

钢铁在酸碱盐溶液及海水中发生的腐蚀,地下管线的土壤腐蚀,在大气中的腐蚀,与其他金属接触处的腐蚀,均属于电化学腐蚀,电化学腐蚀是钢材腐蚀的主要形式。

(3)应力腐蚀。

钢材在应力状态下腐蚀加快的现象,称为应力腐蚀。钢筋冷弯处、预应力钢筋等都会因应力存在而加速腐蚀。

2. 防止钢材腐蚀的措施

混凝土中的钢筋处于碱性介质条件下,而氧化保护膜为碱性,故不致锈蚀。但应注意,若在混凝土中大量掺加掺合料,或因碳化反应使混凝土内部环境中性化,或混凝土外加剂中带入一些卤素离子(特别是氯离子),会使锈蚀迅速发展。混凝土配筋的防腐蚀措施主要有提高混凝土密实度和保护层厚度,限制氯盐外加剂及加入防锈剂等方法。

钢结构中型钢的防锈,主要采用表面涂覆的方法。例如表面刷漆,常用底漆有红丹、环氧富锌漆、铁红环氧底漆等。面漆有灰铅漆、醇酸磁漆、酚醛磁漆等。薄壁型钢薄钢板制品可采用热浸镀锌或镀锌后加涂塑料复合层。

复习思考题

1. 为何说屈服点、抗拉强度和伸长率是建筑用钢材的重要技术性能指标?

2. 钢材的冷加工强化有何作用及意义?

3. 一钢材试件,直径为 25 mm,原标距为 125 mm,做拉伸试验,当屈服点荷载为 201.0 kN 时,达到的最大荷载为 250.3 kN,拉断后测得标距为 138 mm,求该钢筋的屈服点、抗拉强度及拉断后的伸长率。

4. 什么是钢材的化学偏析?

5. 试述钢材中的主要化学成分,这些化学成分对钢材的性能有什么影响?

6. 钢按照脱氧程度的不同可分为哪几种类型?

4 气硬性胶凝材料

经过一系列物理化学反应,由可塑性的浆体逐渐硬化为坚固的石状体,且能将散粒状、块状或纤维材料黏结成整体的材料,统称为胶凝材料。

胶凝材料按化学成分可分成无机胶凝材料和有机胶凝材料两类。无机胶凝材料按硬化条件的不同,又可分为气硬性胶凝材料和水硬性胶凝材料。气硬性胶凝材料只能在空气中硬化,并且也只能在空气中保持或提高强度,适用于地上或干燥环境,如石灰、石膏、水玻璃等。水硬性胶凝材料在加水拌和后既能在空气中硬化,也能在水中凝结硬化并保持和提高强度,适用于大气环境、潮湿或水中环境,如各种水泥。

4.1 石 灰

石灰是生石灰、消石灰和石灰膏的统称,是人类使用较早的无机胶凝材料之一。由于其原料分布广、生产工艺简单、成本低廉,在土木工程中应用广泛。

4.1.1 石灰的生产

以碳酸钙为主要成分的天然岩石(如石灰岩、白垩岩、白云质灰岩等),在适当温度下煅烧,分解出二氧化碳后,所得的以氧化钙(CaO)为主要成分的产品即为石灰,又称生石灰。化学反应方程式为

$$CaCO_3 \xrightarrow{900\sim1100\ ℃} CaO + CO_2 \uparrow$$

优质生石灰颜色洁白或略带灰色，结构疏松，质量较轻，其堆积密度为 $800\sim1000\ kg/m^3$，如图 4-1 所示。正火石灰的煅烧温度是 900 ℃，在实际生产中，为加快分解，煅烧温度常提高到 $1000\sim1100\ ℃$。由于煅烧时窑中温度分布不均等原因，石灰中常含有欠火石灰和过火石灰。欠火石灰中的碳酸钙未完全分解，使得氧化钙和氧化镁含量降低，使用时缺乏黏结力，降低了石灰的使用效率。当石灰的煅烧温度过高或煅烧时间过长时，石灰表面会出现裂缝或玻璃状的外壳，常包覆一层黏土熔融物，颜色为深褐色或黑色，内部结构密实，熟化很慢，这种

图 4-1　块状生石灰

石灰称为过火石灰。过火石灰消化缓慢，甚至用于建筑结构中后仍能继续消化，以致体积膨胀，导致灰层表面剥落或产生裂缝等，故危害极大。

石灰岩中常含有白云石（$MgCO_3$），因此经煅烧而成的石灰中常含有一定数量的 MgO，按 MgO 质量分数的不同，石灰可分为钙质石灰（MgO 含量 ≤5%）和镁质石灰（MgO 含量 >5%）。

4.1.2　石灰的熟化和硬化

1. 石灰的熟化

生石灰（CaO）与水反应生成熟石灰 [$Ca(OH)_2$] 的过程称为熟化，亦称消化。反应方程式为

$$CaO + H_2O \longrightarrow Ca(OH)_2 + 64.9\ kJ/mol$$

石灰熟化时放出大量的热，体积增大 $1\sim2.5$ 倍。煅烧良好、氧化钙含量高、活性大的石灰熟化较快，放热量和体积增大也较多。

根据熟化时加水量的不同，石灰的熟化方式分为淋灰法和化灰法两种。

淋灰法是将生石灰块分层铺放约 0.5 m，缓缓淋入水（水质量约为石灰质量的 70%），使生石灰逐渐熟化。淋灰法可得到颗粒细小、分散均匀的消石灰。

化灰法是将生石灰置于化灰池中，加入其质量 3 倍左右的水，使生石灰熟化为石灰浆。石灰浆经筛网过滤，除去尺寸较大的石灰颗粒后，流入储灰池中备用，如图 4-2 所示。石灰中一般都含有过火石灰，为了消除过火石灰的危害，生石灰熟化形成的石灰浆应在储灰池中放置两周以上，这一过程称为石灰的"陈伏"。石灰浆表面应保有一层厚度在 2 cm 以上的隔水层，隔绝空气，以免熟石灰碳化。

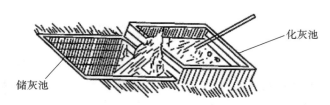

化灰池

储灰池

图 4-2　化灰法示意图

为避免淋灰法和化灰法生产过程中产生的粉尘污染，生产厂家将块状生石灰研磨成生石灰粉销售。生石灰粉在使用时直接加水熟化两天即可使用。

2. 石灰的硬化

石灰浆体的硬化是指石灰由塑性状态转变为具有一定结构强度的过程，包括干燥结晶和碳化

两个同时进行的过程。

（1）干燥结晶。

石灰浆体用于工程后，因水分蒸发或被吸收而干燥，在浆体内的孔隙中产生毛细管压力，石灰粒子更加紧密而获得附加强度。这种强度类似于黏土干燥而获得的强度，其值不大，遇水会丧失。

同时，由于干燥失水，引起浆体中氢氧化钙溶液过饱和，结晶出氢氧化钙晶体，产生结晶强度，但析出的晶体数量少，强度增长也不大。发生于石灰内部的结晶作用是石灰早期强度的主要来源。

（2）碳化。

在大气环境中，氢氧化钙在潮湿状态下与空气中的二氧化碳反应生成碳酸钙，并释放出水分，即发生碳化。反应方程式为：

$$Ca(OH)_2 + CO_2 + nH_2O \xrightarrow{碳化} CaCO_3 + (n+1)H_2O$$

石灰浆体经碳化后能获得一定的强度，主要是因为碳化所生成的碳酸钙晶体相互交叉连生或与氢氧化钙共生，形成紧密交织的结晶网。但是，由于空气中的二氧化碳浓度很低，表面形成的碳酸钙层结构较致密，会阻碍二氧化碳的进一步渗入，因此，碳化过程是十分缓慢的，且仅发生于表面。碳化作用会影响石灰后期强度的增长。

石灰硬化后，由氢氧化钙和碳酸钙两种晶体组成。随着时间的延长，表层碳酸钙的厚度逐渐增厚，增厚的速度取决于其与环境的接触面积及二氧化碳的浓度。

4.1.3 石灰的技术要求

1. 建筑生石灰和生石灰粉

根据我国建材行业标准《建筑生石灰》（JC/T 479—2013），建筑生石灰和生石灰粉的技术要求包括有效氧化钙和氧化镁含量、二氧化碳（CO_2）含量、三氧化硫（SO_3）含量、产浆量和细度，各等级的技术要求详见表 4-1。

表 4-1 建筑生石灰的化学成分和物理性质

名　　称	氧化钙＋氧化镁（CaO＋MgO）/（%）	二氧化碳（CO_2）/（%）	三氧化硫（SO_3）/（%）	产浆量 dm³/10 kg	细　　度	
					0.2 mm 筛余量/（%）	90 μm 筛余量/（%）
CL 90-Q	≥90	≤4	≤2	≥26	—	—
CL 90-QP	≥90	≤4	≤2	—	≤2	≤7
CL 85-Q	≥85	≤7	≤2	≥26	—	—
CL 85-QP	≥85	≤7	≤2	—	≤2	≤7
CL 75-Q	≥75	≤12	≤2	≥26	—	—
CL 75-QP	≥75	≤12	≤2	—	≤2	≤7
ML 85-Q	≥85	≤7	≤2	—	—	—
ML 85-QP	≥85	≤7	≤2	—	≤2	≤7
ML 80-Q	≥80	≤7	≤2	—	—	—
ML 80-QP	≥80	≤7	≤2	—	≤7	≤2

注：CL—钙质生石灰；ML—镁质生石灰；90、85、80、75—（CaO＋MgO）百分含量；Q—生石灰块；QP—生石灰粉。

2. 建筑消石灰

根据我国建材行业标准《建筑消石灰》（JC/T 481—2013），建筑消石灰的技术要求包括有效氧化钙和氧化镁含量、三氧化硫（SO_3）含量、游离水、细度和安定性，各等级的技术要求详见表 4-2。

表 4-2　建筑消石灰的化学成分和物理性质

名　称	氧化钙+氧化镁（CaO+MgO)/(%)	三氧化硫（SO_3)/(%)	游离水	安定性	细度	
					0.2 mm 筛余量/(%)	90 μm 筛余量/(%)
HCL 90	≥90	≤2	≤2	合格	≤2	≤7
HCL 85	≥85	≤2	≤2	合格	≤2	≤7
HCL 75	≥75	≤2	≤2	合格	≤2	≤7
HML 85	≥85	≤2	≤2	合格	≤2	≤7
HML 80	≥80	≤2	≤2	合格	≤2	≤7

注：HCL—钙质消石灰；HML—镁质消石灰；90、85、80、75—(CaO+MgO)百分含量。

3. 各项技术要求对石灰性能的影响

（1）有效氧化钙和氧化镁含量。

石灰中产生黏结性的有效成分是活性氧化钙和氧化镁。它们的含量是评价石灰质量的主要指标，其含量越高，活性越高，质量也越好。

（2）生石灰产浆量。

产浆量是单位质量（1 kg）的生石灰经消化后，所产石灰浆体的体积（dm^3）。石灰产浆量越高，则表示其质量越好。

（3）二氧化碳（CO_2）含量。

CO_2 含量越高，即表示未分解完全的碳酸盐含量越高，则（CaO+MgO）含量相对降低，导致石灰的胶结性能下降。

（4）消石灰游离水含量。

游离水含量是指化学结合水以外的含水量。生石灰消化时加入的水比理论用水量多很多，残余水分蒸发后，留下的孔隙会加剧消石灰的碳化作用，因而影响其质量。

（5）细度。

细度与石灰的质量有密切联系，过量的筛余物会影响石灰的黏结性。

4.1.4　石灰的技术性质及应用

1. 石灰的技术性质

（1）良好的可塑性。

生石灰熟化会形成呈胶体分散状态的氢氧化钙颗粒，此颗粒不仅粒径非常细小（约 0.001 mm），而且表面吸附一层厚的水膜，大大减小了颗粒之间的摩擦力。因此石灰浆具有良好的可塑性。利用这一性质，在水泥砂浆中掺入石灰浆，可显著提高砂浆的可塑性和保水性。

（2）硬化慢、强度低。

由于空气中二氧化碳稀薄，碳化甚为缓慢，而且表面碳化形成的紧密碳酸钙外壳，可阻止碳化作用的深入和内部水分的蒸发。在一般使用环境中，石灰硬化需要数天时间。因此石灰是硬化缓慢的材料，硬化后的强度也不高（如 1:3 石灰砂浆 28 d 抗压强度仅为 0.2～0.5 MPa）。故石灰不宜用于重要建筑物的基础。

（3）硬化时体积干燥收缩大。

石灰浆体中氢氧化钙颗粒表面吸附大量水分，在凝结硬化过程中，游离水不断蒸发，引起石灰浆体显著收缩而开裂。因此，石灰除调成石灰乳作薄层涂刷外，不宜单独使用。实际使用中可掺入砂、纸筋等，以减少收缩和节约石灰。

（4）耐水性差。

若石灰浆体未完全硬化前就处于潮湿的环境中，石灰中的水分不能蒸发，就不会发生凝结硬化。所以，石灰不能在潮湿环境或水中凝结硬化，只能在干燥空气中凝结硬化。硬化后石灰的主要成分是氢氧化钙和少量碳酸钙，氢氧化钙易溶于水，如果长期受潮或被水浸泡，会使已硬化的石灰溃散。

（5）吸湿性强。

生石灰吸湿性强、保水性好，是传统的干燥剂。如图 4-3 所示。

2. 石灰的应用

根据成品加工方法的不同，石灰可分为块状生石灰、生石灰粉、消石灰和石灰浆。

块状生石灰：由原料煅烧而成的原产品，主要成分为 CaO。

生石灰粉：由块状生石灰磨细而得到的细粉，主要成分为 CaO。

消石灰：将生石灰用适量的水消化而得到的粉末，亦称熟石灰，其主要成分为 $Ca(OH)_2$。

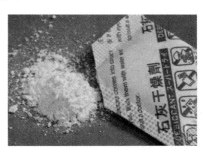

图 4-3 石灰干燥剂

石灰浆：将生石灰在化灰池和储灰池中陈伏而得到的膏状物，称为石灰膏，主要成分为 $Ca(OH)_2$ 和水。如果水分过多，则呈白色悬浮液，称为石灰乳。

石灰产品主要有三方面的应用：一是作为硅酸盐制品和装饰板材的主要原材料；二是工程现场直接使用，如配制石灰乳和三合土；三是作为某些保温材料、无熟料水泥的原材料。其主要用途如下。

（1）配制石灰砂浆或石灰乳。

将消石灰或熟化好的石灰膏加入大量的水搅拌稀释，成为石灰乳。石灰乳是一种廉价的涂料，主要用于内墙和天棚刷白，增加室内美观度和亮度。

石灰砂浆是将石灰膏、砂加水拌制而成的，按其用途分为砌筑砂浆和抹面砂浆。

（2）生产灰砂砖和硅酸盐制品。

石灰具有较强的碱性，在常温下，能与玻璃态的活性氧化硅或活性氧化铝反应，生成有水硬性的产物。因此，石灰是建筑材料工业中重要的原材料。

石灰与天然砂或硅铝质工业废料混合均匀，加水搅拌，经压振或压制，可形成硅酸盐制品，如灰砂砖、硅酸盐砖、硅酸盐混凝土制品等。为使其获早期强度，往往采用高温高压养护或蒸压，使石灰与硅铝质材料反应速度显著加快，进而使制品产生较高的早期强度。

（3）配制石灰土和三合土。

石灰（常用消石灰）和黏土按一定比例拌和制成石灰土，或与黏土、砂石或矿渣等按 1∶2∶3 的比例制成三合土，可用于道路工程的垫层。

随着半刚性基层在高等级路面中的应用，石灰稳定土、石灰粉煤灰稳定土及其稳定碎石广泛用于路面基层。

（4）生产碳化石灰板。

碳化石灰板是将磨细生石灰、纤维状填料（如玻璃纤维）或轻质骨料（如矿渣）按一定比例混合搅拌成型，再利用二氧化碳（如石灰窑废气）进行人工碳化制成的一种轻质板材，可用于制作非承重的隔墙。

此外，石灰还可作为激发剂，与粒化高炉矿渣、粉煤灰等共同磨细制得水硬性无熟料水泥。

3. 石灰的贮存

磨细的生石灰粉应贮存于干燥仓库内，采取严格防水措施。块状生石灰放置太久，会吸收空气中的水分而自动熟化成消石灰，再与空气中二氧化碳作用还原为碳酸钙，失去胶结能力。所以生石灰不宜贮存过久，最好运到后即熟化成石灰浆，将贮存期变为陈伏期。

由于生石灰受潮熟化时会放出大量的热，而且体积膨胀，所以，储存和运输生石灰时，要注意安全。

4.2 石 膏

石膏是以硫酸钙为主要化学成分的气硬性胶凝材料。石膏的应用历史悠久，与石灰和水泥并列为无机胶凝材料的三大支柱。由于石膏原材料来源广，生产能耗低，且石膏制品具有很多优点，所以在工程中应用广泛。

4.2.1 石膏的生产和品种

生产石膏胶凝材料的原料主要是天然石膏和各种化工石膏。天然石膏按结合水的含量不同分为石膏、硬石膏和混合石膏三类。

图 4-4 纯净天然二水石膏

石膏主要以二水硫酸钙存在，又称天然二水石膏，为白色或无色透明晶体，但常因含有碳酸盐、黏土等杂质而呈灰色、褐色、黄色等颜色，是生产建筑石膏和高强石膏的主要原料。纯净天然二水石膏如图 4-4 所示。硬石膏主要由无水硫酸钙组成，且无水硫酸钙的质量分数与二水硫酸钙和无水硫酸钙的质量分数之和的比不小于 80%，因此硬石膏又称天然无水石膏，其结晶致密，质地坚硬，是生产硬石膏水泥的主要原材料。混合石膏主要由二水硫酸钙和无水硫酸钙组成，且无水硫酸钙的质量分数与二水硫酸钙和无水硫酸钙的质量分数之和的比小于 80%。

化工石膏是以硫酸钙为主要成分的工业废渣，如制取氢氟酸产生的氟石膏，合成洗衣粉厂和磷肥厂的磷石膏，以煤为燃料的发电厂和冶炼厂的排烟脱硫石膏等。

石膏石经破碎、煅烧、磨细等工序即得到石膏胶凝材料。不同的加热温度和方式，可生产不同性能的石膏。

1. 建筑石膏

天然石膏或化工石膏经脱水处理制得的以 β 型半水硫酸钙为主要成分，不预加任何外加剂或添加物的粉状胶凝材料，在回转窑、连续式或间断式炒锅中，常压下加热到 107～170 ℃煅烧后，再经磨细而成的白色粉状物称为建筑石膏。反应方程式为：

$$CaSO_4 \cdot 2H_2O \xrightarrow{107\sim170\ ℃} CaSO_4 \cdot \frac{1}{2}H_2O + 1\frac{1}{2}H_2O$$

2. 高强石膏

天然二水石膏(二水硫酸钙含量≥85%)在饱和水蒸气介质或液态水溶液中,且在一定的温度、压力或转晶剂条件下得到的以α型半水硫酸钙为主要晶体形态的粉状胶凝材料,在回转窑、连续式或间断式炒锅中,0.13 MPa压力下加热到124 ℃煅烧后,再经磨细而成的白色粉状物称为高强石膏。反应方程式为:

$$CaSO_4 \cdot 2H_2O \xrightarrow{124\ ℃,0.13\ MPa} CaSO_4 \cdot \frac{1}{2}H_2O + 1\frac{1}{2}H_2O$$

高强石膏晶粒粗大、比表面积小,因此硬化后具有较高的强度和密实度,其烘干抗压强度可达25~50 MPa,2 h的抗折强度可达3.5~6.0 MPa。高强石膏主要用于强度要求较高的抹灰工程,以及制作石膏板和装饰制品。

3. 硬石膏

继续煅烧二水石膏,得到几类不同的硬石膏(无水石膏)。当加热温度在170~390 ℃之间时,可生成具有胶凝性的可溶性无水石膏,其凝结硬化较慢,强度较低。

当煅烧温度达400~750 ℃时,石膏完全失去结合水,成为不溶性硬石膏,难溶于水,凝结速度慢,甚至完全不凝结。若加入适量石灰激发剂磨细后,其凝结硬化性能得以改善,水化后仍能获得较高的强度。不溶性硬石膏主要用于制作石膏板和制品,也可用于室内抹灰。

当煅烧温度达到800 ℃以上时,部分硫酸钙分解出CaO,经磨细后可得高温煅烧石膏,也称地板石膏。地板石膏硬化后具有较高的强度和耐磨性,抗水性较好,因此主要用于室内地面装饰。

石膏的品种很多,各品种的石膏在建筑中均有使用,但是用量最多、用途最广的是建筑石膏,下面内容主要介绍建筑石膏的性能与应用。

4.2.2 建筑石膏的水化与硬化

半水石膏的水化过程是一个放热过程。半水石膏与水拌和后,首先溶解在水溶液中,形成可塑性良好的浆体,接着与水发生化学反应生成二水石膏,化学反应方程式如下:

$$CaSO_4 \cdot \frac{1}{2}H_2O + 1\frac{1}{2}H_2O === CaSO_4 \cdot 2H_2O$$

根据溶解沉淀理论可知,因为二水石膏在水中的溶解度(20 ℃为2.05 g/L)低于半水石膏的溶解度(20 ℃为8.16 g/L),所以此反应总是向右进行的。由于二水石膏的析出,破坏了半水石膏的溶解平衡状态,使得半水石膏不断溶解,二水石膏不断析晶,如此循环,直至半水石膏完全水化为止。在这一溶解和沉淀的过程中,结晶体不断生长和长大,晶体颗粒之间产生摩擦力和黏结力,从而造成浆体稠度的增加和塑性的下降,这一现象称为凝结。浆体塑性完全消失后,晶体颗粒仍不断长大和连生,形成相互交错且孔隙率逐渐减小的结构,直至水分完全耗尽,同时开始产生强度并不断增大,这一过程称为石膏的硬化。石膏的凝结硬化过程如图4-5所示。

石膏浆体的凝结硬化过程是一个连续进行的过程。浆体刚刚开始失去可塑性的状态称为初凝,从加水至初凝的这段时间称为初凝时间。浆体完全失去可塑性并开始产生强度称为终凝,从加水至终凝的时间称为终凝时间。

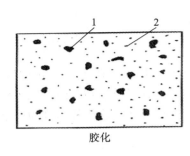 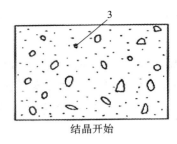 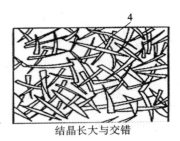

胶化　　　　　　　　结晶开始　　　　　　　结晶长大与交错

图 4-5　石膏的凝结硬化过程

1—半水石膏;2—二水石膏胶粒;3—二水石膏晶体;4—交错的晶体

4.2.3　建筑石膏的技术性质

1.建筑石膏的特征

(1)凝结硬化快。

建筑石膏与水拌和后,在室温自然干燥条件下,10 min 左右初凝,30 min 内终凝,约 7 d 完全硬化。石膏凝结硬化速度快可缩短制品的生产周期,增加施工速度。若使用过程中,因初凝时间过短不满足施工操作要求,可加入缓凝剂调节水化速度,延长凝结时间。常用的缓凝剂有大分子量物质(如蛋白胶、糖蜜渣、单宁酸等),降低溶解度的物质(如乙醇、丙三醇、硼酸、糖等),改变石膏结晶结构的物质(如醋酸钙、碳酸钠、磷酸盐等)。

(2)硬化时体积微膨胀、装饰性好。

建筑石膏在凝结硬化过程中略有膨胀(膨胀率为 0.05%～0.15%),使得石膏制品表面光滑饱满,棱角清晰,颜色洁白,质地细腻,干燥时不开裂,可用于制作纹理精美的装饰制品。

(3)孔隙率大、质量轻、可加工性好。

建筑石膏水化反应所需的理论加水量为 18.6%,而在使用中为获得良好的流动性,加水量为 60%～80%,远大于理论加水量。石膏凝结硬化过程中,大量游离水分蒸发,在石膏内部形成大量毛细孔隙,孔隙率可达 50%～60%,导致硬化后石膏孔隙率大、质量轻、强度较低。因此石膏不能用于制作承重要求高的构件。

微孔结构降低了石膏的脆性,所以硬化后的石膏可锯、可刨、可钉,具有良好的可加工性。

(4)良好的隔热、吸声性能和调湿作用。

硬化后的石膏中有大量的微孔,其传热性显著下降,因此具有良好的绝热能力;石膏的大量微孔,特别是表面微孔对声音传导或反射的能力显著下降,使其具有较强的吸声能力;毛细孔隙较多,比表面积大,当空气过于潮湿时能吸收水分,而当空气过于干燥时则能释放水分,从而能调节空气中的相对湿度。

(5)防火性好、耐火性差。

石膏制品的主要成分为二水石膏,遇火时二水石膏中的结晶水蒸发,在制品表面形成蒸汽幕,可有效阻止火的蔓延。当石膏制品靠近 65 ℃以上的高温环境时,二水石膏中的结晶水会缓慢蒸发,强度下降。

(6)耐水性和抗冻性差。

石膏制品孔隙率大,吸水性强,水分减弱了晶体粒子间的结合力,造成强度下降。而且二水石膏晶体溶于水,如与水长期接触会引起石膏制品的溃散。石膏制品受冻后,因孔隙中的水分结冰,体积膨胀,会产生胀裂破坏。

提高石膏耐水性的主要措施有掺加水硬性胶凝材料、矿渣、粉煤灰或防水剂。

2. 建筑石膏的质量标准

《建筑石膏》(GB/T 9776—2008)规定,建筑石膏按照原材料种类的不同可分为天然建筑石膏(N)、脱硫建筑石膏(S)和磷建筑石膏(P)三种类型;按 2 h 抗折强度分为 3.0、2.0、1.6 三个等级。建筑石膏按产品名称、代号、等级和标准编号的顺序标记。如等级为 2.0 天然建筑石膏记为:建筑石膏 N 2.0。建筑石膏的组成要求:β 半水硫酸钙($\beta CaSO_4 \cdot 2H_2O$)含量应大于 60%;有害物质含量应符合表 4-3 规定。物理力学性能应符合表 4-4 的要求。

表 4-3　建筑石膏有害物质含量

氧 化 钾	氧 化 钠	氧 化 镁	五氧化二磷	氟
≤0.05% (可溶性)	≤0.05% (可溶性)	≤0.05% (可溶性)	≤0.10% (可溶性)	≤1.00% (总量)

表 4-4　建筑石膏的物理力学性能

等 级	细 度	凝结时间/min		2 h 强度/MPa	
		初凝	终凝	抗折	抗压
3.0	≤10	≥3	≤30	≥3.0	≥6.0
2.0				≥2.0	≥4.0
1.6				≥1.6	≥3.0

4.2.4 建筑石膏的应用

因为建筑石膏具有优良的性能,目前在土木工程中应用较广泛,主要用作石膏抹面灰浆、建筑石膏装饰制品和石膏板等。

1. 石膏抹面灰浆

石膏抹面灰浆主要用于室内抹灰及粉刷。抹灰指的是以建筑石膏为胶凝材料,加入水和砂子配成石膏砂浆,作为内墙面抹平用。由建筑石膏特性可知,石膏砂浆具有良好的保温隔热性能,可调节室内空气的湿度,具有良好的隔声与防火性能。但由于不耐水,故不宜在外墙使用。

粉刷指的是在建筑石膏中加入水和适量外加剂,调制成涂料,涂刷内墙面。其表面光洁、细腻、色白,且透湿透气,凝结硬化快,施工方便,黏结强度高,是良好的内墙涂料。

2. 建筑石膏装饰制品

以杂质含量少的建筑石膏(有时称为模型石膏)为主要原材料,加入少量纤维增强材料和建筑胶水,加水拌和成浆体,并注入各种图案和造型的模具中,硬化后就制成了各种建筑石膏装饰制品,也可掺入颜料制成彩色制品。石膏装饰制品具有造型美观、品种多样、施工操作简单等优点,主要用于公共建筑和顶棚的装饰。如图 4-6 所示。

3. 石膏制品

石膏制品主要包括石膏板和石膏砌块。

图 4-6　建筑石膏装饰制品

石膏板作为一种新型轻质墙体材料,不仅具有轻质、保温绝热、吸声、不燃、可锯可钉、调节室内温度等优点，而且原料来源广泛、工艺简单、成本低。石膏板主要有纸面石膏板、纤维石膏板、石膏空心条板、装饰石膏板等。它主要用作室内隔墙、墙面和顶棚的吊顶等，如图4-7所示。

纸面石膏板按其功能分为普通纸面石膏板（P）、耐水纸面石膏板（S）、耐火纸面石膏板（H）和耐水耐火纸面石膏板（SH）四类。普通纸面石膏板是以建筑石膏为主要原料，掺入适量纤维增强材料和外加剂等，与水搅拌后，浇注于护面纸的面纸与背纸之间，并与护面纸牢固地黏结在一起的建筑板材。在原材料中加入耐水外加剂、无机耐火纤维增强材料或同时加入两种改性材料，可分别制得其他三种纸面石膏板。

石膏砌块是以建筑石膏为主要原料，经加水搅拌、浇注成型和干燥后制成的建筑石膏制品，其外形为长方体，纵横边缘分别设有榫头和挑槽。生产中允许加入纤维增强材料或其他集料，也可加入发泡剂、憎水剂。石膏砌块按结构石膏砌块分为：带有水平或垂直方向预制孔洞的空心石膏砌块（代号K）和无预制孔洞的实心石膏砌块（代号S）。石膏砌块的厚度主要有80 mm、100 mm、120 mm和150 mm四种。石膏砌块也是一种自重轻、保温隔热、隔声和防火性能好的新型墙体材料。空心石膏砌块如图4-8所示。

图4-7　石膏板吊顶

图4-8　空心石膏砌块

建筑石膏在运输和储存时要注意防潮，储存期一般不宜超过3个月，否则将导致石膏制品的质量下降。

4.3　水　玻　璃

水玻璃是由碱金属氧化物和二氧化硅结合而成的可溶性碱金属硅酸盐材料，又称泡花碱。优质纯净的水玻璃为无色透明的黏稠液体，溶于水。当含有杂质时水玻璃呈淡黄色或青灰色。

水玻璃分为钠水玻璃和钾水玻璃，钠水玻璃在工程中使用较广泛。钠水玻璃为硅酸钠水溶液，分子式为 $Na_2O \cdot nSiO_2$；钾水玻璃为硅酸钾水溶液，分子式为 $K_2O \cdot nSiO_2$。

分子式中的 n 为二氧化硅与碱金属氧化物的分子比，称为模数。模数是水玻璃的重要参数，模数越大，水玻璃黏结力增大，耐酸性、耐热性越高，水玻璃越难溶于水。n 为1的水玻璃能溶于常温水中，n 加大时需热水才能溶解，n 大于3时需4个大气压以上的蒸汽才能溶解。水玻璃模数可按使用要求调整配制，也可将不同模数的水玻璃掺配使用。土木工程中常用的水玻璃的模数为2.2～3.0，密度为1.3～1.5 g/cm³。

4.3.1 水玻璃的生产和硬化

1. 水玻璃的生产

水玻璃的生产工艺有干法和湿法两种。

干法工艺是以石英岩和纯碱为原料,磨细拌匀后,在熔炉内于 1300～1400 ℃温度下熔化并反应生成液体硅酸钠,从炉出料口流出、制块或水淬成颗粒,再在高温或高温高压水中溶解,制得溶液状水玻璃产品。

湿法工艺是以石英岩粉和烧碱为原料,在高压蒸锅内,在 2～3 大气压下进行压蒸反应,直接生成液体水玻璃。

2. 水玻璃的硬化

水玻璃在空气中的凝结固化主要通过碳化和脱水结晶固结两个过程来实现。反应方程式为:

$$Na_2O \cdot nSiO_2 + CO_2 + mH_2O = Na_2CO_3 + nSiO_2 \cdot mH_2O$$

液体水玻璃在空气中吸收二氧化碳,析出无定形二氧化硅凝胶,随着碳化反应的进行,二氧化硅凝胶含量增加,并随着自由水分蒸发脱水成固体二氧化硅而凝结固化。由于空气中 CO_2 浓度低,这个反应过程速度十分缓慢。

为加速水玻璃的凝结固化速度和提高其强度,水玻璃使用时一般要求加入 12％～15％的氟硅酸钠固化剂。氟硅酸钠可加速水玻璃中硅酸凝胶的析出和 SiO_2 的形成。其反应式如下:

$$2[Na_2O \cdot nSiO_2] + Na_2SiF_6 + mH_2O = 6NaF + (2n+1)SiO_2 \cdot mH_2O$$

加入氟硅酸钠固化剂后,水玻璃的初凝时间缩短为 30～60 min,终凝时间缩短为 240～360 min,7 d 可达到最大强度。

4.3.2 水玻璃的性质及应用

1. 水玻璃的性质

(1)黏结力强,强度高。

水玻璃硬化后的主要成分为硅酸凝胶,其比表面积大,具有较强的黏结力和较高的强度。水玻璃混凝土的抗压强度可达 15～40 MPa,但水玻璃自身质量、配合料性能及施工操作也对水玻璃混凝土强度有显著影响。

(2)良好的耐酸性和耐热性。

水玻璃的硬化产物二氧化硅可以抵抗除氢氟酸、热磷酸和高级脂肪酸以外的几乎所有无机酸和有机酸的侵蚀。

水玻璃硬化后形成的二氧化硅网状骨架,在高温下强度下降很小,当采用耐热耐火骨料配制水玻璃砂浆和混凝土时,耐热温度可高达 1000 ℃。

(3)耐水性和耐碱性差。

因水玻璃中的二氧化硅和 $Na_2O \cdot nSiO_2$ 都易溶于碱,且 $Na_2O \cdot nSiO_2$ 可溶于水,故水玻璃不能在碱性和潮湿环境中使用。常采用中等浓度的酸对已硬化水玻璃进行酸洗处理,提高其耐水性。

2. 水玻璃的应用

(1)配制特种混凝土和砂浆。

因水玻璃具有良好的耐酸性和耐热性,用其配制的混凝土和砂浆可用于有耐酸或防火要求的工程,如硫酸池、高炉基础等结构物工程。

(2)涂刷材料表面,提高其抗风化能力。

以密度为 1.35 g/cm³ 的水玻璃浸渍或涂刷黏土砖、水泥混凝土、硅酸盐混凝土、石材等多孔材料,可提高其密实度、强度、抗渗性、抗冻性及耐水性等。水玻璃溶液涂刷或浸渍材料后,能渗入缝隙和孔隙中,固化的硅酸凝胶能堵塞毛细孔通道,提高材料的密度和强度,从而提高材料的抗风化能力。但水玻璃不得用来涂刷或浸渍石膏制品,因为水玻璃与石膏反应生成的硫酸钠(Na_2SO_4),会在制品孔隙内结晶膨胀,导致石膏制品开裂。

(3)配制速凝防水剂。

水玻璃可与多种矾配制成速凝防水剂,用于堵漏、填缝等局部抢修。这种多矾防水剂的凝结速度很快,一般为几分钟,其中四矾防水剂不超过 1 min,故工地上使用时必须做到即配即用。多矾防水剂常用胆矾(硫酸铜)、红矾(重铬酸钾)、明矾(也称白矾、硫酸铝钾)、紫矾四种矾。

(4)加固地基基础。

将水玻璃与氯化钙溶液或水泥交替注入土壤中(称为双液注浆),两种溶液迅速反应生成硅胶和氢氧化钙,可起到胶结和填充孔隙的作用,使土壤的强度和承载能力提高。常用于粉土、砂土和填土的地基加固。

复习思考题

1.简述胶凝材料的定义及分类。

2.试根据石灰浆体的凝结硬化过程,分析硬化石灰浆体的特性。

3.建筑的内墙使用石灰砂浆抹面。数月后,墙面上出现了许多不规则的网状裂纹,同时个别部位还有一部分凸出的呈放射状裂纹。试分析上述现象产生的原因。

4.为何石灰属于气硬性胶凝材料?

5.为什么说建筑石膏是一种很好的内墙抹灰材料?

6.水玻璃的模数与溶解度和性能有何关系?

7.如何快速准确地分辨建筑石膏、消石灰和生石灰?

5 水　泥

　　水泥是一种无机、粉末状材料,当与其他材料以及适量水混合后,经过一系列物理化学反应,由具有流动性、可塑性的浆体变成坚硬的人造石材。水泥浆体不但能在空气中硬化,还能更快地在水中硬化,并继续增长其强度,所以水泥是一种良好的水硬性胶凝材料。

　　水泥是目前最主要的土木工程材料之一,其使用量大,应用范围广,品种繁多,广泛应用于工业与民用建筑、道路、桥涵、水利、海港和国防等工程。水泥的品种很多,按照其主要矿物成分划分,有硅酸盐水泥、铝酸盐水泥、磷酸盐水泥、氟铝酸盐水泥、硫铝酸盐水泥和铁铝酸盐水泥、无熟料水泥等。其中硅酸盐系水泥在工程中应用最为普遍。

水泥的生产

　　按用途和性能可将水泥分为通用水泥、专用水泥和特性水泥三大类。通用水泥是指在一般土木工程中通常大量使用的水泥。专用水泥是指有专门用途的水泥,例如大坝水泥、油井水泥、砌筑水泥、道路水泥等。而特性水泥则是指某种性能比较突出的水泥,例如低热矿渣硅酸盐水泥、快硬硅酸盐水泥、抗硫酸盐硅酸盐水泥等。

5.1　硅酸盐水泥

　　将适当成分的生料烧至部分熔融,得到以硅酸钙为主要成分的粒状产物,称为硅酸盐水泥熟料。根据《硅酸盐水泥、普通硅酸盐水泥》(GB 175—2007)的规定,凡由硅酸盐水泥熟料、0～5％石灰石或粒化高炉矿渣、适量石膏磨细制成的水硬性胶凝材料,称为硅酸盐水泥(silicate cement),即国外通称的波特兰水泥(Portland cement)。硅酸盐水泥分为两种类型,不掺加混合材料的称为Ⅰ型硅酸盐水泥,代号为 P·Ⅰ。在硅酸盐水泥粉磨时掺加不超过水泥质量 5％的石灰石或粒化高炉矿渣混合材料的称为Ⅱ型硅酸盐水泥,代号为 P·Ⅱ。

5.1.1　硅酸盐水泥的组成材料

(1)硅酸盐水泥熟料。

由主要含 CaO、SiO_2、Al_2O_3、Fe_2O_3 的原料,按适当比例磨成细粉烧至部分熔融所得的以硅酸钙为主要矿物成分的水硬性胶凝物质,称为硅酸盐水泥熟料。其中硅酸钙矿物含量不小于66％,氧化钙和氧化硅质量比不小于 2.0。

(2)石膏。

天然石膏:应符合 GB/T 5483 中规定的 G 类或 M 类二级(含)以上的石膏或混合石膏。

工业副产石膏:以硫酸钙为主要成分的工业副产物。采用前应经过试验证明对水泥性能无害。

(3)活性混合材料。

活性混合材料包括符合 GB/T 203、GB/T 18046、GB/T 1596、GB/T 2847 标准要求的粒化高炉矿渣、粒化高炉矿渣粉、粉煤灰、火山灰质混合材料。

(4)非活性混合材料。

非活性混合材料包括活性指标分别低于 GB/T 203、GB/T 18046、GB/T 1596、GB/T 2847 标准要求的粒化高炉矿渣、粒化高炉矿渣粉、粉煤灰、火山灰质混合材料以及石灰石和砂岩,其中石灰石中的 Al_2O_3 含量应不大于 2.5％。

(5)窑灰。

窑灰应符合 JC/T742 的规定。

(6)助磨剂。

水泥粉磨时可加入助磨剂,其加入量应不大于水泥质量的 0.5％,助磨剂应符合 JC/T 667 的规定。

5.1.2　硅酸盐水泥的生产与矿物成分

1. 硅酸盐水泥的生产

生产硅酸盐水泥的原料主要有石灰质原料和黏土质原料两大类,此外还可辅助以少量的校正原料。石灰质原料可采用石灰岩、泥灰岩、白垩等,主要提供 CaO。黏土质原料可采用黏土、黄土、页岩等,主要提供 SiO_2、Al_2O_3 及少量 Fe_2O_3。有时还常配入辅助原料(铁矿粉、砂岩等),以调节原料中某些氧化物的不足,使原料中含有 75％～78％的 $CaCO_3$ 以及 22％～25％的 SiO_2、Al_2O_3、Fe_2O_3。

硅酸盐水泥的生产过程分为制备生料、煅烧熟料和粉磨水泥三个阶段,可简单概括为“两磨一烧”,其基本生产工艺过程如图 5-1 所示。

硅酸盐水泥生产时首先将几种原料粉碎,按配合比混合在磨机中磨细成具有适当化学成分的生料,再将生料在水泥窑(回转窑或立窑)中经过约 1450 ℃的高温煅烧至部分熔融,冷却后得到的灰黑色圆粒状物为硅酸盐水泥熟料(clinker),熟料与适量石膏共同磨细至一定细度即为硅酸盐水泥。

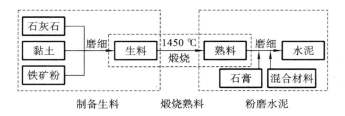

图 5-1 硅酸盐水泥基本生产工艺流程

2.水泥熟料矿物组成及特性

硅酸盐水泥熟料中各氧化物不是单独存在的,而是经高温煅烧后以两种或两种以上的氧化物反应后生成多种矿物的集合体,其主要化学组成见表 5-1。

表 5-1 硅酸盐水泥熟料化学组成

氧 化 物	缩 写 式	一般含量范围
CaO	C	62%～67%
SiO_2	S	20%～24%
Al_2O_3	A	4%～7%
Fe_2O_3	F	3%～6%

通过高温煅烧得到的硅酸盐水泥熟料,就其化学成分而言与生料相比没有太大的变化,但是其中的 CaO、SiO_2、Al_2O_3 和 Fe_2O_3 等不再以单独的氧化物存在,而是在煅烧过程中发生了一系列复杂的物理化学反应,由两种或两种以上氧化物反应生成了多矿物集合体。通常硅酸盐水泥熟料的矿物组成有四种,其名称和含量范围见表 5-2。

表 5-2 硅酸盐水泥熟料矿物组成

矿 物 名 称	分子化学式	代 号	含量范围
硅酸三钙	$3CaO \cdot SiO_2$	C_3S	37%～60%
硅酸二钙	$2CaO \cdot SiO_2$	C_2S	15%～37%
铝酸三钙	$3CaO \cdot Al_2O_3$	C_3A	7%～15%
铁铝酸四钙	$4CaO \cdot Al_2O_3 \cdot Fe_2O_3$	C_4AF	10%～18%

在水泥的各种矿物成分中,铝酸三钙的水化速度最快,水化热最大,产生的热量大而集中,且主要在早期放出,其水化反应对水泥的凝结起主导作用;铁铝酸四钙的水化速度也较快,仅次于铝酸三钙,水化热中等;硅酸三钙的水化速度较快,水化热较大且主要在早期放出,能促进水泥的早期凝结硬化,其早期、后期强度均较高,同时含量最高;硅酸二钙的水化速度最慢,水化热也最低,且主要在后期放出,因此它不影响水泥的凝结,但对水泥的后期凝结硬化起主要作用;各矿物单独与水作用时会表现出不同的特性,见表 5-3。

表 5-3 硅酸盐水泥熟料矿物特性

矿 物 名 称	硅酸三钙	硅酸二钙	铝酸三钙	铁铝酸四钙
28 d 水化放热量	多	少	最多	中
水化与硬化速度	快	慢	最快	快
强度	高	早期低,后期高	低	低

水泥是几种熟料矿物的混合物，它们的组成决定了水泥的性质。改变熟料矿物成分间的比例时，水泥的性质即发生相应的变化。例如，减少水泥中硅酸三钙和铝酸三钙的含量，提高硅酸二钙的含量，可以制得水化热低的大坝水泥；适当提高熟料中硅酸三钙的含量，可以制得高强快硬水泥。

5.1.3 硅酸盐水泥的水化与凝结硬化

1. 硅酸盐水泥的水化

水泥加水拌和后，水泥的各种矿物成分与水发生化学反应，生成水化产物并放出一定热量，这个过程称为水泥的水化（hydration）。水泥的水化反应为放热反应，水化反应生成各水化产物的同时，将放出热量，形成水化热。水泥的水化从其颗粒表面开始，水泥颗粒表面的水泥熟料先溶解于水，然后与水反应，或水泥熟料在固态时直接与水反应。水泥单矿物水化的反应式如下：

$$2(3CaO \cdot SiO_2) + 6H_2O \Longrightarrow 3CaO \cdot 2SiO_2 \cdot 3H_2O + 3Ca(OH)_2$$
$$2(2CaO \cdot SiO_2) + 4H_2O \Longrightarrow 3CaO \cdot 2SiO_2 \cdot 3H_2O + 3Ca(OH)_2$$
$$3CaO \cdot Al_2O_3 + 6H_2O \Longrightarrow 3CaO \cdot Al_2O_3 \cdot 6H_2O$$
$$4CaO \cdot Al_2O_3 \cdot Fe_2O_3 + 7H_2O \Longrightarrow 3CaO \cdot Al_2O_3 \cdot 6H_2O + CaO \cdot Fe_2O_3 \cdot 6H_2O$$
$$3CaO \cdot Al_2O_3 \cdot Fe_2O_3 + 3(CaSO_4 \cdot 2H_2O) + 20H_2O \Longrightarrow 3CaO \cdot Al_2O_3 \cdot Fe_2O_3 \cdot 3CaSO_4 \cdot 32H_2O$$

水泥水化后生成的水化硅酸钙较难溶于水，在水泥浆体中以胶体形式析出，并逐渐聚集成为凝胶。胶体颗粒呈薄片状或纤维状，一般称其为 C－S－H 凝胶，水化产物氢氧化钙在溶液的浓度达到饱和状态后，呈六方晶体析出。

铝酸三钙和铁铝酸四钙水化生成的水化铝酸钙为立方晶体，在氢氧化钙饱和溶液中还能与氢氧化钙进一步反应，生成六方晶体的水化铝酸四钙。在有石膏存在时，水化铝酸钙与石膏反应，生成高硫型水化硫铝酸钙（$3CaO \cdot Al_2O_3 \cdot 3CaSO_4 \cdot 32H_2O$）针状晶体，简称钙矾石，常用 AFt 表示。当石膏消耗完后，部分钙矾石将转变为单硫型水化硫铝酸钙（$3Cao \cdot Al_2O_3 \cdot 3CaSO_4 \cdot 12H_2O$）晶体，常用 AFm 表示。

硅酸盐水泥是多矿物、多组分的物质，它与水拌和后，就立即发生化学反应。硅酸盐水泥加水后，铝酸三钙立即发生反应，硅酸三钙和铁铝酸四钙也很快水化，而硅酸二钙则水化较慢。在充分水化的水泥石中，C-S-H 凝胶约占 70%，$Ca(OH)_2$ 约占 20%，钙矾石和单硫型水化硫铝酸钙约占 7%。

水泥水化产物微观形貌

2. 水泥的凝结硬化过程

关于水泥凝结硬化理论的研究至今仍在继续。下面介绍的是硅酸盐水泥凝结硬化的一般过程。

水泥遇水后发生一系列的物理化学变化，逐渐凝结和硬化。水泥加水拌和后，首先水泥颗粒表面的矿物溶解于水并与水发生水化反应，最初形成具有可塑性的浆体，随着水化反应的进行，水泥浆体逐渐变稠并失去可塑性，这一过程称为水泥的凝结（setting）。随着水泥水化的进一步进行，凝结的水泥浆体开始产生强度，并逐渐发展成为坚硬的水泥石，这一过程称为硬化（hardening）。水泥浆的凝结、硬化是水泥水化的外在反映，它是一个连续的、复杂的物理化学变化过程，其结果决定了硬化水泥石的结构和性能。因此，了解水泥的凝结和硬化过程，对了解水泥的性能有着重要意义。

硅酸盐水泥的凝结硬化过程一般按水化反应速度和物理化学的主要变化分为四个阶段，见表5-4。

表 5-4 硅酸盐水泥凝结硬化过程的几个阶段

凝结硬化阶段	一般的持续时间	一般的放热反应速度	主要的物理化学变化
初始反应期	5～10 min	168 J/(g·h)	初始溶解和水化
潜伏期	1 h	4.2 J/(g·h)	水化物膜层围绕 水泥颗粒逐渐生长
凝结期	6 h	在 6 h 内逐渐增加 到 21 J/(g·h)	膜层逐渐增厚， 水泥颗粒进一步水化
硬化期	6 h 至很多年	在 24 h 内逐渐增加 到 4.2 J/(g·h)	水化物填充毛细孔

（1）初始反应期（见图 5-2(a)）。从水泥加水拌和起至拌和后 5～10 min 内，水泥颗粒分散并溶解于水，在水泥颗粒表面水化反应迅速开始进行，生成相应水化产物，水化产物也先溶解于水，未水化的水泥颗粒分散在水中，成为水泥浆体。

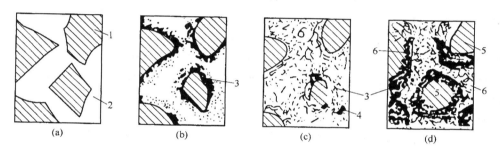

图 5-2 硅酸盐水泥凝结硬化过程示意图

(a)初始反应期，分散在水中的水泥颗粒；(b)潜伏期，在水泥颗粒表面形成水化物膜层；
(c)凝结，膜层长大并互相连接；(d)硬化期，水化物进一步发展，填充毛细孔
1—水泥颗粒；2—水分；3—凝胶；4—晶体；5—水泥颗粒未水化的内核；6—毛细孔

（2）潜伏期（见图 5-2(b)）。水泥颗粒的水化从其表面开始。水和水泥一接触，水泥颗粒表面的熟料矿物与水反应，形成相应的水化物并溶于水中。此种反应继续下去，使水泥颗粒周围的溶液很快达到水化物的饱和或过饱和状态。由于各种水化物的溶解度都很小，继续水化的产物以细分散状态的胶体颗粒析出，附在水泥颗粒表面，形成凝胶膜包裹层。在水化初期，水化物不多，包有水化物的膜层的水泥颗粒之间还是分离着的，水泥浆具有可塑性。

（3）凝结期（见图 5-2(c)）。水泥颗粒不断水化，水化物膜层逐渐增厚，减缓了外部水分的渗入和水化物向外扩散的速度，使水化反应在一段时间变得缓慢。随着水化反应的不断深入，膜层内部的水化物不断向外突出，最终导致膜层破裂，水化重新加速。水泥颗粒间的空隙逐渐缩小，而包有凝胶体的颗粒则逐渐接近，以致相互接触，接触点的增多形成了空间网状结构。凝聚结构的形成，使水泥浆开始失去可塑性，此为水泥的初凝，但这时还不具有强度。

（4）硬化期（见图 5-2(d)）。以上过程不断地进行，固态的水化物不断增多并填充颗粒间的空隙，毛细孔越来越少，结晶体和凝胶体互相贯穿形成的凝聚-结晶网状结构并不断加强，结构逐渐紧密。水泥浆体完全失去可塑性，达到能担负一定荷载的强度。水泥表现为终凝，并开始进入硬化阶段。水泥进入硬化期以后，水化速度逐渐减慢，水化物随时间的增长而逐渐增加，扩展到毛细孔中，使结构更趋致密，强度相应提高。

由此可见,在水泥浆整体中,上述物理化学变化不能按时间截然划分,但在凝结硬化的不同阶段将由某种反应起主导作用。水泥的水化反应是从颗粒表面深入到内核的。开始时水化速度较快,水泥的强度增长快;但由于水化不断进行,堆积在水泥颗粒周围的水化物不断增多,阻碍水和水泥未水化部分的接触,水化减慢,强度增长也逐渐减慢,但无论时间多久,水泥颗粒的内核很难完全水化。因此,在硬化水泥石中,同时包含有水泥熟料矿物水化的凝胶体和结晶体、未水化的水泥颗粒、水(自由水和吸附水)和孔隙(毛细孔和凝胶孔),它们在不同时期相对数量的变化使水泥石的性质随之改变。

3. 影响水泥凝结硬化的主要因素

(1)水泥熟料矿物组成。

水泥熟料单矿物的水化速度按由快到慢的顺序排列为 $C_3A>C_4AF>C_3S>C_2S$,当水泥中各矿物的相对含量不同时,其凝结硬化的特点也不相同,因此可通过调节水泥中各种矿物成分的比例制成不同性质和不同用途的水泥。

(2)石膏掺量。

水泥粉磨时掺入适量石膏,可调节水泥的凝结硬化速度。若不掺石膏或石膏掺量不足,水泥会发生瞬凝现象。这是由于铝酸三钙在溶液中电离出三价铝离子(Al^{3+}),它与硅酸钙凝胶的电荷相反,会促使胶体凝聚。加入石膏后,石膏与水化铝酸钙作用,生成钙矾石,钙矾石难溶于水,沉淀在水泥颗粒表面上形成保护膜,降低了溶液中 Al^{3+} 的浓度,并阻碍了铝酸三钙的水化,延缓了水泥的凝结。如果石膏掺量过多,会在后期引起水泥石的膨胀而造成开裂破坏。因此石膏的掺量过多或过少对水泥的凝结都不利。

(3)细度。

水泥颗粒粉磨得越细,总表面积越大,与水接触时的水化反应面积也越大,则水化速度越快,凝结硬化也越快。

(4)温度和湿度。

温度对水泥的凝结硬化有明显影响。温度增高会使水泥水化反应加快,因此水泥凝结硬化速度随之加快;相反,温度降低,则水化反应减慢,水泥凝结硬化速度随之变得缓慢。当温度低于 5 ℃时,水化硬化速度大大减慢;当温度低于 0 ℃时,水化反应基本停止。同时,由于温度低于 0 ℃,当水结冰时,还会破坏水泥石结构。实际工程中,常通过蒸汽养护来加速水泥制品的凝结硬化过程,使早期强度能较快发展。但高温养护的水化物晶粒粗大,往往导致水泥后期强度增长缓慢甚至下降。而常温养护的水化物较致密,可获得较高的最终强度。

同时,水泥的水化反应只有在温暖和潮湿的环境下才能持续发展。若水泥石处于干燥的环境中,当水分蒸发完毕后,水化作用将无法继续进行,水化产物不再增加,硬化即停止,强度也就不再增长。潮湿环境下的水泥石,能保持足够的水分进行水化和凝结硬化,生成的水化物会进一步填充毛细孔,促进强度不断发展。在工程中,保持环境的温度和湿度,使水泥石强度不断增长的措施称为养护(curing)。混凝土在浇筑后的一段时间里,应十分注意保温保湿养护。

(5)养护时间。

水泥的水化是一个不断进行的过程,且持续时间较长。水泥的水化是从表面开始向内部逐渐深入进行的,随着时间的延续,水泥的水化程度不断增加,对周围环境特别是温湿度条件也有一定的要求。硅酸盐水泥加水后,强度随龄期的增长而发展,一般在 3～14 d 之内增长较快,28 d 之后趋于缓慢,90 d 以后则更缓慢,但如能保持适当的温度和湿度,水泥的水化反应将不断进行,其强度将在较长时间内继续增长。

5.1.4　硅酸盐水泥的技术性质

水泥是混凝土的重要原材料之一。硅酸盐水泥的技术性质是水泥应用的理论基础,对混凝土的性能具有至关重要的影响,为了保证混凝土材料的性能满足工程要求,国家标准《通用硅酸盐水泥》(GB 175—2007)对硅酸盐水泥的细度、凝结时间、体积安定性、强度等各项性能指标均做了明确规定。

(1)密度。

在进行混凝土配合比计算和储运硅酸盐水泥时,需要知道硅酸盐水泥的密度和堆积密度。硅酸盐水泥的密度一般在 3.05～3.15 g/cm³ 之间,平均可取 3.1 g/cm³,水泥密度的大小主要与水泥熟料的质量和混合材料的掺量有关。水泥的堆积密度除与水泥的组成、细度有关外,主要取决于堆积的松紧程度。其堆积程度一般在 1000～1600 kg/m³ 之间,通常取 1300 kg/m³。

(2)细度。

细度是指水泥颗粒的粗细程度,水泥的细度对其性质有很大影响。水泥颗粒粒径一般在 7～200 μm 范围内,颗粒愈细,与水起反应的表面积就愈大,因而水化速度较快,而且较完全,早期强度和后期强度都较高;但水泥石硬化体的收缩也愈大,且水泥在储运过程中易受潮而降低活性,从而不易储存。因此,水泥细度应适当。细度一般用比表面积法来进行表示,比表面积法是根据一定量空气通过一定空隙率和厚度的水泥层时,所受阻力不同而引起流速的变化来测定水泥的比表面积(单位质量的粉末所具有的总表面积),以 m²/kg 表示,根据国家标准《通用硅酸盐水泥》(GB 175—2007)的相关规定,硅酸盐水泥的细度用透气式比表面仪测定,要求其比表面积应大于 300 m²/kg。

(3)标准稠度用水量。

标准稠度用水量(water requirement of normal consistency)是指水泥浆体达到规定的标准稠度时的用水量占水泥质量的百分比。标准稠度是人为规定的稠度,其用水量用维卡仪来测定。国家标准没有对标准稠度用水量进行具体的规定,但标准稠度用水量的大小对水泥的一些技术性质(如凝结时间、体积安定性等的测定值)有较大的影响。为了使所测得的结果有可比性,要求必须采用标准稠度的水泥净浆进行测定。

对于不同的水泥品种,水泥的标准稠度用水量各不相同。硅酸盐水泥的标准稠度用水量一般在 24%～30% 之间。影响水泥标准稠度用水量的因素有矿物成分、细度、混合材料种类及掺量等。熟料矿物中 C_3A 需水量最大,C_2S 需水量最小。水泥越细,比表面积越大,需水量越大。生产水泥时掺入需水量大的粉煤灰、沸石等混合材料,将使需水量明显增大。

(4)凝结时间。

凝结时间(setting time)是指水泥从加水拌和开始到失去流动性,即从可塑状态发展到固体状态所需要的时间,它是影响混凝土施工难易程度和速度的重要性质。凝结时间分初凝时间和终凝时间。初凝时间为水泥加水拌和起至标准稠度净浆开始失去可塑性所需的时间;终凝时间为水泥加水拌和起至标准稠度净浆完全失去可塑性并开始产生强度所需的时间。

规定水泥的凝结时间在施工中具有重要意义。为使混凝土和砂浆有充分的时间进行搅拌、运输、浇捣和砌筑,水泥初凝时间不能过短。当施工完毕后,则要求水泥尽快硬化,具有强度,故终凝时间不能太长。

影响水泥凝结时间的因素很多,如熟料中铝酸三钙含量高或石膏掺量不足时,会使水泥快凝;水泥的细度愈细,水化作用愈快,凝结愈快;水灰比愈小,凝结时的温度愈高,凝结愈快;混合材料掺量大,水泥过粗等都会使水泥凝结缓慢。

国家标准规定,水泥的凝结时间是以标准稠度的水泥净浆在规定温度及湿度环境下用维卡仪测定的。规定硅酸盐水泥的初凝时间不得早于 45 min,终凝时间不得迟于 390 min。

(5)体积安定性。

水泥的体积安定性(volume soundness)是指水泥在凝结硬化过程中体积变化的均匀性与稳定性。如果在水泥硬化过程中,产生不均匀的体积变化,即所谓的体积安定性不良,就会使构件产生膨胀性裂缝,降低建筑物质量,甚至引起严重事故。

造成水泥体积安定性不良的原因,一般是水泥熟料中所含的游离氧化钙过多,也可能是熟料中所含的游离氧化镁过多或掺入的石膏过多。熟料中所含的游离氧化钙或氧化镁都是过烧的,熟化很慢,在水泥已经硬化后才能进行熟化并引起体积膨胀,使水泥石开裂。当石膏掺量过多时,在水泥硬化后,它还会继续与固态的水化铝酸钙反应生成高硫型水化硫铝酸钙,体积约增大 1.5 倍,也会引起水泥石开裂。

国家标准规定,用沸煮法检验由游离氧化钙引起的水泥体积安定性不良,测试方法可用饼法也可用雷氏法,有争议时以雷氏法为准。饼法是将标准稠度的水泥净浆做成试饼,沸煮 3 h 后经肉眼观察未发现裂纹,用直尺检查没有弯曲,称为体积安定性合格;雷氏法是测定水泥净浆在雷氏夹中沸煮 3 h 后的膨胀值,若雷氏夹指针尖端的距离增加值不大于 5.0 mm,则称为体积安定性合格。

由于游离氧化镁的熟化比游离氧化钙更加缓慢,必须用压蒸法才能检验出它的危害。国家标准规定水泥中氧化镁的含量不宜超过 5.0%,如果水泥经压蒸安定性试验合格,则水泥中氧化镁含量允许放宽到 6.0%。石膏的危害需长期在常温水中才能发现,国家标准要求水泥中三氧化硫含量不得超过 5.5%。体积安定性不良的水泥应作废品处理,不能用于任何工程中。

(6)强度及强度等级。

从本质上讲,水泥的强度取决于组成水泥的矿物成分和细度。水泥的强度是水泥的重要技术指标。根据国家标准《通用硅酸盐水泥》(GB 175—2007)的规定,水泥和标准砂(模拟混凝土中的骨料由粗、中、细三种砂子组成)按 1∶3 混合,用 0.5 的水灰比按规定的方法制成试件,在标准温度(20 ℃±1 ℃)的水中养护,测定 3 d 和 28 d 的强度。根据测定结果,将硅酸盐水泥分为 42.5、42.5R、52.5、52.5R、62.5 和 62.5R 等六个强度等级。水泥按 3 d 强度分为普通型和早强型两种,其中代号 R 表示早强型水泥。各强度等级、各类型硅酸盐水泥的各龄期强度不得低于表 5-5 中的数值。

表 5-5　硅酸盐水泥各龄期的相关强度要求

强 度 等 级	抗压强度/MPa,不小于		抗折强度/MPa,不小于	
	3 d	28 d	3 d	28 d
42.5	17.0	42.5	3.5	6.5
42.5R	22.0	42.5	4.0	6.5
52.5	25.0	52.5	4.0	7.0
52.5R	27.0	52.5	5.0	7.0
62.5	28.0	62.5	5.0	8.0
62.5R	32.0	62.5	5.5	8.0

(7)水化热。

水泥的水化反应是放热反应,水泥在水化过程中放出的热,称为水泥的水化热(hydration heat),单位为 J/kg。水泥水化放出的热量以及放热速度主要取决于水泥的矿物组成和细度。在水泥的四种主要矿物成分中,铝酸三钙与水反应后放热量最大,速率最快,硅酸三钙放热量稍低,硅酸二钙放热量最低,速率也最慢;水泥细度越细,水泥水化越容易进行,因此,水化放热量越大,放热速率也越快。

冬季施工时,水化热有利于水泥的正常凝结硬化。对大型基础、水坝、桥墩等大体积混凝土构筑物,由于水化热积聚在内部不易散失,内部温度常上升到 50~60 ℃甚至 60 ℃以上,内外温度差所引起的应力可使混凝土产生裂缝,因此水化热对大体积混凝土是有害因素,不宜采用水化热较高或放热较快的硅酸盐水泥。

(8)碱。

依据国家标准《通用硅酸盐水泥》(GB 175—2007)的规定,水泥中碱含量按 $Na_2O + 0.658 K_2O$ 计算值来表示。水泥中碱含量过高,则在混凝土中遇到活性骨料时,易产生碱骨料反应,对工程造成危害。若使用活性骨料,用户要求提供低碱水泥时,水泥中碱含量不得大于 0.60%。

(9)不溶物。

不溶物是指经盐酸处理后的残渣,再以氢氧化钠溶液处理,经盐酸中和过滤后所得的残渣经高温灼烧所剩的物质。不溶物含量高对水泥质量有不良影响。Ⅰ型硅酸盐水泥中不溶物含量不得超过 0.75%,Ⅱ型硅酸盐水泥中不溶物含量不得超过 1.50%。

(10)烧失量。

烧失量是指水泥在一定灼烧温度和时间内,烧失的量占原质量的百分数。Ⅰ型水泥的烧失量不得大于 3.0%;Ⅱ型水泥的烧失量不得大于 3.5%。

凡细度、终凝时间、不溶物和烧失量中的任一项不符合标准规定或混合材料掺加量超过最大限量和强度低于商品强度等级的指标的,为不合格品。凡氧化镁、三氧化硫、初凝时间、安定性中任一项不符合标准规定的,均为废品。

5.1.5　硅酸盐水泥的特点与应用范围

(1)凝结硬化快,强度高。

硅酸盐水泥中含有较多的熟料,硅酸三钙含量大,其早期强度和后期强度均较高。根据其自身的特点,硅酸盐水泥常用于重要结构的混凝土和预应力混凝土工程中,尤其适用于早期强度要求较高的工程及冬季施工的工程,地上、地下重要结构物及高强混凝土和预应力凝土工程。

(2)抗冻性好。

硅酸盐水泥采用较低的水灰比并经充分养护,可获得较低孔隙率的水泥石,具有较高的密实度。因此,适用于严寒地区遭受反复冻融的混凝土工程。

(3)耐磨性好。

硅酸盐水泥强度高,耐磨性好,适用于道路、地面等对耐磨性要求高的工程。

(4)碱度高,抗碳化能力强。

碳化是指水泥石中的氢氧化钙与空气中的二氧化碳反应生成碳酸钙的过程。碳化会使水泥石内部碱度降低,从而使其中的钢筋发生锈蚀。其机理可解释为:钢筋混凝土中的钢筋如处于碱性环境中,其表面会形成一层灰色的钝化膜,保护其中的钢筋不被锈蚀。

(5)水化热大。

硅酸盐水泥石中含有大量的硅酸三钙和铝酸三钙,水化时放热速度快且放热量大,用于冬季施工可避免冻害,但高水化热对大体积混凝土工程不利,所以不适用于大体积混凝土工程。

（6）耐腐蚀性差。

硅酸盐水泥石的氢氧化钙及水化铝酸钙较多,耐软水及耐化学腐蚀能力差,故不适用于经常与流动的淡水接触及有水压作用的工程;也不适用于受海水、矿物水、硫酸盐等作用的工程。

（7）耐热性差。

硅酸盐水泥石中的水化产物在 $250\sim300$ ℃时会脱水,强度开始下降,当温度达到 $700\sim1000$ ℃时,水化产物分解,水泥石的结构几乎完全破坏,所以硅酸盐水泥不适用于有耐热、高温要求的混凝土工程。

硅酸盐水泥强度较高,常用于重要结构的高等级混凝土和预应力混凝土工程中,由于硅酸盐水泥凝结硬化较快,抗冻和耐磨性好,因此适用于要求凝结快,早期强度高,冬季施工及严寒地区遭受反复冻融的工程。

硅酸盐水泥水化后含有较多的氢氧化钙,因此其水泥石抵抗软水侵蚀和抗化学腐蚀的能力差,不宜用于受流动的软水和水压作用的工程,也不宜用于受海水和矿物水作用的工程,由于硅酸盐水泥水化时放出的热量大,因此不宜用于大体积混凝土工程或耐热要求高的工程中,也不能用硅酸盐水泥配制耐热混凝土。

5.1.6　硅酸盐水泥的储运与管理

（1）防止受潮。

水泥为吸湿性强的粉状材料,遇水后,即发生水化反应。在运输过程中,要采取防雨、雪措施,在保管中要严防受潮。在现场短期存放袋装水泥时,应选择地势高、平坦坚实、不积水的地点,先垫高垛底,铺上油毡或钢板后,将水泥码放规整,垛顶用苫布盖好盖牢,如专供现场搅拌站用料,且存放时间较长,应搭设简易棚库,同样做好上苫、下垫。

较永久性集中供应水泥的料站,应设有库房。库房应不漏雨,应有坚实平整的地面,库内应保持干燥通风。码放水泥要有垫高的垛底,垛底距地面应在 30 cm 以上,垛边离开墙壁应至少 20 cm。

散装水泥应有专门运输车,直接卸入现场的特制贮仓。贮仓一般临近现场搅拌站设置,贮仓的容量要适当,要便于装入和取出。

（2）防止水泥过期。

水泥即使在良好条件下存放,也会因吸湿而逐渐失效。因此,水泥的贮存期不能过长。一般品种的水泥贮存期不得超过 3 个月,特种水泥贮存期更短。过期的水泥,强度下降,凝结时间等技术性能将会改变,必须经过复检才能使用。

因此,从水泥收进时起,要按出厂日期不同分别放置和管理,在安排存放位置时,要精心布置,以便于做到早出厂的早发。要有周密的进、发料计划,预防水泥压库。

（3）避免水泥品种混乱。

严防水泥品种、强度等级、出厂日期等在保管中发生混乱,特别是不同成分系列的水泥混乱。水泥的混乱,必然会导致发生错用水泥的工程事故。

（4）加强水泥应用中的管理。

加强检查,坚持限额领料,杜绝使用中的各种浪费现象。

一般情况下,设计单位不指定水泥品种,要发挥施工部门合理选用水泥品种的自主性。要弄清不同水泥的特性和适用范围,做到物尽其用,最大限度地提高技术经济效益。要有强度等级的概念,选用水泥的强度等级要与构筑物的强度要求相适应,用高强度等级的水泥配制低等级的混凝土或砂浆,是当前水泥应用中严重的浪费现象。要努力创造条件,推广使用散装水泥及商品混凝土。

5.1.7　硅酸盐水泥石的腐蚀与预防

硅酸盐水泥硬化后,在一般使用环境中具有良好的耐久性和耐腐蚀性能,但当水泥石长时间处于侵蚀性介质(如腐蚀性盐类、软水或气体介质)中时,强度会下降,甚至造成结构的破坏,这种现象称为水泥石的腐蚀。

1. 典型腐蚀类型

(1)软水侵蚀(溶出性侵蚀)。

软水是指不含或仅含少量重碳酸盐的水,如雨水、雪水、蒸馏水、工厂冷凝水及碳酸盐含量很少的江河水和湖水等。当水泥石长期与软水相接触时,水化物将按其稳定存在所必需的平衡氢氧化钙(钙离子)浓度的大小,依次逐渐溶解或分解,这就是溶出性侵蚀。

水泥石遇到流动的或有压力的软水时,水泥石中氢氧化钙先溶解(每升水能溶解氢氧化钙1.3 g以上),溶出的氢氧化钙不断被流水带走,从而造成氢氧化钙的流失。同时,由于石灰浓度的持续降低,水化硅酸钙、水化铝酸钙会分解变成无胶凝能力的硅胶和铝胶,最终导致水泥石空隙增大、强度下降和结构破坏。

溶出型侵蚀的强弱,与环境水的硬度有关。当水质较硬,即水中重碳酸盐含量较高时,重碳酸盐与水泥中的氢氧化钙反应,生成几乎不溶于水的碳酸钙。生成的碳酸钙填充在水泥石孔隙中,可阻止外界水的侵入和内部氢氧化钙的溶出,从而阻止侵蚀作用继续深入进行。

(2)酸类侵蚀。

硅酸盐水泥水化形成物呈碱性,其中含量较多的是氢氧化钙,当遇到酸类或酸性水时,会发生中和反应,生成比氢氧化钙溶解度还大的盐类,从而导致水泥石受损。酸类侵蚀主要包括碳酸的侵蚀和一般酸的侵蚀。

①碳酸的侵蚀:在工业污水、地下水中常溶解有较多的二氧化碳。水中的二氧化碳与水泥石中的氢氧化钙反应生成碳酸钙,化学反应式如下:

$$Ca(OH)_2 + CO_2 + H_2O == CaCO_3 + 2H_2O$$

当水中CO_2浓度较低时,$CaCO_3$沉淀到水泥石表面而使侵蚀停止。当CO_2浓度较高时,上述反应还会继续进行,并生成易溶解于水的碳酸氢钙,化学反应式如下:

$$CaCO_3 + CO_2 + H_2O \rightleftharpoons Ca(HCO_3)_2$$

当水中的碳酸浓度超过平衡浓度时,反应向右进行,导致水泥石中的$Ca(OH)_2$浓度降低,造成水泥石结构破坏。

②一般酸的侵蚀:在工业废水、地下水、沼泽水中常含有无机酸和有机酸。它们常与氢氧化钙发生如下反应:

$$HCl + Ca(OH)_2 == CaCl_2 + H_2O$$
$$H_2SO_4 + Ca(OH)_2 == CaSO_4 \cdot 2H_2O$$

生成的$CaCl_2$易溶于水,生成的二水石膏($CaSO_4 \cdot 2H_2O$)在水泥石孔隙中结晶时,体积膨胀,使水泥石破坏,还会进一步造成硫酸盐侵蚀。

(3)盐类侵蚀。

在水中通常溶有大量的盐类,某些溶解于水的盐类会与水泥石相互作用产生置换反应,生成一些易溶或无胶凝能力或产生膨胀的物质,从而使水泥石结构破坏。在实际工程中常见的盐类侵蚀主要有硫酸盐侵蚀和镁盐侵蚀。

①硫酸盐侵蚀:在海水、地下水和工业废水中常含有钾、钠、氨等硫酸盐,它们与水泥石中的氢氧化钙反应生成硫酸钙,硫酸钙再与水泥石中固态水化铝酸钙作用,生成高硫型硫铝酸钙。高硫型硫铝酸钙含有大量的结晶水,体积膨胀 1.5 倍以上,对水泥石造成极大的膨胀性破坏。高硫型水化硫铝酸钙呈针状晶体,通常称为水泥杆菌。

②镁盐侵蚀:在海水和地下水中常含有大量的镁盐,主要有硫酸镁和氯化镁。镁盐和水泥石中的氢氧化钙反应,生成物主要有氢氧化镁、二水石膏和氯化钙,其中氢氧化镁是一种松软而无胶凝能力的物质,二水石膏和氯化钙易溶于水,而二水石膏还会进一步引起硫酸盐膨胀并造成破坏。因此,硫酸镁对水泥石起着双重的侵蚀作用。

(4)强碱侵蚀。

铝酸三钙含量较高的硅酸盐水泥遇到强碱会产生破坏作用。如氢氧化钠与水泥石中未水化的铝酸三钙作用,生成易溶于水的铝酸钠,化学反应式如下:

$$3CaO \cdot Al_2O_3 + 6NaOH = 3Na_2O \cdot Al_2O_3 + 3Ca(OH)_2$$

当水泥石被氢氧化钠溶液浸透后又在空气中干燥时,氢氧化钠与空气中的二氧化碳作用生成碳酸钠,碳酸钠在水泥石毛细孔中结晶沉淀,可导致水泥石膨胀破坏。

除上述典型的腐蚀类型外,还有一些如糖类、动物脂肪腐蚀等。

水泥石的腐蚀是复杂的物理、化学过程,往往是多种腐蚀作用同时存在、相互影响的。引起水泥石腐蚀的根本原因是:外部存在侵蚀性介质,内部存在易引起腐蚀的氢氧化钙、水化硫酸钙等物质。另外,水泥石本身不密实,有毛细孔,也为侵蚀性介质侵入提供通道。

2. 预防腐蚀的措施

根据以上对水泥石腐蚀的根本原因的分析,可采取以下措施,减少或防止水泥石腐蚀。

(1)合理选择水泥品种。根据侵蚀环境特点合理选择水泥品种,这是防止水泥石腐蚀的重要措施。

(2)提高水泥石密实度。水泥石的毛细孔隙是引起水泥石腐蚀加剧的内在原因之一,水泥石越密实,抗渗能力越强,侵蚀介质也越难进入。在实际施工操作中,可采取适当措施,如尽量降低水灰比、选择性能优良的粗细集料、加强振捣、掺外加剂等,从而提高水泥石的密实度,改善水泥石的耐腐蚀性。

(3)结构表面设置保护层。当腐蚀作用较强,采用上述措施也难以满足防腐要求时,可采用耐腐蚀高且不透水的保护层覆盖于水泥石表面,如耐酸石料、耐酸陶瓷、塑料、沥青等,防止腐蚀介质与水泥石直接接触。

5.2 掺混合材料的硅酸盐水泥

为了改善硅酸盐水泥的某些性能,同时达到增加产量和降低成本的目的,在硅酸盐水泥熟料中掺加适量的各种混合材料与石膏共同磨细的水硬性胶凝材料,称为掺混合材料的硅酸盐水泥。按掺加混合材料的品种和数量,掺混合材料的硅酸盐水泥可分为普通硅酸盐水泥、矿渣硅酸盐水泥、火山灰质硅酸盐水泥、粉煤灰硅酸盐水泥、复合硅酸盐水泥等。上述掺混合材料的硅酸盐水泥也是土建工程中常采用的水泥,属通用水泥类。

5.2.1 水泥混合材料

在水泥生产过程中,为改善水泥性能、调节水泥强度等级而加到水泥中的矿物质材料称为混合材料(或简称混合材)。根据所加矿物质材料的性质,可划分为活性混合材和非活性混合材。混合材有天然的,也有人为加工的(比如工业废渣)。

1. 活性混合材

磨成细粉掺入水泥后,其成分能与水泥中的矿物成分起化学反应,生成具有胶凝能力的水化产物,且既能在水中又能在空气中硬化的称为活性混合材料。常用的活性混合材料有粒化高炉矿渣、火山灰质混合材料和粉煤灰。

(1)粒化高炉矿渣。

高炉炼铁矿渣在高温液态卸出时经冷淬处理,成为质地疏松、多孔的颗粒状态,称为粒化高炉矿渣,其主要化学成分为 CaO、Al_2O_3、SiO_2,它们的总含量在 90% 以上,此外还有少量的 MgO、FeO和一些硫化物等。矿渣熔体在冷淬成粒时,阻止了熔体向结晶结构转变,而形成玻璃体,因此具有潜在水硬性,即粒化高炉矿渣在有少量激发剂的情况下,其浆体具有水硬性。

(2)火山灰质混合材料。

火山灰、凝灰岩、硅藻石、烧黏土、煤渣、煤矸石渣等都属于火山灰质混合材料。这些材料都含有活性 Al_2O_3 和活性 SiO_2,经磨细后,在 $Ca(OH)_2$ 的碱性作用下,可在空气中硬化,之后在水中继续硬化增加强度。

(3)粉煤灰。

火电厂的燃料煤粉燃烧后,从电厂煤粉炉烟道气体中收集的粉末,称为粉煤灰。其主要化学成分为 SiO_2 和 Al_2O_3,含有少量 CaO,具有火山灰活性。粉煤灰按煤种分为 F 类和 C 类,可以袋装或散装。袋装每袋净含量为 25 kg 或 40 kg。包装袋上应标明产品名称(F 类或 C 类)、等级、分选或磨细、净含量、批号、执行标准等。

2. 非活性混合材

非活性混合材经磨细后加入水泥中不具有或只具有微弱的化学活性,在水泥水化中基本上不参加化学反应,仅起提高产量、调节水泥强度等级、节约水泥熟料的作用,因此又称为填充性混合材料,如石英砂、石灰石、黏土等,以及不符合技术要求的粒化高炉矿渣、粉煤灰及火山灰质混合材料等。

5.2.2 掺混合材料的硅酸盐水泥

目前,硅酸盐水泥、普通硅酸盐水泥、矿渣硅酸盐水泥、火山灰质硅酸盐水泥、粉煤灰硅酸盐水泥和复合硅酸盐水泥是我国广泛使用的六种水泥,统称为通用硅酸盐水泥。

1. 普通硅酸盐水泥

凡由硅酸盐水泥熟料、6%～15%混合材料、适量石膏磨细制成的水硬性胶凝材料,称为普通硅酸盐水泥,简称普通水泥,代号 P·O。

生产普通硅酸盐水泥掺加混合材料的最大量不得超过 15%,其中允许用不超过水泥成品质量5%的窑灰或不超过 10%的非活性混合材料来代替。掺加非活性混合材料时,其最大掺量不得超过水泥成品质量的 10%。

普通硅酸盐水泥与硅酸盐水泥相比,熟料用量稍有减少,混合材料的用量略有增多,因此其性能与硅酸盐水泥基本接近。

按照国家标准《通用硅酸盐水泥》(GB 175—2007)的规定,普通硅酸盐水泥分 42.5、42.5R、52.5、52.5R 四个强度等级。各龄期的强度要求见表 5-6。初凝时间不得早于 45 min,终凝时间不得迟于 10 h。在 80 μm 方孔筛上的筛余不得超过 10.0%。普通水泥的烧失量不得大于5.0%。其他如氧化镁、三氧化硫、碱含量等均与硅酸盐水泥的规定相同。安定性用沸煮法检验且必须合格。由于混合材掺量少,因此,其性能与同强度等级的硅酸盐水泥相近。这种水泥被广泛用于各种混凝土或钢筋混凝土工程,是我国主要的水泥品种之一。

表 5-6　普通硅酸盐水泥各龄期的相关强度要求

强 度 等 级	抗压强度/MPa,不小于		抗折强度/MPa,不小于	
	3 d	28 d	3 d	28 d
42.5	17.0	42.5	5.5	6.5
42.5R	22.0	42.5	4.0	6.5
52.5	25.0	52.5	4.0	7.0
52.5R	27.0	52.5	5.0	7.0

2. 矿渣硅酸盐水泥

凡由硅酸盐水泥熟料和粒化高炉矿渣、适量石膏磨细制成的水硬性胶凝材料称为矿渣硅酸盐水泥(portland blast furnace slag cement),简称矿渣水泥,代号 P·S。水泥中粒化高炉矿渣掺加量按质量百分比计为 20%~70%。可用石灰石、窑灰、粉煤灰和火山灰质混合材料中的一种材料代替矿渣,代替数量不得超过水泥质量的 8%,代替后粒化高炉矿渣不得少于 20%。

3. 火山灰质硅酸盐水泥

凡由硅酸盐水泥熟料和火山灰质混合材料、适量石膏磨细制成的水硬性胶凝材料称为火山灰质硅酸盐水泥,简称火山灰水泥,代号 P·P。水泥中火山灰质混合材料掺加量按质量百分比计为 20%~50%。

4. 粉煤灰硅酸盐水泥

凡由硅酸盐水泥熟料和粉煤灰、适量石膏磨细制成的水硬性胶凝材料称为粉煤灰硅酸盐水泥,简称粉煤灰水泥,代号 P·F。水泥中粉煤灰掺加量按质量百分比计为 20%~40%。

矿渣水泥、火山灰水泥、粉煤灰水泥分为 32.5、32.5R、42.5、42.5R、52.5、52.5R 六个强度等级。各龄期的强度要求见表 5-7。

表 5-7　矿渣水泥、火山灰水泥及粉煤灰水泥各龄期的强度要求

强 度 等 级	抗压强度/MPa,不小于		抗折强度/MPa,不小于	
	3 d	28 d	3 d	28 d
32.5	10.0	32.5	2.5	5.5
32.5R	15.0	32.5	5.5	5.5
42.5	15.0	42.5	5.5	6.5
42.5R	19.0	42.5	4.0	6.5
52.5	21.0	52.5	4.0	7.0
52.5R	25.0	52.5	4.5	7.0

上述三种水泥中的三氧化硫含量要求:矿渣水泥不得超过 4.0%,其余两种水泥不得超过 5.5%。而氧化镁和碱含量以及细度、凝结时间和体积安定性的要求与普通水泥相同。

上述三种水泥与硅酸盐水泥或普通硅酸盐水泥相比,特点是:水化放热速度慢,放热量低,凝结

硬化速度较慢,早期强度较低,但后期强度增长较多,甚至可超过同等级的硅酸盐水泥;这三种水泥对温度灵敏性较高,温度低时硬化较慢,当温度达到 70 ℃ 以上时,硬化速度大大加快,甚至可超过硅酸盐水泥的硬化速度;由于混合材料水化时消耗了一部分氢氧化钙,水泥石中氢氧化钙含量减少,故这三种水泥抗软水及硫酸盐腐蚀的能力较硅酸盐水泥强,但它们的抗冻性较差;矿渣水泥和火山灰水泥的干缩值大,矿渣水泥的耐热性较好,粉煤灰水泥干缩值较小,抗裂性较好。

根据上述特性,这些水泥除适用于地面工程外,特别适用于地下和水中的一般混凝土和大体积混凝土结构以及蒸汽养护的混凝土构件,也适用于一般抗硫酸盐侵蚀的工程。

5. 复合硅酸盐水泥

国家标准《通用硅酸盐水泥》(GB 175—2007)规定:凡由硅酸盐水泥熟料、两种或两种以上规定的混合材料、适量石膏磨细制成的水硬性胶凝材料称为复合硅酸盐水泥,简称复合水泥,代号 P·C。水泥中混合材料总掺加量按质量百分比计应大于 15%,但不超过 50%。水泥中可用不超过 8% 的窑灰代替部分混合材料;掺矿渣时混合材料掺量不得与矿渣硅酸盐水泥相同。

复合水泥熟料中氧化镁的含量不得超过 5.0%。如蒸压安定性合格,则含量允许放宽到 6.0%。水泥中三氧化硫含量不得超过 5.5%。水泥细度以 80 μm 方孔筛筛余计不得超过 10%。初凝时间不得早于 45 min,终凝时间不得迟于 10 h。安定性用沸煮法检验必须合格。复合硅酸盐水泥的强度等级及各龄期强度要求见表 5-8。

表 5-8　复合硅酸盐水泥各龄期的强度要求

强度等级	抗压强度/MPa,不小于		抗折强度/MPa,不小于	
	3 d	28 d	3 d	28 d
32.5	11.0	32.5	2.5	5.5
32.5R	16.0	32.5	5.5	5.5
42.5	16.0	42.5	5.5	6.5
42.5R	21.0	42.5	4.0	6.5
52.5	22.0	52.5	4.0	7.0
52.5R	26.0	52.5	5.0	7.0

复合水泥掺入了两种或两种以上规定的混合材料,矿渣与粉煤灰复掺,水泥石更加密实,明显改善了水泥的性能。总之,复合水泥的特性取决于所掺两种混合材料的种类、掺量及相对比例,与矿渣水泥、火山灰水泥、粉煤灰水泥有不同程度的相似,其使用应根据所掺入的混合材料种类,参照其他掺混合材料水泥的适用范围和工程实践经验选用。

5.3　其他品种水泥

在前面章节中主要介绍了通用的以硅酸盐矿物为主的水泥。为了满足工程建设中的多种需要,我国水泥工业还生产了具有特殊性能的水泥,如以铝酸盐水泥熟料(熟料中水硬性矿物主要为铝酸钙)配制的铝酸盐水泥、快硬型水泥、膨胀型水泥、抗硫酸盐水泥等;也生产了某些满足特定需要的专用水泥,如油井水泥、道路水泥、白色水泥、砌筑水泥等。

5.3.1　铝酸盐水泥

铝酸盐水泥旧称矾土水泥、高铝水泥,是以铝酸钙为主、氧化铝含量约 50% 的熟料,磨细制成的水硬性胶凝材料,代号 CA。

铝酸盐水泥的主要矿物成分为铝酸一钙,高铝水泥在使用时,其中的铝酸一钙水化反应很快,可生成大量的水化铝酸钙和氢氧化铝凝胶,并释放出大量的水化热。水化进行到一定程度,水化铝酸钙晶体便会相互交织,迅速形成较坚硬的晶体骨架。此后,氢氧化铝凝胶会填充于这些晶体骨架的孔隙之中,使之形成结构密实、强度较高的水泥石结构。因此,高铝水泥在早期就能形成较坚硬的骨架,具有较高的早期强度。

铝酸盐水泥的早期强度高,水化热大,适合于要求早期强度的工程。如抢修工程、抢工期的工程、某些临时性工程及冬期施工等。铝酸盐水泥不得应用于大体积混凝土工程,以防因水化热积聚造成结构内部的高温度应力,使结构遭受破坏;也不宜在较高温度下使用;严禁用蒸气等湿热条件养护。

5.3.2 快硬型水泥

1. 快硬硅酸盐水泥

快硬硅酸盐水泥是以硅酸盐水泥熟料和适量石膏磨细制成的,以 3 d 抗压强度表示强度等级的水硬性胶凝材料。

快硬硅酸盐水泥的生产方法与普通水泥基本相同,主要依靠调节矿物组成及控制生产措施,使制得的成品的性质符合要求。主要措施包括:原料含有害杂质较少;设计合理的矿物组成,硅酸三钙和铝酸三钙含量较高,前者含量为 $50\%\sim60\%$,后者为 $8\%\sim14\%$;水泥的比表面积较大,一般控制在 $330\sim450\ \mathrm{m^2/kg}$ 之间。

快硬硅酸盐水泥的初凝不得早于 45 min,终凝不得迟于 10 h,氧化镁含量不能高于 5%,三氧化硫含量不得超过 4%,且快硬水泥的安定性(沸煮法检验)必须合格。

快硬硅酸盐水泥按规定方法测得的强度划分强度等级。其初凝、终凝、安定性、细度、三氧化硫的含量、熟料中氧化镁含量都有规定的技术指标。快硬硅酸盐水泥主要适用于要求早期强度高的工程、紧急抢修工程、冬季施工工程和预应力混凝土及预制构件。

2. 快硬铁铝酸盐水泥

适当成分的生料,经煅烧所得的以无水硫铝酸钙、铁相和硅酸二钙为主要矿物成分的熟料,加入适量石膏和少量石灰石,经磨细制成的早期强度高的水硬性胶凝材料,称为快硬铁铝酸盐水泥,代号 R·FAC。其中石膏应符合 GB/T 5483 中 A 类一级、G 类二级以上的要求,石灰石中 Al_2O_3 含量应不大于 2.0%。

该水泥比表面积不应小于 $350\ \mathrm{m^2/kg}$。初凝时间不应早于 25 min,终凝不应迟于 3 h。强度等级以 3 d 抗压强度表示,分为 42.5、52.5、62.5、72.5 四个等级。

快硬铁铝酸盐水泥具有早强和高强特性,长期强度可靠,还具有很好的耐海水侵蚀和耐铵盐侵蚀的能力。该水泥水化后液相碱度较高、pH 值为 11.5~12.5,不会对钢筋造成锈蚀,其水化产物中有较多的铁胶和铝胶而使水泥石结构致密。该水泥适用于要求快硬、早强、耐腐蚀、负温施工的海洋工程、道路工程等。

3. 快硬硫铝酸盐水泥

适当成分的生料,经煅烧所得的以无水硫铝酸钙和硅酸二钙为主要矿物成分的熟料,加入适量石膏和 0~10% 的石灰石,经磨细制成的早期强度高的水硬性胶凝材料,称为快硬硫铝酸盐水泥,代号 R·SAC。其中石膏应符合 GB/T 5483 中 A 类一级、G 类二级以上的要求,石灰石中 Al_2O_3 含量应不大于 2.0%。

快硬硫铝酸盐水泥熟料中的无水硫铝酸钙水化很快,水化过程中能够很快地与掺入的石膏反应生成钙矾石,并产生大量的氢氧化钙胶体。生成的大量钙矾石会迅速结晶形成水泥石骨架,使水泥浆凝结时间要比硅酸盐水泥大为缩短。此后随着氢氧化钙凝胶体和水化硅酸钙的不断生成,水泥石结构不断被填充而逐渐致密,强度发展很快,从而获得较高的早期强度。

硫铝酸盐水泥早期强度高,抗硫酸盐腐蚀的能力强。因此工程中可以利用其早强的特点,将其应用于冬期施工、抢修或修补工程。利用其抗腐蚀的能力,配制有抗腐蚀性要求的水泥混凝土。此外,硫铝酸盐水泥的碱度低,对于需要低碱水泥的工程特别适合,如玻璃纤维水泥及混凝土的结构或构件。

5.3.3　膨胀型水泥

由胶凝物质和膨胀剂混合而成的胶凝材料,在水化硬化过程中产生体积膨胀的水泥,属于膨胀型水泥。如前所述,硅酸盐水泥的共同特点是在凝结硬化过程中,由于化学反应、水分蒸发等原因,将产生一定量的体积收缩,从而使混凝土内部产生裂缝,影响其强度和耐久性。而膨胀水泥则通过掺入膨胀组分,使水泥在硬化过程中不但不收缩,反而会产生一定量的膨胀,以达到补偿收缩、增加结构密实度,以及获得预加应力的目的。

根据在约束条件下所产生的膨胀量(自应力值)和用途,膨胀型水泥可分为收缩补偿型膨胀水泥(简称膨胀水泥)及自应力型膨胀水泥(简称自应力水泥)两大类。前者表示水泥水化硬化过程中的体积膨胀,在实用方面具有补偿普通水泥在水化时所产生的收缩的性能,其自应力值小于2.0 MPa,通常为0.5 MPa,因而可减少和防止混凝土的收缩裂缝,并增加其密实度;后者表示水泥水化硬化后的体积膨胀,能使砂浆或混凝土在受约束条件下产生可应用的化学预应力(常称自应力)的性能,其自应力水泥砂浆或混凝土膨胀变形稳定后的自应力值不小于2.0 MPa。自应力水泥适用于生产钢筋混凝土压力管及其配件等。

膨胀水泥根据基本组成,可分为以下几类。

1. 以硅酸盐水泥为基础的膨胀水泥

以硅酸盐水泥为主,外加铝酸盐水泥和石膏等膨胀组分配制而成。如膨胀硅酸盐水泥和自应力硅酸盐水泥等。

2. 以铝酸盐水泥为基础的膨胀水泥

由铝酸盐水泥熟料和适量石膏配制而成。如石膏矾土膨胀水泥、自应力铝酸盐水泥等。

3. 以铁铝酸盐水泥为基础的膨胀水泥

由铁铝酸盐水泥熟料,加入适量石膏,磨细而成。有膨胀和自应力铁铝酸盐水泥。

4. 以硫铝酸盐水泥为基础的膨胀水泥

由硫铝酸盐水泥熟料,加入适量石膏,磨细而成。包括膨胀与自应力硫铝酸盐水泥。上述水泥的膨胀作用,主要由水泥水化硬化过程中形成的钙矾石所致。通过调整各组成的配合比例,可得到不同膨胀值的膨胀水泥。

膨胀水泥适用于防水砂浆和防水混凝土,其硬化过程中的膨胀作用,可使混凝土结构密实、抗渗性强;膨胀型水泥还适用于填灌构件的接缝及管道接头,结构的加固和补修(有利于新旧混凝土的连接),固结机器底座及地脚螺丝。

5.3.4 白色及彩色硅酸盐水泥

1. 白色硅酸盐水泥

由白色硅酸盐水泥熟料加入适量石膏,经磨细制成的水硬性胶凝材料称为白色硅酸盐水泥(简称白水泥)。磨制水泥时,可加入不超过水泥质量5%的石灰石或窑灰作为外加物。

水泥粉磨时可加入不损害水泥性能的助磨剂,加入量不应超过水泥质量的1%。

白色硅酸盐水泥熟料,是以适当成分的生料烧至部分熔融,所得的以硅酸钙为主要成分,氧化铁含量少的熟料。为了保证色彩要求,对原材料的成分及生产工艺要求很严格,白水泥要求使用含着色杂质(铁、铬、锰等)极少的较纯原料,如纯净的高岭土、纯石英砂、纯石灰石、白垩等。在煅烧、粉磨、运输、包装过程中,应防止着色杂质混入。同时,磨机衬板要采用质坚的花岗岩、陶瓷或优质耐磨特殊钢等;研磨体应采用硅质卵石(白卵石)或人造瓷球等;燃料应为无灰分的天然气或液体燃料。

白色水泥熟料中氧化镁含量不得超过4.5%,水泥中三氧化硫含量不得超过5.5%,细度要求80 μm方孔筛筛余不得超过10%,初凝不得早于45 min,终凝不得迟于12 h,安定性用沸煮法检验必须合格,各等级白水泥各龄期强度不得低于表5-9规定的数值。

表5-9 白水泥各龄期强度要求

强度等级	抗压强度/MPa,不小于			抗折强度/MPa,不小于		
	3 d	7 d	28 d	3 d	7 d	28 d
32.5	14.0	20.5	32.5	2.5	5.5	5.5
42.5	18.0	26.5	42.5	5.5	4.5	6.5
52.5	25.0	35.5	52.5	4.0	5.5	7.0
62.5	28.0	42.5	62.5	5.0	6.0	8.0

白度是指水泥颜色洁白的程度,白水泥的白度分为特级、一级、二级和三级,各等级白水泥白度不得低于表5-10规定的数值。

表5-10 白水泥白度等级

等级	特级	一级	二级	三级
白度/(%)	≥86	≥84	≥80	≥75

按白度与强度等级,白水泥分为优等品、一等品和合格品三个等级,见表5-11。

表5-11 白水泥产品等级

白水泥等级	白度级别/(%)	强度等级
优等品	特级(≥86)	62.5 52.5
一等品	一级(≥84)	52.5 42.5
	二级(≥80)	52.5 42.5

白水泥等级	白度级别/(%)	强 度 等 级
合格品	二级（≥80）	32.5
	三级（≥75）	42.5
		32.5

2. 彩色硅酸盐水泥

彩色硅酸盐水泥，简称彩色水泥，按生产方法可分为两大类。一类是在白水泥的生料中加少量金属氧化物，直接烧制成彩色水泥熟料，再加适量石膏磨细而成。另一类由白水泥熟料、适量石膏和碱性颜料，共同磨细而成。后者所用颜料要不溶于水且分散性好，耐碱性强，抗大气稳定性好，掺入水泥中不显著降低其强度，且不含有可溶盐类。通常采用的颜料有：氧化铁（红、黄、褐、黑色），二氧化锰（黑、褐色），氧化铬（绿色），赭石（赭色），群青蓝（蓝色）等。但配制红、褐、黑等深色水泥时，可用普通硅酸盐水泥熟料。彩色水泥的凝结时间，一般比白水泥短，其程度随颜料的品种和掺量不同而不同。强度一般因掺入颜料而降低。

白色和彩色硅酸盐水泥主要用在建筑物内外装饰部位，如地面、楼板、门厅等处的水磨石、人造大理石、花阶砖、水刷石、斩假石饰面，也可用于雕塑品等。

5.3.5　道路水泥

凡由适当成分的生料烧至部分熔融，得到以硅酸钙为主要成分和较大量铁铝酸钙的硅酸活性混合材料和盐水泥熟料，称为道路硅酸盐水泥熟料。由道路硅酸盐水泥熟料、适量石膏磨细制成的水硬性胶凝材料，称为道路硅酸盐水泥，简称道路水泥。

由于水泥混凝土路面要承受高速重载车辆反复的冲击、震动和摩擦作用，各种恶劣气候如夏季高温和暴雨时的骤冷、冬季的冻融循环，以及路面和路基由温差造成的膨胀应力等，而造成路面损坏、耐久性下降。因此，水泥混凝土路面要具有良好的力学性能，尤其是抗折强度要高，还要有足够的抗干缩变形能力和耐磨性，此外，其抗冻性和抗硫酸盐腐蚀性也要较高。

根据国家标准规定，道路硅酸盐水泥熟料中铝酸三钙的含量不得大于5.0%，铁铝酸四钙的含量不得小于16%，氧化镁含量不得超过5.0%，三氧化硫含量不得超过5.5%。水泥的初凝不得早于1 h，终凝不得迟于10 h，在80 μm方孔筛上的筛余不得超过10%。道路水泥分为42.5、52.5和62.5三个强度等级，各龄期的强度要求见表5-12。

表5-12　道路水泥各龄期强度要求

强 度 等 级	抗压强度/MPa，不小于		抗折强度/MPa，不小于	
	3 d	28 d	3 d	28 d
42.5	22.0	42.5	4.0	7.0
52.5	27.0	52.5	5.0	7.5
62.5	32.0	62.5	5.5	8.5

道路水泥的主要特性是早期强度高、干缩值较小、抗折强度较高、抗冻性和抗冲击性能好，弹性模量较小。它主要用于道路路面、飞机跑道、车站、公共广场等对耐磨、抗干缩性能要求较高的混凝土工程。

5.3.6 中、低热硅酸盐水泥和低热矿渣硅酸盐水泥

中热硅酸盐水泥,是以适当成分的硅酸盐水泥熟料,加入适量石膏,磨细制成的具有中等水化热的水硬性胶凝材料,代号为 P·MH。中热硅酸盐水泥熟料中的 C3A 含量不得超过 6%,C_3S 含量不得超过 55%,其强度等级为 42.5,各龄期强度值见表 5-13。

低热硅酸盐水泥,简称低热水泥,是以适当成分的硅酸盐水泥熟料,加入适量石膏,磨细制成的具有低水化热的水硬性胶凝材料,代号为 P·LH。其强度等级为 42.5,各龄期强度值见表 5-13。

以适当成分的硅酸盐水泥熟料,加入矿渣、适量石膏,磨细制成的具有低水化热的水硬性胶凝材料,称为低热矿渣硅酸盐水泥,代号为 P·SLH。水泥中粒化高炉矿渣掺量按质量百分比计为 20%~60%,可用不超过混合材总量 50% 的磷渣或粉煤灰代替部分矿渣。低热矿渣水泥强度等级为 32.5。各龄期强度值见表 5-13。

表 5-13　中、低热水泥各龄期强度值

品　　种	强 度 等 级	抗压强度/MPa			抗折强度/MPa		
		3 d	7 d	28 d	3 d	7 d	28 d
中热水泥	42.5	12.0	22.0	42.5	5.0	4.5	6.5
低热水泥	42.5	—	15.0	42.5	—	5.5	6.5
低热矿渣水泥	32.5	—	12.0	32.5	—	5.0	5.5

熟料中铝酸三钙含量的要求:对于中热水泥不得超过 6%,对于低热矿渣水泥不得超过 8%。熟料中硅酸三钙含量的要求:对于中热水泥不得超过 55%。水泥中三氧化硫含量不得超过 5.5%,初凝不得早于 60 min,终凝不得迟于 12 h,80 μm 方孔筛筛余不得超过 12%。各龄期水化热不得超过表5-14规定的数值。

表 5-14　中、低热水泥各龄期水化热值　　　　　　　　单位:kJ/kg

品　　种	强度等级	水　化　热	
		3 d	7 d
中热水泥	42.5	251	293
低热水泥	42.5	230	260
低热矿渣水泥	32.5	197	230

水利工程是建筑工程中的一个重要门类,包括各种类型的坝体、港口、水下和地下的建筑物和构筑物。这类工程一般为大体积混凝土工程,应用环境常与各种水介质密切联系。

普通水泥在水化时必然产生一定量的水化热,而混凝土的一个重要特性是导热率很低、散热困难,这对大体积混凝土尤为不利。例如,水工大坝浇筑时,坝体内部几乎处于绝热状态,水泥水化放热能使内部混凝土温度升至 60 ℃ 或更高,与冷却较快的混凝土表面温差达数十摄氏度。在水化后期相当长的时间里,由于物体热胀冷缩,坝体悬殊的内外温差使其各处发生显著的不均匀收缩,由此产生较大拉应力。当应力值超过混凝土的抗拉强度时,就出现所谓的温度应力裂缝,给工程耐久性造成不良影响。减少和消除这一影响最直接有效的技术途径是对硅酸盐水泥进行改性,使其水化热尽可能降低。中、低热硅酸盐水泥和低热矿渣硅酸盐水泥成本低、性能稳定,是目前要求水化热低的大体积混凝土工程中首选的水泥品种。

5.3.7　砌筑水泥

由一种或一种以上的水泥混合材料,加入适量硅酸盐水泥熟料和石膏,经磨细制成的工作性较好的水硬性胶凝材料,称为砌筑水泥,代号 M。水泥中混合材料掺加量按质量百分比计应大于50%,允许掺入适量的石灰石或窑灰,水泥中混合材料掺加量不得与矿渣硅酸盐重复,根据国家标准《砌筑水泥》(GB/T 3183—2017)的规定,砌筑水泥的技术性质如下。

(1)水泥中三氧化硫含量应不大于 4.0%;80 μm 方孔筛筛余不大于 10.0%;初凝不早于 60 min,终凝不迟于 12 h;用沸煮法检验,应合格;保水率应不低于 80%。

(2)强度有 12.5、22.5 两个等级,各等级水泥各龄期强度应不低于表 5-15 中的数值。

砌筑水泥主要用于砌筑和抹面砂浆、垫层混凝土等,不适用于结构混凝土。

表 5-15　砌筑水泥各龄期强度值

水 泥 等 级	抗压强度/MPa		抗折强度/MPa	
	7 d	28 d	7 d	28 d
12.5	7.0	12.5	1.5	5.0
22.5	10.0	22.5	2.0	4.0

复习思考题

1.简述水泥的安定性。产生水泥安定性不良的主要原因是什么?

2.什么情况下硅酸盐水泥为不合格水泥与废品水泥? 这两种水泥能否用于工程?

3.硅酸盐水泥熟料是由哪几种矿物组成的?

4.水泥的凝结时间的定义是什么? 为什么要规定水泥的凝结时间?

5.什么是水泥混合材料? 混合材料有哪些种类? 混合材料掺入水泥后的作用是什么? 为什么要发展掺混合材料的水泥?

6.试分析矿渣水泥、火山灰水泥及粉煤灰水泥性质的异同点,并说明产生差异的原因。

7.当工程中不得不采用普通硅酸盐水泥进行大体积混凝土施工时,可采用哪些措施来保证工程的质量?

8.仓库内存有三种白色胶凝材料,它们是生石灰粉、建筑石膏和白水泥,有什么简易方法可以辨别它们?

6 水泥混凝土及砂浆

6.1 水泥混凝土的分类及优缺点

混凝土一词源于拉丁文，原意是"共同生长"。广义上讲，混凝土是以胶凝材料，粗、细骨料和水为主要原材料，也可加入外加剂和矿物掺合料等材料，按照适当比例经拌和、成型、养护等工艺并硬化而成的，具有所需的形状、强度和耐久性的人造石材。以水泥为胶凝材料制作的混凝土即为水泥混凝土。

6.1.1 水泥混凝土的分类

混凝土的品种繁多，且不断增加，性能和应用也各不相同。按所用胶凝材料种类不同，可分为水泥混凝土、石膏混凝土、水玻璃混凝土、沥青混凝土、聚合物混凝土等，其中水泥混凝土应用最广。

混凝土按表观密度的大小可分为三类。①重混凝土：干表观密度大于 2800 kg/m³，用重晶石、铁矿石和钢屑等作骨料制成的混凝土，对 X 射线和 γ 射线有较好的屏蔽作用，又称防辐射混凝土。②普通混凝土：干表观密度为 2000～2800 kg/m³，用普通的砂、石作骨料配制成的混凝土，在土木工程中应用最广，广泛用于房屋、桥梁、大坝、路面等各种工程结构。③轻混凝土：干表观密度小于 2000 kg/m³，采用轻骨料或引入气孔制成的混凝土，包括轻骨料混凝土、多孔混凝土和大孔混凝土。强度等级较高的轻混凝土可用于桥梁、房屋等承重结构，强度等级较低的轻混凝土主要用作保温隔热材料。

按用途不同，混凝土可分为结构混凝土、装饰混凝土、道路混凝土、防水混凝土、防辐射混凝土、耐热混凝土、耐酸混凝土、大体积混凝土、水下不分散混凝土和膨胀混凝土等。

按生产和施工方法的不同，混凝土可分为泵送混凝土、喷射混凝土、自密实混凝土、堆石混凝土、造壳混凝土、热拌混凝土、碾压混凝土、真空脱水混凝、离心混凝土、压力灌浆混凝土及预拌混凝土（商品混凝土）等。

混凝土也按强度等级和水泥用量分类，见表 6-1。有时混凝土以加入的特种改性材料命名，例如粉煤灰混凝土、硅灰混凝土、磨细高炉矿渣混凝土、纤维混凝土等。

表 6-1　按强度等级和水泥用量划分的混凝土种类

混凝土种类	低强混凝土	中强混凝土	高强混凝土	超高强混凝土	混凝土种类	贫混凝土	富混凝土
强度等级	<C30	C30～C60	≥C60	>C100	水泥用量（kg/m³）	≤170	≥230

6.1.2　水泥混凝土的优缺点

水泥混凝土是一种重要的土木工程材料，广泛应用于工业与民用建筑工程、水利工程、地下工程、公路、铁路、桥涵及国防军事各类工程中。混凝土的技术与经济意义是其他建筑材料所无法比拟的。

1. 混凝土材料的优点

（1）经济性。原材料来源广泛，易于就地取材，成本低。

（2）可调整性强，适用面宽。改变组成成分的品种、质量和配比时，可制得物理力学性能不同的产品来满足不同的工程要求。

（3）施工方便。可根据工程结构需要，利用模板浇筑成各种形状和尺寸的构件及整体结构，既可现场浇筑成型也可预制。

混凝土工程实例

（4）抗压强度较高，并且可根据需要配制不同的强度，适合作结构材料。传统的混凝土抗压强度值为 20～50 MPa，通过掺入高效减水剂和磨细矿物掺合料，混凝土可向高强度、高性能方向发展，C100 以上的超高强高性能混凝土已用于工程实际。

（5）匹配性好。混凝土与钢筋、钢纤维或其他增强材料可组成具有互补性的共同受力整体，例如钢筋混凝土，钢材的高抗拉强度可弥补混凝土脆性的弱点，而混凝土可保护钢筋不被锈蚀。

（6）耐久性良好。在自然环境下使用一般较耐久，维修费用较低；在合适的环境条件下，强度还会不断增长。

（7）耐火性能好。混凝土在高温下仍能保持强度数小时。

（8）生产能耗低，大约是钢材的 1/90，以混凝土代替钢材可节约材料的生产能耗。

2. 混凝土材料的缺点

（1）抗拉强度低。混凝土是一种脆性材料。抗拉强度一般只有抗压强度的 1/20～1/10，因此，受拉时变形能力小，易开裂。

（2）自重大，比强度低，普通混凝土每立方米重达 2400 kg，致使在混凝土中形成了肥梁、胖柱、厚基础的现象，对高层、大跨度结构很不利。

（3）施工周期长，混凝土浇筑成型受气候影响，同时需要较长时间养护才能达到一定强度，与钢材相比，施工效率低。

（4）导热系数大，普通混凝土的导热系数为 1.4～1.8W/(m·K)，是普通烧结砖的 2～3 倍，故保温隔热效果差。

6.2　混凝土的组成材料

6.2.1　组成材料的作用

普通混凝土的基本组成材料是天然砂、石子、水泥和水。为改善混凝土的某些性能，可加入适量的外加剂或掺合料。

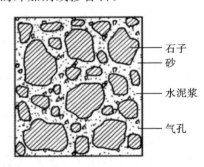

图 6-1　混凝土的结构

在混凝土中，水泥和水形成水泥浆，包裹在砂粒表面并填充砂粒间的空隙而形成水泥砂浆，水泥砂浆又包裹在石子表面并填充石子间的空隙。在混凝土硬化前，水泥浆起润滑作用，赋予混凝土拌和物一定的流动性，便于施工。硬化后，则将骨料胶结成一个坚实的整体，并产生一定的强度。砂、石称为骨料。骨料在混凝土中，总量占到总体积的 70%～80%，起着骨架和抑制水泥浆的收缩作用。外加剂和掺合料起改善混凝土性能、降低混凝土成本的作用。混凝土的结构如图 6-1 所示。

6.2.2　水泥的技术要求

水泥是混凝土中最重要的组分，既要将骨料黏结在一起，还必须自身硬化后具有足够的强度以承受荷载。骨料能否发挥作用，与胶凝材料本身强度和黏结力有很大关系。

1. 水泥品种的选择

配制混凝土时，应根据混凝土工程性质、部位、施工条件、环境状况等，按各品种水泥的特性做出合理的选择。如大坝工程宜用中热硅酸盐水泥或低热矿渣硅酸盐水泥。

2. 水泥强度等级的选择

水泥强度等级的选择，应与混凝土设计强度等级相适应。若用低强度等级的水泥配制高强度等级混凝土，不仅会使水泥用量过多，还会对混凝土产生不利影响。反之，用高强度等级的水泥配制低强度等级混凝土，若只考虑强度要求，会使水泥用量偏少，从而影响耐久性；若水泥用量兼顾了耐久性等要求，又会导致超强而不经济。根据经验，水泥的强度等级宜为混凝土强度等级的 1.3～1.7 倍，如配制 C30 混凝土时，水泥胶砂试件 28 d 抗压强度宜在 39.0～51.0 MPa 之间，宜选用 42.5 级水泥。表 6-2 是各水泥强度等级的水泥可配制的混凝土强度等级。

表6-2　各水泥强度等级可配制的混凝土强度等级

水泥强度等级	宜配制的混凝土强度等级	水泥强度等级	宜配制的混凝土强度等级
32.5	C15、C20、C25	52.5	C40、C45、C50、C55、≥C60
42.5	C30、C35、C40、C45	62.5	≥C60

6.2.3　细骨料的技术要求

水泥混凝土中的细骨料是指粒径小于4.75 mm的岩石颗粒,工程中应用较多的细骨料是砂。砂按产源分为天然砂和机制砂。天然砂是指自然生成的,经人工开采和筛分的粒径小于4.75 mm的岩石颗粒,天然砂按产源不同分为河砂、湖砂、山砂和海砂,但不包括软质、风化的颗粒。天然砂的特点见表6-3。

表6-3　天然砂的特点

天然砂的分类	砂 的 特 点
河砂	比较洁净,分布较广
湖砂	比较洁净,但分布较少
山砂	有棱角,表面粗糙,含泥量和有机质较多
海砂	表面圆滑,含盐分较多,对混凝土中的钢筋有锈蚀作用,须做淡化处理

由于天然砂的不可再生性以及保护自然和生态环境的需求,近年来国内机制砂的市场占有量正在节节攀升。

机制砂是经除土处理,由机械破碎、筛分制成的,粒径小于4.75 mm的岩石、矿山尾矿或工业废渣颗粒,但不包括软质、风化的颗粒,俗称人工砂。

机制砂不仅来源广泛,材质稳定,易于操作和控制,能够满足建筑需求;而且经济可行,对于天然环境的保护也十分有利,是未来建筑市场的发展方向。机制砂的使用和添加是混凝土行业发展的一大趋势。

砂按照技术要求分为Ⅰ类、Ⅱ类和Ⅲ类。

配制混凝土所采用的细骨料的质量要求有以下几个方面。

1. 颗粒级配和粗细程度

在混凝土拌和物中,水泥浆包裹骨料的表面且填充骨料的空隙。为了节省水泥,降低成本,并使混凝土结构达到较高的密实度,应尽量选用总表面积较小、空隙率也较小的骨料。

反映骨料总表面积大小的指标是粗细程度。粗细程度是指不同粒径的砂粒混合在一起时的总体粗细状况。通常有粗砂、中砂、细砂和特细砂之分。在相同质量条件下,粗砂的总表面积小,细砂的总表面积大,因而包裹粗砂表面的水泥浆量较少。换言之,即相同的水泥浆,包裹在粗砂表面时水泥浆层较厚,减小了砂粒间的摩擦。当混凝土拌和物的流动性要求一定时,用粗砂拌制的混凝土比细砂所需的水泥浆省,但若砂过粗,虽能少用水泥,但拌出的混凝土拌和物黏聚性较差,容易分层离析。所以,拌制混凝土的砂不宜过粗,也不宜过细。

骨料的颗粒级配反映骨料空隙率的大小。细骨料的颗粒级配是指细骨料中不同粒径颗粒的分布情况。若要减小骨料间的空隙,必须由大小不同的颗粒互相搭配。良好的级配应使粗颗粒的空隙恰好由中颗粒填充,中颗粒的空隙恰好由细颗粒填充,如此逐级填充,使骨料形成最密致的堆积状态,空隙率达到最小值,堆积密度达到最大值,如图 6-2 所示。

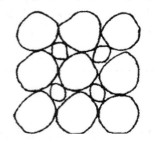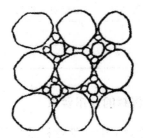

图 6-2 骨料的颗粒级配

在拌制混凝土时,骨料的颗粒级配和粗细情况应同时考虑。对于细骨料,当砂中含有较多的粗粒径,并以适当的中粒径砂及少量细粒径砂填充其空隙,则可达到空隙率及总表面积均较小的目的。用级配良好、粗细适当的骨料,不仅所需水泥浆量较少,而且混凝土结构密实,强度、耐久性得以提高,还可减少干缩和徐变。可见控制骨料颗粒级配和粗细有其技术及经济意义,因而它们也是评定骨料质量的重要指标。

砂的颗粒级配和粗细程度常用筛分析的方法进行测定。用级配区表示砂的颗粒级配,用细度模数表示砂的粗细程度。筛分析的方法,是用一套孔径(径尺寸)为 9.5 mm、4.75 mm、2.36 mm、1.18 mm、0.6 mm、0.3 mm、0.15 mm 的标准筛(方孔筛),将 500 g 干砂试样由粗到细依次过筛,然后称量留在各筛上的砂量(9.5 mm 筛除外),并计算出各筛上的分计筛余百分率 a_1、a_2、a_3、a_4、a_5 和 a_6(各筛上的筛余量占砂样总质量的百分率)及累计筛余百分率 A_1、A_2、A_3、A_4、A_5 和 A_6(各筛和比该筛粗的所有分计筛余百分率之和)。即:

$A_1 = a_1; A_2 = a_1 + a_2; A_3 = a_1 + a_2 + a_3; A_4 = a_1 + a_2 + a_3 + a_4; A_5 = a_1 + a_2 + a_3 + a_4 + a_5; A_6 = a_1 + a_2 + a_3 + a_4 + a_5 + a_6$。

砂的粗细程度用细度模数 M_x 表示,计算公式如下:

$$M_x = \frac{(A_2 + A_3 + A_4 + A_5 + A_6) - 5A_1}{100 - A_1} \tag{6.1}$$

M_x 越大,表示砂越粗,普通混凝土用砂的细度模数范围一般在 3.7~1.6 之间,其中 M_x 在 3.7~3.1 之间的为粗砂,M_x 在 3.0~2.3 之间的为中砂,M_x 在 2.2~1.6 之间的为细砂。

对细度模数为 1.6~3.7 的普通混凝土用砂,根据 0.6 mm 筛孔的累计筛余百分率分成 1 区、2 区及 3 区共 3 个级配区(见表 6-4)。1 区为粗砂区,2 区为中砂区,3 区为细砂区。普通混凝土用砂的颗粒级配,应处于表中的任何一个级配区内,才符合级配要求,除 4.75 mm 和 0.6 mm 筛号外,允许有部分超出分区界限,但其超出总量不应大于 5%。

表 6-4 砂的级配区范围

砂的分类	天 然 砂			机 制 砂		
级配区	1 区	2 区	3 区	1 区	2 区	3 区
方孔筛	累计筛余/(%)					
4.75 mm	0~10	0~10	0~10	0~10	0~10	0~10
2.36 mm	5~35	0~25	0~15	5~35	0~25	0~15
1.18 mm	35~65	10~50	0~25	35~65	10~50	0~25
600 μm	71~85	41~70	16~40	71~85	41~70	16~40

砂的分类	天　然　砂			机　制　砂		
级配区	1 区	2 区	3 区	1 区	2 区	3 区
方孔筛	累计筛余/(%)					
300 μm	80～95	70～92	55～85	80～95	70～92	55～85
150 μm	90～100	90～100	90～100	85～97	80～94	75～94

将筛分析试验的结果与表 6-4 进行对照,来判断砂的级配是否符合要求。但用表 6-4 来判断砂的级配不直观,为了方便应用,常用筛分曲线来判断。所谓筛分曲线是指以累计筛余百分率为纵坐标,以筛孔尺寸为横坐标所画的曲线。用表 6-4 的规定值画出 1、2、3 三个级配区上下限值的筛分曲线得到图 6-3。试验时,将砂样筛分析试验得到的各筛累计筛余百分率标注在图 6-3 中,并连线,就可观察此筛分曲线落在哪个级配区。

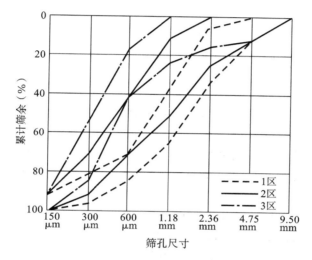

图 6-3　砂的筛分曲线

判定砂级配是否合格的方法如下:

①各筛上的累计筛余百分率原则上应完全处于表 6-4 所规定的任何一个级配区;

②允许有少量超出,但超出总量应小于 5%;

③4.75 mm 和 600 μm 筛号上不允许有任何超出;

④1 区人工砂中 150 μm 筛孔的累计筛余可以放宽到 85～100,2 区人工砂中 150 μm 筛孔的累计筛余可以放宽到 80～100,3 区人工砂中 150 μm 筛孔的累计筛余可以放宽到 75～100。

配制混凝土时宜优先选用 2 区砂。当采用 1 区砂时,应提高砂率,并保持足够的水泥用量,以满足混凝土的和易性。当采用 3 区砂时,宜适当降低砂率,以保证混凝土强度。

如果某地区的砂子自然级配不符合要求,可采用人工级配砂。配制方法是当有粗、细两种砂时,将两种砂按合适的比例掺配在一起。当仅有一种砂时,筛分分级后,再按一定比例配制。

2. 含泥量、石粉含量和泥块含量

含泥量是指天然砂中粒径小于 75 μm 的颗粒含量。石粉含量则是机制砂中粒径小于 75 μm 的颗粒含量。泥块含量是指砂中原粒径大于 1.18 mm,经水浸洗、手捏后粒径小于 600 μm 的颗粒含量。

骨料中的泥颗粒极细,会吸附在骨料表面,阻碍水泥石与骨料的胶结,降低混凝土的强度及抗冻性、抗渗性；而泥块会在混凝土中形成薄弱部分，对混凝土质量影响更大，泥和泥块还会增加拌和水量，加大混凝土的干缩。细骨料中泥和泥块含量须严加限制，具体技术要求见表6-5、表6-6。

表6-5　天然砂的含泥量和泥块含量

类　别	Ⅰ	Ⅱ	Ⅲ
含泥量（按质量计）/（%）	≤1.0	≤3.0	≤5.0
泥块含量（按质量计）/（%）	0	≤1.0	≤2.0

表6-6　机制砂石粉含量和泥块含量（MB值≤1.4或快速法试验合格）

类　别		Ⅰ	Ⅱ	Ⅲ
石粉含量（按质量计）/（%）	MB值≤1.4或快速法试验合格	≤10		
	MB值＞1.4或快速法试验不合格	≤1.0	≤3.0	≤5.0
泥块含量（按质量计）/（%）		0	≤1.0	≤2.0

注：MB值为亚蓝值，表示机制砂中的含泥量。

3. 有害物质含量

骨料除不应混有草根、树叶、树枝、塑料、煤块、炉渣等杂物外，砂中的云母、轻物质、氯化物也有含量限制。

硫化物、硫酸盐、有机物及云母等对水泥石有腐蚀作用，会降低混凝土的耐久性。

云母及轻物质（表观密度小于2000 kg/m³），它们本身强度低，与水泥石黏结不牢，因而会降低混凝土强度及耐久性。

氯离子对钢筋有腐蚀作用，当采用海砂配制钢筋混凝土时，海砂中氯离子含量不应大于0.06%（以干砂的质量计）；预应力混凝土则不宜用海砂配制。

《建设用砂》（GB/T 14684—2011）规定，砂中有害物质含量应符合表6-7的要求。

表6-7　砂中有害物质含量限值

类　别	Ⅰ	Ⅱ	Ⅲ
云母（按质量计）/（%）	≤1.0	≤2.0	
轻物质（按质量计）/（%）	≤1.0		
有机物	合格		
硫化物及硫酸盐（按SO₃质量计）/（%）	≤0.5		
氯化物（按质量计）/（%）	≤0.01	≤0.02	≤0.06
贝壳（按质量计）/（%）*	≤3.0	≤5.0	≤8.0

注：* 表示该指标适用于海砂，对其他砂种不做要求。

4. 坚固性

砂的坚固性是指砂在自然风化和其他外界物理化学因素作用下抵抗破裂的能力。砂的坚固性试验用硫酸钠溶液法检验，试样经五次干湿循环后，其质量损失应不超过表6-8的规定。机制砂除了要满足表6-8中的规定外，其压碎指标还应满足表6-9的规定。

"桥脆脆"与
"桥坚强"

表 6-8 天然砂的坚固性指标

类　别	Ⅰ	Ⅱ	Ⅲ
质量损失/(%)		≤8	≤10

表 6-9 机制砂的坚固性指标

类　别	Ⅰ	Ⅱ	Ⅲ
单级最大压碎指标/(%)	≤20	≤25	≤30

5. 颗粒形状和表面特征

细骨料的颗粒形状及表面特征会影响其与水泥的黏结及新拌混凝土的流动性。球形颗粒的砂由于孔隙率小,是砂中较佳的颗粒形状。山砂和人工砂的颗粒多棱角,表面粗糙与水泥黏结较好,拌制的混凝土强度高,但是流动性较差;而河砂、海砂颗粒棱角少,表面较为光滑,与水泥黏结较差,拌制的混凝土强度低,但是流动性较好。

6. 含水率和湿胀

在工程实际中砂是露天堆放的,砂的含水率随着环境变化,其体积也会变化。当施工采用体积计量时,计算过程需要掌握砂的含水率和湿胀。

(1)含水率。

砂的表面凹凸不平,并且有裂缝,内部有孔隙。砂从干到湿,其含水状态可分为全干状态、气干状态、饱和面干状态和湿润状态 4 种。干燥状态下的砂含水率等于或接近于零,气干状态的砂含水率与大气湿度相平衡,但未达到饱和状态;饱和面干状态的砂其内部孔隙含水达到饱和而其表面干燥;湿润状态的砂不仅内部孔隙含水达到饱和,而且表面附着一部分自由水。在计算混凝土中各项材料的配合比时,如以饱和面干骨料为基准,则不会影响混凝土用水量和骨料用量,因为饱和面干骨料既不从混凝土中吸取水分,也不向混凝土中释放水分。因此,一些大型水利工程、道路工程常以饱和面干状态骨料为基准,这样混凝土的用水量和骨料用量的控制就较准确。而在一般工业与民用建筑工程中,混凝土配合比设计常以干燥状态为基准,这是因为坚固的骨料其饱和面干吸水率一般不超过20%。在工程施工中,必须经常测定骨料的含水率,以及时调整混凝土组成材料实际用量的比例,从而保证混凝土的质量。

(2)湿胀。

砂从全干状态至饱和面干状态,其体积无变化,至湿润状态后由于砂颗粒表面水膜的存在,使得颗粒相互接触处积存一些水。由于液体表面张力作用,这些水力图缩小自身的面积向夹缝里缩,导致两颗颗粒张开,所以湿砂的体积膨胀起来。当砂中水含量增至完全充满所有的粒间空隙时,膨胀结束,砂的体积又恢复到原来的状态。

在施工过程中按体积计算砂的用量时,通常配合比按照饱和面干时的体积为标准计算。因此,须将现场含水的砂的体积进行折算。为折算砂的体积,体积膨胀系数 K_C 的计算式为:

$$K_C = V_m/V_s \tag{6.2}$$

式中:V_m、V_s 分别为湿砂和干砂的体积。

砂中含水率的标准测定方法是烘箱烘干法,工程现场可采用乙醇燃烧法或炒干法。

6.2.4 粗骨料的技术要求

普通混凝土常用的粗骨料有卵石和碎石。卵石是指由自然风化、水流搬运和分选、堆积形成的,粒径大于 4.75 mm 的岩石颗粒。碎石是指天然岩石、卵石或矿山废石经机械破碎、筛分制成的,粒径大于 4.75 mm 的岩石颗粒。配制混凝土的粗骨料有以下几个方面的技术要求。

1. 最大粒径和颗粒级配

反映粗骨料总表面积大小的指标不同于细骨料,所采用的指标是最大粒径。石子的最大粒径是指其公称粒径的上限,用 D_m 表示。例如,5~40 mm 粒级的石子,最大粒径为 40 mm。

在混凝土水灰比及拌和物流动性相同的条件下,骨料最大粒径增大时,其总表面积减少,相应包裹表面所需的水泥用量也减少,且可提高混凝土密实度,减少水泥水化热及混凝土的收缩,对大体积混凝土尤其有利。实践证明随着 D_m 增大,当 D_m 在 80~150 mm 变动时水泥用量显著减少;当 D_m 超过 150 mm 时,节约水泥效果不再明显。

对于水泥用量小于 170 kg/m³ 的中、低强度混凝土,随着 D_m 增大,混凝土强度增大。对于普通混凝土,尤其是水泥用量较多的高强混凝土,D_m 由 20 mm 增至 40 mm 时,混凝土强度最高;当 D_m 超过 40 mm 后,由于减少用水获得的强度提高被较少的黏结面积以及大粒径骨料造成的不均匀性等不利影响所抵消,因而没有好处。此外,最大粒径大者,易在石子底部积留水分,形成水囊或气泡,对混凝土的抗渗性、抗冻性有不良影响,特别是会显著降低其抗气蚀性,也减弱了浆骨黏结而造成强度下降。因此适宜的骨料最大粒径与混凝土性能要求有关。工业与民用建筑用混凝土以及道路混凝土一般不超过 40 mm;高强混凝土一般不大于 20 mm;港工混凝土不大于 80 mm;大体积混凝土如条件许可在 150 mm 范围内尽量采用较大粒径。有时为了减少水泥用量、降低混凝土的温度和收缩应力,可在大体积混凝土中抛入大块石(或称毛石),这种混凝土常被称作抛石混凝土。

最大粒径还受混凝土结构情况及施工方法的限制。根据《混凝土结构工程施工规范》(GB 50666—2011)的规定,D_m 不得超过结构截面最小尺寸的 1/4,且不得超过钢筋间最小净距的 3/4。对于混凝土实心板,不宜超过板厚的 1/3,且不得超过 40 mm 。对于泵送混凝土,混凝土粗骨料最大粒径不大于 25 mm 时,可采用内径不小于 125 mm 的输送泵管;混凝土粗骨料最大粒径不大于 40 mm 时,可采用内径不小于 150 mm 的输送泵管。对于型钢混凝土结构浇筑,混凝土粗骨料最大粒径不应大于型钢外侧混凝土保护层厚度的 1/3,且不宜大于 25 mm。混凝土搅拌机容量小于 0.8 m³ 时,不宜超过 80 mm;混凝土搅拌机容量大时,也不宜超过 150 mm,否则搅拌机叶片易折断。

粗骨料的级配对混凝土性质的影响与细骨料相同,但影响程度更大,级配对高强混凝土尤为重要。石子的级配也是通过一套标准筛进行筛分试验,计算累计筛余百分率(计算方法同砂)来确定的。一套标准筛有孔径为 2.36 mm、4.75 mm、9.50 mm、16.0 mm、19.0 mm、26.5 mm、31.5 mm、37.5 mm、53.0 mm、63.0 mm、75.0 mm、90 mm 共 12 个筛,可按需选择筛号进行筛分。卵石和碎石的级配范围要求相同,应符合表 6-10 的规定。

表 6-10　卵石和碎石的颗粒级配

公称粒级 /mm		累计筛余/(%)											
		方孔筛/mm											
		2.36	4.75	9.50	16.0	19.0	26.5	31.5	37.5	53.0	63.0	75.0	90
连续粒级	5~16	95~100	85~100	30~60	0~10	0	—	—	—	—	—	—	—
	5~20	95~100	90~100	40~80	—	0~10	0	—	—	—	—	—	—
	5~25	95~100	90~100	—	30~70	—	0~5	0	—	—	—	—	—
	5~31.5	95~100	90~100	70~90	—	15~45	—	0~5	0	—	—	—	—
	5~40	—	95~100	70~90	—	30~65	—	—	0~5	0	—	—	—

公称粒级/mm		累计筛余/(%)											
		方孔筛/mm											
		2.36	4.75	9.50	16.0	19.0	26.5	31.5	37.5	53.0	63.0	75.0	90
单粒粒级	5～10	95～100	80～100	0～15	0	—	—	—	—	—	—	—	—
	10～16	—	95～100	80～100	0～15	—	—	—	—	—	—	—	—
	10～20	—	95～100	85～100	—	0～15	0	—	—	—	—	—	—
	16～25	—	—	95～100	55～70	25～40	0～10	—	—	—	—	—	—
	16～31.5	—	95～100	—	85～100	—	—	0～10	0	—	—	—	—
	20～40	—	—	95～100	—	80～100	—	—	0～10	0	—	—	—
	40～80	—	—	—	—	95～100	—	—	70～100	—	30～60	0～100	0

粗骨料的颗粒级配分连续级配和间断级配两种。连续级配是石子由小到大各粒级相连的级配;间断级配是指用小颗粒的粒级石子直接与大颗粒的粒级石子相配,中间缺了一段粒级的级配。土木工程中多采用连续级配,间断级配虽然可获得比连续级配更小的空隙率,但混凝土拌和物易产生离析现象,不便于施工,较少使用。

单粒级不宜单独配制混凝土,主要用于组合连续级配或间断级配。

骨料粒径太大使转换梁浇筑不密实

2. 含泥量和泥块含量

粗骨料的含泥量是指卵石、碎石中粒径小于 75 μm 的颗粒含量。泥块含量指卵石、碎石中原粒径大于 4.75 mm,经水洗、手捏后粒径小于 2.36 mm 的颗粒含量。卵石、碎石的含泥量和泥块含量应符合表 6-11 的规定。

表 6-11　卵石和碎石含泥量和泥块含量

类　　别	Ⅰ	Ⅱ	Ⅲ
含泥量(按质量计)/(%)	≤0.5	≤1.0	≤1.5
泥块含量(按质量计)/(%)	0	≤0.2	≤0.5

3. 颗粒形态和表面特征

骨料特别是粗骨料的颗粒形状和表面特征对水泥混凝土和沥青混合料的性能有显著的影响。通常,骨料颗粒有浑圆状、多棱角状、针状和片状四种形状。其中,较好的是接近球体或立方体的浑圆状和多棱角状颗粒。而呈细长和扁平的针状和片状颗粒对水泥混凝土的和易性、强度和稳定性等性能有不良影响,因此,在骨料中应限制针状和片状颗粒的含量(见表 6-12)。在水泥混凝土中,针状颗粒是骨料中颗粒长度大于所属粒级平均粒径的 2.4 倍的颗粒。片状颗粒是指集料颗粒厚度小于所属粒级平均粒径的 0.4 倍的颗粒。

表 6-12　卵石、碎石针状和片状颗粒含量限值

类　　别	Ⅰ	Ⅱ	Ⅲ
针片状颗粒总含量(按质量计)/(%)	≤5	≤10	≤15

骨料的表面特征又称表面结构,是指骨料表面的粗糙程度及孔隙特征等。骨料按表面特征分

为光滑的、平整的和粗糙的颗粒表面。骨料的表面特征主要影响混凝土的和易性和与胶结料的黏结力,表面粗糙的骨料制作的混凝土的和易性较差,但与胶结料的黏结力较好;反之,表面光滑的骨料制作的混凝土的和易性较好,但与胶结料的黏结力较差。

4. 有害物质

同细骨料一样,粗骨料也不应混有草根、树叶、树枝、塑料、煤块、炉渣等杂物。卵石和碎石中的有机物、硫化物及硫酸盐也有含量限制,具体要求见表 6-13。

表 6-13　卵石和碎石有害物质限量

类　　别	Ⅰ	Ⅱ	Ⅲ
有机物	合格	合格	合格
硫化物及硫酸盐 (按 SO_3 质量计)/(%)	≤0.5	≤1.0	≤1.0

5. 坚固性

坚固性采用硫酸钠溶液法检验,卵石和碎石经 5 次循环后,其质量损失应不超过表 6-14 的规定。

表 6-14　坚固性指标

类　　别	Ⅰ	Ⅱ	Ⅲ
质量损失/(%)	≤5	≤8	≤12

6. 强度

为保证混凝土的强度,粗骨料必须致密并具有足够的强度。碎石的强度用岩石抗压强度或压碎指标值表示,卵石的强度只用压碎指标值表示。在选择采石场或对粗骨料强度有严格要求(混凝土的强度等级不低于 C60)或对质量有争议时,宜用岩石抗压强度检验;对经常性的生产质量控制,则用压碎指标值检验较为简便。

碎石的岩石试件(将其母岩制成边长为 50 mm 的立方体或直径与高均为 50 mm 的圆柱体)在水饱和状态下的极限抗压强度与混凝土的强度等级之比应不小于 1.5。同时,在水饱和状态下,火成岩强度应不小于 80 MPa,变质岩强度应不小于 60 MPa,水成岩强度应不小于 30 MPa,否则,说明岩石不够坚硬,可能已有风化现象。

碎石和卵石的压碎指标值测定,是将一定质量气干状态的粒径 9.5～19.5 mm 大小的石子除去针、片状颗粒装入标准筒内,在压力机上经 160～300 s,均匀加载至 200 kN,卸载后用 2.36 mm 孔径的筛子筛除被压碎的颗粒,称出筛余量,按式(6.3)计算压碎指标值,即

$$Q_e = \frac{G_1 - G_2}{G_1} \times 100\% \qquad (6.3)$$

式中:Q_e 为压碎指标(%);G_1 为试样质量(g);G_2 为试样的筛余量(g)。

压碎指标表示粗骨料抵抗受压破坏的能力,其值越小,表示抵抗压碎的能力越强。压碎指标应符合表 6-15 的规定。

表 6-15　粗骨料压碎指标值

类　　别	Ⅰ	Ⅱ	Ⅲ
卵石压碎指标/(%)	≤10	≤20	≤30
碎石压碎指标/(%)	≤12	≤14	≤16

7. 碱活性

骨料中若含有无定形二氧化硅等活性骨料，当混凝土中有水分存在时，它能与水泥中的碱（K_2O 及 Na_2O）产生碱-骨料反应，使混凝土发生破坏。对于重要工程混凝土使用的骨料，或者怀疑骨料中含有无定形二氧化硅可能引起碱-骨料反应时，应进行专门试验，以确定骨料是否可用。

6.2.5 水的技术要求

混凝土用水，按水源可分为饮用水、地表水、地下水、再生水及海水。其中，再生水是污水经适当再生工艺处理后具有使用功能的水。

对混凝土拌和用水的要求如下。

（1）拌制混凝土宜采用饮用水；当采用其他水源时，应符合表 6-16 的规定。对于设计使用年限为 100 年的结构混凝土，氯离子含量不得超过 500 mg/L；对使用钢丝或经热处理钢筋的预应力混凝土，氯离子含量不得超过 350 mg/L。

表 6-16　混凝土拌和用水水质要求

项　　目	预应力混凝土	钢筋混凝土	素混凝土
pH 值	≥5.0	≥4.5	≥4.5
不溶物/(mg/L)	≤2000	≤2000	≤5000
可溶物/(mg/L)	≤2000	≤5000	≤10000
氯离子/(mg/L)	≤500	≤1000	≤3500
硫酸根离子/(mg/L)	≤600	≤2000	≤2700
碱含量/(mg/L)	≤1500	≤1500	≤1500

注：碱含量按 $Na_2O+0.658K_2O$ 计算值来表示，采用非碱活性骨料时，可不检验碱含量。

（2）地表水、地下水、再生水的放射性应符合现行国家标准《生活饮用水卫生标准》(GB 5749—2006)的规定。

（3）当对水质有怀疑时，被检测水样应与饮用水样进行水泥凝结时间对比试验，对比试验水泥的初凝、终凝时间差均不得大于 30 min，并应符合水泥有关国家标准的规定。

（4）被检测水样还应进行水泥胶砂强度对比试验，水泥胶砂 3 d 和 28 d 强度应不低于饮用水配制的水泥胶砂 3 d 和 28 d 强度的 90%。

（5）未经处理的海水严禁用于钢筋混凝土和预应力混凝土。在无法获得水源的情况下，海水可用于素混凝土，但不宜用于装饰混凝土。

案例分析

对于混凝土养护用水的要求与拌和用水的要求基本相同，但可不进行水泥凝结时间和水泥胶砂强度的检验。

6.2.6 外加剂

混凝土外加剂（以下简称外加剂）是指混凝土中除胶凝材料、骨料、水和纤维组分以外，在混凝土拌制前或拌制过程中加入的，用以改善新拌混凝土（或）硬化混凝土性能，对人、生物及环境安全无有害影响的材料。混凝土外加剂不包括生产水泥时加入的混合材料、石膏和助磨剂，也不同于在混凝土拌制时掺入的掺合料。外加剂在混凝土中的掺量不多，但可显著改善混凝土拌和物的和易性，明显提高混凝土的物理力学性能和耐久性。外加剂的研究和应用促进了混凝土生产和施工工艺,以及新型混凝土的发展,外加剂的出现导致了混凝土技术的第二次革命。目前,外加剂在混凝土中的应用非常普遍,成为制备优良性能混凝土的必备条件,被称为混凝土第五组分。

1. 外加剂的分类

在国家标准《混凝土外加剂术语》(GB 8075—2017)中,外加剂按其在混凝土中所起作用的主要功能,一般分为四类:

(1)改善混凝土流变性能的外加剂,如各种减水剂和泵送剂等;

(2)调节混凝土凝结时间、硬化过程的外加剂,如缓凝剂、早强剂、促凝剂和速凝剂等;

(3)改善混凝土耐久性的外加剂,如引气剂、防水剂和阻锈剂等;

(4)改善混凝土其他性能的外加剂,如膨胀剂、防冻剂和着色剂等。

外加剂按化学成分可分为有机物外加剂、无机物外加剂和复合外加剂。有机物外加剂多为各种表面活性剂;无机物外加剂包括金属单质、氧化物及无机盐类;复合外加剂是将适当有机物与无机物复合制成外加剂使用的外加剂,往往具有多种功能或可以使某项性能得到显著改善。

2. 表面活性剂

有些物质能溶于水,并从溶液中向界面富集,在液-气与液-固界面上产生定向排列,形成单分子吸附膜层,改变液、固、气相的表面受力情况和表面能,从而显著降低了水的表面张力以及水与其他液相或固相之间的界面张力,这种现象称为表面活性。具有表面活性作用的物质称为表面活性剂。

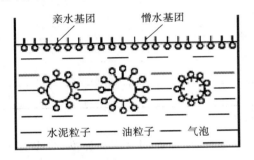

图 6-4　表面活性剂分子的吸附定向

表面活性剂分子由亲水基团和憎水基团两部分构成。亲水基团以羟基、羧酸盐基、磺酸盐基及氨基等为代表性原子团,是易溶于水而难溶于油的极性基团,对水等极性分子具有较强的亲和力;憎水基团以脂肪烃及芳香烃等为代表性原子团,是一些难溶于水而溶于油的非极性基团,对空气、油等非极性分子具有较强的亲和力。在不同类型的界面上,表面活性剂会形成不同类型的吸附层,如图 6-4 所示。

3. 几种常用的混凝土外加剂

(1)减水剂。

减水剂是指在混凝土拌和物坍落度基本相同的条件下,能减少拌和用水量的外加剂,是工程中应用最广泛的一种外加剂。在混凝土组成材料种类和用量不变的情况下,往混凝土中掺入减水剂,混凝土拌和物的流动性将显著提高。若要保持混凝土拌和物的流动性不变,则可减少混凝土的用水量。

①减水剂的减水机理。

减水剂之所以能减少拌和用水量,是由于它是一种表面活性剂。其分子由亲水基团和憎水基团两部分组成,与其他物质接触时会定向排列。水泥加水拌和后,由于颗粒之间分子凝聚力的作用,会形成絮凝结构,如图 6-5 所示,将一部分拌和用水包裹在絮凝结构内,从而使混凝土拌和物的流动性降低。当水泥中加入减水剂后,减水剂的憎水基团定向吸附于水泥颗粒表面,使水泥颗粒表面带有相同的电荷,产生静电斥力,使水泥颗粒相互分开,絮凝结构解体,如图 6-6(a)所示,释放出游离水,从而增大混凝土拌和物的流动性。另外,减水剂还能在水泥颗粒表面形成一层稳定的溶剂化水膜,如图 6-6(b)所示,这层水膜是很好的润滑剂,有利于水泥颗粒的滑动,从而使混凝土拌和物的流动性进一步提高。

图 6-5 水泥浆的絮凝结构

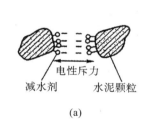

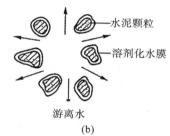

图 6-6 减水剂作用机理

②减水剂的技术经济效果。

在混凝土中加入减水剂后,其使用效果表现为以下几个方面。

增加流动性。在用水量及水灰比不变时,混凝土坍落度可增大 100~200 mm,且不影响混凝土的强度。

提高混凝土强度。在保持流动性及水泥用量不变的条件下,可减少拌和水量 5%~25% 或更多,从而降低水灰比,使混凝土强度提高 15%~20%,特别是早期强度提高更为明显。

节约水泥。在保持流动性及水灰比不变的条件下,可以在减少拌和水量的同时,相应减少水泥用量,即在保持混凝土强度不变时,可节约水泥用量 10%~20%。

改善混凝土的耐久性。减水剂的掺入,显著改善了混凝土的孔结构,使混凝土的密实度提高,透水性可降低 40%~80%,从而可提高抗渗、抗冻、抗化学腐蚀及抗锈蚀等能力。

此外,掺用减水剂后,还可以改善混凝土拌和物的泌水和离析现象,延缓混凝土拌和物的凝结时间,减慢水泥水化放热速度和配制特种混凝土。

③减水剂的分类。

减水剂按塑化效果可分为普通减水剂和高效减水剂。普通减水剂减水率不小于 8%,高效减水剂减水率不小于 14%。

减水剂按引气量可分为引气减水剂和非引气减水剂。引气减水剂混凝土的含气量为 3.5%~5.5%,非引气减水剂混凝土的含气量小于 3%(一般为 2% 左右)。

减水剂按混凝土凝结时间和早期强度可分为标准型、缓凝型和早强型减水剂。

高性能减水剂是指在混凝土坍落度基本相同的条件下,减水率不小于 25%,与高效减水剂相比坍落度保持性能好、干燥收缩小且具有一定引气性能的减水剂。《混凝土外加剂应用技术规范》(GB 50119—2013)指出,聚羧酸系高性能减水剂在我国是目前技术水平条件下成熟可靠的高性能减水剂。聚羧酸系高性能减水剂性能优越,有害物质(氯离子、硫酸根离子和碱等)含量低,可用于多种混凝土工程,应用范围较广泛。与其他减水剂相比,聚羧酸系高性能减水剂具有高减水、收缩率小等优点,尤其适用于对混凝土性能和外观要求较高的混凝土工程,如高强混凝土、自密实混凝土、清水混凝土等。

(2)引气剂。

引气剂是指在搅拌混凝土过程中能引入大量均匀分布、稳定而封闭的微小气泡(直径 10~100 μm)的外加剂。

混凝土引气剂有松香树脂类、烷基苯磺酸盐类、脂肪醇磺酸盐类、蛋白质类、石油磺酸盐、非离子聚醚类等几种。其中以松香树脂类应用最为广泛,这类引气剂的主要品种有松香热聚物和松香皂两种。

引气剂为表面活性剂,由于在搅拌混凝土时会混入一些气泡,掺入的引气剂就定向排列在泡膜界面(气-液界面)上,形成大量微小气泡。被吸附的引气剂离子增强了泡膜的厚度和强度,使气泡不易破灭。这些气泡均匀分散在混凝土中,互不相连,使混凝土的某些性能得以改善。

①改善混凝土拌和物的和易性。封闭的小气泡在混凝土拌和物中好像滚珠,减少了骨料间的摩擦,增强了润滑作用,从而提高了混凝土拌和物的流动性。同时微小气泡的存在可阻滞泌水作用并提高保水能力。

②提高混凝土的抗渗性和抗冻性。引入的封闭气泡能有效隔断毛细孔通道,并能减少泌水造成的渗水通道,从而提高了混凝土的抗渗性。另外,引入的封闭气泡可对水结冰产生的膨胀力起缓冲作用,从而提高抗冻性。

③强度有所降低。气泡的存在,使混凝土的有效受力面积减少,导致混凝土强度的下降。一般混凝土的含气量每增加1%,其抗压强度将降低4%~6%,抗折强度降低2%~3%。因此引气剂的掺量必须适当。松香热聚物和松香皂掺量,一般为水泥质量的0.005%~0.01%。

混凝土中掺引气剂及引气减水剂后,混凝土强度会下降,故《混凝土外加剂应用技术规范》(GB 50119—2013)规定了掺引气剂及引气减水剂混凝土的含气量,见表6-17。

表6-17　掺引气剂或引气减水剂混凝土的含气量限值

粗骨料最大公称粒径/mm	10	15	20	25	40
混凝土含气量限值/(%)	7.0	6.0	5.5	5.0	4.5

注:表中含气量,C50,C55混凝土可降低0.5%,C60及C60以上混凝土可降低1%,但不宜低于3.5%。

引气剂及引气减水剂宜用于有抗冻融要求的混凝土、泵送混凝土和易产生泌水的混凝土。引气剂及引气减水剂可用于抗渗混凝土、抗硫酸盐混凝土、贫混凝土、轻骨料混凝土、人工砂混凝土和有饰面要求的混凝土。引气剂及引气减水剂不宜用于蒸养混凝土及预应力混凝土。

(3)早强剂。

早强剂是指能加速混凝土早期强度发展的外加剂。早强剂可促进水泥的水化和硬化进程,加快施工进度,提高模板周转率,特别适用于冬季施工或紧急抢修工程。

目前广泛使用的混凝土早强剂有三类,即氯盐类(如 $CaCl_2$,$NaCl$ 等)、硫酸盐类(如 Na_2SO_4 等)和有机胺类,但更多使用的是以它们为基材的复合早强剂。其中,氯盐类早强剂对钢筋有锈蚀作用,常与阻锈剂($NaNO_2$)复合使用。

(4)缓凝剂。

缓凝剂是指能延缓混凝土凝结时间,并对混凝土后期强度发展无不利影响的外加剂。缓凝剂主要有四类:糖类,如糖蜜;木质素磺酸盐类,如木钙、木钠;羟基羧酸及其盐类,如柠檬酸、酒石酸;无机盐类,如锌盐、硼酸盐等。常用的缓凝剂是木钙和糖蜜,其中糖蜜的缓凝效果最好。

糖蜜缓凝剂是制糖下脚料经石灰处理而成的,也是表面活性剂,将其掺入混凝土拌和物中,能吸附在水泥颗粒表面,形成同种电荷的亲水膜,使水泥颗粒相互排斥,并阻碍水泥水化,从而起缓凝作用。糖蜜的适宜掺量为0.1%~0.3%,可使混凝土凝结时间延长2~4 h,掺量过大会使混凝土长期不硬,强度严重下降。

缓凝剂具有缓凝、减水、降低水化热和增强作用,对钢筋也无锈蚀作用。主要适用于大体积混凝土、炎热气候下施工的混凝土,以及需长时间停放或长距离运输的混凝土。缓凝剂不宜用于在日最低气温5 ℃以下施工的混凝土,也不宜单独用于有早强要求的混凝土及蒸养混凝土。

（5）速凝剂。

速凝剂是指能使混凝土迅速凝结硬化的外加剂。速凝剂主要有无机盐类和有机物类两类。我国常用的速凝剂是无机盐类。

速凝剂掺入混凝土后，能使混凝土在 5 min 内初凝，10 min 内终凝，1 h 就可产生强度，1 d 强度提高 2～3 倍，但后期强度会下降，28 d 强度为不掺时的 80％～90％。速凝剂的速凝早强作用机理是使水泥中的石膏变成 Na_2SO_4，失去缓凝效果，从而促使 C_3A 迅速水化，并在溶液中析出其水化产物晶体，导致水泥浆迅速凝固。

速凝剂主要用于矿山井巷、隧道、涵洞及地下工程的岩壁衬砌、坡面支护等。用于喷射混凝土的速凝剂主要起以下作用：抵抗喷射混凝土因重力而引起的脱落和空鼓；提高喷射混凝土的黏结力，缩短间隙时间，增大一次喷射厚度，减少回弹率；提高早期强度，及时发挥结构的承载能力。为了降低喷射混凝土 28 d 强度损失率，减少回弹率，减少粉尘，可将高效减水剂与速凝剂复合使用，速凝剂的发展方向是液态复合速凝剂。

喷射混凝土宜采用最大粒径不大于 20 mm 的粗骨料，细度模数为 2.8～3.5 的细骨料，经验配合比为水泥用量约 400 kg/m³、砂占 45％～60％、水灰比约为 0.4。

（6）防冻剂。

防冻剂是指能使混凝土在负温下硬化，并在规定养护条件下达到预期性能的外加剂。常用的防冻剂有氯盐类（氯化钙、氯化钠）、氯盐阻锈类（以氯盐与亚硝酸钠阻锈剂复合而成）、无氯盐类（以硝酸盐、亚硝酸盐、碳酸盐、乙酸钠或尿素复合而成）。

氯盐类防冻剂适用于无筋混凝土，氯盐阻锈类防冻剂适用于钢筋混凝土，无氯盐类防冻剂可用于钢筋混凝土工程和预应力钢筋混凝土工程。硝酸盐、亚硝酸盐、碳酸盐易引起钢筋的腐蚀，故不适用于预应力钢筋混凝土以及与镀锌钢材或与铝铁相接触部位的钢筋混凝土结构。此外，含有六价铬盐、亚硝酸盐等有毒成分的防冻剂，严禁用于饮水工程及与食品接触的部位。

防冻剂用于负温条件下施工的混凝土。目前，国产防冻剂品种适用于 -15～0 ℃ 的气温，当在更低气温下施工时，应增加其他混凝土冬季施工的措施，如暖棚法、原料（砂、石、水）预热法等。

（7）膨胀剂。

膨胀剂能使混凝土在硬化过程中产生微量体积膨胀。膨胀剂的种类有硫铝酸盐类、氧化钙类、金属类等。各膨胀剂的成分不同，引起膨胀的原因也不相同。膨胀剂的使用应注意以下问题：掺入硫铝酸盐类膨胀剂的膨胀混凝土（或砂浆），不得用于长期处于温度为 80 ℃ 以上的工程中；掺入硫铝酸盐类或氧化钙类膨胀剂的混凝土，不宜同时使用氯盐类外加剂；掺入铁屑膨胀剂的填充用膨胀砂浆，不得用于有杂散电流的工程，也不得用在与氯镁材料接触的部位。

（8）防水剂。

防水剂指能降低混凝土在静水压力下的透水性的外加剂。它包括以下四类。

①无机化合物类：氯化铁、硅灰粉末等。

②有机化合物类：脂肪酸及其盐类、有机硅表面活性剂（甲基硅醇钠、乙基硅醇钠、聚乙基羟基硅氧烷）、石蜡、地沥青、橡胶及水溶性树脂乳液等。

③混合物类：无机类混合物、有机类混合物、无机类与有机类混合物。

④复合类：上述各类与引气剂、减水剂、调凝剂（指缓凝剂和速凝剂）等外加剂复合的复合型防水剂。

防水剂可用于工业与民用建筑的屋面、地下室、隧道、巷道、给排水池、水泵站等有防水抗渗要求的混凝土工程。含氯盐的防水剂可用于素混凝土、钢筋混凝土工程，严禁用于预应力混凝土工程,其他严禁使用的范围与早强剂及早强型减水剂的规定相同,防水剂的掺量要求也与早强剂的限值相同。

(9)泵送剂。

泵送剂指能改善混凝土拌和物泵送性能的外加剂。一般由减水剂、缓凝剂、引气剂等单独使用或复合使用而成。适用于工业与民用建筑及其他构筑物的泵送施工的混凝土、滑模施工、水下灌注桩混凝土等工程,特别适用于大体积混凝土、高层建筑和超高层建筑等工程。

泵送剂的品种、掺量应按供货单位提供的推荐掺量和环境温度、泵送高度、泵送距离、运输距离等要求经混凝土试配后确定。

4. 外加剂使用注意事项

在混凝土中掺入外加剂,可明显改善混凝土的技术性能,取得显著的技术经济效果。若选择和使用不当,会造成事故。因此,在选择和使用外加剂时,应注意以下几点。

(1)外加剂品种的选择。

外加剂品种、品牌很多,效果各异,特别是对于不同品种的水泥效果不同。在选择外加剂时,应根据工程需要、现场的材料条件,并参考有关资料,通过试验确定。

(2)外加剂掺量的确定。

外加剂的掺量以混凝土中胶凝材料总质量的百分数表示。混凝土外加剂均有适宜掺量,掺量过小,往往达不到预期效果;掺量过大,则会影响混凝土质量,甚至造成质量事故。因此,应通过试验试配确定最佳掺量。

(3)外加剂的掺加方法。

外加剂的掺量很少,必须保证其均匀分散,一般不能直接加入混凝土搅拌机内。对于可溶于水的外加剂,应先配成一定浓度的溶液,随水加入搅拌机。对不溶于水的外加剂,应与适量水泥或砂混合均匀后再加入搅拌机内。另外,外加剂的掺入时间对其效果的发挥也有很大影响,如为保证减水剂的减水效果,减水剂有同掺法、后掺法及分次掺入共3种方法。

6.2.7 矿物掺合料

矿物掺合料是指以硅、铝、钙等一种或多种氧化物为主要成分,具有规定细度,掺入混凝土中,能改善混凝土性能的粉体材料,可分为活性矿物掺合料和惰性矿物掺合料。在工程实际中,多采用活性矿物掺合料。活性矿物掺合料绝大多数来自工业固体废渣,主要成分为 SiO_2 和 Al_2O_3,在碱性或兼有硫酸盐成分存在的液相条件下,可发生水化反应,生成具有固化特性的胶凝物质。因此,掺合料也被称为混凝土的"第二胶凝材料"或辅助胶凝材料。

活性矿物掺合料用于混凝土中不仅可以取代水泥、节约成本,而且可以改善混凝土拌和物的和易性和抗离析性,提高硬化混凝土的密实性、抗渗性、耐腐蚀性和强度。同时,掺合料的应用,对改善环境、减少二次污染、推动可持续发展的绿色混凝土,具有重要的意义。因此,混凝土活性矿物掺合料近些年来在国内外得到广泛应用。目前,在调配混凝土性能以及配制大体积混凝土、高强混凝土和高性能混凝土等方面,掺合料已成为不可缺少的组成材料,特别是在日益广泛应用的商品混凝土、泵送高强混凝土中,应用粉煤灰等掺合料效果更好。

常用的混凝土掺合料有粉煤灰,粒化高炉矿渣粉和硅灰及凝灰岩、硅藻土、沸石粉等天然火山灰质材料。

1. 粉煤灰

粉煤灰(也称飞灰),是从燃烧煤粉的锅炉烟气中收集到的粉末。粉煤灰按收集方法的不同分为静电收尘灰和机械收尘灰两种。按排放方式不同分为湿排灰和干排灰两种。按 CaO 的含量高低分为高钙灰(CaO 含量大于 10%)和低钙灰(CaO 含量小于 10%)两类。我国绝大多数电厂排放的粉煤灰为低钙灰,湿排灰活性不如干排灰。

(1)粉煤灰的颗粒形貌和化学成分。

煤粉燃烧时,其中较细的粒子随气流掠过燃烧区,立即熔融成水滴状,到了炉膛外面,受到骤冷,将熔融时由于表面张力作用形成的圆珠的形态保持下来,成为玻璃微珠。因此粉煤灰的颗粒形貌主要是玻璃微珠,如图 6-7(a)所示。玻璃微珠有空心和实心之分。空心微珠是因矿物杂质转变过程中产生的 CO_2、CO、SO_2、SO_3 等气体,被截留于熔融的灰滴之中而形成的。空心微珠有薄壁与厚壁之分,前者能漂浮在水面上,又叫作"漂珠",其活性高;后者置于水中能下沉,又叫"空心沉珠"。另外粉煤灰中还有部分未燃尽的炭粒,未成珠的多孔玻璃体(一些来不及完全变成液态的粗灰变成的渣状物,如图 6-7(b)所示)等。

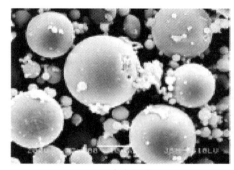
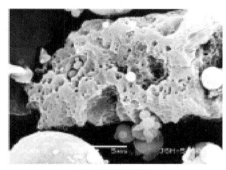

(a) 玻璃微珠　　　　　　　　　　(b) 多孔玻璃体

图 6-7　粉煤灰颗粒形貌

(2)粉煤灰的种类及技术要求。

拌制混凝土和砂浆用的粉煤灰分为 F 类粉煤灰和 C 类粉煤灰两类。F 类粉煤灰是由无烟煤或烟煤燃烧收集的;C 类粉煤灰是由褐煤或次烟煤燃烧收集的,其 CaO 含量一般大于 10%,又称高钙粉煤灰。

F 类和 C 类粉煤灰又根据其技术要求分为 Ⅰ 级、Ⅱ 级和 Ⅲ 级 3 个等级。按《用于水泥和混凝土中的粉煤灰》(GB 1596—2017)的规定,其相应的技术要求见表 6-18。

与 F 类粉煤灰相比,C 类粉煤灰一般具有需水量比小、活性高和自硬性好等特征。但由于 C 类粉煤灰中往往含有游离 CaO,所以在用作混凝土掺合料时,必须对其体积安定性进行合格性检验。

表 6-18　混凝土和砂浆用粉煤灰技术要求

项　目		理化性能要求		
		Ⅰ	Ⅱ	Ⅲ
细度(45 μm 方孔筛筛余)/(%)	F 类粉煤灰	≤12.0	≤30.0	≤45.0
	C 类粉煤灰			
需水量比/(%)	F 类粉煤灰	≤95	≤105	≤115
	C 类粉煤灰			

项　　目		理化性能要求		
		Ⅰ	Ⅱ	Ⅲ
烧失量/(%)	F 类粉煤灰	≤5.0	≤8.0	≤10.0
	C 类粉煤灰			
含水量/(%)	F 类粉煤灰	≤1.0		
	C 类粉煤灰			
三氧化硫(SO₃)质量分数/(%)	F 类粉煤灰	≤3.0		
	C 类粉煤灰			
游离氧化钙(f-CaO)质量分数/(%)	F 类粉煤灰	≤1.0		
	C 类粉煤灰	≤4.0		
二氧化硅(SiO₂)、三氧化二铝(Al₂O₃)和三氧化二铁总质量分数/(%)	F 类粉煤灰	≥70.0		
	C 类粉煤灰	≥50.0		
密度/(g/cm³)	F 类粉煤灰	≤2.5		
	C 类粉煤灰			
安定性(雷氏法)/(%)	C 类粉煤灰	≤5.0		
强度活性指数/(%)	F 类粉煤灰	≥70.0		
	C 类粉煤灰			

（3）粉煤灰效应及其对混凝土性质的影响。

粉煤灰由于其本身的化学成分、结构和颗粒形状等特征，在混凝土中可产生下列效应，总称为"粉煤灰效应"。

①活性效应。粉煤灰中所含的 SiO_2 和 Al_2O_3 具有化学活性，它们能与水泥水化产生的 $Ca(OH)_2$ 反应，生成类似水泥水化产物中的水化硅酸钙和水化铝酸钙，可作为胶凝材料的一部分而起到增强作用。

②颗粒形态效应。煤粉在高温燃烧过程中形成的粉煤灰颗粒，绝大多数为玻璃微珠，在混凝土拌和物中起一定的"滚珠"作用，可减小内摩擦力，从而减少混凝土的用水量，起减水作用。因此，优质粉煤灰的需水量比（水泥：粉煤灰＝70：30 时的水泥粉煤灰砂浆与纯水泥砂浆在达到相同流动度时需水量之比）小于 100%，而且在同样流动性时掺粉煤灰的混凝土比不掺的内摩擦阻力更小，更容易泵送施工和振捣密实。

③微骨料效应。粉煤灰中的微细颗粒均匀分布在水泥浆内，填充孔隙和毛细孔，改善了混凝土的孔结构和增大密实度。

粉煤灰掺入混凝土中，可以改善混凝土拌和物的和易性、可泵性和可塑性，能降低混凝土的水化热，使混凝土的弹性模量提高，提高混凝土抗侵蚀性、抗渗性等耐久性。粉煤灰取代混凝土中部分水泥后，混凝土的早期强度有所降低，但后期强度可以赶上甚至超过未掺粉煤灰的混凝土。

（4）粉煤灰活性的激发。

粉煤灰在常温常压下结构很稳定，表现出较高的化学稳定性，因此在自然环境下一般要经 1 个月或更长时间的激发，化学活性才能较显著地表现出来。加之我国大多数电厂粉煤灰的品质低，多为Ⅲ级灰或等外灰,这使粉煤灰产品的早期强度低,不利于使用。为了提高粉煤灰综合利用技术水平,应将粉煤灰潜在活性激发出来。

我国粉煤灰多为"贫钙"且颗粒表面致密的 CaO-SiO$_2$-Al$_2$O$_3$ 系统。粉煤灰活性激发的基本思路:一是破坏玻璃体表面光滑致密、牢固的 Si-O-Si 和 Si-O-Al 网络结构;二是"补钙",提高体系中的 CaO 与 SiO$_2$ 的比值;三是激发生成具有增加作用的水化产物或促进水化反应。

粉煤灰活性激发途径有物理活化、化学活化、水热活化和复合活化四种。

物理活化就是通过机械方法破坏粉煤灰表层玻璃体结构和改变其粒度分布,从而提高粉煤灰活性的一种方法,即通过磨细来提高粉煤灰活性的一种方法,也称为机械活化。

化学活化是指通过化学激发剂来激发粉煤灰活性的方法。常用激发剂有碱性激发剂[Ca(OH)$_2$、NaOH、KOH 和 Na$_2$SiO$_3$ 等]、硫酸盐激发剂(CaSO$_4$ · 2H$_2$O,CaSO$_4$,CaSO$_4$ · 1/2H$_2$O和 Na$_2$SO$_4$ 等)和氯盐激发剂(CaCl$_2$ 和 NaCl 等)。

水热活化分为直接水热活化和预先水热活化两种。直接水热活化是指将成型后的制品(或试样)直接置于温度大于 30 ℃的湿热(常压或蒸压)条件下养护,以提高粉煤灰水化能力的一种方法;预先水热活化是指预先将粉煤灰在激发剂作用下,采用蒸气养护或经过一定龄期的湿养护,使之水化至一定程度,再对水化产物进行热处理,制备出具有水硬特性胶凝材料的一种活化方法。

复合活化是将两种或两种以上活化方法进行复合的方法,包括化学物理活化和化学物理水热活化两种。这种方法活化效果好,尤其是化学物理水热活化已成为粉煤灰活性激发研究的热点和发展方向。

(5)粉煤灰的环境特性。

长期以来,人们一方面致力于粉煤灰资源化工作,另一方面对它的环境特性心存疑虑,粉煤灰曾被视为一种有毒、有害物质,我国 20 世纪 70 年代对粉煤灰毒性产生过恐慌。

粉煤灰有害物质包括有潜在毒害性的微量元素、放射性元素和粉尘三类。它们通过三种形式对环境产生危害,即粉煤灰中有毒有害元素通过水的淋溶、浸渍进入周围环境,污染地表水、地下水及土壤,或被直接饮用,或被农作物吸收后为人食用而影响人们身体健康;粉煤灰的放射性物质通过辐射或释放有害气体危害人们身体健康;极细的粉煤灰颗粒在空气中飘浮,被人吸入而影响人们身体健康。粉煤灰的有毒有害物质来源于原煤,并经燃烧而富集在粉煤灰颗粒中,原煤的有毒有害成分越多,粉煤灰的环境危害性就越大。掺粉煤灰的建筑材料,其放射性应符合国际标准。

有关粉煤灰环境特性的研究主要包括粉煤灰建筑材料的放射性评价,施灰农田的土壤和农作物的微量元素富集程度及放射性水平研究,粉煤灰储灰场淋溶性研究三个方面。而有关粉煤灰对地下水放射性污染,粉煤灰污染空气与疾病关系的研究较少。根据大量的研究,粉煤灰总体上对环境不会产生显著危害,包括我国在内的很多国家已将粉煤灰排除在有毒、有害废渣之外。

(6)混凝土掺用粉煤灰的规定。

《粉煤灰混凝土应用技术规范》(GB/T 50146—2014)规定,预应力混凝土宜掺用Ⅰ级 F 类粉煤灰,掺用Ⅱ级 F 类粉煤灰时应经过试验论证;其他混凝土宜掺用Ⅰ级、Ⅱ级粉煤灰,掺用Ⅲ级粉煤灰时应经过试验论证。粉煤灰混凝土宜采用硅酸盐水泥和普通硅酸盐水泥配制。采用其他品种的硅酸盐水泥时,应根据水泥中混合材料的品种和掺量,并通过试验确定粉煤灰的合理掺量。粉煤灰与其他掺合料同时掺用时,其合理掺量应通过试验确定。粉煤灰可与各类外加剂同时使用,粉煤灰与外加剂的适应性应通过试验确定。粉煤灰在混凝土中的掺量应通过试验确定,最大掺量宜符合表6-19 的规定。

表 6-19　粉煤灰的最大掺量

混凝土种类	硅酸盐水泥		普通硅酸盐水泥	
	水胶比≤0.4	水胶比＞0.4	水胶比≤0.4	水胶比＞0.4
预应力混凝土	30%	25%	25%	15%
钢筋混凝土	40%	35%	35%	30%
素混凝土	55%		45%	
碾压混凝土	70%		65%	

（7）粉煤灰在混凝土工程中的应用。

粉煤灰掺合料适用于一般工业与民用建筑结构和构筑物用混凝土，尤其适用于泵送混凝土、大体积混凝土、抗渗混凝土、抗化学侵蚀的混凝土、蒸汽养护的混凝土、地下和水下工程混凝土以及碾压混凝土等。粉煤灰用于高抗冻性要求的混凝土时，必须掺入引气剂；用于早期脱模，提前承荷的粉煤灰混凝土，宜掺加高效减水剂、早强剂等外加剂；在低温条件下施工的粉煤灰混凝土，宜掺入对粉煤灰无害的早强剂或防冻剂，并采取保温措施，掺加氯盐外加剂的限量应符合有关标准规定。

掺粉煤灰混凝土工程配合比示例

2. 粒化高炉矿渣粉

粒化高炉矿渣粉是指以粒化高炉矿渣为主要原料，掺少量天然石膏，磨制成一定细度的粉体材料，简称矿渣粉。根据《用于水泥、砂浆和混凝土中的粒化高炉矿渣粉》（GB/T 18046—2017）的规定，矿渣粉按质量指标分为三个级别，见表 6-20。

表 6-20　矿渣粉技术要求

项　目		级　别		
		S105	S95	S75
密度/(g/cm³)		≥2.8		
比表面积/(m²/kg)		≥500	≥400	≥300
活性指数/(%)	7 d	≥95	≥70	≥55
	28 d	≥105	≥95	≥75
流动度比/(%)		≥95		
初凝时间比/(%)		≤200		
含水量(质量分数)/(%)		≤1.0		
三氧化硫(质量分数)/(%)		≤4.0		
氯离子(质量分数)/(%)		≤0.06		
烧失量(质量分数)/(%)		≤1.0		
不溶物(质量分数)/(%)		≤3.0		
玻璃体含量(质量分数)/(%)		≥85		
放射性		$I_{Ra} \leq 1.0$ 且 $I_{\gamma} \leq 1.0$		

我国 20 世纪 80 年代以前，矿渣主要用于水泥生产。由于矿渣的易磨性较差，当与水泥熟料一

起粉磨时,矿渣往往较粗,比表面积只能达到 250 m^2/kg,活性难以发挥。若要将矿粉磨细到 45 μm 以下,水泥熟料就会超细磨,使水泥快凝、收缩增大,综合性能下降。因此,20 世纪 80 年代以后,开始研究将矿渣单独粉磨,并应用于混凝土中。近些年来,随着粉磨工艺的发展及水泥预配送站和预拌混凝土的兴起,粒化高炉矿渣超磨细粉作为水泥、混凝土和砂浆的掺合料,既用于提高和改善水泥混凝土的性能,又较大地提高了粒化高炉矿渣的利用价值。因此,英、美、加、日、法、奥等国都相应制定了标准。近几年国内开始对高炉矿渣粉及其配制的混凝土进行研究,相继对高炉矿渣粉在普通混凝土、高强混凝土中的应用进行了研究和实际工程应用,在实际工程中采用了高炉矿渣粉配制高性能混凝土,使用效果良好。矿渣粉具有潜在水硬性,作为混凝土掺合料,通过胶凝效应和微骨料效应及一定的形态效应,不仅能等量取代水泥用量,取得较好的经济效益,还能显著改善和提高混凝土的综合性能。例如,改善拌和物的和易性,降低水化热,提高混凝土的抗腐蚀能力和耐久性,提高后期强度等。粒化高炉矿渣是水泥和混凝土的优质混合材料。且矿渣粉的应用具有环保功能,极大地提高了社会效益和经济效益。

由于矿渣粉对混凝土性能具有良好的技术效果,所以不仅用于配制高强、高性能混凝土,也十分适用于中强混凝土、大体积混凝土以及各类地下和水下混凝土工程。

3. 硅灰

硅灰也称硅粉,是在生产硅铁、硅钢或其他硅金属时,高纯度石英和煤在电弧炉中还原所得到的以无定形 SiO_2 为主要成分的球状玻璃体颗粒粉尘,颜色呈浅灰到深灰。硅灰中无定形 SiO_2 的含量在 90% 以上,因而是一种火山灰活性极强的掺合料。

硅灰颗粒极细,平均粒径为 0.1～0.2 μm,是水泥颗粒粒径的 1/100～1/50。比表面积 20000～25000 m^2/kg。硅灰活性极高,其中的 SiO_2 在水化早期就可与 $Ca(OH)_2$ 发生反应,配制出 100 MPa 以上的高强混凝土。早在 20 世纪 50 年代,人们就已发现了硅灰的这一特性,并试图用其配制高强度混凝土,但由于硅灰极细,导致混凝土需水量大增,给其应用带来了困难,直至 20 世纪 70 年代后期高效减水剂的出现和应用,才为硅灰的应用建立了新的途径。不过,迄今为止尚有难以收集和运输等难题,需要进一步解决。

硅灰取代水泥后,其作用与粉煤灰类似,可改善混凝土拌和物的和易性和硬化后混凝土的孔结构,降低水化热,提高混凝土抗化学侵蚀性、抗冻、抗渗,抑制碱骨料反应,且效果比粉煤灰好得多。另外,硅灰掺入混凝土中,可使混凝土的早期强度提高。

硅灰需水量比为 134% 左右,若掺量过大,会使水泥浆变得十分黏稠。在土建工程中,硅灰取代水泥量常为 5%～15%,在配制超高强混凝土时,掺量可达 20%～30%,且必须同时掺入高效减水剂。

4. 沸石粉

沸石粉由沸石岩经粉磨加工制成。沸石岩系有 30 多个品种,用作混凝土掺合料的主要有斜发沸石或绿光沸石。沸石粉的主要化学成分为 SiO_2 占 60%～70%,Al_2O_3 占 10%～30%,可溶硅占 5%～12%,可溶铝占 6%～9%。沸石岩具有较大的内表面积和开放性结构,沸石粉本身没有水化能力,在水泥中碱性物质激发下其活性才表现出来。

沸石粉的技术要求:细度为 0.080 mm,方孔筛筛余≤7%,吸氨值≥100 mg/100 g,密度 2.2～2.4 g/cm^3,堆积密度 700～800 kg/m^3,火山灰试验合格,SO_3 含量≤3%,水泥胶砂 28 d 强度比不得低于 62%。沸石粉掺入混凝土中,可取代 10%～20% 的水泥,改善混凝土拌和物的黏聚性,减少泌水,减少混凝土离析及堵泵,宜用于泵送混凝土。沸石粉应用于轻骨料混凝土,可较大改善轻骨料混凝土拌和物的黏聚性,减少轻骨料的上浮。

5. 其他掺合料

（1）磨细自燃煤矸石粉。

自燃煤矸石粉是由煤矿洗煤过程中排出的矸石，经自燃而成的。自燃煤矸石具有一定的火山灰活性，磨细后可作为混凝土的掺合料。

（2）浮石粉、火山渣粉。

浮石粉和火山渣粉均是火山喷出的轻质多孔岩石经磨细而得的掺合料。《用于水泥中的火山灰质混合材料》(GB/T 2847—2005)规定，浮石粉和火山渣粉的烧失量应小于或等于 10%，火山灰应试验合格，SO_3 含量应小于或等于 3%，水泥胶砂 28 d 强度比不得低于 62%。

6.3 普通水泥混凝土的技术性质

混凝土在未凝结硬化以前，称为混凝土拌和物（新拌混凝土）。它必须具有良好的和易性，便于施工，以保证能获得良好的浇灌质量。

混凝土拌和物的性能主要是指混凝土和易性。硬化混凝土的性质主要有强度、变形性能以及耐久性等。

6.3.1 混凝土拌和物的和易性

1. 混凝土和易性的含义

和易性又称工作性，是指混凝土拌和物易于施工操作（拌和、运输、浇灌、捣实）并能获致质量均匀、成型密实的性能。和易性是一项综合的技术性质，包括流动性、黏聚性和保水性等三方面的含义。

流动性是指混凝土拌和物在本身自重或施工机械振捣的作用下，能产生流动，并均匀密实地填满模板的性能。流动性的大小取决于混凝土拌和物中用水量或水泥浆含量的多少。

黏聚性是指混凝土拌和物在施工过程中，其组成材料之间有一定的黏聚力，不致产生分层和离析的性能。黏聚性的大小主要取决于细骨料的用量以及水泥浆的稠度等。

保水性是指混凝土拌和物在施工过程中，具有一定的保水能力，不致产生严重泌水的性能。保水性差的混凝土拌和物，由于水分分泌出来会形成容易透水的孔隙，导致混凝土的密实性降低。

混凝土拌和物的流动性、黏聚性及保水性三者之间互相关联又互相矛盾。如黏聚性好则保水性往往也好，但当流动性增大时，黏聚性和保水性往往变差；反之亦然。因此，保持拌和物的和易性良好，就是要使这三方面的性能在某种具体条件下，达到均为良好。

2. 混凝土和易性的测定方法

由于和易性是一项综合的技术性质，因此很难找到一种能全面反映拌和物和易性的测定方法。通常以测定流动性（稠度）为主，而对黏聚性及保水性主要通过观察进行评定。混凝土拌和物稠度，根据现行国家标准《普通混凝土拌合物性能试验方法标准》(GB/T 50080—2016)的规定，可采用坍落度（见图 6-8）、维勃稠度（见图 6-9）或扩展度（见图 6-10）来表示。

（1）混凝土坍落度试验。

将搅拌好的混凝土分 3 层装入坍落度筒中，每层插捣 25 次，抹平后垂直提起坍落度筒，混凝土则在自重作用下坍落，测量筒高与坍落后混凝土试体最高点之间的高度差（以 mm 计），即为坍落度。坍落度越大，表示混凝土拌和物的流动性越大。

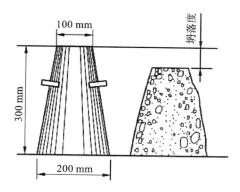

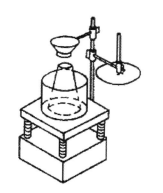

混凝土坍落度试验

图 6-8 混凝土拌和物坍落度测定

图 6-9 维勃稠度仪

黏聚性的评定方法是用捣棒在已坍落的混凝土锥体侧面轻轻敲打,若锥体逐渐下沉,则表示黏聚性良好;如果锥体倒塌、部分崩裂或出现离析现象,则表示黏聚性不好。

保水性的评定方法是在坍落度筒提起后,如有较多稀浆从底部析出,锥体部分混凝土拌和物也因失浆而骨料外露,则表明混凝土拌和物的保水性能不好;无稀浆或仅有少量稀浆自底部析出,则表示保水性良好。

坍落度试验简便易行,是世界各国包括现场以及实验室都广泛采用的一个标准方法。该法仅适

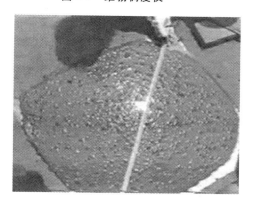

图 6-10 混凝土坍落扩展度

用于骨料最大粒径不大于 40 mm,坍落度不小于 10 mm 的混凝土拌和物。

根据坍落度大小,混凝土拌和物可分为:低塑性混凝土(10~40 mm)、塑性混凝土(50~90 mm)、流动性混凝土(100~150 mm)、大流动性混凝土(160~210 mm)、流态混凝土(≥220 mm)。坍落度不低于 100 mm 且用泵送施工的称为泵送混凝土。

(2)维勃稠度试验。

对坍落度小于 10 mm 的干硬性混凝土,坍落度值已不能准确反映其流动性大小。如当两种混凝土坍落度均为零时,在振捣器作用下的流动性可能完全不同。这时一般采用维勃稠度法测定。

在维勃稠度仪上的坍落度筒中按规定方法装满拌和物,提起坍落度筒,在拌和物试体顶面放一透明圆盘,开启振动台,同时用秒表计时,当水泥浆完全布满透明圆盘底面的瞬间,记下的时间秒数称为维勃稠度,也称工作度。维勃稠度代表拌和物振实所需的能量,能较好地反映拌和物在振动作用下是否便于施工的性能。时间越短,表明拌和物越易被振实。此法适用于骨料最大粒径不超过40 mm,维勃稠度在 5~30 s 的混凝土拌和物的稠度测定。

根据维勃稠度大小,混凝土拌和物可分为:超干硬性混凝土(≥31 s)、特干硬性混凝土(21~30 s)、干硬性混凝土(11~20 s)、半干硬性混凝土(5~10 s)。

(3)混凝土坍落扩展度。

对于大流动度的混凝土,仅用坍落度已无法全面反映混凝土的流动性能,所以对于坍落度大于220 mm 的混凝土,还应测量坍落扩展度,用混凝土扩展度和坍落度的相互关系来综合评价混凝土的稠度。坍落扩展度是指自坍落度筒提起至混凝土拌和物停止流动后,测量坍落扩展面最大直径

和与最大直径呈垂直方向的直径的平均值。《混凝土质量控制标准》(GB 50164—2011)规定,依据扩展直径不同,混凝土拌和物的坍落扩展度分为 F_1(≤340 mm)、F_2(350～410 mm)、F_3(420～480 mm)、F_4(490～550 mm)、F_5(560～620 mm)、F_6(≥630 mm)六个级别。

(4)混凝土流动性(坍落度)的选择。

混凝土拌和物的坍落度,要根据结构类型、构件截面大小、配筋疏密、输送方式和施工捣实方法等因素来选择。当构件截面较小或钢筋较密,或采用人工插捣时,坍落度可选大些;反之,如构件截面尺寸较大,或钢筋较疏,或采用机械振捣时,坍落度可选择小些。根据《混凝土结构工程施工质量验收规范》(GB 50204—2015)规定,混凝土浇筑时的坍落度可按表 6-21 选用。表中数值仅仅作为参考,与实际施工现场的坍落度无关。当施工采用泵送混凝土拌和物时,其坍落度值通常为 120～180 mm。水下混凝土坍落度宜控制在 180～220 mm 之间。一般来说,坍落度较大的商品混凝土、泵送混凝土、水下混凝土等,需要掺加粉煤灰等掺合料和减水剂等外加剂来改善混凝土的工作性,并保证或提高混凝土的后期强度,这也是商品混凝土节约成本关键技术的核心。

表 6-21 混凝土浇筑时的坍落度

结 构 种 类	坍落度/mm
基础或地面垫层、无配筋的大体积结构(挡土墙、基础等)或配筋稀疏的结构	10～30
板、梁或大型及中型截面的柱子等	35～50
配筋密列的结构(薄壁、斗仓、筒仓、细柱等)	55～70
配筋特密的结构	75～90

应该指出,正确选择混凝土拌和物的坍落度,对于保证混凝土的施工质量以及节约水泥具有重要意义。在选择时,原则上应在不妨碍施工操作并能保证振捣密实的条件下,尽可能采用较小的坍落度,以节约水泥并获得质量较高的混凝土。

3.混凝土和易性的影响因素

(1)水泥浆的数量。

在混凝土拌和物中,水泥浆填充骨料空隙并包裹骨料表面,骨料颗粒间的摩阻力因有了足够厚度的润滑层而减少,从而使拌和物具有了一定的流动性。水灰比不变时,单位体积拌和物内随着水泥浆数量的增多,拌和物的流动性增大。水泥浆过少时,不能填满骨料间空隙或充分地包裹骨料表面,则润滑和黏结作用差,使拌和物的流动性及黏聚性降低,易出现崩坍现象;但水泥浆过多时,又会出现流浆、泌水、分层离析现象,也即拌和物的黏聚性及保水性变差。结果不仅增加了水泥用量,还对混凝土的强度和黏聚性不利。因此,水泥浆的数量应以满足流动性要求为度,不宜过量。

(2)水泥浆的稠度。

水泥浆的稠度是由水灰比决定的。在水泥用量一定的情况下,水灰比越小,水泥浆就越稠,混凝土拌和物的流动性便越小。当水灰比过小时,水泥浆干稠,混凝土拌和物流动性太低会使施工困难,不能保证混凝土的密实性。增大水灰比会使流动性增大,但水灰比太大,又会造成拌和物的黏聚性和保水性不良,产生流浆、离析现象,并严重影响混凝土的强度,降低混凝土的质量。所以,水灰比不宜过大或过小。一般应根据混凝土的强度和耐久性要求合理地选用水灰比。

无论是水泥浆数量的影响还是水灰比的影响,实际上都是用水量的影响。因此,影响混凝土和易性的决定性因素是混凝土单位体积用水量的多少。实践证明,在配制混凝土时,当所用粗、细骨料的种类及比例一定时,如果单位用水量一定,即使水泥用量有所变动(对于 1 m^3 混凝土,水泥用量增减 50～100 kg)时,混凝土的流动性大体保持不变,这一规律称为恒定需水量法则。这一法则意味着如果其他条件不变,即使水泥用量有某种程度的变化,对混凝土的流动性影响不大。运用于配合比设计,就是通过固定单位用水量,变化水灰比,得到既满足拌和物和易性要求,又满足混凝土强度要求的混凝土。单位用水量大小与骨料的品种规格及要求的施工流动性有关,可按《普通混凝土配合比设计规程》(JGJ 55—2011)规定的量取用。要强调的是:在试拌混凝土时,不能用单纯提高用水量的方法来增大拌和物的坍落度,否则会降低拌和物的黏聚性和保水性,进而影响硬化混凝土的强度和耐久性。因此,对混凝土拌和物流动性的调整,应在保持水灰比不变的条件下,以改变水泥浆量的方法来调整,使其满足施工要求。

(3)砂率。

砂率是指混凝土中砂的质量占砂石总质量的百分率。砂的作用是填充石子间的空隙,并以水泥砂浆包裹在石子的外表面,减少石子间的摩擦力,赋予混凝土拌和物一定的流动性。砂率的变动会使骨料的空隙率和总表面积发生显著改变,因而对混凝土拌和物的和易性产生显著影响。砂率过大时,骨料的空隙率和总表面积都会增大,包裹粗骨料表面和填充粗骨料空隙所需的水泥浆量就会增大,在水泥浆量一定的情况下,相对的水泥浆就显得少了,削弱了水泥浆的润滑作用,导致混凝土拌和物的流动性降低。砂率过小,则不能保证粗骨料间有足够的水泥砂浆,也会降低拌和物的流动性,并严重影响其黏聚性和保水性而造成离析和流浆等现象。因此,砂率有一个合理值(即最佳砂率)。当采用合理砂率时,在用水量和水泥用量一定的情况下,能使混凝土拌和物获得最大的流动性且能保持良好的黏聚性和保水性;或采用合理砂率时,能使混凝土拌和物获得所要求的流动性及良好的黏聚性与保水性的同时,水泥用量最小。如图 6-11 所示,合理的砂率可通过试验求得。

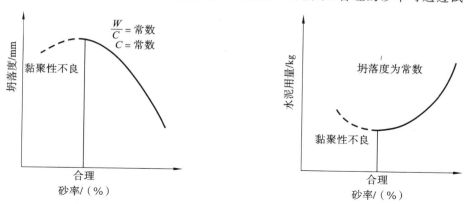

图 6-11 合理砂率的技术经济效果

(4)原材料品种和性质。

①水泥。水泥对和易性的影响主要反映在需水量上。水泥品种和水泥的细度不同,需水量也不相同。在其他条件相同的情况下,需水量大的水泥比需水量小的水泥配制的拌和物流动性要小。如矿渣水泥或火山灰水泥拌制的混凝土拌和物,其流动性要比用粉煤灰水泥小。另外,矿渣水泥易泌水。水泥颗粒越细,总表面积越大,润湿颗粒表面及吸附在颗粒表面的水越多,在其他条件相同的情况下,拌和物的流动性变小。

②骨料。骨料在混凝土中占据的体积最大,其性质对和易性的影响也就较大。骨料性质包括粗细程度、级配、颗粒形状、表面特征及最大粒径。一般来说,级配好的骨料,其拌和物流动性较大,黏聚性与保水性较好;球形骨料,拌和物流动性较大;表面光滑的骨料(如河砂、卵石),其拌和物流动性较大;骨料粒径较大时,总表面积减小,拌和物流动性增大。

③外加剂。混凝土拌和物中掺入减水剂或引气剂后，拌和物的流动性明显增大。引气剂还可有效改善混凝土拌和物的黏聚性和保水性。

④掺合料。掺合料的品种及掺量对和易性有较大影响。如掺用硅灰或优质粉煤灰，可显著改善拌和物的黏聚性和保水性。

案例分析

（5）温度和时间。

随环境温度的升高，混凝土拌和物的坍落度损失加快（即流动性降低速度加快）。据测定，温度每增高 10 ℃，拌和物的坍落度减小 20～40 mm。这是由于温度升高，水泥水化加速，水分蒸发加快。

混凝土拌和物随时间的延长而变干稠，流动性降低，这是由于拌和物中一些水分被骨料吸收，一些水分蒸发，一些水分与水泥水化反应变成水化产物结合水。

（6）施工条件。

采用机械搅拌的混凝土拌和物和易性好于人工拌和的。用强制式搅拌机比用自落式搅拌机拌和效果好，可以获得较好的和易性。

4. 改善混凝土和易性的措施

在工程实际中，可采取如下措施调整混凝土拌和物的和易性。

（1）选择适宜的水泥品种。

（2）选择合理的浆骨比。混凝土拌和物坍落度太小时，保持水灰比不变，适当增加水泥浆数量，当坍落度太大，但黏聚性良好时，可保持砂率不变，适当增加砂、石用量，实际上减少水泥浆数量。

（3）改善骨料（特别是粗骨料）的级配和粗细程度，既可增加混凝土流动性，也能改善黏聚性和保水性。

（4）掺入合适的外加剂和掺合料，这是改善混凝土和易性十分有效的措施。

（5）根据骨料级配和粒径情况，适当调整砂率，尽可能采用合理砂率。

（6）改进施工工艺，如采用高效的强制式搅拌机，采用高效振捣设备，采用二次加水法等。

6.3.2 混凝土的破坏机理及强度

普通混凝土一般用作结构材料，其最主要的技术性质是强度，包括抗压、抗拉、抗折、抗剪及握裹强度等。其中以抗压强度为最大，故混凝土主要用于承受压力。根据抗压强度还可以判断混凝土其他强度的高低和混凝土质量的好坏，因此抗压强度不仅是结构设计的主要参数，也是评定混凝土质量优劣的重要指标。

1. 混凝土的破坏机理

混凝土在受力以前，内部就已存在着原生界面裂缝。原因有：首先，混凝土拌和物在硬化过程中，水泥浆产生的化学收缩与物理收缩由于受到骨料的约束作用，会在水泥石内部及浆骨界面上产生分布极不均匀的拉应力。资料表明，当水泥浆有 0.3% 的体积收缩时，收缩部位就将出现局部的微细裂缝；其次，温度、湿度的变化会引起不同弹性模量的水泥石与骨料的不同体积变形，导致在浆-骨界面产生应力集中而形成微细裂缝。此外，拌和物倘若泌水，在骨料下部积聚，待硬化干燥后也将形成界面裂缝，这些界面裂缝已为电子显微镜和 X 射线所揭示和证实。

当混凝土受到压力荷载作用时，很容易在楔形的微裂缝尖端形成应力集中，随着外力的逐渐增大，微裂缝会进一步延伸、连通、扩大，最后形成几条肉眼可见的裂缝而破坏（见图 6-12）。混凝土在外力作用下的变形和破坏过程，也就是内部裂缝的发生和发展过程，它是一个从量变到质变的过程。只有当混凝土内部的微观破坏发展到一定量级时，才会使混凝土的整体遭受破坏。

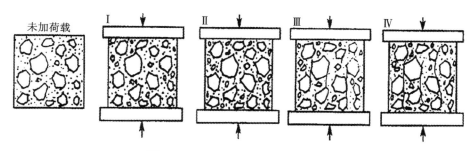

未加荷载　　Ⅰ　　　Ⅱ　　　Ⅲ　　　Ⅳ

图 6-12　不同受力阶段裂缝示意图

2. 混凝土的抗压强度与强度等级

根据《混凝土物理力学性能试验方法标准》(GB/T 50081—2019)，混凝土的抗压强度分为立方体抗压强度和轴心抗压强度。

(1)混凝土立方体抗压强度(f_{cc})。

根据《混凝土物理力学性能试验方法标准》(GB/T 50081—2019)，混凝土立方体抗压强度是指按标准方法测定的，标准尺寸 150 mm×150 mm×150 mm 的立方体试件，在温度为(20±2)℃、相对湿度为 95％以上的标准养护室中，或置于(20±2)℃的不流动的 $Ca(OH)_2$ 饱和溶液中养护到 28 d 龄期，以标准试验方法测得的抗压强度值，以符号 f_{cc} 表示：

$$f_{cc} = F/A \tag{6.4}$$

式中：f_{cc} 为立方体抗压强度(MPa)；F 为试件破坏荷载(N)；A 为试件承压面积(mm^2)。

测定混凝土立方体抗压强度也可采用非标准尺寸试件，其尺寸应根据粗骨料最大粒径而定。但在计算其抗压强度时，应乘以相应换算系数得到相当于标准试件的试验结果。

为了正确进行结构设计和控制施工质量，根据混凝土立方体抗压强度标准值(以 $f_{cu,k}$ 表示)，将混凝土划分为 14 个强度等级。混凝土立方体抗压强度标准值是指按标准方法制作和养护的边长为 150 mm 的立方体试件，在 28 d 或规定设计龄期，用标准试验方法测得的具有 95％强度保证率的抗压强度。混凝土强度等级采用符号 C 与立方体抗压强度标准值(单位为 MPa)表示。普通混凝土分为 C15、C20、C25、C30、C35、C40、C45、C50、C55、C60、C65、C70、C75 和 C80 共 14 个强度等级。

《混凝土结构设计规范》(GB 50010—2010)规定：素混凝土结构的混凝土强度等级不应低于 C15；钢筋混凝土结构的混凝土强度等级不应低于 C20；采用强度等级 400 MPa 及以上的钢筋时，混凝土强度等级不应低于 C25。预应力混凝土结构的混凝土强度等级不宜低于 C40，且不应低于 C30。承受重复荷载的钢筋混凝土构件，混凝土强度等级不应低于 C30。在一类环境中，设计使用寿命为 100 年的混凝土结构，对于钢筋混凝土结构最低强度等级为 C30，对于预应力混凝土结构最低强度等级为 C40。

为保证混凝土结构的耐久性，《混凝土结构耐久性设计标准》(GB/T 50476—2019)规定：混凝土材料的强度等级、水胶比和原材料应根据结构所处的环境类别、环境作用等级和结构设计使用年限确定。结构构件的混凝土强度等级应同时满足耐久性和承载能力的要求。

(2)混凝土轴心抗压强度。

在实际工程中，钢筋混凝土结构的形式大部分是棱柱体(或圆柱体)，为了使混凝土强度测定条件尽量与结构受力情况相接近，在钢筋混凝土结构设计时，计算轴心受压构件都是采用混凝土的轴心抗压强度作为计算依据。由棱柱体试件测得的抗压强度称为轴心(棱柱体)抗压强度,以"f_{cp}"表示。采用 150 mm×150 mm×300 mm 的棱柱体试件作为轴心抗压强度的标准试件。若有必要可采用非标准尺寸的棱柱体试件,但其高宽比(试件高度与受压端面边长之比)应在 2~3 的范围内。高宽比越大,轴心抗压强度越小;但到一定值后,强度就不再降低,因为这时试件的中间区段已无环箍效应,形成了纯压状态过高的试件,在破坏前由于失稳将产生较大的偏心荷载,又会降低抗压强度测定值。

试验表明:立方体抗压强度 f_{cc} 在 10~50 MPa 的范围内,轴心抗压强度 f_{cp} 与 f_{cc} 的比值为 0.70~0.80。

在钢筋混凝土结构设计中,计算受压构件(如柱、桁架的受压杆件)时,均采用混凝土的轴心抗压强度作为设计依据。

3. 混凝土的抗拉强度

混凝土的抗拉强度只有抗压强度的 1/20~1/10,且随着混凝土强度等级的提高,这个比值有所降低。因此,混凝土在工作时一般不依靠其抗拉强度。但混凝土的抗拉强度对抵抗裂缝的产生有着重要意义,在结构计算中抗拉强度是确定混凝土抗裂度的重要指标,有时也用来间接衡量混凝土与钢筋间的黏结强度及预测由于干湿变化和温度变化而产生的裂缝。

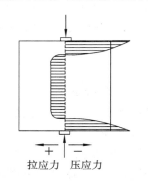

图 6-13 劈裂试验时垂直于受力面的应力分布

混凝土抗拉强度测定应采用轴拉试件,因此过去多用 8 字形或棱柱体试件直接测定混凝土轴心抗拉强度。但是这种方法由于夹具附近很难避免局部破坏,而且外力作用线与试件轴心方向不易调成一致而较少采用。目前我国采用劈裂抗拉试验来测定混凝土的抗拉强度。劈裂抗拉强度测定时,对试件前期制作方法、试件尺寸、养护方法及养护龄期等的规定,与检验混凝土立方体抗压强度的要求相同。该方法的原理是在试件两个相对的表面轴线上,作用均匀分布的压力,这样就能使在此外力作用下的试件竖向平面内,产生均布拉应力,如图 6-13 所示。该拉应力可以根据弹性理论计算得出。这个方法克服了过去测试混凝土抗拉强度时出现的一些问题,并且能较准确反映试件的抗拉强度。

劈裂抗拉强度应按式(6.5)计算:

$$f_{ts} = \frac{2F}{\pi A} = 0.637 \frac{F}{A} \tag{6.5}$$

式中:f_{ts} 为混凝土劈裂抗拉强度(MPa);F 为破坏荷载(N);A 为试件劈裂面积(mm²)。混凝土劈裂抗拉强度比轴心抗拉强度低,试验证明两者的比值为 0.9 左右。

4. 混凝土的抗折强度

抗折强度(又称弯曲抗拉强度)是混凝土的一项重要强度指标。弯曲破坏是钢筋混凝土结构破坏的主要形式,例如,路面、桥梁,以及工业与民用建筑中的梁、板、柱等。由于混凝土的脆性使结构破坏时没有明显的特征,故称为抗折强度。测定时,应采用 150 mm×150 mm×600 mm(或 550 mm)的小梁作为标准试件,在标准条件下养护 28 d,按三分点加载方式测试,如图 6-14 所示。混凝土抗折强度 f_f 按式(6.6)计算:

$$f_f = \frac{Fl}{bh^2} \tag{6.6}$$

式中:f_f 为混凝土的抗折强度(MPa);F 为试件破坏荷载(N);l 为支座间距(mm);b 为试件宽度

（mm）；h 为试件高度（mm）。

如为跨中单点加荷得到的抗折强度，应乘以折算系数 0.85。

5.混凝土与钢筋的握裹强度

在钢筋混凝土结构中，为使钢筋混凝土这类复合材料能有效工作，混凝土与钢筋之间必须要有适当的握裹强度。这种黏结强度主要来源于混凝土与钢筋之间的摩擦力、钢筋与水泥之间的黏结力与钢筋表面的机械啮合力。握裹强度与混凝土质量有关，与混凝土抗压强度成正比。此外，握裹强度还受其他许多因素影响，如钢筋尺寸及钢筋种类，钢筋在混凝土中的位置（水平钢筋或垂直钢筋），加载类型（受拉钢筋或受压钢筋），以及环境的干湿变化、温度变化等。

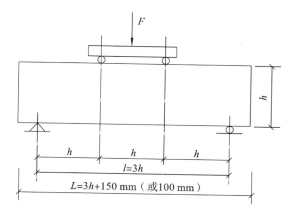

图 6-14　混凝土抗折强度测定装置

6.影响混凝土强度的主要因素

在混凝土结构形成过程中，多余水分残留在水泥石中形成毛细孔；水分的析出在水泥石中形成泌水通道，或聚集在粗骨料下缘处形成水囊；水泥水化产生的化学收缩以及各种物理收缩等还会在水泥石和骨料的界面上形成细微裂缝。上述结构缺陷的存在，实际上都是混凝土在受外力作用时引起破坏的内在因素。当混凝土受力时，这些界面上的微细裂缝会随着外力的增大而逐渐扩大、延伸并汇合连通直至混凝土破坏。试验证明，普通混凝土受力破坏一般出现在骨料和水泥石的界面上，即常见的黏结面破坏。另外，当水泥石强度较低时，水泥石本身破坏也是常见的破坏形式。所以，混凝土强度主要取决于水泥石强度和骨料与水泥石间的黏结强度。而水泥石强度和黏结面强度影响因素很多，可从原材料因素、生产工艺因素及试验因素三方面讨论。

（1）原材料因素。

①胶凝材料：越来越多的混凝土中胶凝材料不再是单一的水泥品种，还包括适量的粉煤灰和矿渣粉等，它们构成了混凝土中的活性组分，其中水泥强度的高低和掺合料数量的多少直接影响着混凝土强度的高低。在配合比相同的条件下，水泥实际强度越高，水泥石强度及其与骨料的黏结强度越高，制成的混凝土强度也越高。试验证明，混凝土的强度与水泥实际强度成正比。

②水胶比：水胶比是指混凝土中的水与胶凝材料的比值。在混凝土中，水泥品种及强度等级相同，掺合料数量相同时，混凝土的强度主要取决于水胶比。在拌制混凝土拌和物时，常需多加一些水，以满足施工所需求的流动性。当混凝土硬化后，多余的水分或残留在混凝土中或蒸发，使得混凝土内部形成各种不同尺寸的孔隙。这些孔隙的存在会大大减少混凝土抵抗荷载的有效断面，而且会在孔隙周围形成应力集中，降低混凝土的强度。但若水胶比过小，拌和物过于干稠，施工困难大，则会出现蜂窝、孔洞，导致混凝土强度严重下降。因此，在满足施工要求并保证混凝土均匀密实的条件下，水胶比越小，胶凝材料强度越高，与骨料黏结力越大，混凝土强度越高。

③骨料的种类、质量和数量：水泥石与骨料的黏结力除了受水泥石强度影响外，还与骨料（尤其是粗骨料）的表面状况有关，碎石表面粗糙，黏结力比较大，卵石表面光滑，黏结力比较小。因而在胶凝材料强度和水胶比相同的条件下，碎石混凝土的强度往往高于卵石混凝土。

当粗骨料级配良好，用量及砂率适当时，能组成密集的骨架使水泥浆数量相对减少，骨料的骨架作用充分，也会使混凝土的强度有所提高。

大量试验结果表明,当混凝土强度等级小于 C60 时,在原材料一定的情况下,混凝土 28 d 龄期抗压强度 f_{cc} 与胶凝材料强度(f_b)及水灰比(W/B)之间的关系符合下列经验公式:

$$f_{cc} = \alpha_a f_b \left(\frac{B}{W} - \alpha_b \right) \tag{6.7}$$

式中:f_{cc} 为混凝土 28 d 抗压强度(MPa);α_a、α_b 为回归系数,根据工程使用原料,通过试验建立的水胶比与混凝土强度关系式来确定,若无统计资料,可按表 6-34 选用;f_b 为胶凝材料(水泥和矿物掺合料)28 d 胶砂实际抗压强度值。B/W 为混凝土的胶水比(胶凝材料与水的质量之比)。

当矿物掺合料为粉煤灰或粒化高炉矿渣粉时,可用式(6.8)推算 f_b 值:

$$f_b = \gamma_f \gamma_s f_{ce} \tag{6.8}$$

式中:γ_f、γ_s 分别为粉煤灰影响系数和粒化高炉矿渣粉影响系数,可按表 6-22 选用;f_{ce} 为水泥 28 d 胶砂抗压强度(MPa),可实测,也可按式(6.9)确定。

表 6-22　粉煤灰影响系数和粒化高炉矿渣粉影响系数

掺　　量	种　类	
	粉煤灰影响系数 γ_f	粒化高炉矿渣粉影响系数 γ_s
0	1.00	1.00
10	0.85～0.95	1.00
20	0.75～0.85	0.95～1.00
30	0.65～0.75	0.90～1.00
40	0.55～0.65	0.80～0.90
50	—	0.70～0.85

注:①采用 Ⅰ 级、Ⅱ 级粉煤灰宜取上限值;②采用 S75 级粒化高炉矿渣粉宜取下限值,采用 S95 级粒化高炉矿渣粉宜取上限值,采用 S105 级粒化高炉矿渣粉可取上限值加 0.05;③当超出表中的掺量时,粉煤灰和粒化高炉矿渣粉影响系数应经试验确定。

根据《普通混凝土配合比设计规程》(JGJ 55—2011)的规定,当水泥 28 d 胶砂抗压强度(f_{ce})无实测值时,可按式(6.9)计算:

$$f_{ce} = \gamma_c f_{ce,g} \tag{6.9}$$

式中:γ_c 为水泥强度等级值的富余系数,可按实际统计资料确定,当缺乏实际统计资料时,可按表 6-23 选用;$f_{ce,g}$ 为水泥强度等级值,如 32.5 级水泥的 $f_{ce,g} = 32.5$ MPa,42.5 级水泥的 $f_{ce,g} = 42.5$ MPa,依此类推。

表 6-23　水泥强度等级值的富余系数

水泥强度等级值	32.5	42.5	52.5
富余系数	1.12	1.16	1.10

在混凝土施工过程中,常存在混凝土坍落度不足时就往混凝土拌和物中随意加水的现象,这使混凝土水胶比增大,导致混凝土强度的严重下降,是必须禁止的。

④外加剂和掺合料:混凝土中加入外加剂可按要求改变混凝土的强度及强度发展规律,如掺入减水剂可减少拌和用水量,提高混凝土的强度;掺入早强剂可提高混凝土早期强度,但对后期强度发展无明显影响。超细的掺合料可配制高性能、超高强度的混凝土。

（2）生产工艺因素。

这里所指的生产工艺因素包括生产过程中涉及的施工（搅拌、捣实）、养护条件、养护时间等因素。

①施工条件——搅拌和振捣。

在施工过程中，必须将混凝土拌和物搅拌均匀，浇筑后必须振捣密实，才有可能使混凝土达到预期强度。

机械搅拌和捣实的力度要比人力强，因而采用机械搅拌比人工搅拌的拌和物更均匀，采用机械捣实比人工捣实的混凝土更密实。强力的机械捣实适用于更低水灰比的混凝土拌和物，可使其获得更高的强度。

改进施工工艺可提高混凝土的强度，如采用分次投料搅拌工艺，采用高速搅拌工艺，采用高频或多频振捣器，采用二次振捣工艺都可有效地提高混凝土强度。

②养护条件。

环境温度和湿度会影响水泥水化过程，进而影响混凝土强度。所谓养护，是指使混凝土处于一种保持足够湿度和适当温度的环境中进行硬化、增长强度的方法。常用的养护方式有：自然养护（温度随气温变化，混凝土表面覆盖并洒水保持湿度）；标准养护［温度(20 ± 2)℃，相对湿度在95%以上］；蒸汽养护（温度80～100℃，相对湿度在90%以上）；蒸压养护（温度高于100℃，相对湿度在90%以上）。工程上常用湿热处理的方法来提高混凝土的早期强度。

养护温度高，水泥水化速度加快，混凝土强度的发展也快；反之，在低温下混凝土强度发展迟缓（见图6-15）。当温度降至冰点以下时，由于混凝土中的水分大部分结冰，不但水泥停止水化，混凝土强度停止发展，而且由于混凝土孔隙中的水结冰产生体积膨胀（约9%），对孔壁产生相当大的压应力（可达100 MPa），从而使硬化中的混凝土结构遭到破坏，导致混凝土已获得的强度降低。混凝土早期强度低，更容易冻坏（见图6-16）。所以冬季施工时，要特别注意保温养护，以免混凝土早期受冻破坏。

案例分析

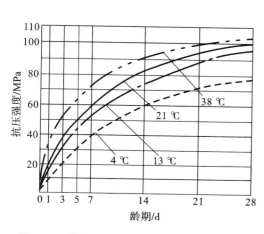

图 6-15　养护温度对混凝土抗压强度的影响

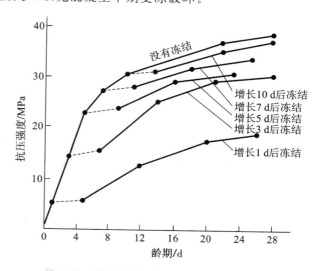

图 6-16　混凝土抗压强度与冻结时间的关系

周围环境的湿度对水泥的水化作用能否正常进行有显著影响。湿度适当，水泥水化反应可顺利进行，使混凝土强度得到充分发展。因为水是水泥水化反应的必要成分，如果湿度不够，水泥水化反应不能正常进行，甚至停止水化（见图6-17），严重降低混凝土强度，而且使混凝土结构疏松，形成干缩裂缝,增大了渗水性,从而影响混凝土的耐久性。为此,施工规范规定,在混凝土浇筑完毕后,应在 12 h 内进行覆盖,以防止水分蒸发。同时,在夏季施工的混凝土进行自然养护时,要特别注意浇水保湿,使用硅酸盐水泥、普通硅酸盐水泥和矿渣水泥时,浇水保湿应不少于 7 d;使用火山灰水泥和粉煤灰水泥或在施工中掺缓凝型外加剂或混凝土有抗渗要求时,应不少于 14 d。

③龄期。

龄期是指混凝土在正常养护条件下所经历的时间。在正常养护条件下,混凝土强度将随着龄期的增长而增长。最初 7~14 d 内,强度增长较快,以后逐渐缓慢。但在有水的情况下,龄期延续很久其强度仍有所增长。

普通水泥制成的混凝土,在标准条件养护下,龄期不小于 3 d 的混凝土强度发展大致与其龄期的对数成正比关系,如图 6-18 所示。因而在一定条件下养护的混凝土,可按式(6.10)根据某一龄期的强度推算另一龄期的强度。

$$\frac{f_n}{\lg n} = \frac{f_a}{\lg a} \tag{6.10}$$

式中:f_n、f_a 分别为龄期 n 天和 a 天的混凝土抗压强度;n、a 为养护龄期(d),$a>3$,$n>3$。

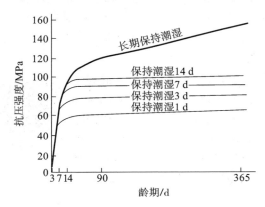

图 6-17　混凝土抗压强度与保湿养护时间的关系

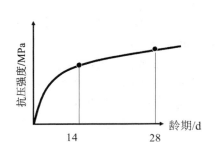

图 6-18　混凝土抗压强度与龄期的关系

(3)试验因素。

在进行混凝土强度试验时,试件形状、尺寸、表面状态、含水率以及加荷速度等试验因素都会影响混凝土强度试验的测试结果。

①试件形状尺寸。

相同配合比的混凝土,试件的尺寸越小,测得的强度越高,试件尺寸影响强度的主要原因是试件尺寸大时,内部孔隙、缺陷等出现的概率也大,导致有效受力面积的减小及应力集中,从而引起强度的降低。我国标准规定采用 150 mm×150 mm×150 mm 的立方体试件作为标准试件,当采用非标准的其他尺寸试件时,所测得的抗压强度应乘以表 6-24 的换算系数。

表 6-24　混凝土试件不同尺寸的强度换算系数

骨料最大粒径/mm	换算系数	试块尺寸
31.5	0.95	100×100×100
40	1.00	150×150×150
63	1.05	200×200×200

当试件受压面积(a)相同,而高度(h)不同时,高宽比(h/a)越大,抗压强度越小。这是由于试件

受压时,试件受压面与试件承压板之间的摩擦力,对试件相对于承压板的横向膨胀起着约束作用,该约束有利于试件强度的提高(见图 6-19(a))。越接近试件的端面,这种约束作用就越大,在距端面大约 $\frac{\sqrt{3}}{2}a$ 范围以外,约束作用才消失。试件破坏 $\frac{\sqrt{3}}{2}a$ 后,其上下部分各呈现一个较完整的棱锥体,这一现象就是这种约束作用的结果(见图 6-19(b))。通常称这种约束作用为环箍效应,混凝土破坏实物图如图 6-19(c)所示。

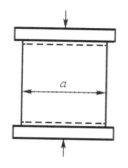 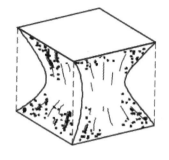 

(a) 压力机承压板对试件的约束作用　　(b) 试块破坏后的棱锥体　　(c) 混凝土破坏实物图

图 6-19　混凝土受压破坏

②表面状态。

混凝土试件承压面的状态也是影响混凝土强度的重要因素。当试件受压面上有油脂类润滑剂时,试件受压时的环箍效应大大减小,试件将出现直裂破坏,测出的强度值也较低。

③含水程度。

混凝土试件含水率越高,其强度也越低。

④加荷速度。

试验时加荷速度对强度值影响很大,试件破坏是变形达到一定程度时才发生的,当加荷速度较快时,材料的变形的增长落后于荷载的增加,故破坏时强度值偏高。

由上述内容可知,即使原材料、施工工艺及养护条件相同,试验条件的不同也会导致试验结果的不同。因此混凝土抗压强度的测定必须严格遵守国家有关试验标准的规定。

7. 提高混凝土强度的措施

综上所述,通过对混凝土强度影响因素的分析,提高混凝土强度的措施如下:

(1)采用高强度等级水泥和早强水泥;

(2)采用低水胶比;

(3)采用合理的机械搅拌、振捣工艺;

(4)保持合理的养护温度和一定的湿度,可能的情况下采用湿热养护;

(5)掺入合适的混凝土外加剂和掺合料。

6.3.3　混凝土的变形

混凝土在硬化和使用过程中,受外界各种因素的影响会产生变形,变形是混凝土开裂的重要原因之一。混凝土的变形包括非荷载作用下的变形和荷载作用下的变形。非荷载作用下的变形包括混凝土的化学收缩、干湿变形及温度变形;荷载作用下的变形分为短期荷载作用下的变形、长期荷载作用下的变形——徐变。

1. 非荷载作用下的变形

(1)化学收缩(自生体积变形)。

由于水泥水化产物的体积比反应前物质的总体积小,从而引起混凝土的收缩称为化学收缩。化学收缩的收缩量随混凝土硬化龄期的延长而增加,一般在混凝土成型后 40 d 内增长较快,以后逐渐趋于稳定。化学收缩是不能恢复的,收缩值很小(小于1‰),对混凝土结构没有破坏作用,但可能在混凝土内部产生微细裂缝而影响其承载状态及耐久性。

(2)干缩湿胀(物理收缩)。

混凝土因周围环境湿度变化,会产生干燥收缩和湿胀,统称为干湿变形。

混凝土在水中硬化时,由于凝胶体中的胶体粒子表面的吸附水膜增厚,胶体粒子间距离增大,引起混凝土产生微小的膨胀,即湿胀。湿胀对混凝土无危害。

混凝土在空气中硬化时,首先失去自由水;继续干燥时,毛细管水蒸发,使毛细孔中形成负压产生收缩;再继续干燥,则吸附水蒸发,引起凝胶体失水而紧缩。以上这些作用的结果导致混凝土产生干缩变形。混凝土的干缩变形在重新吸水后大部分可以恢复,但不能完全恢复,如图 6-20 所示。

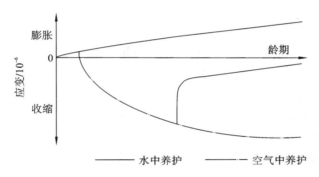

图 6-20 混凝土的干缩变形

混凝土干缩变形的大小用干缩率表示,它反映混凝土的相对干缩性,其值为$(3\sim5)\times10^{-4}$。在一般工程设计中,混凝土干缩值通常取$(1.5\sim2)\times10^{-4}$,即每米混凝土收缩 0.15~0.2 mm。

影响混凝土干缩变形的因素很多,主要有以下几个方面。

①水泥的用量、细度及品种。由于混凝土的干缩变形主要由混凝土中水泥石的干缩引起,而骨料对干缩具有制约作用,所以在水灰比不变的情况下,混凝土中水泥浆量越多,混凝土干缩率就越大。水泥颗粒越细,干缩率也越大。采用掺混合材料的硅酸盐水泥配制的混凝土,比用普通水泥配制的混凝土干缩率大,其中火山灰水泥混凝土的干缩率最大,粉煤灰水泥混凝土的干缩率较小。

②水灰比。当混凝土中的水泥用量不变时,混凝土的干缩率随水灰比的增大而增加,塑性混凝土的干缩率较干硬性混凝土大得多。混凝土单位用水量的多少,是影响其干缩率的重要因素。一般用水量平均每增加 1%,干缩率增大 2%~3%。

③骨料质量。混凝土所用骨料的弹性模量较大,则其干缩率较小。混凝土采用吸水率较大的骨料,其干缩较大。骨料的含泥量较多时,会增大混凝土的干缩性。骨料最大粒径较大、级配良好时,由于能减少混凝土中水泥浆用量,故混凝土干缩率较小。

④混凝土施工质量。混凝土浇筑成型密实并延长湿养护时间,可推迟干缩变形的发生和发展,但对混凝土的最终干缩率无显著影响。采用湿热处理养护混凝土,可减小混凝土的干缩率。

（3）温度变形。

混凝土与普通固体材料一样存在热胀冷缩现象，相应的变形为温度变形。混凝土温度变形系数为 $(1\sim1.5)\times10^{-5}/℃$，即温度升降 1 ℃，每米胀缩 $0.01\sim0.015$ mm。温度变形对大体积混凝土工程极为不利。

在混凝土硬化初期，水泥水化放热量较高，且混凝土又是热的不良导体，散热很慢，造成混凝土内外温差较大，有时可达 $50\sim70$ ℃，这将使混凝土产生内胀外缩，在混凝土表面产生拉应力，拉应力超过混凝土的极限抗拉强度时，混凝土产生微细裂缝。在实际施工中可采取低热水泥以减少水泥用量，或采用人工降温和沿纵向较长的钢筋混凝土结构设置伸缩缝等措施。

三峡大坝：混凝土中包含高科技

2. 荷载作用下的变形

（1）短期荷载作用下的变形。

混凝土是一种多相复合材料，它是一种弹塑性体，其应力与应变的关系不是直线，而是曲线，如图 6-21 所示。

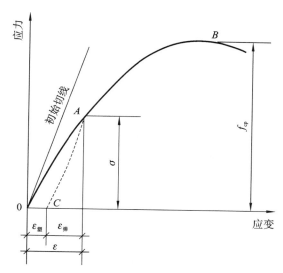

图 6-21　混凝土在短期荷载作用下的应力-应变曲线

在应力-应变曲线上任一点的应力与其应变的比值，称作混凝土在该应力下的弹性模量。它反映了混凝土所受应力与所产生应变间的关系。在计算钢筋混凝土结构的变形、裂缝开展及大体积混凝土的温度应力时，均需要知道混凝土的弹性模量。

《混凝土物理力学性能试验方法标准》（GB/T 50081—2019）规定，混凝土弹性模量的测定，采用标准尺寸为 150 mm×150 mm×300 mm 的棱柱体试件，试验控制应力荷载值为轴心抗压强度的 1/3，经 3 次以上反复加荷和卸荷后，测定应力与应变的比值，得到混凝土的弹性模量。

混凝土的弹性模量与钢筋混凝土构件的刚度有很大关系，一般建筑物须有足够的刚度，在受力下保持较小的变形，才能发挥其正常使用功能，因此所用混凝土须有足够高的弹性模量。混凝土的弹性模量与混凝土的强度、骨料的弹性模量、骨料用量和早期养护温度等因素有关。混凝土强度越高，骨料弹性模量越大，骨料用量越多，早期养护温度较低，混凝土的弹性模量越大。通常强度等级为 C15~C60 的混凝土其弹性模量为 $1.75\times10^4\sim3.60\times10^4$ MPa。在结构设计中计算钢筋混凝土的变形、开裂及温度应力时都会用到混凝土的弹性模量。

（2）长期荷载作用下的变形——徐变。

混凝土在长期不变荷载作用下，随时间增长的变形称为徐变。图 6-22 为混凝土的徐变与徐变的恢复。混凝土在加荷的瞬间，产生瞬时变形，随着荷载持续时间的延长，逐渐产生徐变变形。在荷载作用初期，徐变变形增长较快，以后逐渐变慢，一般要延续 2～3 年才逐渐趋于稳定。当混凝土卸荷后，一部分变形瞬间恢复，其值小于在加荷瞬间产生的瞬时变形，在卸荷后一段时间内变形还会继续恢复，称为徐变恢复，最后残存的不能恢复的变形称为残余变形。

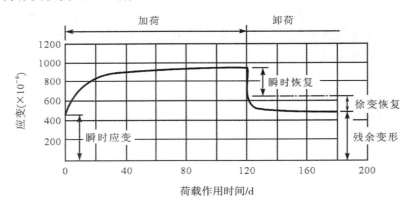

图 6-22　混凝土的徐变与徐变的恢复

产生徐变的原因，一般是水泥石中凝胶体在长期荷载作用下发生黏性流动，并向毛细孔内迁移。因此，影响混凝土徐变的主要因素是水泥用量多少和水胶比大小。水泥用量越多，混凝土中凝胶体含量越大；水胶比越大，混凝土中的毛细孔越多，这两个因素均会使混凝土的徐变增大。

混凝土的徐变对混凝土及钢筋混凝土结构物的影响有有利的一面，也有不利的一面。徐变有利于削弱温度、干缩等引起的约束变形，从而防止裂缝的产生。但在预应力结构中，徐变将导致应力松弛，引起预应力损失。在钢筋混凝土结构设计中，要充分考虑徐变的影响。

6.3.4　混凝土的耐久性

混凝土抵抗环境介质作用并长期保持良好的使用性能和外观完整性，从而维持混凝土结构的安全、正常使用的能力称为耐久性。混凝土工程大多是永久性的，因此必须研究在环境介质的作用下，保持混凝土使用性能和外观完整性的能力，即研究混凝土耐久性。

在人们的传统观念中，混凝土是经久耐用的，钢筋混凝土结构由最为耐久的混凝土材料浇筑而成，虽然钢筋易腐蚀，但有混凝土保护层，钢筋便不会锈蚀。因此，人们对钢筋混凝土结构的使用寿命期望值也很高，却忽视了钢筋混凝土结构的耐久性问题，并为此付出了巨大代价。近些年来出现的诸多工程问题，如钢筋锈蚀导致结构失效，寒冷地区的立交桥由于冻融循环作用和除冰盐的侵蚀而严重破损等，使人们认识到混凝土的耐久性应受到高度重视。再者，随着社会经济、技术的发展，人们对结构耐久性的期望日益提高，希望混凝土结构物能做到历久弥坚。同时，伴随着人类开发领域的不断扩大，地下空间、海洋空间、高寒地带等结构越来越多，结构物的使用环境可能非常苛刻，客观上也要求混凝土有优异的耐久性。

混凝土长期处于各种环境介质中，往往会出现不同程度的损害，甚至完全破坏。出现损害和破坏的原因有外部环境条件引起的，也有混凝土内部的缺陷及组成材料的特性引起的。前者如气候、极端温度、磨蚀、天然或工业液体或气体的侵蚀等；后者如碱骨料反应、混凝土的渗透性、集料和水泥石热性能不同引起的热应力等。

影响耐久性的因素很多,但主要因素是混凝土本身的密实度、强度和匀质性。混凝土结构因所处环境和使用条件不同,其耐久性要求的侧重点也不同,应根据具体情况采取相应措施。我国专门编制了《混凝土结构耐久性设计标准》(GB/T 50476—2019),以指导混凝土结构的耐久性设计。

混凝土的耐久性是一项综合性质。混凝土所处的环境条件不同,其耐久性的含义也不同,有时指某单一性质,有时指多个性质。混凝土的耐久性通常包含抗渗性、抗冻性、抗侵蚀性、抗碳化、碱骨料反应及混凝土中钢筋的锈蚀等性能。

1. 抗渗性

混凝土的抗渗性是指抵抗水、油等液体在压力作用下渗透的能力。抗渗性是混凝土的一项重要性质,不仅关系到混凝土的挡水及防水作用,还直接影响混凝土的抗冻性及抗侵蚀性等。因为环境中的各种侵蚀性介质只有通过渗透才能进入混凝土内部产生破坏作用,同时水的渗入容易产生冰冻破坏作用和风化作用。抗渗性可被认为是混凝土耐久性指标的综合体现。混凝土的渗水源于其内部渗水孔道与微细裂缝的存在。渗水孔道主要来自水泥浆中多余水分蒸发留下的气孔、水泥浆泌水形成的毛细管孔道以及骨料下部界面聚集的水隙;施工振捣不密实或混凝土体积变形也都会引发微细裂缝的产生。水泥浆中渗水孔道的多少主要与水胶比的大小有关。水胶比小,抗渗性好;反之,则抗渗性差。因此提高抗渗性的关键是提高混凝土的密实度,改善混凝土的内部孔隙结构。提高混凝土抗渗性的措施,除了降低用水量或水胶比,合理选择水泥品种,严格控制骨料质量,保证施工质量和养护条件外,还有掺入引气剂或引气减水剂。其主要作用机理是引入微细闭气孔,阻断连通毛细孔道。

混凝土的抗渗性采用国家标准《普通混凝土长期性能和耐久性能试验方法标准》(GB/T 50082—2009)中抗水渗透试验来测定,一种方法为渗水高度法,以测定硬化混凝土在恒定水压力下的平均渗水高度来表示混凝土抗水渗透性能;另一种方法为通过逐级施加水压力来测定,以抗渗等级来表示混凝土的抗水渗透性能。抗渗等级以 28 d 龄期的标准试件,在标准试验方法下所能承受的最大静水压来确定。抗渗等级有 P4、P6、P8、P10 及 P12 这 5 个等级,分别表示能抵抗 0.4 MPa、0.6 MPa、0.8 MPa、1.0 MPa 及 1.2 MPa 的静水压力而不渗透。抗渗等级≥P6 的称为抗渗混凝土。

2. 抗冻性

混凝土的抗冻性是指混凝土在饱和水状态下,能经受多次冻融循环而不破坏,同时也不严重降低强度的性能。在寒冷地区,特别是接触水且受冻的环境条件下,混凝土要具有较高的抗冻性。

混凝土的抗冻性用抗冻等级来表示。抗冻等级是以 28 d 龄期的混凝土标准试件,在饱和水状态下承受反复冻融循环,以抗压强度损失不超过 25%,且质量损失不超过 5% 时所能承受的最大循环次数来确定。混凝土的抗冻等级有 F50、F100、F150、F200、F250、F300、F350、F400 和＞F400 这 9 个等级,分别表示混凝土能承受冻融循环的最大次数不小于 50、100、150、200、250、300、350、400 和 400 次以上。工程中应根据气候条件或环境温度、混凝土所处部位及经受冻融循环次数等的不同,对混凝土提出不同的抗冻等级要求。

混凝土受冻融破坏的原因,是混凝土内部孔隙中的水在结冰后体积膨胀形成的压力,当这种压力产生的内应力超过混凝土的抗拉强度,混凝土就会产生裂缝,多次冻融循环使裂缝不断扩展直至破坏。混凝土的密实度、孔隙率、孔隙构造和孔隙的充水程度是影响抗冻性的主要因素。低水胶比、密实的混凝土和具有封闭孔隙的混凝土(如引气混凝土)抗冻性较高。掺入引气剂、减水剂和防冻剂可有效提高混凝土的抗冻性。

3. 抗侵蚀性

当混凝土所处环境中含有侵蚀性介质时,混凝土便会遭受侵蚀。通常有软水侵蚀、硫酸盐侵蚀、镁盐侵蚀、碳酸侵蚀、一般酸侵蚀与强碱侵蚀等,其侵蚀机理与水泥石的侵蚀相同。随着混凝土在地下工程、海岸与海洋工程等恶劣环境中的应用,对混凝土的抗侵蚀性提出了更高的要求。对于海岸、海洋工程中的混凝土,除了受硫酸盐侵蚀外,还有反复干湿的物理作用、盐分在混凝土内部的结晶与聚集、海浪的冲击磨损、海水中氯离子对钢筋的锈蚀作用等,都会使混凝土受到侵蚀而破坏。

混凝土的抗侵蚀性与所用水泥品种、混凝土的密实程度和孔隙特征等有关,密实和孔隙封闭的混凝土,环境水不易侵入,抗侵蚀性较强。提高混凝土抗侵蚀性的主要措施是合理选择水泥品种、降低水胶比、提高混凝土密实度和改善孔隙结构。工程中也可采用外部保护措施来隔离侵蚀介质与混凝土,避免发生侵蚀。

4. 抗碳化

混凝土的碳化是指空气中的二氧化碳在湿度合适条件下,与水泥石中的氢氧化钙发生如下反应,生成碳酸钙和水的过程:

$$Ca(OH)_2 + CO_2 + H_2O \Longrightarrow CaCO_3 + 2H_2O$$

混凝土的碳化弊多利少。由于中性化,混凝土中的钢筋因失去碱性保护而锈蚀,并引起混凝土顺筋开裂;碳化收缩会引起微细裂纹,使混凝土强度降低。但是碳化时生成的碳酸钙填充在水泥石的孔隙中,使混凝土的密实度和抗压强度提高,对防止有害杂质的侵入有一定的缓冲作用。

影响碳化速度的主要因素有环境中 CO_2 的浓度、水泥品种、水灰比及环境湿度等。CO_2 浓度高(如铸造车间),碳化速度快;当环境中的相对湿度在 $50\%\sim75\%$ 之间时,碳化速度最快,在相对湿度小于 25%、水中或相对湿度 100% 条件下,碳化将停止;水胶比越小,混凝土越密实,二氧化碳和水不易侵入,碳化速度就慢;掺混合材的水泥碱度较低,碳化速度随混合材料掺量的增多而加快。

提高混凝土抗碳化能力的措施主要有:优先选择硅酸盐水泥和普通硅酸盐水泥;采用较小的水胶比;提高混凝土的密实度;改善混凝土内部的孔隙结构。

5. 碱骨料反应

碱骨料反应(Alkali-Aggregate Reaction,简称 AAR)是指混凝土中的碱性氧化物(氧化钠和氧化钾)与骨料中的活性之间发生反应,反应产物吸水膨胀或反应导致骨料膨胀,造成混凝土开裂破坏的现象。

碱骨料反应的发生必须同时具备以下三个条件:一是混凝土中含有碱活性的骨料;二是混凝土中碱含量高;三是环境潮湿,有水分渗入混凝土。

碱骨料反应具有一定的"潜伏期",一般在混凝土浇筑成型的若干年(甚至二三十年以上)才逐渐发生,且 AAR 引起混凝土开裂后,还会加剧冻融、钢筋锈蚀、化学腐蚀等因素对混凝土的破坏作用。由于这些因素的综合破坏导致混凝土迅速劣化。随着工程中采用的混凝土强度等级越来越高,水泥用量大且含碱量高,工程中碱骨料破坏的实例也在增多。碱骨料破坏是不可逆的,工程中应尽量避免。碱骨料反应已引起各国混凝土研究与应用领域的高度重视。工程中通常采用以下措施预防或抑制碱骨料反应的发生。

(1)尽量采用非碱活性骨料。

(2)当确认为碱活性骨料又非用不可时,则严格控制混凝土中碱含量,如采用碱含量小于 0.6% 的水泥,降低水泥用量,选用含碱量低的外加剂等。

(3)在混凝土中掺入能抑制碱骨料反应的掺合料如粉煤灰(高碱高钙粉煤灰除外)、硅灰等。它们能吸收溶液中的钠离子和钾离子,使反应产物早期能均匀分布在混凝土中,不致集中于骨料颗粒周围,从而减轻或消除膨胀破坏。

(4)使混凝土致密或表面涂覆防护材料以控制进入混凝土的水分。水分的存在是碱骨料反应的必要条件,防止外界水分渗入混凝土可减轻碱骨料反应的危害。

6. 混凝土中钢筋的锈蚀

除上述混凝土耐久性的 5 个方面外,混凝土中钢筋的锈蚀也被认为是引起混凝土结构破坏和耐久性不足的重要原因。通常情况下,钢筋混凝土结构中的钢筋处于水泥石的碱性环境中(混凝土中 pH 值常达 12 以上),钢筋表面能够形成一层保护钢筋不致锈蚀的钝化膜,但由于混凝土的碳化及由于各种原因进入混凝土中的氯离子的影响,钝化膜对钢筋的保护作用将被削弱或破坏,促使锈蚀反应的发生。为防止此类锈蚀的发生,在配制混凝土时应注意以下几个方面。

(1)增加混凝土的密实度,以提高混凝土抵抗二氧化碳和氯离子渗入的能力。

(2)设置足够厚的混凝土保护层,以保证在结构物的使用年限内钢筋附近的混凝土不被碳化。

(3)严格控制混凝土中氯化物总含量(以氯离子质量计)。

(4)掺加阻锈剂,这是防止钢筋锈蚀常用的有效方法。

7. 提高混凝土耐久性的措施

根据《混凝土结构耐久性设计标准》(GB/T 50476—2019)的规定,混凝土结构暴露环境类别应按表6-25的规定确定。

表 6-25　环境类别

环境类别	名　称	劣化机理
Ⅰ	一般环境	正常大气作用引起钢筋锈蚀
Ⅱ	冻融环境	反复冻融导致混凝土损伤
Ⅲ	海洋氯化物环境	氯盐侵入引起钢筋锈蚀
Ⅳ	除冰盐等其他氯化物环境	氯盐侵入引起钢筋锈蚀
Ⅴ	化学腐蚀环境	硫酸盐等化学物质对混凝土的腐蚀

当结构构件受到多种类别环境共同作用时,应分别针对每种环境类别进行耐久性设计。配筋混凝土结构的环境作用等级应按表 6-26 的规定确定。配筋混凝土结构满足耐久性要求的混凝土最低强度等级应符合表6-27 的规定。一般环境对配筋混凝土结构的环境作用等级应按表 6-28 的规定确定。

表 6-26　配筋混凝土结构的环境作用等级

环境类别	环境作用等级					
	A 轻微	B 轻度	C 中度	D 严重	E 非常严重	F 极端严重
一般环境	Ⅰ - A	Ⅰ - B	Ⅰ - C	—	—	—
冻融环境	—	—	Ⅱ - C	Ⅱ - D	Ⅱ - E	—
海洋氯化物环境	—	—	Ⅲ - C	Ⅲ - D	Ⅲ - E	Ⅲ - F
除冰盐等其他氯化物环境	—	—	Ⅳ - C	Ⅳ - D	Ⅳ - E	—
化学腐蚀环境	—	—	Ⅴ - C	Ⅴ - D	Ⅴ - E	—

表 6-27 满足耐久性要求的混凝土最低强度等级

环境类别与环境作用等级	设计使用年限		
	100 年	50 年	30 年
Ⅰ - A	C30	C25	C25
Ⅰ - B	C35	C30	C25
Ⅰ - C	C40	C35	C30
Ⅱ - C	C_a35,C45	C_a30,C45	C_a30,C40
Ⅱ - D	C_a40	C_a35	C_a35
Ⅱ - E	C_a45	C_a40	C_a40
Ⅲ - C,Ⅳ - C,Ⅴ - C,Ⅲ - D,Ⅳ - D,Ⅴ - D	C45	C40	C40
Ⅲ - E,Ⅳ - E,Ⅴ - E	C50	C45	C45
Ⅲ - F	C50	C50	C50

表 6-28 一般环境对配筋混凝土结构的环境作用等级

环境作用等级	环境条件	结构构件示例
Ⅰ - A	室内干燥环境	常年干燥、低湿度环境中的结构内部构件
	长期浸没水中环境	所有表面均处于水下的构件
Ⅰ - B	非干湿交替的结构内部潮湿环境	中、高湿度环境中的结构内部构件
	非干湿交替的露天环境	不接触或偶尔接触雨水的外部构件
	长期湿润环境	长期与水或湿润土体接触的构件
Ⅰ - C	干湿交替环境	与冷凝水、露水或与蒸汽频繁接触的结构内部构件; 地下水位较高的地下室构件; 表面频繁淋雨或频繁与水接触的构件; 处于水位变动区的构件

注:①环境条件指混凝土表面的局部环境;②干燥、低湿度指年平均湿度低于 60%,中、高湿度指年平均湿度大于 60%;③干湿交替指混凝土表面经常交替接触到大气和水的环境条件。

一般环境中的配筋混凝土结构构件,其混凝土强度等级、最大水胶比应符合表 6-29 的要求。

表 6-29 一般环境中混凝土强度等级与最大水胶比

环境作用等级		设计使用年限					
		100 年		50 年		30 年	
		混凝土强度等级	最大水胶比	混凝土强度等级	最大水胶比	混凝土强度等级	最大水胶比
板、墙等面形构件	Ⅰ - A	≥C30	0.55	≥C25	0.60	≥C25	0.60
	Ⅰ - B	C35	0.50	C30	0.55	C25	0.60
		≥C40	0.45	≥C35	0.50	≥C30	0.55
	Ⅰ - C	C40	0.45	C35	0.50	C30	0.55
		C45	0.40	C40	0.45	C35	0.50
		≥C50	0.36	≥C45	0.40	≥C40	0.45

环境作用等级		设计使用年限					
		100 年		50 年		30 年	
		混凝土强度等级	最大水胶比	混凝土强度等级	最大水胶比	混凝土强度等级	最大水胶比
梁、柱等条形构件	Ⅰ-A	C30 ≥C35	0.55 0.50	C25 ≥C30	0.60 0.55	≥C25	0.60
	Ⅰ-B	C35 ≥C40	0.50 0.45	C30 ≥C35	0.55 0.50	C25 ≥C30	0.60 0.55
	Ⅰ-C	C40 C45 ≥C50	0.45 0.40 0.36	C35 C40 ≥C45	0.50 0.45 0.40	C30 C35 ≥C40	0.55 0.50 0.45

依据《混凝土结构耐久性设计标准》(GB/T 50476—2019)的规定,单位体积混凝土的胶凝材料用量宜符合表 6-30 的规定。

表 6-30　单位体积混凝土的胶凝材料用量

强 度 等 级	最大水胶比	最 小 用 量	最 大 用 量
C25	0.60	260	—
C30	0.55	280	—
C35	0.50	300	—
C40	0.45	320	—
C45	0.40	—	450
C50	0.36	—	500
≥C55	0.33	—	550

注:①表中数据适用于最大骨料粒径为 20 mm 的情况,骨料粒径较大时宜适当降低胶凝材料用量,骨料粒径较小时可适当增加胶凝材料用量。②引气混凝土的胶凝材料用量与非引气混凝土要求相同。③当胶凝材料的矿物掺合料掺量大于 20%,最大水胶比不应大于 0.45。

提高混凝土的耐久性,通常从以下几个方面考虑:
(1)选用适当品种的水泥及掺合料;
(2)适当控制混凝土的水胶比及胶凝材料用量;
(3)长期处于潮湿和严寒环境中的混凝土,应掺用引气剂;
(4)选用较好的砂、石骨料;
(5)掺用加气剂或减水剂;
(6)改善混凝土的施工操作方法。

6.4　普通混凝土的质量控制

混凝土的质量控制是保证混凝土结构工程质量的一项非常重要的工作。在实际工程中由于原材料、施工条件以及试验条件等许多复杂因素的影响,混凝土的质量总会有波动。引起混凝土质量波动的因素有正常因素和异常因素两大类,正常因素如砂、石材料质量的微小变化,称量时的微小误差等,这些是不可避免也不易克服的因素,它们引起的质量波动一般较小,称为正常波动。异常因素是不正常的变化因素,如原材料的称量错误等,这些是可以避免和克服的因素,它们引起的质量波动一般较大,称为异常波动。混凝土质量控制的目的就是及时发现和排除异常波动,使混凝土的质量处于正常波动状态。

混凝土的质量通常包含混凝土的强度、坍落度、含气量等能用数量指标表示的一些性能。这些性能在正常稳定连续生产的情况下其数量指标可用随机变量描述。因此,可用数理统计方法来控制、检验和评定其质量。在混凝土的各项质量指标中,混凝土的强度与其他性能有较好的相关性,能较好地反映混凝土的质量情况,因此,通常以混凝土强度作为评定和控制质量的指标,并以此作为评定混凝土生产质量水平的依据。

1. 混凝土的质量控制

混凝土质量控制的目标是使所生产的混凝土能按规定的保证率满足设计要求。混凝土质量控制包括以下三个过程。

(1)混凝土生产前的初步控制。主要包括人员配备、设备调试、组成材料的检验及配合比的确定与调整。

(2)混凝土生产过程中的控制。包括控制称量、搅拌、运输、浇筑、振捣及养护等项内容。

(3)混凝土生产后的合格性控制。包括批量划分,确定批取样数,确定检测方法和验收界限等项内容。

2. 混凝土强度的波动规律——正态分布

在一定施工条件下,对同一种混凝土进行随机取样,制作 n 组试件($n \geqslant 25$),测得其 28 d 龄期的抗压强度,然后以混凝土强度为横坐标,以混凝土强度出现的概率为纵坐标,绘制出混凝土强度概率分布曲线。实践证明,混凝土的强度概率分布曲线一般为正态分布曲线(见图 6-23)。混凝土的强度正态分布曲线有以下特点。

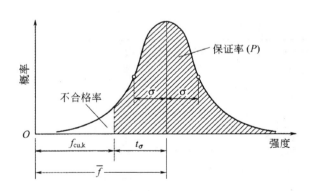

图 6-23　混凝土的强度概率分布曲线

(1)曲线呈钟形,两边对称。对称轴为平均强度,曲线的最高峰出现在该处。这表明混凝土强度接近其平均强度值处出现的次数最多,而随着远离对称轴,强度测定值出现的概率越来越小,最后趋近于零。

(2)曲线和横坐标之间所包围的面积为概率的总和,等于 100%。对称轴两边出现的概率相等,各为 50%。

（3）在对称轴两边的曲线上各有一个拐点。两拐点间的曲线向上凸弯，拐点以外的曲线向下凹弯，并以横坐标为渐近线。

3. 混凝土质量评定的数理统计方法

评定混凝土施工质量的指标主要包括正常生产控制条件下混凝土强度的平均值、标准差、变异系数和强度保证率等。

（1）混凝土强度平均值（$m_{f_{cu}}$）。

混凝土强度平均值可按式（6.11）计算：

$$m_{f_{cu}} = \frac{1}{n} \sum_{i=1}^{n} f_{cu,i} \tag{6.11}$$

式中：$m_{f_{cu}}$ 为 n 组试件抗压强度的算术平均值（MPa）；n 为统计周期内相同强度等级混凝土的试件组数，取值不应小于 30；$f_{cu,i}$ 为混凝土第 i 组的抗压强度值（MPa）。

强度平均值只能反映混凝土总体强度水平，而不能说明强度波动的大小，即不能说明混凝土施工水平的高低。

（2）标准差（σ）。

混凝土强度标准差又称均方差，其计算式（6.12）为：

$$\sigma = \sqrt{\frac{\sum_{i=1}^{n} f_{cu,i}^2 - n\, m_{f_{cu}}^2}{n-1}} \tag{6.12}$$

式中：σ 为 n 组试件抗压强度的标准差；$m_{f_{cu}}$ 为 n 组试件抗压强度的算术平均值（MPa）；n 为统计周期内相同强度等级混凝土的试件组数，取值不应小于 30；$f_{cu,i}$ 为混凝土第 i 组的抗压强度值（MPa）。

标准差的几何意义是正态分布曲线上拐点至对称轴的垂直距离，如图 6-23 所示。图 6-24 是强度平均值相同而标准差不同的两条正态分布曲线。由图可以看出，σ 值越小者曲线高而窄，说明其对应的混凝土质量控制较稳定，生产管理水平较高。而 σ 值大的曲线矮而宽，表明强度值离散性大，施工质量控制差。因此，σ 值是评定混凝土质量均匀性的一种指标。

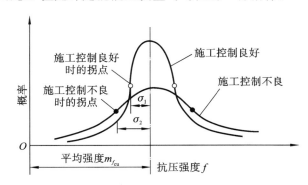

图 6-24 离散程度不同的两条强度分布曲线

（3）变异系数（C_v）。

变异系数又称离散系数，其计算式（6.13）如下：

$$C_v = \frac{\sigma}{m_{f_{cu}}} \tag{6.13}$$

由于混凝土强度的标准差随强度等级的提高而增大，故也可采用变异系数作为评定混凝土质量均匀性的指标。C_v 值越小，表明混凝土质量越稳定；C_v 值大，则表示混凝土质量稳定性差。

（4）强度保证率（P）。

混凝土强度保证率 $P(\%)$ 是指混凝土强度总体中,大于或等于设计强度等级的概率,在混凝土强度正态分布曲线图中以阴影面积表示,如图 6-23 所示。低于设计强度等级（$f_{cu,k}$）的强度所出现的概率为不合格率。

混凝土强度保证率 $P(\%)$ 的计算方法为首先根据混凝土设计等级、混凝土强度平均值、标准差或变异系数计算出概率度 t,即:

$$t = \frac{m_{f_{cu}} - f_{cu,k}}{\sigma} \tag{6.14}$$

再根据表 6-31,找到对应的 P 值。

表 6-31　不同 t 值的保证率 P

t	0.00	0.50	0.84	1.00	1.20	1.28	1.40	1.60
$P/(\%)$	50.0	69.2	80.0	84.1	88.5	90.0	91.9	94.5
t	1.645	1.70	1.81	1.88	2.00	2.05	2.33	3.00
$P/(\%)$	95.0	95.5	96.5	97.0	97.7	99.0	99.4	99.87

4. 混凝土的配制强度

在施工中配制混凝土时,如果所配制混凝土的强度平均值（$m_{f_{cu}}$）等于设计强度（$f_{cu,k}$）,则由图 6-22 可知,这时混凝土强度保证率只有 50%。因此,为了保证工程混凝土具有设计所要求的 95% 强度保证率,在进行混凝土配合比设计时,必须使混凝土的配制强度大于设计强度（$f_{cu,k}$）。当混凝土的设计强度等级小于 C60 时,配制强度根据现行的普通混凝土配合比设计规程的规定,混凝土强度保证率为 95%,由表 6-31 可查得 $t=1.645$,代入计算式（6.15）可得:

$$f_{cu,o} \geqslant f_{cu,k} + t\sigma = f_{cu,k} + 1.645\sigma \tag{6.15}$$

由上式可知,设计要求的混凝土强度保证率越大,所对应的 t 值越大,配制强度越高;混凝土质量稳定越差时（σ 越大）,配制强度越高。

式中的 σ 值可根据混凝土配制强度的历史统计资料由式（6.12）求得,且计算值应符合表 6-32 的规定。对于强度等级不大于 C30 的混凝土,当混凝土强度标准差计算值不小于 3.0 MPa 时,应按式（6.12）计算结果取值;当混凝土强度标准差计算值小于 3.0 MPa 时,应取 3.0 MPa。对于强度等级大于 C30 且小于 C60 的混凝土,当混凝土强度标准差计算值不小于 4.0 MPa 时,应按式（6.12）计算结果取值;当混凝土强度标准差计算值小于 4.0 MPa 时,应取 4.0 MPa。

表 6-32　混凝土强度标准差 σ

生 产 场 所	强度标准差		
	<C20、C25	C20～C40	≥C45
预拌混凝土搅拌站 预制混凝土构件厂	≤3.0	≤3.5	≤4.0
施工现场搅拌站	≤3.5	≤4.0	≤4.5

当施工单位不具有近期的同一品种、同一强度等级混凝土强度资料时,σ 值可按表 6-33 取值。

表 6-33　σ 取值表

混凝土强度标准值	≤C20	C25～C45	≥C50～C55
σ/MPa	4.0	5.0	6.0

6.5 普通混凝土配合比设计

为获得满足工程要求的混凝土,不仅需要正确选择品质优良的原材料,还要对原材料进行合理的配合比计算。混凝土配合比是指混凝土中各组成材料数量之间的比例关系,设计混凝土配合比就是要确定 1 m³ 混凝土中各组成材料的最佳相对用量,使得按此用量拌制出的混凝土能够满足各种基本要求。混凝土配合比设计是通过一定的计算和试验方法、步骤来确定混凝土配合比的过程。配合比设计的合理与否直接影响混凝土的性能和造价。

一个完整的配合比设计应包括:初步配合比计算、试配和调整等步骤。混凝土的配合比设计首先要根据选定的原材料及配合比设计的基本要求,通过经验公式、经验表格进行初步设计,得出"初步配合比";在初步配合比的基础上,经试拌、检验、调整到和易性满足要求时,得出"基准配合比";再在试验室进行混凝土强度检验、复核(如有其他性能要求,则做相应的检验项目,如抗冻性、抗渗性等),得出"设计配合比";最后以现场原材料情况(如砂、石含水情况等)修正设计配合比,得出"施工配合比"。

6.5.1 混凝土配合比设计的基本要求与参数

混凝土配合比常用的表示方法有两种。①以每立方米混凝土中各项材料的质量比表示。例如 1 m³ 混凝土:水泥 300 kg,水 180 kg,砂 720 kg,石子 1200 kg,每 1 m³ 混凝土总质量为 2400 kg。②以各项材料间的质量比来表示(以水泥质量为1)。例如,将上例换算成质量比为水泥:砂:石 = 1:2.4:4.0,水胶比为 0.60。

1. 混凝土配合比设计的基本要求

混凝土配合比设计的任务,就是要根据原材料的技术性能及施工条件,合理选择原材料,并确定能满足工程所要求的技术经济指标的各项组成材料的用量。具体地说,混凝土配合比设计的基本要求如下。

(1)满足施工所要求的混凝土拌和物的和易性。

(2)满足混凝土结构设计的强度等级。

(3)满足工程所处环境对混凝土耐久性的要求。

(4)符合经济原则,在保证混凝土质量的前提下,应尽量节约水泥,合理地使用材料和降低成本。

2. 混凝土配合比设计的三个重要参数

混凝土配合比设计,实质上就是确定胶凝材料(水泥与掺合料)、水、砂和石子这四项基本组成材料用量之间的三个比例关系。

(1)水与胶凝材料之间的比例关系,常用水胶比表示。

(2)砂与石子之间的比例关系,常用砂率表示。

(3)水泥浆与骨料之间的比例关系,常用单位用水量(1 m³ 混凝土的用水量)来反映。

正确地确定这三个参数,就能使混凝土满足各项技术与经济要求。混凝土配合比设计中确定三个参数的原则是:在满足混凝土强度和耐久性的基础上,确定混凝土的水胶比;在满足混凝土施工要求的和易性基础上,根据骨料的种类和规格确定混凝土的单位用水量;砂率应以填充石子空隙后略有富余的原则来确定。

某住宅楼因混凝土不达标被拆除

3. 混凝土配合比设计的准备资料

在进行混凝土配合比设计之前,必须详细掌握下列基本资料。

(1)工程要求和施工条件。

掌握设计要求的强度等级,混凝土流动性要求,混凝土耐久性要求(抗渗、抗冻、抗侵蚀等),工程特征(工程所处的环境、结构断面、钢筋最小净距),施工采用的搅拌、振捣方法,施工质量水平。

(2)掌握各种原材料的性能指标。

包括水泥的品种、等级、密度;砂、石骨料的种类及表观密度、级配、最大粒径;拌和用水的水质情况;外加剂的品种、性能和适宜掺量。

6.5.2 初步配合比设计

1. 确定配制强度($f_{cu,o}$)

当混凝土的设计强度等级小于 C60 时,根据设计强度标准值($f_{cu,k}$)和强度保证率为 95% 以上的要求,混凝土配制强度可按式(6.16)计算:

$$f_{cu,o} \geqslant f_{cu,k} + 1.645\sigma \tag{6.16}$$

当混凝土的设计强度等级不小于 C60 时,配制强度应按式(6.17)计算:

$$f_{cu,o} \geqslant 1.15 f_{cu,k} \tag{6.17}$$

2. 确定水胶比值(W/B)

混凝土强度等级小于 C60 时,根据已测定的水泥强度、粗骨料种类及所确定的混凝土配制强度 $f_{cu,o}$,根据混凝土强度经验公式即式(6.18)计算水胶比:

$$\frac{W}{B} = \frac{\alpha_a \cdot f_b}{f_{cu,o} + \alpha_a \cdot \alpha_b \cdot f_b} \tag{6.18}$$

式中:W/B 为混凝土水胶比;α_a、α_b 为回归系数,当不具备试验统计资料时,可按表 6-34 采用;f_b 为胶凝材料 28 d 胶砂抗压强度(MPa),可实测,且试验方法应按现行国家标准《水泥胶砂强度检验方法(ISO 法)》(GB/T 17671—1999)执行,也可按式(6.8)确定。

表 6-34 回归系数(α_a、α_b)取值表

系 数	粗骨料品种	
	碎 石	卵 石
α_a	0.53	0.49
α_b	0.20	0.13

根据混凝土的使用条件,水胶比值应满足混凝土耐久性最大水胶比的要求,即查表 6-30,若计算出的水胶比大于规定的最大水胶比,则取规定的最大水胶比。

3. 确定单位用水量(m_{wo})和外加剂用量(m_{ao})

(1)每立方米干硬性或塑性混凝土用水量的确定。

设计混凝土配合比时,应力求采用最小单位用水量,按骨料品种、粒径及施工要求的流动性指标(如坍落度)等,根据本地区或本单位的经验数据选用。混凝土水胶比在 0.40~0.80 范围内时,用水量可参考表 6-35 或表 6-36。混凝土水胶比小于 0.40 时,可通过试验确定。

表 6-35 干硬性混凝土的用水量

拌和物稠度		卵石最大公称粒径/mm			碎石最大公称粒径/mm		
项目	指标	10.0	20.0	40.0	16.0	20.0	40.0
维勃稠度 （s）	16～20	175	160	145	180	170	155
	11～15	180	165	150	185	175	160
	5～10	185	170	155	190	180	165

表 6-36 塑性混凝土的用水量

拌和物稠度		卵石最大公称粒径/mm				碎石最大公称粒径/mm			
项目	指标	10.0	20.0	31.5	40.0	16.0	20.0	31.5	40.0
坍落度 （mm）	10～30	190	170	160	150	200	185	175	165
	35～50	200	180	170	160	210	195	185	175
	55～70	210	190	180	170	220	205	195	185
	75～90	215	195	185	175	230	215	205	195

注：①本表用水量为采用中砂时的取值。采用细砂时，每立方米混凝土用水量可增加 5～10 kg；采用粗砂时，可减少 5～10 kg。
②掺入矿物掺合料和外加剂时，用水量应相应调整。

（2）流动性和大流动性混凝土用水量的确定。

①以表 6-35 中坍落度为 90 mm 的用水量为基础，按坍落度每增加 20 mm，用水量增加 5 kg（当坍落度增大到 180 mm 以上时，随坍落度相应增加的用水量可减少），计算出未掺外加剂时混凝土的用水量 m'_{wo}。

②掺外加剂时的混凝土用水量按式（6.19）计算：

$$m_{wo} = m'_{wo}(1 - \beta) \tag{6.19}$$

式中：m_{wo} 为掺外加剂混凝土每立方米混凝土的用水量（kg）；m'_{wo} 为未掺外加剂混凝土每立方米混凝土的用水量（kg）；β 为外加剂的减水率（%），β 值应经试验确定。

（3）每立方米混凝土中外加剂用量（m_{ao}）应按式（6.20）计算：

$$m_{ao} = m_{bo}\beta_a \tag{6.20}$$

式中：m_{ao} 为计算配合比每立方米混凝土中外加剂用量（kg/m³）；m_{bo} 为计算配合比每立方米混凝土中胶凝材料用量（kg/m³），应按式（6.21）计算；β_a 为外加剂掺量（%），应经混凝土试验确定。

4. 计算胶凝材料、矿物掺合料和水泥用量

（1）胶凝材料用量计算。

根据已确定的用水量、水胶比计算胶凝材料用量，按式（6.21）计算，并应进行试拌调整，在满足拌和物性能的情况下，取经济合理的胶凝材料用量。

$$m_{bo} = \frac{m_{wo}}{W/B} = m_{wo} \times \frac{B}{W} \tag{6.21}$$

式中：m_{bo} 为计算配合比每立方米混凝土中胶凝材料用量（kg/m³）；m_{wo} 为计算配合比每立方米混凝土的用水量（kg/m³）；W/B 为混凝土水胶比。

除配制 C15 及以下强度等级的混凝土外，计算出的混凝土胶凝材料用量应符合表 6-30 所规定的最小胶凝材料用量，若计算出的胶凝材料用量小于规定值，则取表 6-30 中规定值。

（2）矿物掺合料用量计算。

每立方米混凝土的矿物掺合料用量（m_{fo}）应按式（6.22）计算：

$$m_{fo} = m_{bo}\beta_f \qquad (6.22)$$

式中：m_{fo}为计算配合比每立方米混凝土中矿物掺合料用量（kg/m^3）；m_{bo}为计算配合比每立方米混凝土中胶凝材料用量（kg/m^3）；β_f为矿物掺合料掺量（%），可参照表6-37确定。

表 6-37　钢筋（预应力）混凝土中矿物掺合料最大掺量

矿物掺合料种类	水 胶 比	最大掺量/（%）	
		采用硅酸盐水泥时	采用普通硅酸盐水泥时
粉煤灰	≤0.40	45（35）	35（30）
	>0.40	40（25）	30（20）
粒化高炉矿渣粉	≤0.40	65（55）	55（45）
	>0.40	55（45）	45（35）
钢渣粉	—	30（20）	20（10）
磷渣粉	—	30（20）	20（10）
硅灰	—	10	10
复合掺合料	≤0.40	65（55）	55（45）
	>0.40	55（45）	45（35）

注：①采用其他通用硅酸盐水泥时，宜将水泥混合材掺量20%以上的混合材量计入矿物掺合料；②复合掺合料各组分的掺量不宜超过单掺时的最大掺量；③在混合使用两种或两种以上矿物掺合料时，矿物掺合料总掺量应符合表中复合掺合料的规定。

（3）水泥用量计算。

$$m_{co} = m_{bo} - m_{fo} \qquad (6.23)$$

式中：m_{co}为计算配合比每立方米混凝土中的水泥用量（kg/m^3）；m_{bo}为计算配合比每立方米混凝土中胶凝材料用量（kg/m^3）；m_{fo}为计算配合比每立方米混凝土中矿物掺合料用水量（kg/m^3）。

5. 确定砂率（β_s）

（1）砂率（β_s）应根据骨料的技术指标、混凝土拌和物性能和施工要求，参考既有历史资料确定。

（2）当缺乏砂率的历史资料时，混凝土砂率的确定应符合下列规定。

①坍落度小于 10 mm 的混凝土，其砂率应经试验确定。

②坍落度为 10～60 mm 的混凝土，其砂率可根据粗骨料品种、最大公称粒径及水胶比按表6-38选取，在表内不能直接查取的，可用内插法计算后选取确定。

③坍落度大于 60 mm 的混凝土，其砂率可经试验确定，也可在表 6-38 的基础上，按坍落度每增大 20 mm、砂率增大 1% 的幅度予以调整。

表 6-38　混凝土的砂率　　　　　　　　　　　　　　单位：（%）

水 胶 比	卵石最大公称粒径/mm			碎石最大公称粒径/mm		
	10.0	20.0	40.0	16.0	20.0	40.0
0.40	26～32	25～31	24～30	30～35	29～34	27～32
0.50	30～35	29～34	28～33	33～38	32～37	30～35
0.60	33～38	32～37	31～36	36～41	35～40	33～38

水　胶　比	卵石最大公称粒径/mm			碎石最大公称粒径/mm		
	10.0	20.0	40.0	16.0	20.0	40.0
0.70	36～41	35～40	34～39	39～44	38～43	36～41

注：①本表数值系中砂的选用砂率，对细砂或粗砂，可相应地减少或增大砂率；②采用人工砂配制混凝土时，砂率可适当增大；③只用一个单粒级粗骨料配制混凝土时，砂率应适当增大。

6. 确定混凝土的粗骨料用量(m_{go})和细骨料用量(m_{so})

计算粗、细骨料用量有两种方法：体积法和质量法。在已知混凝土用水量、胶凝材料用量及砂率的情况下，采用其中任何一种方法均可求出粗、细骨料用量。

（1）质量法。

根据经验，如果原材料质量比较稳定，所配制的混凝土拌和物的表观密度将接近一个固定值，可先根据工程经验估计 1 m³ 混凝土拌和物的质量，按下列方程组计算砂石用量

$$\left.\begin{array}{l} m_{fo} + m_{co} + m_{go} + m_{so} + m_{wo} = m_{cp} \\ \beta_s = \dfrac{m_{so}}{m_{so} + m_{go}} \times 100\% \end{array}\right\} \tag{6.24}$$

式中：m_{co} 为每立方米混凝土的水泥用量（kg）；m_{go} 为每立方米混凝土的粗骨料用量（kg）；m_{so} 为每立方米混凝土的细骨料用量（kg）；m_{wo} 为每立方米混凝土的用水量（kg）；β_s 为砂率（％）；m_{cp} 为每立方米混凝土拌和物的假定质量（kg），其值可取 2350～2450 kg。

（2）体积法（绝对体积法）。

这种方法假定 1 m³ 混凝土拌和物的体积等于各组成材料绝对体积和混凝土拌和物中所含空气体积之总和，即

$$\left.\begin{array}{l} \dfrac{m_{co}}{\rho_c} + \dfrac{m_{fo}}{\rho_f} + \dfrac{m_{go}}{\rho_g} + \dfrac{m_{so}}{\rho_s} + \dfrac{m_{wo}}{\rho_w} + 0.01\alpha = 1 \\ \beta_s = \dfrac{m_{so}}{m_{so} + m_{go}} \times 100\% \end{array}\right\} \tag{6.25}$$

式中：ρ_c 为水泥密度（kg/m³），可按现行国家标准《水泥密度测定方法》（GB/T 208—2014）测定，也可取 2900～3100 kg/m³；ρ_f 为矿物掺合料密度（kg/m³），可按现行国家标准《水泥密度测定方法》（GB/T 208—2014）测定；ρ_g 为粗骨料的表观密度（kg/m³），应按现行行业标准《普通混凝土用砂、石质量及检验方法标准》（JGJ 52—2006）测定；ρ_s 为细骨料的表观密度（kg/m³）；ρ_w 为水的密度（kg/m³），可取 1000 kg/m³；β_s 为砂率（％）；α 为混凝土的含气量百分数，在不使用引气型外加剂时，α 可取 1。

比较以上两种方法可以看出，质量法计算过程比较简单，同时也不需要各种组成材料的密度资料。体积法是根据各组成材料实测的密度来计算的，所以能获得较为精确的结果，但工作量相对较大。如果施工单位已经积累了当地常用材料所组成的混凝土的表观密度资料，通过质量法计算也可得到较为准确的结果。实际工程中，可根据具体情况选择使用。

经过上述 6 个步骤，可将 1 m³ 混凝土中水泥（m_{co}）、水（m_{wo}）、细骨料（m_{so}）和粗骨料（m_{go}）等各组成材料用量全部求出，从而得到混凝土的初步配合比。

6.5.3　试验室配合比设计

初步配合比是借助经验公式或经验资料查得的，因而不一定满足实际工程的要求。应进行试

配与调整,直到混凝土拌和物的和易性满足要求为止,此时得出的配合比即混凝土的基准配合比,它可作为检验混凝土强度之用。

混凝土试配时,每盘混凝土的最小搅拌量有如下规定:骨料最大粒径小于或等于 31.5 mm 时为 15 L;最大粒径为 40 mm 时为 25 L;当采用机械搅拌时,搅拌量不应小于搅拌机额定搅拌量的1/4。

按初步配合比称取试配材料的用量,将拌和物搅拌均匀后,测定其坍落度,并检查粘聚性和保水性。如果坍落度不满足要求,或黏聚性和保水性不良时,应保持水灰比不变的条件下,相应调整用水量和砂率。当坍落度低于设计要求时,可保持水灰比不变,增加适量水泥浆。如果坍落度过大,可在保持砂率不变条件下增加骨料。如出现含砂不足、黏聚性和保水性不良时,可适当增大砂率,反之应减小砂率。每次调整后再拌,直到和易性符合要求为止。

和易性合格后,测出拌和物的实际表观密度($\rho_{c,t}$),并计算出 1 m³ 混凝土拌和物中各组成材料的实际用量。然后得出和易性已满足要求的供检验混凝土强度用的基准配合比。

基准配合比能否满足强度要求,须进行强度检验。一般采用三个不同的配合比,其中一个为基准配合比,另外两个配合比的水胶比值,应较基准配合比分别增加及减少 0.05,其用水量应该与基准配合比相同,砂率可分别增加和减少 1%,并测定表观密度。以各种配合比制作两组强度试块,如有耐久性要求,应同时制作有关耐久性测试指标的试件,标准养护 28 d 进行强度测定。

根据试验得出的各水胶比及其相对应的混凝土强度关系,用作图或插值法求出与混凝土配制强度($f_{cu,o}$)相对应的水胶比值,并按下列原则确定每立方米混凝土的材料用量。

①用水量(m_w)。取基准配合比中的用水量,并根据制作强度试件时测得的坍落度或维勃稠度,进行调整。

②胶凝材料用量(m_c)。取用水量乘以选定出的胶水比计算。

③粗、细骨料用量(m_s、m_g)。取基准配合比中的粗、细骨料用量,并按定出的灰水比进行调整。

④至此得到的配合比,还应进行混凝土表观密度校正,其方法为:首先算出混凝土初步配合比的表观密度计算值($\rho_{c,c}$),即

$$\rho_{c,c} = m_c + m_f + m_g + m_s + m_w \tag{6.26}$$

式中:$\rho_{c,c}$ 为混凝土拌和物的表观密度计算值(kg/m³);m_c 为每立方米混凝土的水泥用量(kg/m³);m_f 为每立方米混凝土的矿物掺合料用量(kg/m³);m_g 为每立方米混凝土的粗骨料用量(kg/m³);m_s 为每立方米混凝土的细骨料用量(kg/m³);m_w 为每立方米混凝土的用水量(kg/m³)。

再用初步配合比进行试拌混凝土,经坍落度(或维勃稠度)试验并测得其表观密度实测值($\rho_{c,t}$),然后按式(6.26)得出校正系数 δ,即

$$\delta = \frac{\rho_{c,t}}{\rho_{c,c}} \tag{6.27}$$

⑤当混凝土表观密度实测值与计算值之差的绝对值不超过计算值的 2% 时,则上述得出的初步配合比即可确定为混凝土的正式配合比设计值。若二者之差超过 2%,则须将初步配合比中每项材料用量均乘以校正系数(δ)的值,即为最终确定的混凝土正式配合比设计值,通常也称试验室配合比。

⑥配合比调整后,应测定拌和物水溶性氯离子含量,并对设计要求的混凝土耐久性进行试验,设计出符合规定的配合比。

6.5.4　施工配合比的确定

混凝土的设计配合比是以干燥状态骨料为准的,而工地存放的砂、石材料都含有一定水分,因

此必须将试验室配合比进行换算,换算成扣除骨料中水分后、工地实际施工用的配合比。其换算方法如下。

若工地砂子含水率为 $a\%$,石子含水率为 $b\%$,经换算后,则施工配合比 1 m³ 混凝土中各材料用量为

$$
\left.
\begin{aligned}
m_{\mathrm{c}} &= m_{\mathrm{cb}}, \quad m_{\mathrm{f}} = m_{\mathrm{fb}} \\
m_{\mathrm{s}} &= m_{\mathrm{sb}}(1 + a\%) \\
m_{\mathrm{g}} &= m_{\mathrm{gb}}(1 + b\%) \\
m_{\mathrm{w}} &= m_{\mathrm{wb}} - m_{\mathrm{sb}} \times a\% - m_{\mathrm{gb}} \times b\%
\end{aligned}
\right\}
\tag{6.28}
$$

式中:m_{cb}、m_{fb}、m_{sb}、m_{gb}、m_{wb} 分别为经试拌调整确定的每立方米混凝土中水泥、矿物掺合料、细骨料、粗骨料和水的用量;m_{c}、m_{f}、m_{s}、m_{g}、m_{w} 分别为施工配合比确定的每立方米混凝土中水泥、矿物掺合料、细骨料、粗骨料和水的用量。

施工现场的含水率是经常变化的,所以在施工中应随时对骨料的含水率进行测试,及时调整配合比,防止骨料含水率变化而导致混凝土水胶比发生波动,对混凝土的强度和耐久性造成不良影响。

混凝土配合
比设计拓展
训练

【例 6.1】 重庆某大学教学楼楼板混凝土配合比设计。

【原始资料】

(1)已知该大学所处地区环境为室内潮湿环境,混凝土设计强度等级为 C30,坍落度为 35～50 mm,采用机械拌和,机械振捣。施工单位无该种混凝土的历史统计资料。

(2)原材料。

水泥:重庆某水泥厂生产的普通硅酸盐水泥,42.5 级,无实测强度,密度为 3100 kg/m³;

砂:中砂,级配合格,表观密度为 2650 kg/m³;

石:碎石,公称粒级为 5～31.5 mm,表观密度为 2700 kg/m³;

粉煤灰:重庆某厂生产的Ⅱ级粉煤灰,密度为 2200 kg/m³。

水:普通自来水。

【设计要求】

(1)按题给资料计算初步配合比;

(2)按初步配合比在试验室进行试拌调整得出相应配合比;

(3)施工现场测得砂子的含水率为 2%,石子的含水率为 1%,则该混凝土的施工配合比为多少?

解:设计步骤如下。

1. 确定初步配合比

(1)确定混凝土配制强度 $f_{\mathrm{cu,o}}$。

$$f_{\mathrm{cu,o}} = f_{\mathrm{cu,k}} + 1.645\sigma = 30 + 1.645 \times 5.0 = 38.2 (\mathrm{MPa})$$

(2)计算水胶比(W/B)。

①计算胶凝材料 28 d 抗压强度。查表 6-22 得 $\gamma_{\mathrm{f}} = 0.81$、$\gamma_{\mathrm{s}} = 1.00$,查表 6-23 得 $\gamma_{\mathrm{f}} = 1.16$,代入得:

$$f_{\mathrm{b}} = \gamma_{\mathrm{f}}\gamma_{\mathrm{s}}f_{\mathrm{ce}} = \gamma_{\mathrm{f}}\gamma_{\mathrm{s}}\gamma_{\mathrm{c}}f_{\mathrm{ce,g}} = 0.81 \times 1.00 \times 1.16 \times 42.5 = 40.0 (\mathrm{MPa})$$

②按强度要求计算水胶比。已知 $f_{\mathrm{cu,o}} = 38.2$ MPa,由表 6-34 得回归系数 α_{a}、α_{b} 分别为 0.53、0.20,计算水胶比:

$$\frac{W}{B} = \frac{\alpha_a f_{ce}}{f_{cu,o} + \alpha_a \alpha_b f_{ce}} = \frac{0.53 \times 40.0}{38.2 + 0.53 \times 0.20 \times 40.0} = 0.50$$

考虑耐久性要求,对照表 6-29 和表 6-30 对于 I-A 环境作用等级下的钢筋混凝土梁构件,最大水胶比为 0.55＞0.50,故可初步确定水胶比为 0.50。

(3)确定用水量(m_{wo})。

此题要求坍落度为 35～50 mm,碎石最大粒径为 31.5 mm,查表 6-36,确定 1 m³ 混凝土用水量为 $m_{wo} = 185$ kg。

(4)计算胶凝材料用量(m_{bo})。

$$m_{bo} = \frac{m_{wo}}{W/B} = \frac{185}{0.50} = 370(kg/m^3)$$

考虑耐久性要求,对照表 6-30,该教学楼所处环境为室内潮湿环境,钢筋混凝土的最小胶凝材料用量为 280 kg,小于 370 kg,故可初步确定 $m_{bo} = 370$ kg。

由于粉煤灰掺量为 25%,所以:

$$m_{fo} = m_{bo} \times 25\% = 370 \times 25\% = 92(kg/m^3)$$

$$m_{co} = m_{bo} - m_{fo} = 370 - 92 = 278(kg/m^3)$$

(5)确定砂率 β_s。

采用查表法,$W/B = 0.50$,碎石最大粒径为 31.5 mm,查表 6-38,采用线性插值法,砂率的范围为 31%～36%,取砂率 $\beta_s = 34\%$。

采用体积法计算砂石用量。

方程组为

$$\left.\begin{array}{l} \dfrac{m_{fo}}{\rho_f} + \dfrac{m_{co}}{\rho_c} + \dfrac{m_{go}}{\rho_g} + \dfrac{m_{so}}{\rho_s} + \dfrac{m_{wo}}{\rho_w} + 0.01\alpha = 1 \\[3mm] \beta_s = \dfrac{m_{so}}{m_{so} + m_{go}} \times 100\% \end{array}\right\}$$

因为未掺引气型的外加剂,所以 $\alpha = 1$,则

$$\left.\begin{array}{l} \dfrac{278}{3100} + \dfrac{92}{2200} + \dfrac{m_{go}}{2700} + \dfrac{m_{so}}{2650} + \dfrac{185}{1000} + 0.01 \times 1 = 1 \\[3mm] \beta_s = \dfrac{m_{so}}{m_{so} + m_{go}} \times 100\% = 34\% \end{array}\right\}$$

解方程组得:$m_{so} = 614$ kg,$m_{go} = 1192$ kg。

初步配合比为

$$m_{co} : m_{fo} : m_{so} : m_{go} : m_{wo} = 278 : 92 : 614 : 1192 : 185$$

两种方法求得配合比值稍有差异。下面的计算以体积法为准。

2.试验室配合比设计

(1)试拌时材料用量。

根据骨料最大粒径为 31.5 mm,取 20 L 混凝土拌和物,并计算各材料量如下:

$$m'_{co} = 278 \times 0.020 = 5.56(kg)$$

$$m'_{fo} = 92 \times 0.020 = 1.84(kg)$$

$$m'_{so} = 614 \times 0.020 = 12.28(kg)$$

$$m'_{go} = 1192 \times 0.020 = 23.84(kg)$$

$$m'_{wo} = 185 \times 0.020 = 3.70(kg)$$

（2）和易性检验与调整。对经拌制的混凝土拌和物做和易性试验，观察粘聚性及保水性均良好，这说明所选用的砂率基本合适，测出该混凝土拌和物坍落度值 40 mm，符合工程要求。

（3）强度校核。

采用 0.47、0.50 和 0.53 三个不同水胶比，制作三组混凝土试件。其中混凝土配合比计算过程如下（以 0.47 水胶比为例）。

水：185 kg；

胶凝材料总量：185/0.47＝394（kg）；

粉煤灰：394×25％＝98（kg）；

水泥：394－98＝296（kg）。

砂石用量用体积法计算

$$\left. \begin{array}{l} \dfrac{296}{3100}+\dfrac{98}{2200}+\dfrac{m_{go}}{2700}+\dfrac{m_{so}}{2650}+\dfrac{185}{1000}+0.01\times1=1 \\ \\ \beta_s=\dfrac{m_{so}}{m_{so}+m_{go}}\times100\%=33\% \end{array} \right\}$$

解得：$m_{so}＝589$ kg，$m_{go}＝1196$ kg

同理计算水胶比为 0.53（砂率取 35％）时各材料用量。

拌制混凝土，并检测其和易性，测得混凝土拌和物表观密度，制作混凝土试件，标准养护 28 d，然后测其强度，其结果见表 6-39。

表 6-39 混凝土 28 d 强度值

水 胶 比	20 L 混凝土各材料用量/kg					坍落度 /mm	表观密度 /(kg/m³)	强度 /MPa
	水泥	粉煤灰	水	砂	石			
0.47	5.90	1.97	3.70	11.78	23.92	37	2360	45.2
0.50	5.56	1.84	3.70	12.28	23.84	40	2350	40.3
0.53	5.24	1.74	3.70	12.43	23.74	46	2340	33.4

根据表 6-39，绘制混凝土 28 d 立方体抗压强度（$f_{cu,28}$）与胶水比（B/W）的关系图（见图 6-25）。由图 6-25 可知，与混凝土配制强度 38.2 MPa 对应的最大胶水比为 1.97，即水胶比为 0.51。确定强度符合要求的配合比。

水：185 kg；

胶凝材料总量：185/0.51＝363（kg）；

粉煤灰：363×25％＝91（kg）；

水泥：363－91＝272（kg）。

砂石用量根据体积法计算，解得 $m_{so}＝564$ kg，$m_{go}＝1179$ kg。

根据计算的各材料用量，确定混凝土的计算式表观密度值 $\rho_{c,c}$，经坍落度试验后满足和易性要求，测定拌和物的表观密度 $\rho_{c,t}＝2347$ kg/m³，并根据实测表观密度校正各材料用量。

校正系数 δ 等于混凝土表观密度实测值 $\rho_{c,t}$ 与计算值 $\rho_{c,c}$ 的比值，即

$$\delta=\frac{\rho_{c,t}}{\rho_{c,c}}=\frac{2347}{363+564+1179+185}=\frac{2347}{2291}=1.02$$

因为 $\dfrac{2347-2291}{2291}\times100\%=2\%\leqslant2\%$，所以，混凝土各材料用量不需修正，即可确定混凝土试验室配合比为 $m_c＝272$ kg，$m_f＝91$ kg，$m_s＝564$ kg，$m_g＝1179$ kg，$m_w＝185$ kg。

3.换算施工配合比

根据现场砂含水率为 $a＝2\%$，石子含水率为 $b＝1\%$，计算各材料用量为

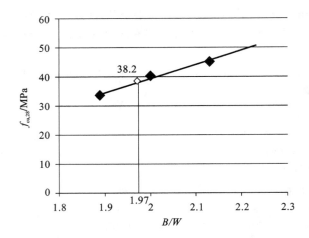

图 6-25　实测强度与胶水比关系示意图

$$m'_c = m_c = 272(\text{kg}), m'_f = m_f = 91(\text{kg})$$
$$m'_s = m_s(1 + a\%) = 564 \times (1 + 2\%) = 575(\text{kg})$$
$$m'_g = m_g(1 + b\%) = 1179 \times (1 + 1\%) = 1191(\text{kg})$$
$$m'_w = m_w - m_s \times a\% - m_g b\% = 162(\text{kg})$$

所以 $1\ \text{m}^3$ 混凝土施工配合比为

$$m'_c : m'_f : m'_s : m'_g : m'_w = 272 : 91 : 575 : 1191 : 162 = 1 : 0.33 : 2.11 : 4.38 : 0.60$$

6.6　建 筑 砂 浆

　　建筑砂浆是由无机胶凝材料、细骨料、掺加料和水以及根据性能确定的其他组分按适当比例配合、拌制并经硬化而成的土木工程材料,可分为施工现场拌制的砂浆和由专业生产厂生产的商品砂浆。在建筑工程中,砂浆是一种用量大、用途广的材料,主要用于砌筑砖石结构(如基础和墙体等),也可用于砖墙勾缝、大型墙板和各种结构的接缝,还可用于建筑物内外表面(墙面、地面、天棚等)的抹灰以及石材、陶瓷面砖、锦砖等贴面时的黏结和嵌缝。

　　按功能和用途不同,砂浆可分为砌筑砂浆、抹面砂浆、装饰砂浆、修补砂浆、绝热砂浆和防水砂浆等。按所用胶凝材料不同,可分为水泥砂浆、石灰砂浆、混合砂浆、聚合物砂浆等。水泥砂浆由水泥、砂和水按一定比例配制而成,一般用于基础、潮湿环境或水中的砌体、墙面或地面,以及承受较大外力的砌体;石灰砂浆由石灰膏、砂和水按一定比例配制而成,一般用于强度要求不高、不潮湿的砌体和抹灰层;混合砂浆是在水泥砂浆或石灰砂浆中掺加一定量的其他材料(如石灰膏、黏土膏、电石膏、粉煤灰、硅藻土等)拌和而成的,主要用于地面以上的墙、柱砌体。混合砂浆不但节约水泥或石灰用量,同时还改善了砂浆的和易性,便于施工砌筑。常用的混合砂浆有水泥石灰砂浆、水泥石膏砂浆、水泥黏土砂浆和石灰黏土砂浆等。

6.6.1　建筑砂浆的组成材料

1.胶凝材料

　　胶凝材料在砂浆中起着胶结的作用,它是影响砂浆和易性与强度等技术性质的主要组分。常用的胶凝材料有水泥、石灰、石膏、黏土等。胶凝材料的选用应根据砂浆的用途及使用环境来决定，对干燥环境中使用的砂浆，可选用气硬性胶凝材料；对潮湿环境或水中使用的砂浆，则必须选用水硬性胶凝材料。

（1）水泥。

配制砂浆可采用通用硅酸盐水泥或砌筑水泥。水泥品种的选择与混凝土相同。水泥强度等级应根据砂浆品种及强度等级的要求进行选择。水泥强度等级应为砂浆强度等级的 4～5 倍。水泥强度等级过高，将使砂浆中水泥用量不足而导致保水性不良。为合理利用资源、节约材料，在配制砂浆时，应尽量选用低强度等级的水泥。例如，M15 及以下强度等级的砌筑砂浆宜选用 32.5 级的通用硅酸盐水泥或砌筑水泥；M15 以上强度等级的砌筑砂浆宜选用 42.5 级通用硅酸盐水泥。在配制不同用途的砂浆时，还可采用某些专用和特种水泥，例如，用于砌筑砂浆的砌筑水泥，用于装饰工程的粘贴水泥。

（2）石灰。

在配制石灰砂浆或混合砂浆时，砂浆中需要使用石灰，石灰不仅是作为胶凝材料，更主要的作用是使砂浆具有良好的保水性。砂浆中使用的石灰技术要求见第 4 章。为了保证砂浆的质量，应将生石灰、生石灰粉预先熟化成石灰膏后，方可在砂浆中使用。在满足工程要求的前提下，也可使用工业废料，如电石灰膏等。

为配制修补砂浆或有特殊要求的砂浆，有时也采用有机胶黏剂作为胶凝材料。

2. 细骨料

细骨料在砂浆中起着骨架和填充作用，对砂浆的和易性与强度等技术性能影响较大。性能良好的细骨料可提高砂浆的和易性与强度，尤其对砂浆的收缩开裂有较好的抑制作用。

砂浆中使用的细骨料，宜选用中砂，并应符合现行行业标准《普通混凝土用砂、石质量及检验方法标准》（JGJ 52—2006）的规定，且应能全部通过 4.75 mm 的筛孔。砂中含泥量过大，不但会增加砂浆的水泥用量，还会使砂浆的收缩值增大、耐久性降低，影响砌筑质量。人工砂、山砂及特细砂，应经试配能满足砌筑砂浆技术条件要求。用于光滑的抹面和勾缝的砂浆，应采用细砂。用于装饰的砂浆，还可采用彩砂、石渣等。

3. 掺加料

在砂浆中，掺加料是为改善砂浆的和易性而加入的无机材料，如粉煤灰、石灰膏、沸石粉等。在砂浆中掺加粉煤灰可改善砂浆的和易性，提高强度，节约水泥和石灰。砂浆中使用的粉煤灰应满足水泥和混凝土用粉煤灰的要求。

4. 外加剂

为改善砂浆的和易性和其他性能，还可在砂浆中掺入外加剂，如增塑剂、早强剂、减水剂、防冻剂、缓凝剂、防水剂等。砂浆中掺用外加剂时，不但要考虑外加剂对砂浆本身性能的影响，还要根据砂浆的用途，考虑外加剂对砂浆的使用性能的影响，并通过试验确定外加剂的品种和掺量。例如，砌筑砂浆中使用的外加剂，不但要检验外加剂对砂浆性能的影响，还要检验外加剂对砌体性能的影响。

在砂浆中掺入增塑剂（又称微沫剂），可以改善砂浆的和易性。增塑剂的主要成分是引气剂，经强力搅拌能在砂浆中产生微细泡沫，增加水泥的分散性，代替部分石灰膏使用。

5. 水

砂浆拌和用水应符合现行行业标准《混凝土用水标准》（JGJ 63—2006）的规定。宜选用洁净、无杂质的饮用水来拌制砂浆。为节约用水，经化验分析或进行对比试验验证合格的地表水、地下水、再生水等也可用于拌制砂浆。拌和用水不应有漂浮明显的油脂和泡沫,不应有明显的颜色和异味。

6.6.2 建筑砂浆的技术性质

土木工程中,要求建筑砂浆具有如下性质:新拌砂浆应具有良好的和易性;硬化砂浆应具有一定的强度、良好的黏结力等力学性质;硬化砂浆应具有良好的耐久性。

1.和易性

新拌砂浆的和易性是指新拌砂浆是否便于施工并保证质量的综合性质,其概念与混凝土拌和物和易性相同。和易性好的新拌砂浆便于施工操作,能在砖、石等表面上铺砌成均匀、连续的薄层,且与底面紧密地黏结。新拌砂浆的和易性可以根据其流动性和保水性来综合评定。

(1)流动性。

流动性是指砂浆在自重或外力作用下产生流动的性质。砂浆的流动性可以用稠度来表示。无论采用手工施工,还是机械喷涂施工,都要求砂浆具有一定的流动性或稠度。

砂浆的流动性和许多因素有关,用水量、胶凝材料的种类和用量、砂的种类和颗粒形状、砂浆的搅拌时间和放置时间、环境的温度和湿度等均影响其流动性。

工程中砂浆的流动性可根据经验来评价、控制。实验室中可用砂浆稠度仪来测定其稠度值(沉入度),进而评价和控制其流动性。

砂浆流动性的选择要考虑砌体材料的种类、施工时的气候条件和施工方法等情况,可根据表6-40、表6-41选择。

表 6-40　砌筑砂浆的施工稠度

砌 体 种 类	施工稠度/mm
烧结普通砖砌体、粉煤灰砖砌体	70～90
混凝土砖砌体、普通混凝土小型空心砌块砌体、灰砂砖砌体	50～70
烧结多孔砖砌体、烧结空心砖砌体、轻集料混凝土小型空心砌块砌体、蒸压加气混凝土砌块砌体	60～80
石砌体	30～50

表 6-41　抹灰砂浆的施工稠度

抹 灰 层	施工稠度/mm
底层	90～110
中层	70～90
面层	70～80

(2)保水性。

保水性是指新拌砂浆保持水分的能力,它反映了砂浆中各组分材料不易分离的性质。新拌砂浆在存放、运输和使用过程中,都应有良好的保水性,这样才能保证在砌体中形成均匀密实的砂浆缝,以保证砌体的质量。如果使用保水性不良的砂浆,在施工过程中,砂浆很容易出现泌水和分层离析现象,流动性变差,不易铺成均匀的砂浆层,使砌体的砂浆饱满度降低。同时,保水性不良的砂浆在砌筑时,水分容易被砖、石等砌体材料很快吸收,影响胶凝材料的正常硬化;不但降低砂浆本身的强度,而且使砂浆与砌体材料的黏结不牢,最终降低砌体的质量。

影响砂浆保水性的主要因素有:胶凝材料的种类及用量、掺加料的种类及用量、砂的质量及外加剂的品种和掺量等。

砂浆的保水性可用分层度或保水率来检验和评定。分层度大于 30 mm 的砂浆,保水性差,容易离析,不便于保证施工质量;分层度接近于零的砂浆,其保水性太强,在砂浆硬化过程中容易发生收缩开裂;砌筑砂浆的分层度一般应在 10~20 mm 之间。大部分预拌砂浆适用保水率评定其保水性能,保水率应符合表 6-42 的规定。

表 6-42　砌筑砂浆的保水率

砂浆种类	保水率/(%)
水泥砂浆	≥80
水泥混合砂浆	≥84
预拌砌筑砂浆	≥88

2. 抗压强度及强度等级

砂浆的强度等级以 70.7 mm×70.7 mm×70.7 mm 的 3 个立方体试块,按标准条件制作并养护至 28 d 的抗压强度代表值确定。根据《砌筑砂浆配合比设计规程》(JGJ/T 98—2010)的规定,水泥砂浆及预拌砌筑砂浆的强度等级可分为 M5、M7.5、M10、M15、M20、M25、M30 共七个等级;水泥混合砂浆的强度等级可分为 M5、M7.5、M10、M15 共四个等级。

影响砂浆抗压强度的因素很多,很难用简单的公式表达砂浆的抗压强度与其组成之间的关系。因此,在实际工程中,对于具体的组成材料,大多根据经验和通过试配,经试验确定砂浆的配合比。

当基底为不吸水材料(如密实的石材)时,砂浆的抗压强度主要取决于水泥强度和水灰比,关系式见式(6.29):

$$f_{m,o} = A f_{ce} \left(\frac{C}{W} - B \right) \tag{6.29}$$

式中:$f_{m,o}$ 为砂浆 28 d 抗压强度(MPa);f_{ce} 为水泥 28 d 实测抗压强度(MPa);C/W 为水灰比;A,B 为系数,可根据试验资料统计确定。

当基底为吸水材料(如砖或砌块等多孔材料)时,砂浆的强度主要取决于水泥强度及水泥用量,与砌筑前砂浆中的水灰比无关,其关系见式(6.30):

$$f_{m,o} = \frac{\alpha \cdot f_{ce} \cdot Q_c}{1000} + \beta \tag{6.30}$$

式中:$f_{m,o}$ 为砂浆 28 d 抗压强度(N/mm² 或 MPa);f_{ce} 为水泥 28 d 实测抗压强度(MPa);Q_c 为水泥用量(kg);α、β 为强度系数,可根据试验资料统计确定。

3. 黏结强度

砂浆的黏结强度直接影响砌体的强度、耐久性、稳定性和抗震性等。砂浆的黏结强度大小与砂浆抗压强度有密切关系。一般来说,砂浆的抗压强度越高,黏结强度越大。此外,砂浆的黏结强度还与基底材料的表面状态、清洁程度、润湿情况及施工养护条件等有关。在粗糙的、润湿的、清洁的基底上使用且养护良好的砂浆与基底的黏结力较好。因此,砌筑墙体前应将块材表面清理干净,并浇水润湿,必要时要凿毛。砌筑后要加强养护,以提高砂浆与块材间的黏结强度。

4. 耐久性

砂浆应有良好的耐久性。为此,砂浆应与基底材料有良好的黏结力、较小的收缩变形。当受冻融作用影响时,对砂浆还应有抗冻性要求。具有冻融循环次数要求的砌筑砂浆,经冻融试验后,质量损失率不得大于 5%,抗压强度损失率不得大于 25%。

硬化后的砂浆要与基底材料黏结成整体性的砌体,它在砌体中起传递荷载作用,并与砌体一起承受周围介质的物理化学作用。因此砂浆应具有一定的黏结强度,抗压强度和耐久性。试验证明,砂浆的黏结强度、耐久性随抗压强度的增大而提高,它们之间存在一定的相关性。

6.6.3 砌筑砂浆的配合比设计

1. 砂浆配合比设计的基本要求

砂浆配合比设计的基本要求:砂浆拌和物的和易性应满足施工要求;砂浆的强度、黏结强度、耐久性应满足设计要求;经济上应合理,水泥和掺加料的用量应较少。

2. 水泥砂浆的配合比设计

水泥砂浆的材料用量可按表 6-43 选用。

表 6-43 每立方米水泥砂浆材料用量

强 度 等 级	水泥/(kg/m³)	砂	用水量/(kg/m³)
M5	200～230		
M7.5	230～260		
M10	260～290		
M15	290～330	砂的堆积密度值	270～330
M20	340～400		
M25	360～410		
M30	430～480		

注:①M15 及 M15 以下强度等级水泥砂浆,水泥强度等级为 32.5 级;M15 以上强度等级水泥砂浆,水泥强度等级为 42.5 级;②当采用细砂或粗砂时,用水量分别取上限或下限;③稠度小于 70 mm 时,用水量可小于下限;④施工现场气候炎热或干燥季节,可酌量增加用水量;⑤试配强度应按 $f_{m,o} = kf_2$ 计算。

3. 砌砖(或多孔砌块)用水泥混合砂浆的配合比设计

(1)水泥混合砂浆配合比的计算步骤。

水泥混合砂浆的配合比应按下列步骤进行计算:

计算砂浆试配强度($f_{m,o}$);计算每立方米砂浆中的水泥用量(Q_c);计算每立方米砂浆中石灰膏用量(Q_D);确定每立方米砂浆中的砂用量(Q_S);按砂浆稠度选每立方米砂浆用水量(Q_w)。

(2)水泥混合砂浆配合比的计算。

①砂浆的试配强度应按式(6.31)计算

$$f_{m,o} = kf_2 \tag{6.31}$$

式中:$f_{m,o}$ 为砂浆的试配强度(MPa),应精确至 0.1 MPa;f_2 为砂浆强度等级值(MPa),应精确至 0.1 MPa;k 为系数,按表 6-44 取值。

表 6-44 砂浆强度标准差 σ 及 k 值

强 度 等 级	强度标准差 σ/MPa							k
	M5	M7.5	M10	M15	M20	M25	M30	
优良	1.00	1.50	2.00	3.00	4.00	5.00	6.00	1.15
一般	1.25	1.88	2.50	3.75	5.00	6.25	7.50	1.20
较差	1.50	2.25	3.00	4.50	6.00	7.50	9.00	1.25

②砂浆强度标准差的确定应符合下列规定。

当有统计资料时,砂浆强度标准差应按式(6.32)计算:

$$\sigma = \sqrt{\frac{\sum_{i=1}^{n} f_{m,i}^2 - n\mu_{fm}^2}{n-1}}$$

(6.32)

式中:$f_{m,i}$ 为统计周期内同一品种砂浆第 i 组试件的强度(MPa);μ_{fm} 为统计周期内同一品种砂浆 n 组试件强度的平均值(MPa);n 为统计周期内同一品种砂浆试件的总组数,$n \geq 25$。

当无统计资料时,砂浆强度标准差可按表 6-44 取值。

③水泥用量的计算应符合下列规定。

每立方米砂浆中的水泥用量,应按式(6.33)计算:

$$Q_C = \frac{1000(f_{m,o} - \beta)}{\alpha \cdot f_{ce}}$$

(6.33)

式中:Q_C 为每立方米砂浆的水泥用量(kg),应精确至 1 kg;f_{ce} 为水泥的实测强度(MPa),应精确至 0.1 MPa;α、β 为砂浆的特征系数,其中 α 取 3.03,β 取 -15.09。各地区也可用本地区试验资料确定 α、β 值,统计用的试验组数不得少于 30 组。

在无法取得水泥的实测强度值时,可按式(6.9)计算。

④石灰膏用量 Q_D 应按式(6.34)计算:

$$Q_D = Q_A - Q_C$$

(6.34)

式中:Q_D 为每立方米砂浆的石灰膏用量(kg),应精确至 1 kg;石灰膏使用时的稠度宜为 120 mm ± 5 mm;Q_C 为每立方米砂浆的水泥用量(kg),应精确至 1 kg;Q_A 为每立方米砂浆中水泥和石灰膏总量(kg),应精确至 1 kg;可为 350 kg。

⑤每立方米砂浆中的砂用量 Q_S,应按干燥状态(含水率小于 0.5%)的堆积密度值作为计算值(kg)。

⑥每立方米砂浆中的用水量 Q_W,可根据砂浆稠度等要求选用 210～310 kg。

注意:混合砂浆中的用水量,不包括石灰膏中的水;当采用细砂或粗砂时,用水量分别取上限或下限;稠度小于 70 mm 时,用水量可小于下限;施工现场气候炎热或干燥季节,可酌量增加用水量。

4. 掺粉煤灰的砌筑砂浆

水泥粉煤灰砂浆材料用量可按表 6-45 选用。

表 6-45　每立方米水泥粉煤灰砂浆材料用量

强 度 等 级	水泥和粉煤灰总量/(kg/m³)	粉 煤 灰	砂	用水量/(kg/m³)
M5	210～240	粉煤灰掺量可占胶凝材料总量的 15%～25%	砂的堆积密度值	270～330
M7.5	240～270			
M10	270～300			
M15	300～330			

注:①表中水泥强度等级为 32.5 级;②当采用细砂或粗砂时,用水量分别取上限或下限;③稠度小于 70 mm 时,用水量可小于下限;④施工现场气候炎热或干燥季节,可酌量增加用水量。

5. 砌筑砂浆配合比试配、调整与确定

(1)砌筑砂浆配合比试配时的搅拌。

砌筑砂浆试配时应考虑工程实际要求,搅拌应符合下列规定:

①砌筑砂浆试配时应采用机械搅拌。

②搅拌时间应自开始加水算起。对水泥砂浆和水泥混合砂浆,搅拌时间不得少于 120 s。

③对预拌砌筑砂浆和掺有粉煤灰、外加剂、保水增稠材料等的砂浆,搅拌时间不得少于 180 s。

(2)砌筑砂浆配合比试配。

按计算或查表所得配合比进行试拌时,应按《建筑砂浆基本性能试验方法标准》(JGJ/T 70—2009)测定砌筑砂浆拌和物的稠度和保水率。当稠度和保水率不能满足要求时,应调整材料用量,直到符合要求为止,然后确定为试配时的砂浆基准配合比。

试配时至少应采用三个不同的配合比,其中一个配合比应为基准配合比,其余两个配合比的水泥用量应按基准配合比分别增加及减少10%。在保证稠度、保水率合格的条件下,可将用水量、石灰膏、保水增稠材料或粉煤灰等活性掺加料用量做相应调整。

砌筑砂浆试配时稠度应满足施工要求,并应按现行行业标准《建筑砂浆基本性能试验方法标准》(JGJ/T 70—2009)分别测定不同配合比砂浆的表观密度及强度;并应选定符合试配强度及和易性要求、水泥用量最低的配合比作为砂浆的试配配合比。

(3)砌筑砂浆试配配合比的校正。

砌筑砂浆试配配合比尚应按下列步骤进行校正。

①应根据砂浆的试配配合比材料用量,按式(6.35)计算砂浆的理论表观密度值

$$\rho_t = Q_C + Q_D + Q_S + Q_W \qquad (6.35)$$

式中:ρ_t为砂浆的理论表观密度值(kg/m³),应精确至 10 kg/m³。

②应按式(6.36)计算砂浆配合比校正系数

$$\delta = \frac{\rho_c}{\rho_t} \qquad (6.36)$$

式中:ρ_c为砂浆的实测表观密度值(kg/m³),应精确至 10 kg/m³。

当砂浆的实测表观密度值与理论表观密度值之差的绝对值不超过理论值的2%时,可将按前述得出的试配配合比确定为砂浆设计配合比;当超过2%时,应将试配配合比中每项材料用量均乘以校正系数δ后,确定为砂浆设计配合比。

6. 砌筑砂浆配合比设计例题

【例题 6.2】 某住宅楼工程采用砖砌体结构,秋季施工,需配制 M7.5 的水泥石灰混合砂浆用来砌筑砖墙。采用 32.5 级普通水泥,中砂(含水率小于 0.5%),砂的堆积密度为 1450 kg/m³。试求砂浆的配合比。

解:(1)砂浆的试配强度按下式计算,按照一般施工水平选择 k 值。

$k = 1.20$, $f_2 = 7.5$ MPa, $f_{m,o} = k f_2 = 1.20 \times 7.5 = 9.0$ (MPa)

(2)每立方米砂浆中的水泥用量 Q_C。

按下式计算

$$f_{ce} = \gamma_c \cdot f_{ce,k} = 1.0 \times 42.5 = 42.5 \text{ (MPa)}; \alpha = 3.03, \beta = -15.09$$

$$Q_C = \frac{1000(f_{m,o} - \beta)}{\alpha \cdot f_{ce}} = \frac{1000 \times (9.0 + 15.09)}{3.03 \times 42.5} = 187 \text{ (kg)}$$

(3)石灰膏用量 Q_D 按下式计算。

$$Q_D = Q_A - Q_C = 350 - 187 = 163 \text{ (kg)}$$

(4)每立方米砂浆中的砂用量 Q_S。

题中已知砂干燥状态(含水率小于 0.5%)的堆积密度值为 1450 kg/m³,所以 $Q_S = 1450$ kg/m³。

（5）每立方米砂浆中的用水量 Q_W。

因为是秋季施工,所以用水量可以选择接近上限的数值,$Q_W = 295$ kg。

（6）确定砂浆配合比。

水泥：石灰膏：砂的重量配合比为

$$Q_C : Q_D : Q_S = 187 : 163 : 1450 = 1 : 0.87 : 7.75$$

6.6.4　抹面砂浆

凡粉刷在土木工程的建筑物（构筑物）或建筑构件表面的砂浆,统称为抹面砂浆。根据抹面砂浆功能的不同,可将抹面砂浆分为普通抹面砂浆、装饰砂浆、防水砂浆和具有某些特殊功能的抹面砂浆（如绝热砂浆、吸声砂浆、防射线砂浆和耐酸砂浆等）。抹面砂浆要具有良好的和易性,易于抹成均匀平整的薄层,便于施工;还应有较高的黏结力,保证砂浆与底面牢固黏结;同时应变形较小,以防止开裂脱落。处于潮湿环境或易受外力作用部位（如地面和墙裙等）的,还应具有较高的耐水性和强度。

抹面砂浆的组成材料与砌筑砂浆基本相同。但是为了防止砂浆开裂,有时需加入一些纤维材料（如纸筋、麻刀、有机纤维等）;为了强化某些功能,还需加入特殊集料（如陶粒、膨胀珍珠岩等）。

1. 普通抹面砂浆

普通抹面砂浆具有保护建筑物（构筑物）及装饰建筑物和建筑环境的作用,是建筑工程中用量最大的抹面砂浆。其功能主要是保护墙体、地面不受风雨及有害杂质的侵蚀,提高防潮、防腐蚀、抗风化性能,增加耐久性;同时可使建筑物达到表面平整、清洁和美观的效果。

抹面砂浆通常分两层或三层进行施工。各层砂浆的功能不同,因此每层所选用的砂浆性质也不一样。一般底层砂浆起黏结基底的作用,要求砂浆应具有良好的和易性和较高的黏结力,因此底层砂浆的保水性要好,否则水分易被基底材料吸收而影响砂浆的黏结力。基底表面粗糙有利于砂浆的黏结。中层抹灰主要是为了找平,有时可省去。面层抹灰要达到平整美观的效果且细腻抗裂,因此要选用细砂。

用于砖墙的底层抹灰,多用石灰砂浆或石灰灰浆;用于板条墙或板条顶棚的底层抹灰多用混合砂浆、麻刀石灰灰浆或石灰砂浆;混凝土墙面、梁的侧面、柱面、底面、顶板表面等的底层抹灰多用混合砂浆、麻刀石灰灰浆或纸筋石灰灰浆。中层抹灰多用混合砂浆或石灰砂浆。面层抹灰多用混合砂浆、麻刀石灰灰浆或纸筋石灰灰浆。

在容易碰撞或潮湿的地方,应采用水泥砂浆。墙裙、踢脚板、地面、雨篷、窗台以及水池、水井、地沟、厕所等处,要求砂浆具有较高的强度、耐水性和耐久性。工程中一般多用 1：2.5 的水泥砂浆。

2. 装饰砂浆

粉刷在建筑物内外表面,具有美化装饰、改善功能、保护建筑物的抹面砂浆称为装饰砂浆。装饰砂浆施工时,底层和中层的抹面砂浆与普通抹面砂浆基本相同。所不同的是装饰砂浆的面层,要选用具有一定颜色的胶凝材料、骨料以及采用特殊的施工操作工艺,使表面呈现出各种不同的色彩、质地、线条、花纹和图案等装饰效果。

装饰砂浆所采用的胶凝材料有普通水泥、矿渣水泥、火山灰水泥、白水泥、彩色水泥,或采用在常用的水泥中掺加耐碱矿物颜料配制成的彩色水泥砂浆。骨料常采用普通河砂、色彩鲜艳的大理石和花岗岩等色石及细石渣,有时也采用玻璃或陶瓷碎粒。

外墙面的装饰砂浆有如下工艺:拉毛、水刷石、干粘石、斩假石(又称剁假石或斧剁石)、假面砖、水磨石等。装饰砂浆还可采用喷涂、弹涂、辊压等工艺方法,做成丰富多彩、形式多样的装饰面层。

装饰砂浆

装饰砂浆的操作方便,施工效率高。与其他墙面、地面装饰相比,成本低,耐久性好。

3. 防水砂浆

制作砂浆防水层(又称为刚性防水层)所采用的砂浆,称作防水砂浆。砂浆防水层仅适用于不受震动和具有一定刚度的混凝土及砖石砌体工程。防水砂浆是一种抗渗性高的砂浆。

防水砂浆可以采用普通水泥砂浆,也可以在水泥砂浆中掺入防水剂来提高砂浆的抗渗能力。常用的防水剂有氯盐型防水剂、水玻璃类防水剂和金属皂类防水剂等。在钢筋混凝土工程中,应尽量采用非氯盐型防水剂,以防止氯离子的引入,造成钢筋锈蚀。

防水砂浆的配合比一般采用水泥∶砂=1∶2.5~3,水灰比在 0.5~0.55 之间。水泥应采用 42.5 级的普通水泥,砂子应采用级配良好的中砂。

其他种类　上海深坑
的混凝土　酒店浇筑
混凝土施工

防水砂浆对施工操作技术要求很高,同时要严格控制原材料质量和配合比。制备防水砂浆应先将水泥和砂干拌均匀,再加入水和防水剂溶液搅拌均匀。粉刷前,先在润湿清洁的底面上抹一层低水灰比的纯水泥浆(有时也用聚合物水泥浆),然后抹一层防水砂浆。防水砂浆层一般分四层或五层施工,每层厚约为 5 mm,共 20~30 mm 厚。每层在初凝前压实一遍,最后一层要压光。抹完后要加强养护,防止脱水过快造成干裂。刚性防水必须保证砂浆的密实性,才能获得理想的防水效果。

▲复习思考题▲

1.试述混凝土中的四种基本组成材料在混凝土中所起的作用。

2.粗细集料中的有害杂质是什么?它们分别对混凝土质量有何影响?

3.取 500 g 干砂,经筛分后,其结果见下表。试计算该砂的细度模数,并判断该砂是否属于中砂,级配情况如何?

筛孔尺寸/mm	4.75	2.36	1.18	0.60	0.30	0.15	<0.15
筛余量/g	28.5	57.6	73.1	156.6	118.5	55.5	10.3

4.何谓减水剂?试述减水剂的作用机理。

5.何谓混凝土的早强剂、引气剂和缓凝剂?指出它们各自的用途和常用品种。

6.简述混凝土拌和物工作性的含义,影响工作性的主要因素和改善工作性的措施。

7.简述坍落度和维勃稠度测定方法。

8.和易性与流动性之间有何区别?混凝土试拌调整时,发现坍落度太小,如果单纯加用水量去调整,混凝土的拌和物会有什么变化?

9.如何确定混凝土的强度等级?混凝土强度等级如何表示?

10.试述泌水对混凝土质量的影响。

11.试比较碎石和卵石拌制混凝土的优缺点。

12.试述影响水泥混凝土强度的主要原因及提高强度的主要措施。

13. 简述影响混凝土弹性模量的因素。

14. 普通混凝土为何强度越高越易开裂？试述提高其早期抗裂性的措施。

15. 何谓碱-集料反应？混凝土发生碱-集料反应的必要条件是什么？预防措施是什么？

16. 对普通混凝土有哪些基本要求？怎样才能获得质量优良的混凝土？

17. 某市政工程队在夏季施工，铺筑路面水泥混凝土，选用缓凝减水剂。浇筑完后表面未及时覆盖，后发现混凝土表面形成很多表面微细龟裂纹，请分析原因。

18. 某工程队于 2020 年 7 月份在湖南某工地施工，经现场试验确定了一个掺木质素磺酸钠的混凝土配方，经使用一个月情况均正常。该工程后因资金问题暂停 5 个月，随后继续使用原混凝土配方开工。发觉混凝土的凝结时间明显延长，影响了工程进度。请分析原因，并提出解决办法。

19. 某混凝土搅拌站原使用细度模数为 2.5 的砂，后改用细度模数为 2.1 的砂。原混凝土配方不变，发觉混凝土坍落度明显变小。请分析原因。

20. 某水利枢纽工程"进水口、洞群和溢洪道"标段（Ⅱ标）为提高泄水建筑物抵抗河道泥沙及高速水流的冲刷能力，浇筑了 28 d 抗压强度达 70 MPa 的混凝土约 $50×10^4$ m³，但都出现了一定数量的裂缝。裂缝产生有多方面的原因，其中原材料的选用是一个方面。请就其胶凝材料的选用分析其裂缝产生的原因。（工程采用早强型普通硅酸盐水泥）

21. 为什么混凝土在潮湿条件下养护时收缩较小，干燥条件下养护时收缩较大，而在水中养护时却几乎不收缩？

22. 某工地施工人员拟采用下述方案提高混凝土拌和物的流动性，试问哪个方案可行，哪个不可行？简要说明原因。方案：①多加水；②保持水灰比不变，适当增加水泥浆量；③加入氯化钙；④掺加减水剂；⑤适当加强机械振捣。

23. 采用矿渣水泥、卵石和天然砂配制混凝土，水胶比为 0.5，制作 100 mm×100 mm×100 mm 试件 3 块，在标准条件下养护 7 d 后，测得破坏荷载分别为 140 kN、135 kN、142 kN。试估算：①该混凝土 28 d 的立方体抗压强度有多大？②该混凝土采用的矿渣水泥的强度等级是多少？

24. 已知混凝土的水胶比（无掺合料）为 0.60，每立方米混凝土拌和用水量为 180 kg，采用砂率 33%，水泥的密度为 3.10 g/cm³，砂子和石子的表观密度分别为 2.62 g/cm³ 和 2.70 g/cm³。试用体积法每立方米混凝土中各材料的用量。

25. 某混凝土公司生产预应力钢筋混凝土大梁，需用设计强度为 C35 的混凝土，拟用原材料为：水泥为普通硅酸盐水泥 42.5，富余系数为 1.10，密度为 3.15 g/cm³；中砂的密度为 2.66 g/cm³，级配合格；碎石的密度为 2.70 g/cm³，级配合格，最大粒径为 20 mm。

26. 已知单位用水量为 170 kg，标准差为 5 MPa。试用体积法计算混凝土配合比。配制砂浆时，为什么除了水泥之外常常还要加入一定量的其他胶凝材料？

27. 对新拌水泥砂浆的技术要求与对混凝土拌和物的技术要求有何不同？

28. 砌筑砂浆有哪些技术要求？普通抹面砂浆主要性能要求是什么？不同部位应采用何种抹面砂浆？

29. 为什么地面以上的砌筑工程一般多采用混合砂浆？

30. 砌筑砂浆在工程上有哪些应用？

31. 如何配制防水砂浆？其在技术性能方面有哪些要求？

7　沥青材料

　　港珠澳大桥于 2009 年 12 月 15 日动工;于 2018 年 10 月 24 日上午 9 时开通运营。桥隧全长 55 千米,其中主桥 29.6 千米、香港口岸至珠澳口岸 41.6 千米。港珠澳大桥因其超大的建筑规模、空前的施工难度和顶尖的建造技术而闻名世界。港珠澳大桥沥青混凝土路面分为浇筑式层和表面层两层,其中 3 厘米的浇筑式沥青层采用天然湖底沥青,与钢板协同变形能力好,可随着钢箱梁进行同步变形。

港珠澳大桥

　　本章的学习重点是掌握石油沥青技术性质、测定方法与应用;了解乳化沥青和改性沥青的类型及用途。

　　沥青是一种有机胶凝材料,在常温下呈固体、半固体或黏稠液体状态,由天然或人工制造而得,是由一些极其复杂的高分子碳氢化合物和这些碳氢化合物的非金属(氧、硫、氮)衍生物所组成的混合物。颜色为黑色或黑褐色,具有良好的黏结性、塑性、憎水性、耐腐蚀性和电绝缘性。在土木工程中作为防潮、防水、防渗材料,广泛应用于木材防腐、金属防锈等表面防腐工程,也用于铺筑沥青路面。

　　沥青的种类很多,按其在自然界中的获得方式可分为地沥青和焦油沥青两大类。

　　地沥青是天然存在的或由石油精制加工得到的沥青材料,按其产源可分为天然沥青和石油沥青。天然沥青是石油在自然因素的作用下,经过轻质油分蒸发、氧化和缩聚作用而形成的天然产物,多存在于山石的缝隙或以沥青湖的形式存在。石油沥青是石油原油经蒸馏提炼出各种轻质油(如汽油、煤油、柴油)及润滑油以后的残留物,或将该残留物经吹氧、调和等工艺进一步加工得到的产品。

　　焦油沥青是利用各种有机物(煤、泥炭、木材等)干馏加工得到的焦油,经再加工得到的沥青类物质。焦油沥青按其加工的有机物名称来命名,如煤干馏所得的煤焦油,经再加工得到的沥青称为煤沥青(俗称柏油)。还有木沥青、泥炭沥青、页岩沥青等。

沥青的形态

　　工程上使用的沥青主要为石油沥青和煤沥青,石油沥青的技术性质优于煤沥青,故应用最广。

7.1 石 油 沥 青

7.1.1 石油沥青的组分与胶体结构

沥青一般是指石油沥青。石油沥青(见图7-1)按加工方法可分为:①直接蒸馏原油,将沸点不同的馏分取出后,剩下的残渣为直馏沥青。②渣油经不同深度的氧化后,如吹气氧化,可以得到不同稠度的氧化沥青或半氧化沥青。③渣油中加入溶剂(丙烷、丁烷等),可得到溶剂沥青。④为得到不同稠度的沥青,可以将硬的沥青与软的沥青以适当比例调配,得到调和沥青(如黏稠沥青与慢凝液体沥青);调和沥青按照调配比例不同所得成品可以是黏稠沥青,也可以是慢凝液体沥青。⑤液体沥青是用汽油、煤油、柴油等溶剂将石油沥青稀释而成的沥青产品,液体沥青需要耗费高价的有机稀释剂。⑥为节约溶剂和扩大使用范围,可将沥青分散于有乳化剂的水中而形成沥青乳液,这种乳液称为乳化沥青。

图 7-1　石油沥青

1.石油沥青的组分

石油沥青是由多种高分子碳氢化合物及其非金属衍生物组成的混合物,它是石油中分子量最大、组成和结构最为复杂的部分。沥青的元素组成主要是碳(80%~87%)和氢(10%~15%);其次是非烃元素,如氧、硫、氮等非金属元素(<3%)。此外,还有一些微量的金属元素,如镍、钒、铁、锰、钙、镁、钠等。目前还没有找到沥青元素含量与沥青性能之间的直接关系。由于沥青化学成分极为复杂,对其进行化学成分分析十分困难,同时化学成分并不能明显反映沥青的性质,因此,一般不做沥青的化学成分分析,而是从工程使用角度出发,将沥青分离为化学成分和物理性质,以及与沥青技术性质有一定联系的几个组,这些组即称为"组分"。石油沥青的化学组分分析有三组分和四组分两种分析法。

(1)三组分分析法。

石油沥青的三组分分析法是将石油沥青划分为油分、树脂和沥青质三个组分。可利用沥青在不同有机溶剂中的选择性将三个组分溶解分离出来,各组分的含量与性质见表7-1。

表 7-1　石油沥青三组分分析法的各组分性质

组分	外观特征	密度 /(g/cm³)	平均分子量	碳氢比	含量 /(%)	物化特征
油分	淡黄色至红褐色油状液体	0.7~1.0	300~500	0.5~0.7	45~60	几乎溶于大部分有机溶剂,具有光学活性,常出现荧光,相对密度0.7~1.0 g/cm³
树脂	黄色至黑褐色黏稠状半固体	1.0~1.1	600~1000	0.7~0.8	15~30	温度敏感性高,熔点低于100 ℃,相对密度1.0~1.1 g/cm³
沥青质	深褐色至黑色无定形固体粉末	1.1~1.5	1000~6000	0.8~1.0	5~30	加热不熔化而碳化,相对密度1.1~1.5 g/cm³

①油分。油分为淡黄色至红褐色油状液体,是沥青中分子量最小和密度最小的组分,密度介于0.7~1.0 g/cm³之间。在170 ℃下较长时间加热,油分可以挥发。油分能溶于石油醚、二硫化碳、三氯甲烷和丙酮等有机溶剂,但不溶于酒精。油分赋予沥青以流动性。

②树脂。树脂为黄色至黑褐色黏稠状物质(半固体),分子量比油分大(600~1000),密度为1.0~1.1 g/cm³。沥青树脂中绝大部分属于中性树脂。中性树脂能溶于三氯甲烷、汽油和苯等有机溶剂,但在酒精和丙酮中难溶解或溶解度很低,它赋予沥青以良好的黏结性、塑性和流动性。中性树脂含量越高,石油沥青的延度和黏结力等性质越好。另外,沥青树脂中还含有少量的酸性树脂,即地沥青酸和地沥青酸酐,是沥青中的表面活性物质。它改善了石油沥青对矿物材料的浸润性,特别是提高了对碳酸盐类岩石的黏附性,并有利于石油沥青的可乳化性。沥青脂胶使石油沥青具有良好的塑性和黏结性。

③沥青质。沥青质为深褐色至黑色固态无定形物质(固体粉末),分子量比树脂大,密度为1.1~1.5 g/cm³,不溶于酒精、正戊烷,但溶于三氯甲烷和二硫化碳,染色力强,对光敏感性强,感光后不溶解。沥青质是决定石油沥青温度敏感性、黏性的重要组成部分,一般其含量越多,则软化点越高,黏性越大。

(2)四组分分析法。

沥青的四组分分析法是将石油沥青划分为饱和分、芳香分、胶质和沥青质。我国现行四组分分析法是将沥青试样先用正庚烷沉淀沥青质(At),再使可溶分(即软沥青质)吸附于氧化铝色谱柱上,先用正庚烷冲洗,所得的组分称为饱和分(S),是无色液体;再用甲苯冲洗,所得的组分称为芳香分(A),是黄色至棕色液体;最后用甲苯-乙醇冲洗,所得组分称为胶质(R),是棕色至黑色液体。对于含蜡沥青,可将所分离得到的饱和分与芳香分,以丁醇-苯为脱蜡溶剂,在−20 ℃下冷冻分离固态烃烷,确定含蜡量。

四组分中各组分对沥青性质的影响:①沥青质含量增加,可使沥青黏度增加、热稳定性变好;②胶质含量增大,黏附力大,可使沥青的延度增加;③饱和分含量增加,可赋予沥青流动性,即可使沥青稠度降低(即针入度增大);④沥青中芳香分含量最多,占20%~50%,是深棕色的黏稠液体,它提高了沥青中分散介质的芳香度,使沥青胶体结构体系易于稳定。较好的四组分搭配为沥青质适量,饱和分较大,胶质较少。

石油沥青除含有上述组分外,还有沥青碳和似碳物及蜡。

沥青碳和似碳物是沥青受高温的影响脱氢而生成的,一般只在高温裂化或加热及深度氧化过程中产生。多为深黑色固态粉末状微粒,是石油沥青中相对分子质量最高的部分。在沥青中的含量不多,一般在2%~3%以下,能够降低沥青的黏结力。

蜡属于晶体物质,在常温下呈白色结晶状态存在于沥青中。当温度达到45 ℃左右时,会由固态转变为液态。当蜡含量增加时,会增大沥青的温度敏感性,使沥青在高温下容易发软、流淌,胶体结构遭到破坏。同样,蜡在低温时会使沥青变得脆硬。所以,蜡是石油沥青的有害成分。蜡可危害沥青路面,现象如下:①在高温时会使沥青容易发软,导致沥青路面高温稳定性降低,出现车辙。②在低温时会使沥青变得脆硬,导致路面低温抗裂性降低,出现裂缝。③使沥青与石料的黏附性降低;在有水的条件下,会使路面石子产生剥落现象,造成路面破坏。④使沥青路面的抗滑性降低,影响路面的行车安全。

我国富产石蜡基原油,其特征为含蜡量高,沥青质含量少,含硫量低。一般沥青质含量5%~25%为宜,石蜡基原油的沥青质含量为1%左右。

由于测定方法不同,各国对蜡的限定值也不一致。我国《重交通道路石油沥青》(GB/T

15180—2010)规定,蒸馏法测得的含蜡量应小于 3%。

2.石油沥青的胶体结构

（1）胶体结构的形成。

现代胶体学说认为,沥青的胶体结构（见图 7-2）,以固态的沥青质为胶核,通常由若干个沥青质集合在一起,周围吸附了黏稠的胶质,从而形成"胶团"。胶团作为分散相,分散于液态的芳香分和饱和分组成的分散介质中,共同形成稳定的胶体。

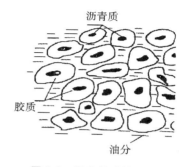

图 7-2　沥青的胶体结构

在沥青中,分子量很高的沥青质不能直接胶溶于分子量很低的芳香分和饱和分的介质中（放进去会沉淀）,必须有胶质对其保护,才能共同形成胶体。

大多数沥青属于胶体体系,它是由相对分子量很大、芳香度很高的沥青质分散在分子质量较低的可溶性介质中形成的。沥青中不含沥青质、只有单纯的可溶质时,则只具有黏性液体的特征而不成为胶体体系。沥青质分子对极性强大的胶质具有很强的吸附力,因而形成了以沥青质为中心的胶团核心,而极性相当的胶质吸附在沥青质周围形成中间相。胶团的胶溶作用使胶团弥散和溶解于分子量较低、极性较弱的芳香分和饱和分组成的分散介质中,由此形成稳定的胶体。

（2）胶体结构的分类。

根据沥青中各组分的化学组成和相对含量的不同,可以形成不同的胶体结构。沥青的胶体结构,可分为以下 3 种类型。

①溶胶型结构。当沥青中沥青质分子量较低,并且含量很少（如在 10% 以下）,同时有一定数量的芳香度较高的胶质时,胶团能够完全胶溶而分散在芳香分和饱和分的介质中。在此情况下,胶团相距较远,它们之间吸引力很小（甚至没有吸引力）,胶团可以在分散介质黏度许可范围之内自由运动,这种胶体结构的沥青,称为溶胶型沥青。溶胶型沥青的特点是流动性和塑性较好,开裂后自行愈合能力较强,但具有明显的温度敏感性,温度过高会流淌。通常,大部分直馏沥青都属于溶胶型沥青（见图 7-3（a））。

②溶-凝胶型结构。当沥青中沥青质含量适当（如为 15%～25%）,并有较多数量芳香度较高的胶质,这样形成的胶团数量增多,胶体中胶团的浓度增加,胶团距离相对靠近,胶团之间有一定的吸引力,形成溶-凝胶结构,这是一种介乎溶胶与凝胶之间的结构（见图 7-3（b））。这种结构的沥青,称为溶-凝胶型沥青。修筑现代高等级道路的路用沥青,都属于这类胶体结构类型。通常,环烷基原油的直馏沥青或半氧化沥青,以及按要求组分重（新）组（配）的溶剂沥青等,往往符合这类胶体结构的特征。这类沥青的工程性能,在高温时具有较低的感温性,低温时又具有较好的变形能力。

③凝胶型结构（见图 7-3（c））。沥青中沥青质含量很高（如 25% 以上）,并有相当数量芳香度很高的胶质形成胶团。这样,沥青中胶团浓度有很大程度的增加,它们之间的相互吸引力增强,使胶团靠得很近,形成空间网络结构。此时,液态的芳香分和饱和分在胶团的网络中反而成为分散相,连续的胶团成为分散介质。这种胶体结构的沥青,称为凝胶型沥青。这类沥青的特点是:弹性和黏性较高,温度敏感性较小,开裂后自行愈合能力较差,流动性和塑性较低。在工程性能上,虽具有较好的温度稳定性,但低温变形能力较差。

（3）胶体结构类型的判定。

随着对石油沥青研究的深入,有些学者已开始摒弃石油沥青胶体结构观点,而认为它是一种高分子溶液。高分子溶液学说理论认为,沥青是以高分子量的沥青质为溶质,以低分子量的软沥青质（树脂和油分）为溶剂的高分子溶液。当沥青质含量很小,沥青质与软沥青质溶解度参数很小时能

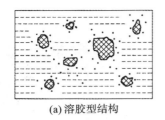 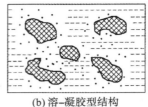 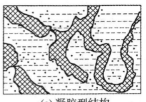

(a) 溶胶型结构　　　　　　(b) 溶-凝胶型结构　　　　　　(c) 凝胶型结构

图 7-3　石油沥青胶体结构的类型示意图

够形成稳定的真溶液。这种高分子溶液的特点是对电解质稳定性较大,而且是可逆的,也就是说,在沥青高分子溶液中,加入电解质并不能破坏沥青的结构。当软沥青质减少、沥青质增加时,为浓溶液,即凝胶型沥青;当沥青质减少,软沥青质增加时则为稀溶液,溶胶型沥青即可视为稀溶液。介乎二者之间的即溶-凝胶型沥青。

通常采用针入度指数法(PI)值,来判定沥青的胶体结构类型。

PI<−2 的为溶胶型结构;−2≤PI≤+2 的为溶-凝胶型结构;PI>+2 的为凝胶型结构。

7.1.2　石油沥青的技术性质

1. 物理特征常数

(1)密度。

沥青密度是指在规定温度条件下单位体积的质量,单位为 kg/m³ 或 g/cm³。我国现行试验规程规定温度为 15 ℃。也可用相对密度表示,相对密度是指在规定温度下,沥青质量与同体积水质量之比。

沥青的密度与其化学组成有密切的关系,通过沥青的密度测定,可以概括地了解沥青的化学组成。通常黏稠沥青的相对密度波动在 0.96～1.04 范围内。我国富产石蜡基沥青,其特征为含硫量低、含蜡量高、沥青质含量少,所以相对密度常在 1.00 以下。通过沥青密度,可以大致了解沥青的化学组成。密度是由原油基属决定的。密度是沥青混合料配合比设计的参数之一。

(2)热胀系数。

沥青在温度上升 1 ℃时的长度或体积的变化,分别称为线胀系数和体胀系数,统称热胀系数。

沥青路面的开裂,与沥青混合料的温缩系数有关。沥青混合料的温缩系数,主要取决于沥青的热胀系数。特别是含蜡沥青,当温度降低时,蜡由液态转变为固态,比容突然增大,沥青的温缩系数发生突变,因而易导致沥青路面开裂。

(3)介电常数。

介电常数等于沥青作介质时平行板电容器的电容除以真空作介质时相同平行板电容器的电容。有研究表明,沥青的介电常数与沥青的耐久性有关。另外,现代交通的发展,要求沥青路面具有较高的抗滑性;英国道路研究所研究认为,沥青的介电常数与沥青路面抗滑性也有很高的相关性。

2. 黏滞性(黏性)

石油沥青的黏滞性是反映沥青材料内部阻碍其相对流动的一种特性,也可以说它反映了沥青软硬、稀稠的程度,一般以黏度表示,是沥青性质的重要指标之一。

各种石油沥青的黏滞性变化范围很大,黏滞性的大小与组分及温度有关。沥青质含量较高,同时又有适量树脂,而油分含量较少时,则黏滞性较大。在一定温度范围内,当温度升高时,则黏滞性随之降低,反之则随之增大。绝对黏度的测定方法因材而异,并且较为复杂,工程上常用相对黏度(条件黏度)来表示。测定沥青相对黏度的主要方法是用标准黏度计和针入度仪。

黏稠石油沥青的相对黏度是用针入度仪测定的针入度来表示的,如图 7-4 所示。针入度值越小,表明黏度越大。黏稠石油沥青的针入度是在规定温度 25 ℃条件下,以规定质量 100 g 的标准针,经历规定时间 5 s 贯入试样中的深度,以 0.1 mm 为单位表示的,标准试验条件可用符号表示为 $P_{25 ℃,100 g,5 s}$。此外,为确定针入度指数(PI),针入度试验常用温度有 5 ℃、15 ℃、25 ℃、30 ℃等,但标准针质量和贯入时间均为 100 g 和 5 s。实质上,针入度也是测定沥青稠度的一种指标。通常稠度高的沥青,其黏度亦高。

液体石油沥青、煤沥青和乳化沥青的相对黏度,可用标准黏度计测定的标准黏度表示,如图 7-5 所示。标准黏度是在规定温度(20 ℃、25 ℃、30 ℃或 60 ℃)下,规定直径(3 mm、5 mm 或 10 mm)的孔口流出 50 mL 沥青所需的时间(秒数),常用符号"$C_{T,d}$"表示,T 为试样温度,d 为流孔直径。显然,试验温度越高,流孔直径越大,流出时间越长,则沥青黏度越大。

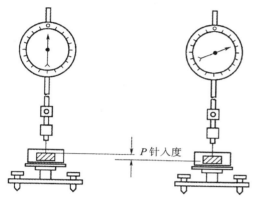

图 7-4　黏稠沥青针入度测试示意图

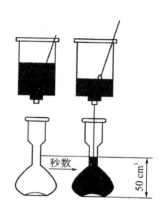

图 7-5　液体沥青标准黏度测定示意图

黏度是现代沥青标号划分的主要依据。它是技术性质中与沥青路面力学行为联系最密切的一种性质。例如,在现代交通条件下,为防止路面出现车辙,沥青黏度的选择是首要考虑的参数。由于沥青结构的复杂性,将针入度换算为黏度的一些方法,均不能获得满意结果,所以近年美国及欧洲某些国家已将沥青针入度分级改为黏度分级。我国道路石油沥青还是以针入度来划分标号的。道路黏稠沥青的针入度在 20~200 之间。

3. 温度敏感性

温度敏感性是指石油沥青的黏滞性和塑性随温度升降而变化的性能。沥青是一种高分子非晶态热塑性物质,没有一定的熔点。当温度升高时,沥青由固态或半固态逐渐软化,使沥青分子之间发生相对滑动,此时沥青就像液体一样发生了黏性流动,称为黏流态。与此相反,当温度降低时,沥青又逐渐由黏流态凝固为固态(或称高弹态),甚至变硬变脆(像玻璃一样脆硬,称作玻璃态)。此过程反映了沥青随温度升降其黏滞性和塑性的变化。

在相同的温度变化间隔里,各种沥青黏滞性及塑性变化幅度不会相同,工程要求沥青随温度变化而产生的黏滞性及塑性变化幅度应较小,即温度敏感性应较小。所以温度敏感性是沥青性质的重要指标之一。

通常石油沥青中沥青质含量多,在一定程度上能够减小其温度敏感性。在工程使用时往往加入滑石粉、石灰石粉或其他矿物填料来减小其温度敏感性。沥青中含蜡量较多时,则会增大其温度敏感性。多蜡沥青不能用于直接暴露于阳光和空气中,就是因为该沥青温度敏感性大,当温度不太高(60 ℃左右)时会发生流淌,在温度较低时又易变硬开裂。评价温度敏感性的指标很多,常用的是软化点和针入度指数。

（1）软化点。

沥青软化点是反映沥青温度敏感性的重要指标。由于沥青材料从固态至液态有一定的变态间隔，故规定其中某一状态作为从固态转到黏流态（或某一规定状态）的起点，相应的温度称为沥青软化点。

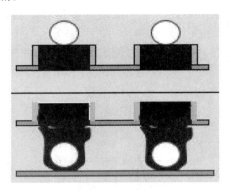

图 7-6　软化点测定示意图

软化点的数值随采用的仪器不同而不同，我国现行的试验规程规定采用环与球法软化点。该法（见图 7-6）是将黏稠沥青试样注入内径为 18.9 mm 的铜环中，环上置一个质量为 3.5 g 的钢球，在规定的加热速度（5 ℃/min）下进行加热，沥青试样逐渐软化，直至在钢球荷重作用下，使沥青下坠 25.4 mm 时的温度称为软化点 $T_{R\&B}$。已有研究认为，沥青在软化点时的黏度约为1200 Pa·s，相当于针入度值 800(0.1 mm)时的黏度。据此，可以认为软化点是一种人为的"等黏温度"。软化点多在 45 ℃左右，超过 55 ℃的不多，超过 80 ℃的更少，个别改性沥青、或煤沥青可能超过 80 ℃。

由此可见，针入度是在规定温度下测定沥青的条件黏度，而软化点则是沥青达到规定条件黏度时的温度。所以软化点既反映黏度又反映热稳定性。一般认为软化点高，感温性好；但含蜡易造成软化点高的假象，此时含蜡的沥青高温稳定性并不好；老化后软化点也会变高。

（2）针入度指数。

软化点是沥青性质随温度变化过程中重要的标志点，在软化点之前，沥青主要表现为黏弹态，而在软化点之后主要表现为黏流态。软化点越低，一般表明沥青在高温下的体积稳定性和承受荷载的能力越差。但仅凭软化点这一指标来反映沥青性质随温度变化的规律，并不全面。目前，还采用针入度指数（PI）作为沥青温度敏感性的指标。

根据大量实验结果，发现沥青针入度值的对数（lg$P$）与温度（T）间具有线性关系

$$\lg P = AT + K \tag{7.1}$$

式中：A 为直线斜率；K 为截距，常数。

A 表征沥青针入度的对数（lg$P$）随温度（T）的变化率。A 越大，表明温度变化时、沥青的针入度变化越大，也即沥青的温度敏感性大。因此，可用斜率 A 来表征沥青的温度敏感性，故称 A 为针入度-温度感应系数。

$$A = d(\lg P)/dT \tag{7.2}$$

A 值算出来都是小数，为实用方便，用 PI 来代替 A 表示粘温关系，见式（7.3）。

$$PI = \frac{30}{1+50A} - 10 \tag{7.3}$$

PI 值可作为沥青胶体结构类型的评价标准，也可用于评价沥青的感温性。用 PI 值评价沥青的感温性时，一般要求 PI 值为 $-1\sim+1$。认为这样综合路用性能好。但是随着近代交通的发展，对沥青热稳定性提出更高的要求，要求 PI 趋向于 $+0.5$ 至 $+1.0$。

4. 塑性

塑性是指沥青在外力拉伸作用时，发生塑性变形而不破坏的能力，用延度来表征。它反映的是沥青受力时所能承受的塑性变形的能力。

石油沥青的塑性与其组分有关，石油沥青中树脂含量较多，且其他组分含量适当时，则塑性较大。影响沥青塑性的因素有流变特性、化学组分、胶体结构、温度和沥青膜层厚度等。温度升高，则塑性增大；膜层越厚，则塑性越高。反之，膜层越薄，则塑性越差。当膜层薄至 1 μm 时，塑性几乎消

失,即接近于弹性。

在常温下,塑性较好的沥青在产生裂缝时,也可能由于其特有的黏塑性而自行愈合。故塑性还反映了沥青开裂后的自愈能力,可用来制造出性能良好的柔性防水材料。沥青的塑性对冲击荷载有一定的吸收能力,并能减少摩擦时的噪声,故沥青是一种优良的路面材料。

石油沥青的塑性用延度表示。延度试验方法是:将沥青试样制成"∞"字形标准试件(最小断面积 1 cm²),在规定拉伸速度和规定温度下拉断时的长度(以 cm 计)称为延度,如图 7-7 所示。试验条件用 $D_{T,v}$ 表示。我国《重交通道路石油沥青》(GB/T 15180—2010)规定,延度试验温度 $T = 15\ ℃$,拉伸速度 $v = 5 \pm 0.25\ cm/min$。一般认为沥青在 15 ℃

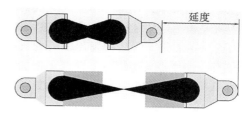

图 7-7 延度测定示意图

(或更低)温度的延度值与沥青路面抗开裂能力有关,低温延度大,抗裂性好,但是仍然存在不同的观点。

沥青三大指标的试验仪器

以上所论及的针入度、软化点和延度是评价黏稠石油沥青工程性能最常用的经验指标,所以统称三大指标。

5. 大气稳定性

大气稳定性即沥青的耐久性,是指石油沥青热施工时受高温的作用,以及使用时在热、阳光、氧气和潮湿等因素的长期综合作用下抵抗老化的性能。

在阳光、空气、水和热的综合作用下,沥青各组分会不断转变。低分子化合物将逐步转变成高分子物质,即油分和树脂逐渐减少,而沥青质逐渐增多。试验发现,树脂转变为沥青质比油分转变为树脂的速度快得多(约 50%)。因此,石油沥青随着时间的进展,流动性和塑性逐渐减小,硬脆性逐渐增大,直至脆裂,这个过程称为石油沥青的老化。所以沥青的大气稳定性可以用抗老化性能来说明。

《公路工程沥青及沥青混合料试验规程》(JTG E20—2011)规定,石油沥青的老化性能是以沥青试样在加热蒸发前后的质量损失百分率、针入度比和老化后的延度来评定的。其测定方法是:先测定沥青试样的质量及其针入度,然后将试样置于烘箱中,在 163 ℃下加热蒸发 5 h,待冷却后再测定其质量和针入度。计算出蒸发损失质量占原质量的百分数,称为蒸发损失百分率;测得沥青老化后针入度与原针入度的比值,称为针入度比;同时测定老化后的延度。沥青经老化后,质量损失百分率越小、针入度比和延度越大,则表示沥青的大气稳定性越好,即老化越慢。

沥青老化的影响因素有热、氧、光、水等。①热的影响。热能加速沥青的蒸发、能促进沥青化学反应的加速,最终导致沥青化学组成和性质的改变。尤其是在施工加热(160~180 ℃)时,由于有空气中的氧共同参与作用,可使沥青氧化加快,温度越高,氧化越快。②氧的影响。空气中的氧,在加热的条件下,能促使沥青组分对其吸收,并产生脱氢作用,这就是氧化。最终芳香分有一定减少,胶质有明显减少,沥青质大量增加,导致沥青变硬变脆,损失黏结力,针入度变小,延度变小,软化点、脆点升高。③光的影响。日光(特别是紫外线)对沥青照射后,能产生光化学反应,促使氧化速率加快。④水的影响。水在与光、氧和热共同作用时,能起催化剂的作用。沥青中加入改性材料如抗氧剂等可改善耐久性。

沥青老化评价方法有:①"沥青薄膜加热试验"(TFOT 法):将 50 g 沥青试样,盛于规定容器中,使沥青成为厚约 3.2 mm 的薄膜。沥青薄膜在(163±1) ℃的标准烘箱中加热 5 h,以加热前后的质量损失、针入度比和延度比作为评价指标。薄膜加热试验后的性质与沥青在拌和机中加热拌和后的性质有很好的相关性。②"旋转薄膜烘箱试验"(RTFOT 法):原理与 TFOT 法相似,不过试样在垂直方向旋转,沥青膜较薄,能连续鼓入热空气,以加速老化,使试验时间缩短为 75 min。黏稠沥青老化试验以 TFOT 法为准。

6. 施工安全性

黏稠沥青在使用时一般需要加热,当加热至一定温度时,沥青材料中挥发的油分蒸气与周围空气组成混合气体。此种蒸气与空气组成的混合气体遇火焰极易燃烧,引发火灾,因此,必须测定沥青加热闪火和燃烧的温度,即闪点和燃点。

闪点是指加热沥青后挥发出的可燃气体和空气的混合物在规定条件下与火焰接触,初次闪火(有蓝色闪光)时的温度(℃)。燃点是指加热沥青产生的气体和空气的混合物,与火焰接触能持续燃烧 5 s 以上时的温度(℃)。燃点温度通常比闪点温度高 10 ℃。沥青质含量越多,闪点和燃点相差越大,液体沥青由于轻质成分较多,闪点和燃点的温度相差很小。

闪点和燃点的高低表明沥青引起火灾或爆炸可能性的大小,它关系到运输、贮存和加热使用等方面的安全性。石油沥青在熬制时,一般温度为 150~200 ℃,因此通常控制沥青的闪点应大于 230 ℃。但为安全起见,沥青加热时还应与火隔离。

7. 溶解度

沥青溶解度是指沥青在三氯乙烯中溶解的百分率(即有效物质含量)。那些不溶解的物质为有害物质(沥青碳、似碳物),会降低沥青的性能,应加以限制。

7.1.3 石油沥青的技术标准

我国现行石油沥青标准,按使用范围将黏稠石油沥青分为道路石油沥青、建筑石油沥青和普通石油沥青三大类。在土木工程中常用的主要是道路石油沥青和建筑石油沥青。道路石油沥青和建筑石油沥青依据针入度大小划分为若干标号,每个标号还应保证满足相应的延度和软化点以及其他指标的要求。

1. 道路石油沥青

按道路的交通量,道路石油沥青分为中、轻交通石油沥青和重交通石油沥青。中、轻交通道路石油沥青共有 5 个牌号。按石油化工行业标准《道路石油沥青》(NB/SH/T 0522—2010),道路石油沥青分为 5 个牌号,60 号、100 号、140 号、180 号、200 号等。选用道路石油沥青时,要根据工程要求、施工方法以及气候条件等选用不同牌号的沥青。

重交通道路石油沥青主要用于高速公路、一级公路路面、机场道面以及城市快速路、主干路的沥青路面上。按国家标准《重交通道路石油沥青》(GB/T 15180—2010),重交通道路石油沥青分为 AH-50、AH-70、AH-90、AH-110 和 AH-130 5 个等级。

《公路沥青路面施工技术规范》(JTG F40—2004)先将道路黏稠石油沥青分为 3 个等级,各等级的适用范围见表 7-2;又按针入度值分为将黏稠石油沥青分为 30 号,50 号,70 号,90 号,110 号,130 号和 160 号等 7 个标号,技术要求见表 7-3。标号越大,沥青的黏滞性越小(针入度越大),塑性越好(延度越大),温度稳定性越差(软化点越低)。经建设单位同意,沥青的 PI 值、60 ℃动力黏度等可作为选择性指标。

表 7-2 道路石油沥青的适用范围

沥 青 等 级	适 用 范 围
A 级沥青	各个等级的公路,适用于任何场合和层次
B 级沥青	①高速公路、一级公路沥青下面层及以下的层次,二级及二级以下公路的各个层次; ②用作改性沥青、乳化沥青、改性乳化沥青、稀释沥青的基质沥青
C 级沥青	三级及三级以下公路的各个层次

表 7-3 道路石油沥青技术要求

指标	单位	等级	160号	130号	110号	90号	70号	50号	30号	试验方法①
针入度(25℃,5 s,100 g)	dmm		140~200	120~140	100~120	80~100	60~80	40~60	20~40	T 0604
适用的气候分区			—	—	2-1 2-2 3-2	1-1 1-2 1-3 2-2 2-3	1-3 1-4 2-2 2-3 2-4	1-4		附录A[5]
针入度指数 PI		A	$-1.5\sim+1.0$							T 0604
		B	$-1.8\sim+1.0$							
软化点 $T_{R\&B}$,不小于	℃	A	38	40	43	45 44	46 45	49	55	T 0606
		B	36	39	42	43 44	44 43	46	53	
		C	35	37	41	42	43	45	50	
60℃动力黏度,不小于	Pa·s	A	—	60	120	160 140	180 160	200	260	T 0620
15℃延度,不小于	cm	A、B			60	100	40	80	50	
		C			60	50	40	30	20	
蜡含量(蒸馏法),不大于	%	A	2.2							T 0615
		B	3.0							
		C	4.5							
闪点,不小于	℃		230		245		260			T 0611
溶解度,不小于	%		99.5							T 0607

续表

指标	单位	等级	沥青标号							试验方法①
			160号	130号	110号	90号	70号	50号	30号	
密度(15℃)	g/cm³		实测记录							T 0603
TFOT(或RTFOT)后										
质量变化,不大于	%		±0.8							T 0610 或 T 0609
残留针入度比,不小于	%	A	48	54	55	57	61	63	65	T 0604
		B	45	50	52	54	58	60	62	
		C	40	45	48	50	54	58	60	
残留延度(15℃),不小于	cm	C	40	35	30	20	15	10	—	T 0605

注:①70号沥青可根据需要要求供应商提供针入度范围为 60~70 或 70~80 的沥青,50号沥青可要求提供针入度范围为 40~50 或 50~60 的沥青。

2. 建筑石油沥青

建筑石油沥青的特点是黏性较大(针入度较小)，温度稳定性较好(软化点较高)，但塑性较差(延度较小)。建筑石油沥青应符合《建筑石油沥青》(GB/T 494—2010)的规定。常用于制作油纸、油毡、防水涂料及沥青胶等，并用于屋面及地下防水、沟槽防水、防蚀以及管道防腐等工程。

需要注意的是，使用建筑石油沥青制成的沥青膜层较厚，黑色沥青表面又是好的吸热体，故在同一地区的沥青屋面(或其他工程表面)的表面温度比其他材料高。据测定高温季节沥青层面的表面温度比当地最高气温高 25～30 ℃。为避免夏季屋面沥青流淌，一般屋面用沥青材料的软化点应比当地气温高 20 ℃。但软化点也不宜选得太高，以免冬季低温时变得硬脆，甚至开裂。

3. 普通石油沥青

普通石油沥青因含有较多的蜡(一般含量大于 5%，多者达 20% 以上)，故又称多蜡沥青。由于蜡的熔点较低，所以多蜡沥青达到液态时的温度与其软化点相差无几。与软化点相同的建筑石油沥青相比，其黏滞性较低，塑性较差，故在土木工程中不宜直接使用。

7.2 其他沥青

7.2.1 乳化沥青

乳化沥青是沥青以微粒(粒径 1 μm 左右)分散在有乳化剂的水中而成的乳胶体。配制时，首先在水中加入少量乳化剂，再将沥青热熔后缓缓倒入，同时高速搅拌，使沥青分散成微小颗粒，均匀分布在溶有乳化剂的水中。由于乳化剂分子一端强烈吸附在沥青微小颗粒表面，另一端与水分子很好地结合，产生有益的桥梁作用，使乳液获得稳定。

乳化剂是乳化沥青形成和保持稳定的关键组成，它能使互不相溶的两相物质(沥青和水)形成均匀稳定的分散体系，它的性能在很大程度上影响着乳化沥青的性能。乳化剂是一种表面活性剂。工程中所用的阴离子乳化剂有钠皂或肥皂、洗衣粉等。阳离子乳化剂有双甲基十八烷溴胺和三甲基十六烷溴胺等。非离子乳化剂有聚乙烯醇、平平加(烷基苯酚环氧乙烷缩合物)等。矿物胶体乳化剂有石灰膏及膨润土等。

乳化沥青涂刷于材料表面或与集料拌和成型后，水分逐渐散失，沥青微粒靠拢并将乳化剂薄膜挤裂，相互团聚而黏结。这个过程叫乳化沥青成膜。成膜需要时间，主要取决于所处环境的气温及通风情况。现场施工时，还可根据需要加入一定量破乳剂，调整沥青成膜时间。

乳化沥青可涂刷或喷涂在材料表面作为防潮或防水层，也可粘贴玻璃纤维毡片(或布)作屋面防水层，或用于拌制冷用沥青砂浆和沥青混凝土。乳化沥青一般由工厂配制，其贮存期一般不宜超过 6 个月，贮存时间过长容易引起凝聚分层。一般不宜在 0 ℃ 以下贮存，不宜在 −5 ℃ 以下施工，以免水分结冰而破坏防水层。乳化沥青宜存放在立式罐中，并保持适当搅拌。贮存期以不离析、不冻结、不破乳为度。

乳化沥青类型根据集料品种及使用条件选择。阳离子乳化沥青适用于各种集料品种，阴离子乳化沥青适用于碱性石料。乳化沥青的破乳速度、黏度宜根据用途与施工方法选择。乳化沥青品种及适用范围见表 7-4，道路用乳化沥青技术要求见表 7-5。制备乳化沥青用的基质沥青，对高速公路和一级公路，宜符合道路石油沥青 A、B 级沥青的要求，其他情况可采用 C 级沥青。

乳化沥青黏结层施工及预拌碎石施工

表 7-4　乳化沥青品种及适用范围

分　类	品种及代号	适用范围
阳离子乳化沥青	PC-1	表面处理、贯入式路面及下封层用
	PC-2	透层油及基层养生用
	PC-3	黏层油用
	BC-1	稀浆封层或冷拌沥青混合料用
阴离子乳化沥青	PA-1	表面处理、贯入式路面及下封层用
	PA-2	透层油及基层养生用
	PA-3	黏层油用
	BA-1	稀浆封层或冷拌沥青混合料用
非离子乳化沥青	PN-2	透层油用
	BN-1	与水泥稳定集料同时使用(基层路拌或再生)

表 7-5　道路用乳化沥青技术要求

试验项目		单位	品种及代号									
			阳离子				阴离子				非离子	
			喷洒用			拌和用	喷洒用			拌和用	喷洒用	拌和用
			PC-1	PC-2	PC-3	BC-1	PA-1	PA-2	PA-3	BA-1	PN-2	BN-1
破乳速度			快裂	慢裂	快裂或中裂	慢裂或中裂	快裂	慢裂	快裂或中裂	慢裂或中裂	慢裂	慢裂
粒子电荷			阳离子(＋)				阴离子(一)				非离子	
筛上残留物(1.18 mm 筛)，不大于		%	0.1				0.1				0.1	
黏度	恩格拉黏度计 E_{25}		2～10	1～6	1～6	2～30	2～10	1～6	1～6	2～30	1～6	2～30
	道路标准黏度计 $C_{25.3}$	s	10～25	8～20	8～20	10～60	10～25	8～20	8～20	10～60	8～20	10～60
蒸发残留物	残留分含量，不小于	%	50	50	50	55	50	50	50	55	50	55
	溶解度，不小于	%	97.5				97.5				97.5	
	针入度(25 ℃)	dmm	50～200	50～300	45～150		50～200	50～300	45～150		50～300	60～300
	延度(15 ℃)，不小于	cm	40				40				40	

试验项目	单位	阳离子				阴离子				非离子	
		喷洒用			拌和用	喷洒用			拌和用	喷洒用	拌和用
		PC-1	PC-2	PC-3	BC-1	PA-1	PA-2	PA-3	BA-1	PN-2	BN-1
与粗集料的黏附性,裹覆面积,不小于		2/3			—	2/3			—	2/3	—
与粗、细粒式集料拌和试验		—			均匀	—			均匀		—
水泥拌和试验的筛上剩余,不大于	%	—				—				—	3
常温贮存稳定性　1 d,不大于	%	1				1				1	
5 d,不大于		5				5				5	

注:①P 为喷洒型,B 为拌和型,C、A、N 分别表示阳离子、阴离子、非离子乳化沥青;②贮存稳定性根据施工实际情况选用试验时间,通常采用 5 d,乳液生产后能在当天使用时也可用 1 d 的稳定性。

7.2.2 改性石油沥青

建筑上使用的沥青必须具有一定的物理性质和黏附性。低温条件下应有弹性和塑性,高温条件下应有足够的强度和稳定性,加工和使用条件下应具有抗老化能力,使用时应与各种矿料和结构表面有较强的黏附力,以及对构件变形的适应性和耐疲劳性。通常石油加工厂制备的沥青不一定能满足这些要求,尤其我国大多数用大庆油田的原油加工出来的沥青,如单一控制其温度稳定性,其他方面就很难达到要求,致使目前沥青防水屋面渗漏现象严重,使用寿命短。为此,常用橡胶、树脂、纤维、矿物填料和抗氧化剂等对沥青进行改性。橡胶、树脂、纤维、矿物填料和抗氧化剂等统称为石油沥青的改性材料。

1. 矿物填充料改性

(1)矿物填充料的种类。

矿物填充料是由矿物质材料经过粉碎加工而成的细微颗粒,因所用矿物岩石的品种不同而不同。按其形状不同可分为粉状和纤维状;按其化学组成不同可分为含硅化合物类及碳酸盐类等。常用的有以下几种。

①滑石粉。由滑石经粉碎、筛选而制得,主要化学成分为含水硅酸镁($3MgO \cdot 4SiO_2 \cdot H_2O$),亲油性好,易被沥青浸润,可提高沥青的机械强度和抗老化性能。

②石灰石粉。由天然石灰石粉碎、筛选而制成,主要成分为碳酸钙,属亲水性的碱性岩石,但亲水性较弱,与沥青有较强的物理吸附和化学吸附性,是较好的矿物填充料。

③云母粉。由天然云母矿经粉碎、筛选而成,具有优良的耐热性、耐酸、耐碱性和电绝缘性,多覆于沥青材料表面,用于屋面防护层时有反射作用,可降低表面温度,反射紫外线防老化,延长沥青使用寿命。

④石棉粉。一般由低级石棉经加工而成,主要成分是钠、钙、镁、铁的硅酸盐,呈纤维状,富有弹性,具有耐酸、耐碱和耐热性,是热和电的不良导体,内部有很多微孔,吸油(沥青)量大,掺入沥青后

可提高其抗拉强度和温度稳定性,但应注意环保要求。

此外,可用作沥青矿物填充料的还有白云石粉、磨细砂、粉煤灰、水泥、砖粉、硅藻土等。

(2)矿物填充料的作用机理。

矿物填充料之所以能对沥青进行改性,是由于沥青对矿物填充料有润湿和吸附作用。一般由共价键或分子键结合的矿物属憎水性(即亲油性),如滑石粉等,此种矿物颗粒表面能被沥青所润湿而不会被水所剥离。由离子键结合的矿物(如碳酸盐、硅酸盐、云母等)属亲水物,对水亲和力大于对油的亲和力,即有憎油性。但是,因沥青中含有酸性树脂,它是一种表面活性物质,能够与矿物颗粒表面产生较强的物理吸附作用,如石灰石颗粒表面的钙离子和碳酸根离子,对树脂的活性基团有较大的吸附力,还能与沥青酸或环烷酸发生化学反应,形成不溶于水的沥青酸钙或环烷酸钙,产生化学吸附力,故石灰石粉与沥青也可形成稳定的混合物。在矿物填充料被沥青润湿和吸附后,沥青呈单分子状态排列在矿物颗粒(或纤维)表面,形成结合力牢固的沥青薄膜,这部分沥青称为"结构沥青",具有较高的黏性和耐热性等。为形成恰当的结构沥青膜层,掺入的矿物填充料数量要适当。

矿物填充料的种类、细度和掺入量对沥青的改性作用具有重要影响。如石油沥青中掺入 35% 的滑石粉或云母粉,用于屋面防水,大气稳定性可提高 1~1.5 倍;但掺量小于 15% 时,则不会提高。一般矿物填充料掺量为 20%~40%。矿物填充料的颗粒越细,颗粒表面积越大,物理吸附和化学吸附作用越强,形成的结构沥青越多,并可避免沥青沉积。但颗粒过细,填充料容易黏结成团,不易与沥青搅匀,而不能发挥结构沥青的作用。

2. 聚合物改性沥青

聚合物(包括橡胶和树脂)同石油沥青具有较好的相溶性,可赋予石油沥青某些橡胶的特性,从而改善石油沥青的性能。聚合物改性的机理复杂,一般认为聚合物改变了体系的胶体结构,当聚合物的掺量达到一定的限度,便形成聚合物的网络结构,将沥青胶团包裹。目前,用于改善沥青性能的聚合物主要有热塑性树脂类、橡胶类和热塑性弹性体三类。

(1)热塑性树脂类改性沥青。

用作沥青改性的树脂,主要是热塑性树脂,最常用的是聚乙烯(PE)和聚丙烯(PP),其作用主要是提高沥青的黏度,改善高温抗流动性,同时增大沥青的韧性。所以它们对改善沥青高温性能是肯定的,但对低温性能的改善并不明显。聚乙烯的特点是强度较高,延伸率较大,耐寒性好(玻璃化温度可达-150~-120 ℃),并与沥青的相溶性很好,故聚乙烯是较好的沥青改性剂。低密度聚乙烯(LDPE)比高密度聚乙烯(HDPE)的强度低,但低密度聚乙烯具有较大的伸长率和较好的耐寒性,故改性沥青中多选用低密度聚乙烯。近年来的研究认为,价格低廉和耐寒性好的低密度聚乙烯与其他高聚物组成合金,可以得到优良的改性沥青。

(2)橡胶类改性沥青。

橡胶类改性沥青的性能,主要取决于沥青的性能、橡胶的种类和制备工艺等因素。当前,合成橡胶类改性沥青中,通常认为改善效果较好的是丁苯橡胶(SBR)。丁苯橡胶是丁二烯与苯乙烯共聚所得的共聚物。按苯乙烯占总量的比例,分为丁苯-10、丁苯-30、丁苯-50 等牌号。随着苯乙烯含量增加,硬度增大,弹性降低。丁苯橡胶综合性能较好,强度较高,延伸率大,抗磨性和耐寒性亦较好。SBR 改性沥青的最大特点是低温性能较好,但其在老化试验后,延度严重降低,所以主要适宜在寒冷气候条件下使用。

(3)热塑性弹性体改性沥青。

热塑性弹性体即热塑性橡胶,主要是苯乙烯类嵌段共聚物,如苯乙烯-丁二烯-苯乙烯(SBS)、苯乙烯-聚乙烯/丁基-聚乙烯(SE/BS)等嵌段共聚物。热塑性弹性体由于兼具橡胶和树脂的结构与性质,常温下具有橡胶的弹性,高温下又能像橡胶那样流动,称为可塑性材料。它对沥青性能的改善优于树脂和橡胶改性沥青,也称为橡胶树脂类改性沥青。SBS 由于具有良好的弹性(变形的自恢复性及裂缝的自愈性),已成为目前世界上最为普遍使用的沥青改性剂,主要用途是 SBS 改性道路沥青和 SBS 改性沥青防水卷材。SBS 改性沥青的最大特点是高温稳定性和低温变形能力都好,且具有良好的弹性恢复性能和抗老化性能。

聚合物改性沥青的技术要求见表 7-6。

表 7-6 聚合物改性沥青技术要求

指 标	单位	SBS 类（Ⅰ类）				SBR 类（Ⅱ类）			EVA、PE 类（Ⅲ类）			
		Ⅰ-A	Ⅰ-B	Ⅰ-C	Ⅰ-D	Ⅱ-A	Ⅱ-B	Ⅱ-C	Ⅲ-A	Ⅲ-B	Ⅲ-C	Ⅲ-D
针入度 25 ℃,100 g,5 s	dmm	>100	80～100	60～80	30～60	>100	80～100	60～80	>80	60～80	40～60	30～40
针入度指数 PI,不小于		-1.2	-0.8	-0.4	0	-1.0	-0.8	-0.6	-1.0	-0.8	-0.6	-0.4
延度 5 ℃,5 cm/min,不小于	cm	50	40	30	20	60	50	40	—			
软化点 $T_{R\&B}$,不小于	℃	45	50	55	60	45	48	50	48	52	56	60
运动黏度 135 ℃,不大于	Pa·s	3										
闪点,不小于	℃	230				230			230			
溶解度,不小于	%	99				99			—			
弹性恢复 25 ℃,不小于	%	55	60	65	75	—			—			
黏韧性,不小于	N·m	—				5			—			
韧性,不小于	N·m	—				2.5			—			
离析,48 h 软化点差,不大于	℃	2.5				—			无改性剂明显析出、凝聚			
质量变化,不大于	%	1.0										
针入度比 25 ℃,不小于	%	50	55	60	65	50	55	60	50	55	58	60
延度 5 ℃,不小于	cm	30	25	20	15	30	20	10	—			

注:贮存稳定性指标适用于工厂生产的成品改性沥青。现场制作的改性沥青对贮存稳定性指标可不做要求,但必须在制作后,保持不间断的搅拌或泵送循环,保证使用前没有明显的离析。

复习思考题

一、单选题

1. 沥青材料属于( )结构。

A. 散粒结构　　　B. 纤维结构　　　C. 胶体结构　　　D. 层状结构

2. 黏稠石油沥青的黏性可用( )间接表示。

A. 针入度　　　　B. 延伸度　　　　C. 闪点　　　　　D. 溶解度

3. ( )是沥青的安全施工指标。

A. 软化点　　　　B. 水分　　　　　C. 闪点、燃点　　D. 溶解度

4. 影响石油沥青标号的主要指标是( )。

A. 针入度　　　　B. 黏滞度　　　　C. 延伸度　　　　D. 软化点

5. 屋面用沥青材料的软化点应比本地区屋面最高气温高出( )℃以上。

A. 10　　　　　　B. 20　　　　　　C. 30　　　　　　D. 50

二、简答题

1. 土木工程中选用石油沥青的原则是什么？

2. 石油沥青的黏性、塑性、温度敏感性及大气稳定性的含义是什么？分别采用什么指标来表示？

8 沥青混合料

北京—上海高速公路,简称京沪高速,在中国国家高速公路网中编号为 G2,是交通运输部规划的"首都放射线"中的"第二线",是国家南北交通大动脉之一,也是中国大陆第一条全线建成高速公路的国道主干线。起点在首都北京市,途经天津市、河北省、山东省、江苏省,终点在上海市,全长 1262 千米,全封闭,全立交。京沪高速使用的沥青混凝土路面,是高等级路面最常用的面层形式。

本章的学习重点是熟悉沥青混合料的技术性质、技术标准;了解沥青混合料的组成设计方法。

京沪高速

8.1 沥青混合料的组成与性质

沥青混合料是由矿料与沥青结合料拌和而成的混合料的总称。矿料是用于沥青混合料的粗集料、细集料、填料的总称。沥青结合料是在沥青混合料中起胶结作用的沥青类材料的总称。沥青混合料经摊铺、压实成型后就成为沥青路面。

8.1.1 沥青混合料的组成结构

1. 沥青混合料的分类

(1)按沥青类型分类。

①石油沥青混合料。以石油沥青为结合料的沥青混合料。

②焦油沥青混合料。以煤焦油为结合料的沥青混合料。

(2)按施工温度分类。

①热拌热铺沥青混合料。沥青与矿料经加热后拌和,并在一定温度下完成摊铺和碾压施工过程的混合料。

②常温沥青混合料。以乳化沥青或液体沥青在常温下与矿料拌和,并在常温下完成摊铺碾压过程的混合料。

③温拌沥青混合料。与相同类型热拌沥青混合料相比，在基本不改变沥青混合料配合比、施工工艺、路用性能的前提下，通过技术手段，使沥青混合料的拌和温度降低 30 ℃左右的新型沥青混合料。

（3）按矿质集料级配类型分类。

①连续级配沥青混合料。沥青混合料中的矿料按级配原则，从大到小各级粒径都有，按比例互相搭配组成的连续级配混合料。典型代表是密级配沥青混凝土混合料，以 AC 表示。

②间断级配沥青混合料。沥青混合料矿料级配中缺少若干粒级，形成间断级配。典型代表是沥青玛𪐣脂碎石混合料（SMA）。

（4）按混合料密实度分类。

①连续密级配沥青混凝土混合料。采用连续密级配原理设计组成的矿料与沥青拌和而成。包括以下两类：密实型沥青混凝土混合料，设计空隙率为 3％～6％，以 DAC 表示；密级配沥青稳定基层混合料，设计空隙率也为 3％～6％，以 ATB 表示。

②连续半开级配沥青混合料。又称为沥青碎石混合料，由适当比例的粗集料、细集料及少量填料（或不加填料）与沥青结合料拌和而成，压实后剩余空隙率为 6％～12％，用 AM 表示。

③开级配沥青混合料。矿料主要由粗集料组成，细集料和填料较少，采用高黏度沥青结合料黏结形成，压实后空隙率在 18％以上。代表类型有：排水式沥青磨耗层，以 OGFC 表示；沥青稳定透水基层混合料，以 ATPB 表示。

④间断密级配沥青混凝土混合料。如沥青玛𪐣脂碎石混合料（SMA），见前述。

（5）按矿料的最大粒径分类。

①特粗式沥青混合料：矿料的公称最大粒径为 37.5 mm。

②粗粒式沥青混合料：矿料的公称最大粒径分别为 26.5 mm 或 37.5 mm。

③中粒式沥青混合料：矿料的公称最大粒径分别为 16 mm 或 19 mm。

④细粒式沥青混合料：矿料的公称最大粒径分别为 9.5 mm 或 13.2 mm。

⑤砂粒式沥青混合料：矿料的公称最大粒径不大于 4.75 mm。

沥青混合料类型汇总见表 8-1。

表 8-1　沥青混合料类型汇总

类　别	密级配沥青混凝土	沥青玛𪐣脂碎石	半开级配沥青碎石	开级配排水磨耗层	密级配沥青碎石	开级配沥青碎石	公称最大粒径/mm
特粗式	—	—	—	—	ATB-40	ATPB-40	37.5
粗粒式	—	—	—	—	ATB-30	ATPB-30	31.5
	AC-25	—	—	—	ATB-25	ATPB-25	26.5
中粒式	AC-20	SMA-20	AM-20				19
	AC-16	SMA-16	AM-16	OGFC-16	—	—	16
细粒式	AC-13	SMA-13	AM-13	OGFC-13			13.2
	AC-10	SMA-10	AM-10	OGFC-10			9.5
砂粒式	AC-5	—	—	—			4.75

2. 沥青混合料的组成结构

沥青混合料是一种复合材料，它由沥青、粗集料、细集料和矿粉等所组成。这些组成材料在混合料中,由于组成材料质量的差异和数量的不同,可形成不同的组成结构,表现出不同的力学性能。沥青混合料的典型组成结构有悬浮-密实结构、骨架-空隙结构、骨架-密实结构等,其结构示意图如图8-1所示。

(a)悬浮-密实结构　　　　　(b)骨架-空隙结构　　　　　(c)骨架-密实结构

图 8-1　沥青混合料结构示意图

(1)悬浮-密实结构。

矿质混合料采用连续型密级配。当采用连续型密级配矿质混合料时,按粒子干涉理论,前级集料之间应留出比次级集料粒径稍大的空隙供次级集料排布,这样可获得最大密实度,但这样某级集料就会被次级集料隔开,像悬浮于次级集料及沥青胶浆中一样,所以叫悬浮-密实结构,典型代表如连续密级配沥青混凝土混合料(AC)。

(2)骨架-空隙结构。

矿质混合料采用连续型开级配。这种矿料粗集料多、细集料很少,这样粗集料可以形成骨架,但由于细集料数量过少,不足以填满粗集料之间的空隙,所以形成骨架-空隙结构。半开级配沥青碎石混合料(AM)和多孔式排水性沥青混合料(OGFC)多属此类。

(3)骨架-密实结构。

矿质混合料采用间断型密级配。这种矿料既有较多数量的粗集料可形成空间骨架,同时又有相当数量的细集料可填充骨架的空隙。典型代表如沥青玛蹄脂碎石混合料(SMA)。

三种不同结构特点的沥青混合料,在路用性能上呈现不同的特点。

悬浮-密实结构的沥青混合料密实程度高、空隙率低,从而能够有效地阻止使用期间水的侵入,因此悬浮-密实结构的沥青混合料具有水稳定性好、低温抗裂性和耐久性好的特点。但由于该结构是一种悬浮状态,整个混合料缺少粗集料颗粒的骨架支撑作用,所以在高温使用条件下,因沥青结合料黏度的降低而导致沥青混合料产生过多的变形,形成车辙,造成高温稳定性的下降。

而骨架-空隙结构的特点与悬浮-密实结构的特点正好相反。在骨架-空隙结构中,粗集料之间形成的骨架结构对沥青混合料的强度和稳定性(特别是高温稳定性)起着重要作用。依靠粗集料的骨架结构,能够有效地防止高温季节沥青混合料的变形,以减缓沥青路面车辙的形成,因而具有较好的高温稳定性。但由于缺少细颗粒部分,压实后留有较多的空隙,在使用过程中,水易于进入混合料中引起沥青和矿料黏结性变差,不利的环境因素也会直接作用于混合料,引起沥青老化或使沥青从集料表面剥离,导致沥青混合料的耐久性下降。

当采用间断密级配矿料形成骨架-密实结构时,在沥青混合料中既有足够数量的粗集料形成骨架,对夏季高温防止沥青混合料变形、减少车辙的形成起到积极的作用;同时又因具有数量合适的细集料以及沥青胶浆填充骨架空隙,形成高密实度的内部结构,不仅很好地提高了沥青混合料的抗老化性,而且在一定程度上能减少沥青混合料在冬季低温时的开裂现象。因而这种结构兼具了上述两种结构的优点,是一种

沥青混合料
组成结构
示例

优良的路用结构类型。不过,间断级配对施工要求较高。

3. 沥青混合料的结构强度

表示沥青混合料力学强度的参数有抗压强度、抗剪强度、抗拉强度等。沥青混合料具有较高的抗压强度,而抗剪强度、抗拉强度较低。沥青路面的主要性能要求是高温稳定性和低温抗裂性。高温稳定性不足会使高温时因抗剪强度不足等而产生车辙、波浪等;低温抗裂性不足会使低温时因抗拉强度不足等产生开裂。对普通沥青而言,在高温稳定性和低温抗裂性中提高其中一项,另一项性能会降低。目前在理论方面,对抗剪的要求更高一些。

(1)沥青混合料抗剪强度的构成。

抗剪设计标准:为了防止沥青路面产生高温剪切破坏,我国城市道路设计规范规定,沥青面层应进行剪应力验算,可能产生的最大剪应力应小于或等于沥青混合料的容许剪应力。

其中 τ 由莫尔-库仑强度理论得出,见式(8.1):

$$\tau = c + \sigma\tan\varphi \tag{8.1}$$

式中:τ 为沥青混合料的抗剪强度(MPa);σ 为正应力(MPa);c 为沥青混合料的黏聚力;φ 为沥青混合料的内摩擦角。

沥青混合料的抗剪强度主要取决于黏聚力 c 和内摩擦角 φ 两个参数,可由三轴剪切试验或单轴贯入试验取得。

(2)影响沥青混合料抗剪强度的因素。

①沥青黏度的影响。

沥青黏度提高,黏聚力 c 会增大,内摩擦角 φ 稍有提高,导致抗剪强度 τ 增大。

②矿料特征的影响。

密级配、开级配和间断级配等矿料级配类型是影响沥青混合料抗剪强度的因素之一。矿料的粗度、形状和表面粗糙度对沥青混合料的抗剪强度都具有极为明显的影响。棱角、形状近似正立方体、粗糙表面的矿料,在碾压后能相互嵌挤锁结,会形成很大的内摩擦角。

③沥青与矿料交互作用的影响。

沥青的影响:沥青会吸附在矿料表面形成一层沥青膜,在沥青膜内部,沥青化学组分在矿料表面发生重新分布,在此膜厚度以内的沥青叫"结构沥青",在此膜厚度以外的沥青,还保持原有性质,未与矿粉作用,称为"自由沥青",自由沥青主要是填充空隙的。如果矿粉颗粒之间接触处由结构沥青所联结,则黏聚力大。反之,如果颗粒之间接触处由自由沥青所联结,则黏聚力小。如图 8-2 所示。

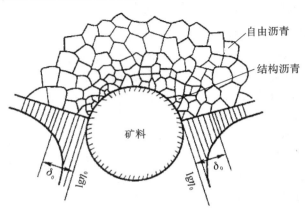

图 8-2　结构沥青与自由沥青

矿料的影响:碱性矿料表面的沥青膜发育较好,沥青化学组分重分布明显,沥青中活度最高的沥青酸可与碱性矿料发生化学吸附,产生的吸附力更大,导致黏结力变大。

④沥青用量的影响。

沥青用量对黏聚力 c 的影响:沥青用量适中(即主要以结构沥青黏结)时,黏聚力 c 最大。在沥青用量很少时,沥青不足以形成结构沥青的薄膜;随着沥青用量的增加,结构沥青逐渐形成,自由沥青很少时,沥青与矿料间的黏附力随着沥青的用量增加而增加;随后,如沥青用量继续增加,"自由沥青"含量多了,黏聚力随着自由沥青的增加而降低。

沥青用量对内摩擦角 φ 的影响:随着沥青用量的增加,内摩擦角 φ 会降低,因为沥青起着润滑剂的作用。

⑤矿料比面的影响。

矿料比表面积是指以单位质量集料的总表面积来表示表面积的大小,简称"比面"。例如,粗集料的比面为 $0.5\sim3$ m²/kg,矿粉的比面往往可达到 $300\sim2000$ m²/kg 甚至更高。在沥青混合料中矿粉用量虽只占 7% 左右,但其表面积却占矿质混合料的总表面积的 80% 以上,所以矿粉的性质和用量对沥青混合料的抗剪强度影响很大。

对矿粉细度也有一定的要求。粒径小于 0.075 mm 部分的含量不要过少亦不宜过多,否则将使沥青混合料结成团块,不易施工。所以 0.075 mm 是沥青混合料的关键筛孔。

⑥使用条件的影响。

温度的影响:抗剪强度随着温度的升高而降低。因为随温度升高,黏聚力显著降低;但是内摩擦角受温度变化的影响较小。

变形速率的影响:变形速率越大,抗剪强度越大,沥青混合料的黏聚力显著提高;变形速率对沥青混合料的内摩擦角影响较小。

8.1.2 沥青混合料的技术性质

沥青混合料应具备的技术性质有高温稳定性、低温抗裂性、耐久性(水稳定性、抗老化性、抗疲劳性)、表面功能(抗滑、降噪、排水)、施工和易性等。

1. 高温稳定性

沥青混合料是一种典型的流变性材料,它的强度和劲度模量随着温度的升高而降低。所以沥青混凝土路面在夏季高温时,在重交通的重复作用下,由于交通的渠化,会在轮迹带逐渐形成变形下凹、两侧鼓起的所谓"车辙",这是现代高等级沥青路面最常见的病害。

沥青混合料的高温稳定性是指沥青混合料在夏季高温(通常为 60 ℃)条件下,能够抵御车辆荷载的反复作用,不产生显著永久变形(车辙和波浪等)、保持路面平整度的特性。提高沥青混合料高温下的抗剪能力可提高其高温稳定性。目前,对于高温稳定性的评价,用力学模式计算理论还不够完善,大多借助于试验方法来分析。

多年来,许多研究者曾致力于"评价沥青混合料高温稳定性的方法"的研究,其中维姆稳定度和马歇尔稳定度被广泛采用。《公路沥青路面施工技术规范》(JTG F40—2004)规定,采用马歇尔稳定度试验来评价沥青混合料的高温稳定性;对高速公路、一级公路还应通过动稳定度试验检验其抗车辙能力。现行《公路沥青路面设计规范》(JTG D50—2017)规定,对高速、一级公路应通过动稳定度试验检验其抗车辙能力,二级公路参照执行;宜通过单轴贯入试验测定沥青混合料的贯入强度,并满足相应要求。还可以应用室内大型环道试验和各种加载试验等来评价沥青混合料抗车辙能力。

(1)单轴贯入强度试验。

本试验适用于测定沥青混合料的贯入强度,供沥青混合料配合比设计或施工完成后检验沥青混合料高温稳定性使用,也适用于室内成型的沥青混合料试件和现场取芯沥青混合料试件的贯入强度测试。试验标准温度为 60 ℃。

按式(8.2)计算标准高度沥青混合料试件的贯入强度

$$R_\tau = f_\tau \frac{P}{A} \tag{8.2}$$

式中:R_τ 为贯入强度(MPa);P 为试件破坏时的极限荷载(N);A 为压头横截面面积(mm²);f_τ 为贯入应力系数,对直径 150 mm 试件,取 0.35;对直径 100 mm 试件,取 0.34。

(2)车辙试验(动稳定度试验)。

沥青混合料的高温稳定性主要表现在夏季路面是否会形成车辙,车辙是高等级路面的主要破坏形式。

①动稳定度:车辙试验中标准试件,在 60 ℃ 下,以一定荷载的轮子反复行走后,测其变形稳定期每增加 1 mm 变形需行走的次数,即动稳定度(次/mm),计算公式见式(8.3)。标准试件尺寸为 300 mm×300 mm×50 mm。

$$DS = \frac{(t_2 - t_1) \times 42}{d_2 - d_1} \cdot c_1 \cdot c_2 \tag{8.3}$$

式中:DS 为沥青混合料动稳定度(次/mm);d_1、d_2 为时间 t_1 和 t_2 的变形量(mm);42 为每分钟行走次数(次/min);c_1、c_2 为试验机或试样修正系数。

②对用于高速公路、一级公路和城市快速路、主干路沥青路面上面层和中面层的沥青混合料进行配合比设计时,应进行车辙试验检验。沥青混合料的动稳定度应符合表 8-2 的要求。对于交通量特别大,超载车辆特别多的运煤专线、厂矿道路,可以通过提高气候分区等级来提高对动稳定性的要求。对于轻型交通为主的旅游区道路,可以根据情况适当降低要求。

表 8-2　沥青混合料车辙试验动稳定度技术要求

气候条件与技术指标	相应下列气候分区所要求的动稳定度 DS/(次/mm)								
七月平均最高温度/℃及气候分区	>30(夏炎热区)				20～30(夏热区)				<20(夏凉区)
	1-1	1-2	1-3	1-4	2-1	2-2	2-3	2-4	3-2
普通沥青混合料,≥	800		1000		600		800		600
改性沥青混合料,≥	2400		2800		2000		2400		1800

(3)马歇尔稳定度试验。

该试验可用于确定沥青最佳用量,亦可用于现场质量控制。马歇尔稳定度试验曲线如图 8-3 所示。马歇尔稳定度有以下三个试验指标。

①马歇尔稳定度(MS):标准试件在规定温度(60 ℃)和加荷速度(50 mm/min)下,在马歇尔稳定度仪中的最大破坏荷载(kN)。

②流值(FL):达到最大破坏荷载时试件的垂直变形(单位为 mm)。

③马歇尔模数（T）：稳定度除以流值（单位为 kN/mm）。一般马歇尔模数愈大，车辙深度愈小。

高温稳定性的影响因素有：粗集料的形状和表面粗糙程度，沥青黏度，级配类型，沥青用量，气温条件等。

2. 低温抗裂性

沥青混合料还要具有一定的低温抗裂性，以保证路面在冬季低温时不产生裂缝。低温容易造成沥青路面的开裂，这是由于沥青的强度和劲度模量随温度升高而降低。劲

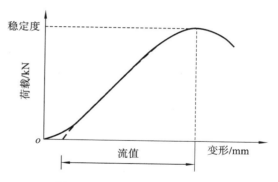

图 8-3 马歇尔稳定度试验曲线

度模量越高，变形能力越小，沥青低温变形能力越差。关于沥青混合料低温抗裂性的指标，许多研究者曾提出过不同的指标，如用混合料在低温时的纯拉劲度和温度收缩系数这两个参数作为沥青混合料在低温时的特征参数，用温度应力与抗拉强度对比的方法来预估沥青混合料的断裂温度等。有的研究认为，沥青路面在低温时的裂缝与沥青混合料的抗疲劳性能有关；建议采用沥青混合料在一定变形条件下，达到试件破坏时所需的荷载作用次数来表示沥青混合料的疲劳寿命，此时破坏的作用次数称为柔度。有研究认为，柔度与混合料纯拉试验时的延伸度有明显关系。

因裂缝而引起损坏是我国沥青路面损坏的主要形式之一。初期产生裂缝后，随着表面水的浸入，在行车荷载反复作用下，产生冲刷和唧泥，使裂缝两侧的沥青路面碎裂，且软化基层和路基，严重影响路面使用性能和使用寿命。

《公路沥青路面施工技术规范》(JTG F40—2004)规定，宜对密级配沥青混合料在温度 $-10\,℃$、加载速率 50 mm/min 的条件下进行弯曲试验，测定破坏应变，其中沥青混合料的破坏应变要求宜不小于表 8-3 的要求。破坏应变越大，低温柔韧性越好，抗裂性越好。

改善沥青混合料低温抗裂性的措施有采用劲度模量较低的沥青、使用橡胶改性沥青等。影响沥青混合料低温抗裂性的外因有气温状况、路面面层材料的性质及厚度、基层情况等。

表 8-3 沥青混合料低温弯曲试验破坏应变技术要求

气候条件与技术指标	相应下列气候分区所要求的破坏应变/$\mu\varepsilon$								
年极端最低温度/℃ 及气候分区	<−37.0 （冬严寒区）		−37.0～−21.5 （冬寒区）			−21.5～−9.0 （冬冷区）		>−9.0 （冬温区）	
	1-1	2-1	1-2	2-2	3-2	1-3	2-3	1-4	2-4
普通沥青混合料，≥	2600		2300			2000			
改性沥青混合料，≥	3000		2800			2500			

3. 耐久性

沥青路面长期受自然因素的作用，为保证路面具有较长的使用年限，必须具有较好的耐久性。影响沥青混合料耐久性的因素很多，如沥青的化学性质、矿料的矿物成分、沥青混合料的组成结构（残留空隙、沥青填隙率）等。

就沥青混合料的组成结构而言，最重要的是沥青混合料的空隙率。空隙率的大小与矿质骨料的级配、沥青材料的用量以及压实程度等有关。从耐久性角度出发，沥青混合料空隙率应尽量小，

以防止水的渗入和日光紫外线对沥青的老化作用等,但是一般沥青混合料中均应留3%~6%空隙,以备夏季沥青材料膨胀。

沥青混合料空隙率与水稳定性有关。空隙率较大,且沥青与矿料黏附性差的混合料在饱水后石料与沥青黏附力降低,易发生剥落,同时颗粒相互推移产生体积膨胀以及出现力学强度显著降低等现象,易引起路面早期破坏。

此外,沥青路面的使用寿命还与混合料中的沥青含量有很大的关系。当沥青用量较正常的用量减少时,则沥青膜变薄,混合料的延伸能力降低,脆性增加;如沥青用量偏少,将使混合料的空隙率增大,沥青膜暴露较多,加速了老化作用,同时增加了渗水率,加强了水对沥青的剥落作用。有研究认为,当沥青用量较最佳沥青用量少0.5%时,会使路面使用寿命缩短一半以上。

沥青混合料的耐久性包括耐疲劳性、抗老化性、水稳定性等综合性质。我国现行规范采用空隙率、饱和度(即沥青填隙率)和残留稳定度等指标来表示沥青混合料的耐久性。

(1)耐疲劳性。

沥青路面在使用过程中,受到车辆荷载的反复作用,或者受到环境温度的交替变化所产生的温度应力作用,长期处于应力应变反复变化的状态。随着荷载作用次数的增加,材料内部缺陷、微裂纹不断增多,路面结构强度逐渐衰减,直至最后发生疲劳破坏,路面出现裂缝。

目前,实验室内沥青混合料试件的疲劳试验方法众多,可以分为旋转法、扭转法、简支三点或四点弯曲法、悬臂梁弯曲法、弹性基础梁弯曲法、直接拉伸法、间接拉伸法、三轴压力法、拉-压法和剪切法等。而在国际上较为普遍的试验方法为劈裂疲劳试验法、梯形悬臂梁弯法、矩形梁四点弯曲法。美国SHRPA-003A研究项目对这三种试验方式进行了影响因素敏感性、试验可靠性及合理性三个方面的评价与分析,并综合考虑试件制作和试验操作等方面的要求,最终确定了矩形梁四点弯曲法作为沥青混合料疲劳性能研究的标准试验。如图 8-4所示。

(2)抗老化性。

沥青混合料老化现象包括:① 沥青老化或硬化——变脆、易裂;② 集料被压碎或冻融崩解——磨损或级配退化。减弱沥青路面老化的方法有:采用耐老化沥青、施工温度不能太高、减小空隙率等。

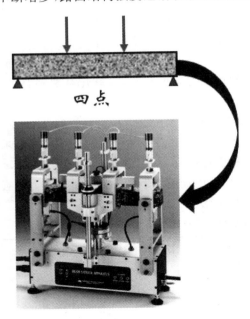

图 8-4 四点疲劳试验

在沥青混合料的施工过程中,应控制拌和加热温度,并保证沥青路面的压实密度,以降低沥青在施工和使用过程中的老化速率。仅从耐久性方面考虑,可选用细粒密级配的沥青混合料,并增加沥青用量,降低沥青混合料的空隙率,以防止水分渗入并减少阳光对沥青材料的老化作用。

(3)水稳定性。

①在高速公路、一级公路、城市快速路和主干路沥青路面中,要使用坚硬的粗集料。当使用花岗岩、石英岩等酸性岩石轧制的粗集料时,若达不到表8-4对粗集料与沥青黏附性等级的要求,必须采用抗剥落措施。工程中常用的抗剥落措施有:在沥青混合料中掺加消石灰、水泥或抗剥落剂,或者采用饱和石灰水处理粗集料等。

表 8-4　粗集料与沥青黏附性的技术要求(依据 JTG F40—2004)

技术指标		雨量气候分区			
		1(潮湿区)	2(湿润区)	3(半干区)	4(干旱区)
粗集料与沥青的黏附性　不小于	表层	5	4	4	3
	其他层次	4	45	3	3

②沥青混合料应具有良好的水稳定性,在进行沥青混合料配合比设计及性能评价时,除了要对沥青与石料的黏附性等级进行检验外,还应在规定条件下进行沥青混合料的浸水马歇尔试验和冻融劈裂试验。残留稳定性和冻融劈裂残留强度应满足表 8-5 的要求。沥青混合料水稳定性的影响因素有沥青与集料的黏附性、沥青路面的压实空隙率、沥青用量等。

残留稳定度试验与冻融劈裂试验

表 8-5　沥青混合料水稳定性技术要求(依据 JTG F40—2004)

年降雨量/mm 及气候分区		>1000 (潮湿区)	1000~500 (湿润区)	500~200 (半干区)	<250 (干旱区)
浸水马歇尔试验的残留稳定度/(%),≥	普通沥青混合料	80		75	
	改性沥青混合料	85		80	
冻融劈裂试验的残留强度比/(%),≥	普通沥青混合料	75		70	
	改性沥青混合料	80		75	

4. 抗滑性

随着现代快速路的发展,对沥青混合料路面的抗滑性提出了更高的要求。沥青混合料路面的抗滑性与矿质集料的微表面性质、混合料的级配组成、沥青性质及用量等因素有关。为保证长期高速行车的安全,配料时要特别注意粗集料的耐磨光性,应选择硬质有棱角的集料。硬质集料往往属于酸性集料,与沥青的黏附性差,为此,在沥青混合料施工时,应按需要掺加抗剥剂等。沥青用量对抗滑性的影响非常敏感,沥青用量超过最佳用量的 0.5%即可使抗滑系数明显降低。含蜡量对沥青混合料抗滑性也有明显的影响。

5. 施工和易性

要保证室内配料在现场施工条件下顺利地实现,沥青混合料除了应具备前述的技术要求外,还应具备适宜的施工和易性。影响沥青混合料施工和易性的因素很多,如当地气温、施工条件及混合料级配性质等。

单纯从混合料性质而言,影响沥青混合料施工和易性的因素首先是混合料的级配情况,如粗细集料的颗粒大小相差过大,缺乏中间尺寸,混合料容易分层层积(粗粒集中表面,细粒集中底部);如细集料太少,沥青层就不容易均匀地分布在粗颗粒表面;细集料过多,则会使拌和困难。此外当沥青用量过少,或矿粉用量过多时,混合料容易产生疏松、不易压实。反之,如沥青用量过多,或矿粉质量不好,则容易使混合料黏结成团块,不易摊铺。

从施工条件而言,沥青混合料应在一定的温度下进行施工,以使沥青混合料能够达到要求的流动性;在拌和过程中能够充分均匀地黏附在矿料颗粒表面;在压实期间,矿料颗粒能够克服沥青的黏滞力及自身的内摩阻力相互移动就位,达到规定的压实密度。然而施工温度过高,会引起沥青老化,严重影响沥青混合料的使用性能。沥青混合料的拌和及压实温度与沥青的黏度有关,应根据沥青的黏度与温度的关系曲线确定。

生产上对沥青混合料的和易性通常凭目测鉴定。有的研究者曾以流变学理论为基础,提出过一些沥青混合料施工和易性的测定方法,但仍在试验研究阶段,并未被生产上普遍采纳。

8.2 热拌沥青混合料的配合比设计

8.2.1 配合比设计的阶段划分

高速公路、一级公路、城市快速路、主干路热拌沥青混凝土混合料的配合比设计应在调查以往类同材料的配合比设计经验和使用效果的基础上,按以下阶段进行。

1. 目标配合比设计阶段

用工程实际使用的材料,优选矿料级配、确定最佳沥青用量,符合配合比设计技术标准和配合比设计检验要求,以此作为目标配合比,供拌和机确定各冷料仓的供料比例、进料速度及试拌使用。8.2.3~8.2.5节的内容属于目标配合比设计阶段的具体内容。

热拌密级配沥青混合料目标配合比设计流程如图8-5所示。

2. 生产配合比设计阶段

高速公路、一级公路、城市快速路、主干路热拌沥青混凝土混合料宜采用间歇式拌和机拌和。对间歇式拌和机,应按规定方法取样测试各热料仓的材料级配,确定各热料仓的配合比,供拌和机控制室使用。同时选择适宜的筛孔尺寸和安装角度,尽量使各热料仓的供料大体平衡。并取目标配合比设计的最佳沥青用量 OAC、OAC±0.3%等3个沥青用量进行马歇尔试验和试拌,通过室内试验及从拌和机取样试验综合确定生产配合比的最佳沥青用量,由此确定的最佳沥青用量与目标配合比设计的结果的差值不宜大于±0.2%。对连续式拌和机可省略生产配合比设计阶段。

沥青混合料厂拌法(3D动画)

3. 生产配合比验证阶段

拌和机按生产配合比结果进行试拌、铺筑试验段,并取样进行马歇尔试验,同时从路上钻取芯样观察空隙率的大小,由此确定生产用的标准配合比。标准配合比的矿料合成级配中,至少应包括0.075 mm、2.36 mm、4.75 mm 及公称最大粒径筛孔的通过率接近优选的工程设计级配范围的中值,并避免在 0.3~0.6 mm 处出现"驼峰"。对确定的标准配合比,宜再次进行车辙试验和水稳定性检验。

经设计确定的标准配合比在施工过程中不得随意变更。可以确定施工级配允许波动范围,根据标准配合比及质量管理要求中各筛孔的允许波动范围,制定施工用的级配控制范围,用以检查沥青混合料的生产质量。生产过程中应加强跟踪检测,严格控制进场材料的质量,如遇材料发生变化并经检测沥青混合料的矿料级配、马歇尔技术指标不符要求,应及时调整配合比,使沥青混合料的质量符合要求并保持相对稳定,必要时重新进行配合比设计。

8.2.2 组成材料的技术要求

热拌热铺沥青混合料,简称热拌沥青混合料,即沥青(145~170 ℃)与矿料(高于沥青 5~30 ℃)在专用设备中热态拌和、热态铺筑的混合料,是最典型和常用的混合料。为保证热拌沥青混合料的技术性质,需要正确选择符合质量要求的组成材料和路面使用条件。

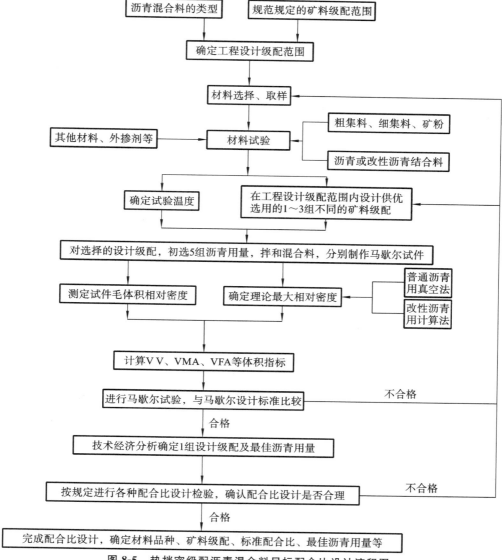

图 8-5　热拌密级配沥青混合料目标配合比设计流程图

1. 沥青

沥青材料是沥青混合料中的结合料,其品种和标号的选择随交通性质、沥青混合料的类型、施工条件以及当地气候条件而不同。通常气温较高、交通量大时,宜选用稠度较高的沥青。寒冷地区、交通量较小时,应选用稠度较小、延度大的沥青。在其他条件相同时,稠度较高的沥青配置的沥青混合料具有较高的力学强度和稳定性。但稠度过高,混合料的低温变形能力较差,沥青路面容易产生裂缝。使用稠度较低的沥青配置的沥青混合料,虽然有较好的低温变形能力,但在夏季高温时往往会因稳定性不足而导致路面产生推挤现象。因此,在选用沥青时要综合考虑以上两种性能的影响。

2. 粗集料

粗集料一般由各种岩石经过轧制而成的碎石组成。在石料紧缺的情况下,也可利用卵石经轧制破碎而成;或利用某些冶金矿渣,如碱性高炉矿渣等,但应确认其对沥青混凝土无害,方可使用。沥青混合料的粗集料要求洁净、干燥、无风化、无杂质,并且具有足够的强度和耐磨性,对路面抗滑表层的粗集料应选用坚硬、耐磨、抗冲击性好的碎石或破碎砾石,不可使用筛选砾石、矿渣及软质集料。

3. 细集料

细集料一般采用天然砂或机制砂,在缺少砂的地区,可以用石屑。将石屑全部或部分代替砂拌制沥青混合料的做法在我国尤为普遍,这样可以节省造价,充分利用采石场下脚料。但应注意,石屑与人工砂有本质区别,石屑大部分为石料破碎过程中表面剥落或撞下的棱角,强度很低且扁片含量及碎土比例很大,用于沥青混合料时势必影响质量,在使用过程中也易进一步压碎细粒化,因此对于高等级公路的面层或抗滑表层,石屑的用量不宜超过砂的用量。细集料同样应洁净、干燥、无风化、无杂质,并且与沥青具有良好的黏结力。

4. 填料

填料是指在沥青混合料中起填充作用的,粒径小于 0.075 mm 的矿质粉末。沥青混合料的填料宜采用石灰岩或岩浆岩中的强基性(憎水性)岩石磨制而成,也可以采用石灰、水泥、粉煤灰,但用这些物质作填料时,其用量和使用范围受限。例如,高速公路、一级公路的沥青面层不宜采用粉煤灰做填料。在工程中,还可以将拌和机中的粉尘回收来作矿粉使用,其含量不得超过填料总量的50%,并且要求粉尘干燥,掺有粉尘的填料的塑性指数不得大于4%。矿粉要求洁净、干燥,并且与沥青具有较好的黏结性。为提高矿粉的憎水性,可加入 1.5%～2.5% 的矿粉活化剂。

8.2.3 矿质混合料配合比设计

1. 确定沥青混合料类型

沥青混合料类型根据道路等级、路面类型和所处的结构层位,按表 8-1 选用。沥青面层集料的最大粒径宜从上至下逐渐增大,并应与压实层厚度相匹配。对热拌热铺密级配沥青混合料,沥青层一层的压实厚度不宜小于集料公称最大粒径的 3 倍,对 SMA 和 OGFC 等嵌挤型混合料不宜小于公称最大粒径的 2.5 倍,以减少离析,便于压实。

2. 确定工程设计级配范围

沥青混合料必须在对同类道路配合比设计和使用情况调查研究的基础上,充分借鉴成功的经验,选用符合要求的材料,进行配合比设计。沥青混合料的矿料级配应符合工程规定的设计级配范围。密级配沥青混合料宜根据道路等级、气候及交通条件按表 8-6 选择采用粗型(C 型)或细型(F型)混合料,并在表 8-7 范围内确定工程设计级配范围,通常情况下工程设计级配范围不宜超出表8-7 的要求。经确定的工程设计级配范围是配合比设计的依据,不得随意变更。其他类型的混合料宜直接以规范级配范围作为工程设计级配范围,例如沥青玛琋脂碎石混合料矿料级配范围见表 8-8。

表 8-6　粗型和细型密级配沥青混凝土的关键性筛孔通过率

混合料类型	公称最大粒径 /mm	用以分类的关键性筛孔 /mm	粗型密级配		细型密级配	
			名称	关键性筛孔通过率/(%)	名称	关键性筛孔通过率/(%)
AC-25	26.5	4.75	AC-25C	<40	AC-25F	>40
AC-20	19	4.75	AC-20C	<45	AC-20F	>45
AC-16	16	2.36	AC-16C	<38	AC-16F	>38
AC-13	13.2	2.36	AC-13C	<40	AC-13F	>40
AC-10	9.5	2.36	AC-10C	<45	AC-10F	>45

表 8-7 密级配沥青混凝土混合料矿料级配范围

级配类型		通过下列筛孔(mm)的质量百分率/(%)											
		31.5	26.5	19	16	13.2	9.5	4.75	2.36	1.18	0.6	0.3	0.15	0.075
粗粒式	AC-25	100	90~100	75~90	65~83	57~76	45~65	24~52	16~42	12~33	8~24	5~17	4~13	3~7
中粒式	AC-20	—	100	90~100	78~92	62~80	50~72	26~56	16~44	12~33	8~24	5~17	4~13	3~7
	AC-16	—	—	100	90~100	76~92	60~80	34~62	20~48	13~36	9~26	7~18	5~14	4~8
细粒式	AC-13	—	—	—	100	90~100	68~85	38~68	24~50	15~38	10~28	7~20	5~15	4~8
	AC-10	—	—	—	—	100	90~100	45~75	30~58	20~44	13~32	9~23	6~16	4~8
砂粒式	AC-5	—	—	—	—	—	100	90~100	55~75	35~55	20~40	12~28	7~18	5~10

表 8-8 沥青玛琋脂碎石混合料矿料级配范围

级配类型		通过下列筛孔(mm)的质量百分率/(%)											
		26.5	19	16	13.2	9.5	4.75	2.36	1.18	0.6	0.3	0.15	0.075
中粒式	SMA-20	100	90~100	72~92	62~82	40~55	18~30	13~22	12~20	10~16	9~14	8~13	8~12
	SMA-16	—	100	90~100	65~85	45~65	20~32	15~24	14~22	12~18	10~15	9~14	8~12
细粒式	SMA-13	—	—	100	90~100	50~75	20~34	15~26	14~24	12~20	10~16	9~15	8~12
	SMA-10	—	—	—	100	90~100	28~60	20~32	14~26	12~22	10~18	9~16	8~13

调整工程设计级配范围宜遵循下列原则。首先按表 8-6 确定采用粗型(C 型)或细型(F 型)的混合料。对夏季温度高、高温持续时间长、重载交通多的路段,宜选用粗型密级配沥青混合料(AC-C 型),并取较高的设计空隙率。对冬季温度低、且低温持续时间长的地区,或者重载交通较少的路段,宜选用细型密级配沥青混合料(AC-F 型),并取较低的设计空隙率。确定各层的工程设计级配范围时应考虑不同层位的功能需要,经组合设计的沥青路面应能满足耐久、稳定、密水、抗滑等要求。根据公路等级和施工设备的控制水平,确定的工程设计级配范围应比规范级配范围小,其中 4.75 mm 和 2.36 mm 通过率的上下限差值宜小于 12%。

3. 矿质混合料配合比设计

(1)根据筛分试验得到各矿料筛分结果。

(2)用图解法、试算法、电算法计算配合比。高等级路沥青路面矿料配合比设计宜借助电子计算机的电子表格用试配法进行。矿料级配设计计算示例见表8-9。

表 8-9　矿料级配设计计算示例

筛孔/(%)	10-20/(%)	5-10/(%)	3-5/(%)	石屑/(%)	黄砂/(%)	矿粉/(%)	消石灰/(%)	合成级配	工程设计级配范围		
									中值	下限	上限
16	100	100	100	100	100	100	100	100	100	100	100
13.2	88.6	100	100	100	100	100	100	96.7	95	90	100
9.5	16.6	99.7	100	100	100	100	100	76.6	70	60	80
4.75	0.4	8.7	94.9	100	100	100	100	47.7	41.5	30	53
2.36	0.3	0.7	3.7	97.2	87.9	100	100	30.6	30	20	40
1.18	0.3	0.7	0.5	67.8	62.2	100	100	22.8	22.5	15	30
0.6	0.3	0.7	0.5	40.5	46.4	100	100	17.2	16.5	10	23
0.3	0.3	0.7	0.5	30.2	3.7	99.8	99.2	9.5	12.5	7	18
0.15	0.3	0.7	0.5	20.6	3.1	96.2	97.6	8.1	8.5	5	12
0.075	0.2	0.6	0.3	4.2	1.9	84.7	95.6	5.5	6	4	8
配合比	28	26	14	12	15	3.3	1.7	100	—	—	—

（3）设计级配的优选。

对高等级路，宜在工程设计级配范围内计算 1～3 组粗细不同混合料的配合比，绘制设计级配曲线，分别位于工程设计级配范围的上方、中值及下方。设计级配不得有太多的锯齿形交错，且在 0.3～0.6 mm 范围内不应出现"驼峰"。当反复调整不能符合要求时，宜更换设计。根据当地的实践经验选择适宜的沥青用量，分别制作几组级配的马歇尔试件，测定 VMA，初选一组满足或接近设计要求的级配作为设计级配。

矿质混合料配合比优选中应注意：①通常情况下，合成级配曲线宜尽量接近级配中限，尤其应使 0.075 mm、2.36 mm 和 4.75 mm 筛孔的通过量尽量接近级配范围中限；②对高速公路、一级公路、城市快速路、主干路等交通量大、轴载重的道路，宜偏向级配范围的下（粗）限；对一般道路、中小交通量或行人道路等宜偏向级配范围的上（细）限；③合成的级配曲线应接近连续或有合理的间断级配，不得有过多的犬牙交错，且在 0.3～0.6 mm 范围内不应出现"驼峰"。

8.2.4　确定最佳沥青用量

1. 马歇尔试验技术标准

密级配沥青混合料配合比设计采用马歇尔试验配合比设计方法。沥青混合料技术要求应符合表 8-2～表 8-5 的规定，并有良好的施工性能。其中，沥青混合料试件的空隙率（VV）是指压实情况下沥青混合料的矿料及沥青以外的空隙（不包括矿料自身内部的孔隙）的体积占试件总体积的百分率。沥青混合料试件矿料间隙率（VMA）是指试件全部矿料部分以外的体积占试件总体积的百分率。沥青混合料试件的沥青饱和度（VFA）是指试件矿料间隙中沥青部分的体积在矿料间隙中所占的百分率。密级配沥青混凝土混合料马歇尔试验技术标准见表 8-10，SMA 混合料马歇尔试验配合比设计技术要求见表 8-11。

VV、VMA、VFA 关系图

表 8-10　密级配沥青混凝土混合料马歇尔试验技术标准(依据 JTG F40—2004)

(本表适用于公称最大粒径≤26.5 mm 的密级配沥青混凝土混合料)

试验指标		单位	高速公路、一级公路				其他等级公路	行人道路
			夏炎热区(1-1、1-2、1-3、1-4 区)		夏热区及夏凉区(2-1、2-2、2-3、2-4、3-2 区)			
			中轻交通	重载交通	中轻交通	重载交通		
击实次数(双面)		次	75				50	50
试件尺寸		mm	φ101.6 mm×63.5 mm					
空隙率 VV	深约 90 mm 以内	%	3～5	4～6	2～4	3～5	3～6	2～4
	深约 90 mm 以下	%	3～6		2～4	3～6	3～6	—
稳定度 MS,不小于		kN	8				5	3
流值 FL		mm	2～4	1.5～4	2～4.5	2～4	2～4.5	2～5

矿料间隙 VMA /(%), 不小于	设计空隙率 /(%)	相应于以下公称最大粒径(mm)的最小 VMA 及 VFA 技术要求/(%)					
		26.5	19	16	13.2	9.5	4.75
	2	10	11	11.5	12	13	15
	3	11	12	12.5	13	14	16
	4	12	13	13.5	14	15	17
	5	13	14	14.5	15	16	18
	6	14	15	15.5	16	17	19
沥青饱和度 VFA/(%)	55～70		65～75			70～85	

注:当设计的空隙率不是整数时,由内插确定要求的 VMA 最小值。对改性沥青混合料,马歇尔试验的流值可适当放宽。

表 8-11　SMA 混合料马歇尔试验配合比设计技术要求(依据 JTG F40—2004)

试验项目	单位	技术要求	
		不使用改性沥青	使用改性沥青
马歇尔试件尺寸	mm	φ101.6 mm×63.5 mm	
马歇尔试件击实次数		两面击实 50 次	
空隙率 VV	%	3～4	
矿料间隙率 VMA,不小于	%	17.0	
粗集料骨架间隙率 VCA_{mix},不大于		VCA_{DRC}	
沥青饱和度 VFA	%	75～85	
稳定度,不小于	kN	5.5	6.0
流值	mm	2～5	—
谢伦堡沥青析漏试验的结合料损失	%	不大于 0.2	不大于 0.1
肯塔堡飞散试验的混合料损失或浸水飞散试验	%	不大于 20	不大于 15

2. 最佳沥青用量的确定

最佳沥青用量的确定步骤如下。

（1）测试和计算各项指标，绘制沥青用量（或石油比）与物理力学指标关系图。以石油比或沥青用量为横坐标，以马歇尔试验的各项指标为纵坐标，将试验结果标入图中，连成圆滑的曲线。确定均符合表 8-10 的沥青用量范围 $OAC_{min} \sim OAC_{max}$。选择的沥青用量范围必须涵盖设计空隙率的全部范围，且尽可能涵盖沥青饱和度的要求范围，并使密度及稳定度曲线出现峰值。如果没有涵盖设计空隙率的全部范围，试验必须扩大沥青用量范围后重新进行。

（2）依据试验曲线，确定沥青混合料的最佳沥青用量 OAC_1。在关系曲线图上求取相应于密度最大值、稳定度最大值、目标空隙率（或范围中值）、沥青饱和度范围中值的沥青用量 a_1、a_2、a_3、a_4，按式（8.4）取平均值作为 OAC_1。沥青用量与马歇尔试件指标关系图如图 8-6 所示。

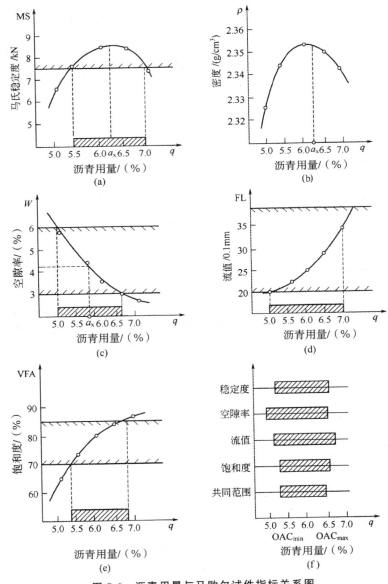

图 8-6　沥青用量与马歇尔试件指标关系图

$$OAC_1 = \frac{a_1 + a_2 + a_3 + a_4}{4} \tag{8.4}$$

(3)如果所选择的沥青用量范围未能涵盖沥青饱和度的要求范围,按式(8.5)求取三者的平均值作为 OAC_1。

$$OAC_1 = \frac{a_1 + a_2 + a_3}{4} \tag{8.5}$$

(4)确定沥青混合料的最佳沥青用量 OAC_2:以稳定度、流值、空隙率、VFA 指标均符合技术标准要求的沥青用量范围 $OAC_{min} \sim OAC_{max}$ 的中值作为 OAC_2。

$$OAC_2 = \frac{OAC_{min} + OAC_{max}}{2} \tag{8.6}$$

(5)综合确定最佳沥青用量 OAC。最佳沥青用量 OAC 的确定应考虑沥青路面工程实践经验、道路等级、交通特性、气候条件等因素。一般情况下,可取 OAC_1 和 OAC_2 的平均值作为最佳沥青用量 OAC。检查相应于此 OAC 的各项指标是否均符合马歇尔试验技术标准(特别要检查最佳沥青用量下 VMA 是否满足要求)。

根据实践经验和道路等级、气候条件、交通情况,调整确定最佳沥青用量 OAC。对炎热地区道路以及高等级路的重载交通路段,山区公路的长大坡度路段,预计有可能产生较大车辙时,宜在空隙率符合要求的范围内将计算的最佳沥青用量减小 0.1%~0.5% 作为设计沥青用量。此时,除空隙率外的其他指标可能会超出马歇尔试验配合比设计技术标准,配合比设计报告或设计文件必须予以说明。对寒区公路、旅游公路、交通量很少的公路,最佳沥青用量可以在 OAC 的基础上增加 0.1%~0.3%,以适当减小设计空隙率,但不得降低压实度要求。

8.2.5 配合比设计检验

对用于高等级路的密级配沥青混合料,需在配合比设计的基础上进行各种使用性能的检验,不符合要求的沥青混合料,必须更换材料或重新进行配合比设计。其他等级路的沥青混合料可参照执行。配合比设计检验按计算确定的设计最佳沥青用量在标准条件下进行。

高温稳定性检验:对公称最大粒径小于或等于 19 mm 的混合料,按规定方法进行车辙试验,动稳定度应符合表 8-2 的要求。对公称最大粒径大于 19 mm 的密级配沥青混凝土或沥青稳定碎石混合料,由于车辙试件尺寸不适用,如需要检验可增加试件厚度或采用大型马歇尔试件。

水稳定性检验:按规定的试验方法进行浸水马歇尔试验和冻融劈裂试验,残留稳定度及残留强度比均必须符合表 8-5 的规定。渗水系数检验:利用轮碾机成型的车辙试件进行渗水试验检验的渗水系数宜符合表 8-12 的要求。低温抗裂性能检验:对公称最大粒径小于或等于 19 mm 的混合料,按规定方法进行低温弯曲试验,其破坏应变宜符合表 8-3 的要求。

表 8-12 沥青混合料试件渗水系数技术要求

级 配 类 型	渗水系数要求(mL/min)	试验方法
密级配沥青混凝土,不大于	120	T 0730
SMA 混合料,不大于	80	
OGFC 混合料,不小于	实测	

复习思考题

一、填空题

1.沥青混凝土由沥青和（　　）、石子和（　　）所组成。

2.沥青混合料配合比设计包括（　　）、（　　）和（　　）三个阶段。

3.马歇尔稳定度随沥青含量的增大而（　　），但到达最大值后，又逐渐趋于（　　）。

二、简答题

1.简述采用马歇尔试验确定最佳沥青用量的步骤。

2.简述沥青混合料的主要技术指标以及评定方法。

3.根据沥青混合料的矿料级配组成特点，简述沥青混合料的类型及各自性能。

4.从材料组成方面，简述如何减少沥青路面车辙的形成。

9 木 材

应县木塔,始建于公元 1056 年,塔高 67.31 米,共五层六檐,是世界上现存最高的纯木塔式建筑。该塔外观宏伟,艺术精巧,庄严稳重,是我国古建筑中的瑰宝,也是世界木结构建筑的典范。

本章的学习重点是掌握木材的分类、宏观构造;了解木材的微观构造特征;掌握木材的物理性质、力学性质及其影响因素;了解木材腐蚀的原因、条件及防腐措施。

应县木塔

木材是一种天然高分子材料,其性能与钢材、水泥等材料有着显著的不同。土木工程中所用木材主要来自某些树木的树干或枝干部分。木材是当今世界四大材料(钢材、水泥、木材、塑料)中唯一可再生和再循环利用的绿色材料和生物资源。木材既有许多优点,也有不少缺点。它的优点是比强度大,轻质高强,韧性好,能承受冲击和震动作用,导热性低,具有较好的隔热、保温性能,纹理美观,易于加工,绝缘性好,无毒性等。它的主要缺点是构造不均匀、呈各向异性,湿胀干缩大,易翘曲和开裂,天然缺陷较多,耐火性差,易腐朽,虫蛀,干湿交替的环境中耐久性较差等。

9.1 木材的分类与构造

9.1.1 木材的分类

树木品种繁多,我国已发现树种 3 万多种,按树叶的外观形状可将树木分为针叶树和阔叶树两大类。

1. 针叶树

针叶树是树叶细长如针的树,多为常绿树,材质一般较软,有的含树脂,树干通直而高大,纹理顺直,木质较软,易于加工,故又称为软木材。软木材表观密度和胀缩变形较小,强度较高,耐腐蚀性较强。针叶树是土木工程中广泛应用的木材,可用于承重构件和装饰部件。常见的树种有杉木、松、柏等四季常青树,如图9-1所示。

2. 阔叶树

一般阔叶树指具有扁平、较宽阔叶片,叶脉呈网状,叶常绿或落叶,叶片随树种不同而有多种形状的多年生木本植物。由阔叶树组成的森林,称为阔叶林。阔叶树的经济价值高,许多都为重要用材树种,其中有些为名贵木材,如樟树、楠木等。各种水果都来自阔叶树。阔叶树种类繁多,树身弯曲多节,材质坚硬,统称硬木材。硬木材表观密度和胀缩变形较大,易翘曲或开裂。阔叶树适用于建筑工程,木材包装,机械制造,造船,车辆,桥梁,枕木,家具及胶合板等。常见的树种有榆、槐、柳、柞等落叶树,如图9-2所示。

图 9-1　针叶树

图 9-2　阔叶树

9.1.2　木材的结构

只有对木材的构造有一个基本的认识,才能够研究其性质,进而达到充分合理利用木材的目的。

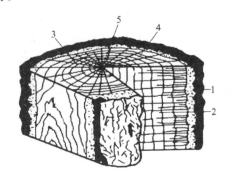

图 9-3　木材的宏观构造

1—树皮;2—木质部;3—年轮;4—髓线;5—髓心

1. 木材的宏观构造

木材的宏观构造特征是指用肉眼或借助于10倍放大镜所能观察到的木材构造特征。木材构造特征是人们用以识别木材的依据。

(1)树干的三个切面。

木材在各个方向上的构造是不一致的,因此要了解木材构造必须从三个方面进行观察,树干的三个标准切面是:横切面、径切面和弦切面,如图9-3所示。径切面和弦切面由于都是沿纹理方向的切面,所以这两个切面被统称为纵切面。在三个切面中,就肉眼观察来讲,以横切面最为重要。

横切面是指与树干主轴或木材纹理相垂直的切面。在横切面上，可以观察到木材的年轮、心材和边材，早材和晚材，木射线，各种纵向细胞和组织等。横切面较全面地反映了细胞间的相互联系，是识别木材最重要的切面。在原木特征中所谓的树干断面，实际上就是木质部（木材）的横切面。

径切面是指与树干主轴或木材纹理方向（通过髓心）相平行的切面。该切面能显露纵向细胞（导管）的长度和宽度及横向组织（木射线）的长度和高度。年轮呈纵向相互平行状，木射线呈横向平行线状。

弦切面是指不通过髓心，与树干主轴或木材纹理方向平行并与木射线垂直的切面。该切面能显露导管的长度和宽度。年轮呈抛物线状，木射线呈纺锤形。

（2）边材和心材。

心材不是树木一开始就有的，而是在树木生成过程中由边材慢慢转化形成的，是树木生长过程中出现的一种正常现象。形成心材的过程是一个非常复杂的生物化学过程，在这个过程中，生活细胞死亡，细胞腔出现单宁、色素、树胶、树脂以及碳酸钙等沉淀物，水分输导系统阻塞。因此，心材的材质较硬，密度较大，渗透性较低，耐久性、耐腐蚀性均较边材高。

（3）年轮及生长轮。

年轮是树木在（直径）生长过程中，由于气候交替的明显变化而形成的轮状结构，亦是一个生长周期内的次生木质部，是围绕着髓心构成的同心圆。

年轮在不同的切面上呈现出不同的形状。横切面上，多数树种的年轮线呈同心圆状，为圆形封闭线条，如杉木、红松等，如图9-4所示。少数树种的年轮线为不规则的波浪状，见于红豆杉、鹅耳枥和榆木等。年轮在径切面上表现为平行的条状，在弦切面上则呈"V"形或抛物线形的花纹。年轮的宽窄随树种、树龄和生长条件而异。单位厘米内年轮数目是估测木材物理力学性质的依据之一，可用于判断木材的物理、力学性质的好坏。

（4）早材与晚材。

每一年轮都由早材和晚材组成。早材亦称为春材，是靠近髓心一侧，是树木每年生长期早期形成的木材，或热带树木在雨季形成的木材。由于形成时环境温度高、水分足、细胞分裂速度快、细胞壁薄、形体较大，所以早材的材质较松软，材色浅。

晚材亦称为夏材，是靠近树皮一侧，是树木每年生长后期形成的木材，或热带的旱季形成的木材。由于形成时树木的营养物质流动缓慢，形成层细胞的活动逐渐减弱，细胞分裂速度变慢并逐渐停止，形成的细胞腔小而壁厚，所以晚材的组织较致密，材色深。

图9-4　横切面上的年轮

晚材在一个年轮中所占的比例称为晚材率。晚材率的大小可以作为衡量树木的强度大小的重要标志，晚材率大的树种，其强度相对较大。

（5）射线。

射线是树木的横向组织，由薄壁细胞组成，起横向输送和贮藏养料作用。髓射线是从髓心（第一年轮组成的初生木质部）向树皮方向呈辐射状排列的组织。髓线的细胞壁很薄，质软，它与周围细胞的结合力弱。木材干燥时易沿髓线开裂。阔叶树的髓线较发达。

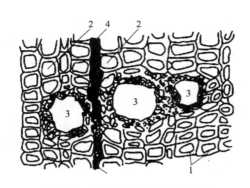

图 9-5 松木的微观构造横切面

1—细胞壁；2—细胞腔；3—树脂流出孔；4—髓射线

2. 木材的微观构造

木材的微观构造是指在显微镜下所见到的组织结构。在显微镜下，木材由无数管状细胞紧密结合而成，如图 9-5 所示。细胞是构成木材的基本形态单位，成熟的木材细胞多数为空腔的厚壁细胞，由细胞壁与细胞腔构成。

细胞壁由若干层细纤维组成，主要包括纤维素、半纤维素和木质素三种成分。纤维素起着骨架物质作用，相当于钢筋水泥构件中的钢筋。半纤维素起着基体黏结作用，相当于钢筋水泥构件中的绑捆钢筋的细铁丝。木质素渗透在细胞壁纤维素和半纤维素之中，可使细胞壁坚硬，相当于钢筋水泥构件中的水泥。

构成木材的细胞壁越厚，细胞腔的尺寸越小，细胞越致密，强度也越大，但胀缩变形也越大。由于构成木材的组织和细胞在形态上是不均匀的，无论是细胞本身的大小、还是在形态和排列上都各有差异。再加上树木的生长随着其所在环境条件的不同而形成种种差异或变异，便形成了木材构造上的不均匀性和变异性。

思考题

<h1 style="text-align:center">9.2 木材的主要性能</h1>

9.2.1 化学性质

木材由碳、氢、氧、氮四种基本元素组成，此外还有少量或微量的矿质元素。细胞壁的组成分为主要化学成分和次要化学成分两类。

主要化学成分是构成细胞壁和胞间层的物质，由纤维素、半纤维素、木质素三种高分子化合物组成，一般占总量的 90％以上。

纤维素是地球上分布最广泛的天然有机材料，由葡萄糖单体聚合而成，白色、无味，具有各向异性。纤维素赋予了木材较高的顺纹抗拉强度和弹性；但又具有吸附水分子的能力，纤维素的吸湿直接影响到木材及其制品的尺寸稳定性和强度。

半纤维素与纤维素和木质素紧密结合、相互贯穿，存在于植物细胞壁中，在自然界中不能单独存在。半纤维素是两种或两种以上单糖组成的聚合物，吸湿性强、耐热性差，容易引起纤维板尺寸翘曲变形和板面焦糖化。木质素结构较复杂，由苯基丙烷结构单元通过醚键和碳-碳键连接而成，是具有三维结构的芳香族高分子化合物。半纤维素和木质素将纤维素黏结在一起，起着支持纤维素骨架的作用，因而使木材具有很高的抗压强度。

次要化学成分主要包括油脂、树脂、果胶质、单宁、香精油、色素、蛋白质、无机物等高分子化合物。

木材的化学组成差别很大，不仅不同树种之间有差异；对于同一树种，产地和生长环境的不同也会造成化学成分的不同；即便同一树干，在不同高度处也有差异。木材的 pH 值一般在 4.5～6.0之间，呈弱酸性。木材具有酸碱缓冲容量，对外界的弱酸（碱）或弱酸（碱）盐溶液有一定的平衡或抵抗能力。

9.2.2 物理性质

1. 密度

单位体积内木材的质量称为木材密度。根据不同的水分状态,木材的密度可以分为生材密度、气干密度、绝干密度和基本密度。较常用的是气干密度和基本密度。气干密度指的是在气干状态下,木材单位体积的质量,我国规定含水率为12%时为气干状态。基本密度是指木材绝干质量与饱水时木材(生材)的体积之比。在比较不同树种的材性时,用基本密度。气干密度因树种不同而不同,相差较大。密度是判断木材强度的最佳指标,在含水率相同的情况下,木材密度大则强度高。

2. 木材中的水分及吸湿性

木材的使用性能受水分影响较大,因此理解木材中水分的存在状态对木材的合理加工与利用具有重大意义。木材的含水率是指木材中所含水的质量与木材干燥后质量的百分比值。

木材中水分按存在状态可分为三种,即自由水、吸附水和化合水。

自由水是以游离态存在于细胞腔和细胞间隙中的水,它对木细胞的吸附能力很差,是木材中最不稳定的水分。自由水的含量主要由木材孔隙体积决定,它影响木材的质量、表观密度、燃烧性、抗腐蚀性及渗透性,对木材体积稳定性和力学性能无影响。

吸附水是以吸附状态存在于细胞壁内的细纤维间的水分。吸附水的含量对木材物理力学性质和湿胀干缩有重大影响。

化合水是组成细胞化合成分的水分,是构成木材必不可少的组分,它在常温下最稳定,对木材的性能基本无影响。

当潮湿的木材干燥时,首先蒸发的是自由水。当木材中无自由水,而细胞壁内吸附水达到饱和时的含水率称为木材的纤维饱和点。此时细胞的变形程度达到最大,水分再增加也不会明显改变木细胞的结构与状态。纤维饱和点随树种而异,一般在25%～35%之间,平均为30%。木材的纤维饱和点通常是木材性能变化规律的转折点。

木材长时间暴露在一定温度和湿度的空气中时,干燥的木材会从周围的空气中吸收水分,而潮湿的木材会向周围放出水分。也就是说,木材所含水分是不断运动的,当水分停止运动,即木材的含水率与周围空气的相对湿度达到平衡时的含水率称为木材的平衡含水率。木材的平衡含水率随所在地区不同而不同,我国北方大气环境下的木材平衡含水率为12%,而南方为18%。图9-6为木材平衡含水率与空气相对湿度和温度的关系。

3. 木材的湿胀与干缩

当木材含水率在纤维饱和点以下时,含水率的增大实际上是吸附水的增加引起的,吸附水的增加增大了木细胞的膨胀变形,木材的体积产生膨胀,这种现象称为木材的湿胀;含水率减小时,木材体积收缩,这种现象称为木材的干缩。

木材含水率大于纤维饱和点时,吸附水达到饱和,木材细胞变形达到最大,此时含水率的增加或减小只是自由水含量的变化,它不影响木材的变形。木材含水率与胀缩变形的关系如图9-7所示,从图中可以看出,纤维饱和点是木材发生湿胀干缩变形的转折点。

由于木材是典型的纤维结构材料,故其湿胀干缩变形表现出各向异性,其中弦向最大,径向和纵向次之。木材的湿胀干缩变形随树种不同而有差异,一般来讲,表观密度大、夏材含量多的木材,胀缩变形较大。

湿胀干缩变形会影响木材的使用特性。干缩会使木材翘曲,开裂,接榫松动,拼缝不严。湿胀可造成表面鼓凸。所以,为了避免这些情况,潮湿的木材在加工或使用前应预先进行干燥,使其含

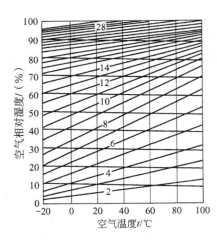

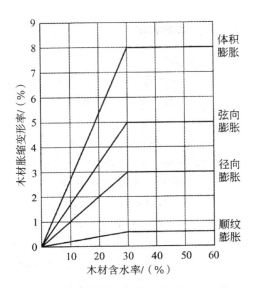

图 9-6　木材平衡含水率与空气相对湿度和温度的关系　　　图 9-7　含水率与木材胀缩变形的关系

水率达到或接近与环境湿度相适应的平衡含水率后才能使用。

4. 其他物理性质

由于木材的化学结构组成中不含有导电性良好的电子,仅在杂质中含有少量的金属离子,所以干燥的木材具有微弱的导电性,当木材的含水量提高或温度升高时,木材电阻率会降低。木材的横纹理方向的电阻率较顺纹理方向大,针叶材横纹理方向的电阻率为顺纹理方向的 2.3～4.5 倍,阔叶材的通常达到 2.5～8.0 倍。

木材的导热系数随其密度增大大致呈线性增加;随着含水率和温度的升高,木材的导热系数也增加。同种木材顺纹方向的导热系数明显大于横纹方向的导热系数;径向导热系数大于弦向导热系数,平均相差 12.7%。

木材在受热条件下,吸湿性降低,弹性模量提高;如继续延长热处理时间,木材的力学性质随着自身化学成分的热解会降低;适当温度和时间条件下的水煮或蒸汽处理,可以起到释放内部应力、降低吸湿性、阻止木材变形的作用。

9.2.3　木材的力学性质

1. 木材的强度

木材是非均质性的各向异性材料,其纵向、径向和弦向三个方向力学强度具有明显的差异。按受力状态,木材的强度分为抗拉、抗压、抗弯和抗剪四种强度。

(1)抗拉强度。

木材受外加拉力时,抵抗拉伸变形破坏的能力,称为抗拉强度。木材的抗拉强度分为顺纹和横纹两种。

顺纹抗拉强度是指木材沿纹理方向所能承受的最大拉力荷载。木材的顺纹抗拉强度较大,平均为 110～140 MPa,为顺纹抗压强度的 2～3 倍。木材顺纹拉伸破坏主要是纵向撕裂微纤丝和微纤丝间的剪切,所以,木材在使用中很少出现横向拉断破坏。但木材在使用中不可能是单纤维受力,木材的疵病如木节、斜纹、裂缝等都会显著降低顺纹抗拉强度。

横纹抗拉强度是指垂直于木材纹理方向所能承受的最大拉力荷载。因为木材横向各细胞间的联结能力很差,木材的横纹拉力比顺纹拉力低得多,仅为顺纹抗拉强度的 $1/40 \sim 1/30$。因此,家具结构应避免产生横纹拉力。因木材的横纹抗拉强度难以准确测定,所以我国有关木材物理力学试验方法的国家标准中没有列入该项试验。

（2）抗压强度。

木材受到外界压力时,抵抗压缩变形破坏的能力,称为抗压强度。木材的抗压强度分为顺纹抗压强度和横纹抗压强度,如图 9-8 所示。

顺纹抗压强度指木材沿纹理方向所能承受的最大压力,受压破坏时细胞壁失去稳定而非纤维的断裂。主要用于榫接合构件的容许工作应力计算和柱材的选择等,如木结构支柱、家具中的腿构件所承受的压力。顺纹抗压强度变化小,容易测定,我国木材顺纹抗压强度的平均值为45 MPa。

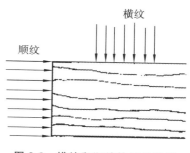

图 9-8　横纹和顺纹抗压示意图

横纹抗压强度为作用力方向与木材纤维垂直时的抗压强度。受压破坏时木材横向受力压紧,产生显著变形而造成破坏,故木材的顺纹抗压强度较横纹抗压强度高。由于横纹压力测试较困难,所以常以顺纹抗压强度的百分比来估计横纹抗压强度。

（3）抗弯强度。

有一定跨度的木材,受到垂直于木材纤维方向的外力作用时,会产生弯曲变形。木材抵抗上述弯曲变形破坏的能力,称为木材的抗弯强度。木材受弯曲时内部会产生压、拉、剪等复杂的应力。受弯构件上部是顺纹受压,下部是顺纹受拉,在水平面则产生剪切力。木材受弯破坏时,首先是受压区纤维达到强度极限,产生大量变形,但不会立即破坏,此时构件仍能继续承载,随着外力增大,皱纹慢慢地扩展,当受拉区内纤维也达到强度极限时,因纤维本身及纤维间连接的断裂而最终破坏。

木材的抗弯强度是其力学性质中非常重要的强度指标,各树种木材抗弯强度平均值为90 MPa,仅次于顺纹抗拉强度。因此,在土木工程中常用木材作桁架、梁、桥梁、地板等受弯构件。

（4）抗剪强度。

使木材的相邻两部分产生相对位移的外力,称为剪力。木材抵抗剪力破坏的能力,称为抗剪强度。木材受剪破坏是突然发生的,具有脆性破坏的性质。根据剪力与木纤维之间的作用方向不同,可将剪力分为顺纹剪切,横纹剪切和截纹切断三种。如图 9-9 所示。

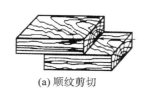

(a) 顺纹剪切　　　　　　(b) 横纹剪切　　　　　　(c) 截纹切断

图 9-9　木材的剪切

顺纹剪切时(见图 9-9(a)),剪力方向和剪切平面均与木材纤维方向平行。木材在顺纹剪切时,绝大部分纤维本身不被破坏,仅破坏受剪面上的纤维联结部分。所以,木材的顺纹抗剪强度小,一般只有顺纹抗压强度的 $15\% \sim 30\%$。若木材本身存在裂纹,则抗剪强度就更低。相反,若受剪区有斜纹或木节等,反而可以增大抗剪强度。横纹剪切时(见图 9-9(b)),剪力方向和剪切平面均与木材纤维方向垂直,而剪切面与木材纤维方向平行。木材的横纹抗剪极限强度很低。只有顺纹抗剪极限强度的一半左右。横纹剪切时(见图 9-9(c)),剪力方向和剪切面都与木材纤维方向垂直。剪切破坏是将木材纤维切断,因此,在抗剪强度中,横纹剪断强度最大,约为顺纹抗剪极限强度的 3 倍。在实际应用中,很少出现纯粹的横纹剪断情况。在横纹剪切的情况中,也常是木材先受压变形,然后才发生错动。所以,计算横纹抗剪强度的实际意义不大。我们通常说的木材的抗剪强度是指木材的顺纹剪切强度。

当木材的顺纹抗压强度为 1 时,木材的其他强度之间的大小关系见表 9-1。我国土木工程中常用木材的主要物理力学性能见表 9-2。

表 9-1　木材各种强度的大小关系

抗 压		抗 拉		抗弯	抗 剪	
顺纹	横纹	顺纹	横纹		顺纹	横纹断切
1	1/10～1/3	2～3	1/20～1/3	3/2～2	1/7～1/3	1/2～1

表 9-2　常用树种的主要物理力学性能

树种类型	树种名称	产　地	气干表观密度/(kg/m³)	顺纹抗压强度/MPa	顺纹抗拉强度/MPa	抗弯强度/MPa	顺纹抗剪强度/MPa	
							径面	弦面
针叶树	红松	东北	440	32.8	98.1	65.3	6.3	6.9
	杉木	四川	416	39.1	93.5	68.4	6.0	5.0
		湖南	371	33.8	77.2	63.8	4.2	4.9
	马尾松	安徽	533	419	99.0	80.7	7.3	7.1
	落叶松	东北	641	55.7	129.9	109.4	8.5	6.8
	鱼鳞云杉	东北	451	42.4	100.9	75.1	6.2	6.5
	冷杉	四川	433	38.8	97.3	70.0	5.0	5.5
阔叶树	柞栎	东北	766	55.6	155.4	124.0	11.8	12.9
	麻栎	安徽	930	52.1	155.4	128.0	15.9	18.0
	水曲柳	东北	686	52.5	138.1	118.6	11.3	10.5
	椆榆	浙江	818	49.1	149.4	103.8	16.4	18.4

2.影响木材强度的主要因素

(1)水分的影响。

木材含水率对木材力学性质的影响,是指纤维饱和点以下木材水分变化时,给木材力学性质带来的影响。影响规律是:当木材的含水率在纤维饱和点以下时,随含水率降低,即细胞壁中吸附水的减少,木纤维相互间的连接力增大,使细胞壁趋于紧密,木材强度随之增大,反之则强度减小;当含水率在纤维饱和点以上变化时,只有自由水发生变化,木材强度基本不变。含水率对木材强度的影响如图 9-10 所示。

(2)负荷时间的影响。

木材具有一个显著的特点,就是在荷载的长期作用下木材强度会降低。这是由于木材在外力作用下纤维等速蠕滑,经过较长时间累积后产生大量连续变形的结果。所施加的荷载愈大,则木材能经受的时期愈短。

木材在长期荷载作用下不致引起破坏的最大应力,称为木材的持久强度。木材的持久强度比极限强度小很多,一般仅为极限强度的 50%～60%。木材强度与荷载持续时间的关系如图 9-11 所示。

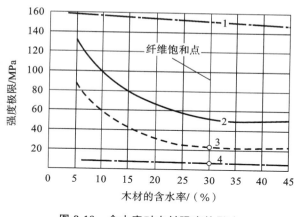

图 9-10　含水率对木材强度的影响
1—顺纹抗拉;2—抗弯;3—顺纹抗压;4—顺纹抗剪

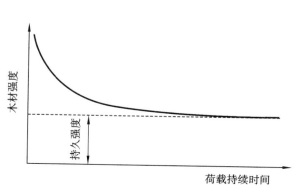

图 9-11　木材持久强度

为使木材在长期荷载作用下不破坏,木结构设计以木材的持久强度为依据。木材的持久强度与瞬时强度的比值随木材的树种和受力性质不同而不同,一般为:

顺纹受压 0.5～0.59;顺纹受拉 0.5;静力弯曲 0.5～0.64;顺纹受剪 0.5～0.55。

(3)温度的影响。

温度对木材力学性能影响比较复杂。一般情况下,室温情况下,影响较小,高温和极端低温情况下,影响较大。木材的强度随环境温度的升高而降低,这主要是由于木材受热时细胞壁中的胶结物质软化引起的。当木材长期处于 60～100 ℃温度下时,会引起水分和所含挥发物的蒸发,呈暗褐色,强度明显降低,变形增大;而当温度降低到正常温度时,木材的强度也不会再恢复。温度高于140 ℃时,木材的纤维素会发生热裂解,变形明显并导致裂纹产生,强度显著下降。因此,长期处于60 ℃以上温度作用下的土木工程构件,不宜采用木结构。当温度降至 0 ℃以下时,其中水分结冰,木材强度增大,但木材变得较脆,一旦解冻,各项强度都将比未解冻时的强度低。

(4)疵病的影响。

木材在生长、采伐、保存过程中,所产生的内部和外部的缺陷,统称为疵病。木材中存在的天然缺陷,是由于树木生长的生理过程、遗传因子的作用或在生长期受外界环境的影响所形成的,主要包括:斜纹、木节、应力木、立木裂纹、树干的干形缺陷等,以及在使用过程中出现的虫害、裂纹、腐朽等木材加工缺陷。一般木材或多或少都存在一些疵病,使木材的物理力学性质受到影响。

木节是树干中枝条的基部,按其质地及与周围木材结合程度可分为活节、死节和漏节三种。木节对顺纹抗拉强度的不良影响最大,对顺纹抗压强度的不良影响较小。木节对静力弯曲强度的影响,取决于木节在构件截面高度上的位置。木节位于受拉区边缘时,影响很大,位于受压区内时,影响较小。木节在原木构件的影响比在成材构件中的小。总之,木节影响木材强度的程度大小主要随木节的质地、分布位置、尺寸大小、密集程度和木材用途而定。就木节质地对强度影响来说,活节影响最小,死节其次,漏节最大。

当木材的纤维排列与其纵轴的方向明显不一致时,木材上即出现斜纹(或斜纹理)。斜纹是木材中普遍存在的一种现象,无论树干、原木或锯材的板、方材,都可能出现斜纹。供结构使用的木材,任何类型的斜纹都会引起强度的降低。

裂纹对木材力学性质的影响取决于裂纹相对的尺寸、裂纹与作用力方向的关系以及裂纹与危险断面的关系等。但总体而言,裂纹会破坏木材的完整性,从而降低木材的强度。

初期腐朽对木材的影响较小,腐朽程度继续加深,则对木材的影响也逐渐加大,到腐朽后期,木材的强度大大降低。

9.3 木材的防腐及防火

9.3.1 木材的防腐

1. 木材的腐朽

木材的腐朽为真菌侵害所致。真菌分为霉菌、变色菌、腐朽菌三种,前两种真菌对木材质量影响较小,但腐朽菌影响很大。腐朽菌寄生在木材的细胞壁中,以木质素为养料,并通过分泌一种酵素来分解木材细胞壁组织的纤维素、半纤维素,使木材腐朽,最终彻底破坏。

真菌的繁殖和生存,必须同时具备三个条件:适宜的温度、足够的空气和适当的湿度。真菌适宜繁殖的温度为 25～35 ℃。当温度低于 5 ℃时,真菌停止繁殖;当温度高于 60 ℃时,真菌会死亡;真菌的繁殖和生存需要一定的氧气存在,完全浸入水中的木材,因缺少氧气而不易腐朽。当木材的含水率略高于纤维饱和点时(即含水率在 35%～50%之间时),最适宜真菌的繁殖。当木材含水率小于 20%或把木材泡在水中时,真菌难以存活。

木材除受到真菌腐蚀外,还会遭受昆虫的蛀蚀,如白蚁、天牛、蠹虫等。白蚁喜蛀蚀潮湿的木材,在温暖和潮湿的环境中生存繁殖;天牛主要侵害含水率较低的木材,它分解木质纤维素作为养分而破坏木材。

2. 木材的防腐

根据木材腐朽的原因,木材的防腐通常采用破坏真菌、昆虫生存和繁殖环境的方法,包括物理处理和化学处理两种措施。

物理处理措施是降低含水率。含水率在 18%以下,木腐菌便无法繁殖。使木材、木制品或木结构常年处于通风、干燥的状态,并对木结构和木制品的表面涂油漆,使木材与空气和水分隔绝,可避免或减少真菌的腐朽作用。

化学处理措施是将化学防腐剂注入木材内,把木材变成对真菌有毒的物质,使真菌无法在木材中存活,从而杜绝木材腐朽的发生。防腐剂注入方式分为常压注入以及压力注入两种方式。因为利用常压的处理法本身所要花费的时间较长,而且生产率较低,所以大部分的工业在木材的防腐加工中采用压力注入的处理法。

木材用防腐剂种类很多,一般分为水溶性防腐剂(如氟化钠、硼砂、亚砷酸钠等)、油剂防腐剂(如煤焦油、杂酚油-煤焦油混合液等)和膏状防腐剂(如硼酚合剂、氟铬酚合剂、煤沥青等)三类。水溶性防腐剂主要用于室内木构件的防腐。油剂防腐剂颜色深、有恶臭味,常用于室外木结构的防腐。膏状防腐剂也主要用于室外木材防腐。

9.3.2 木材的防火

木材属于木质纤维材料,是具有潜在火灾危险性的有机可燃物。木材在高温的作用下会发生热分解反应,随着温度升高,热分解加快。温度高至 220 ℃以上达到木材燃点时,木材燃烧释放出大量可燃气体,这些可燃气体中有大量高能量的活化基,活化基氧化燃烧后继续放出新的活化基,如此形成一种燃烧链反应,火焰在燃烧链反应中得到迅速传播,使火越烧越旺。在实际火灾中,木材的燃烧温度可达到 800～1300 ℃。所谓木材的防火,就是将木材经过具有阻燃性能的化学物质处理后,变成难燃的材料,以达到遇小火能自熄,遇大火能延缓或阻滞燃烧蔓延,从而赢得扑救时间的目的。

阻止和延缓木材燃烧的途径主要有:抑制木材在高温下的热分解;利用阻燃物质阻滞热传递;稀释木材燃烧面周围空气中的氧气和热分解产生的可燃气体,增强隔氧作用。

巴黎圣母院
火灾

常用的防火处理方法有表面涂覆法和溶液浸注法两种。

表面涂覆法:木材防火处理表面涂覆法就是在木材的表面涂覆防火涂料,它既能起到防火作用,又有防腐和装饰效果。

溶液浸注法:木材防火处理溶液浸注法分为常压浸注和加压浸注两种,后者阻燃剂吸入量及透入深度均大大高于前者。

9.4 木材的分级及强度

9.4.1 木材的等级

《木结构设计标准》GB 50005—2017 规定,承重结构用材可采用原木、方木、板材、规格材、结构复合木材等。原木是指伐倒的树干经打枝和造材加工而成的木段。方木是指直角锯切且宽厚比小于 3 的锯材。板材是指直角锯切且宽厚比大于或等于 3 的锯材。规格材是指木材截面的宽度和高度按规定尺寸加工的规格化木材。结构复合木材是指采用木质的单板、单板条或木片等,沿构件长度方向排列组坯,并采用结构用胶黏剂叠层胶合而成,专门用于承重结构的复合材料。

根据木材的缺陷情况,可对原木、方木、板材等木材目测分级,通常分为Ⅰ、Ⅱ、Ⅲ三个等级。结构和装饰用木材一般选用等级较高的木材。对于承重结构用的木材,根据构件的主要用途选用相应的材质等级,一般用于受拉或拉弯构件的方木原木应为Ⅰ级材,用于受弯或压弯构件的方木原木应不低于Ⅱ级材,用于受压构件及次要受弯构件的方木原木应不低于Ⅲ级材。主要的承重构件应采用针叶材,重要的木制连接件应采用细密、直纹、无节和无其他缺陷的耐腐硬质阔叶材。

现场目测分级原木材质标准见表 9-3。

表 9-3 现场目测原木等级标准

项　次	缺陷名称	木材等级		
		Ⅰa	Ⅱa	Ⅲa
		受拉或拉弯构件	受弯或压弯构件	受压构件
1	腐朽	不允许	不允许	不允许
2	木节:在构件任一面任何 15 cm 长度沿周长所有木节的尺寸总和不得大于所测部位原木周长的	1/4(连接部位为 1/5)	1/3	不限

项　　次	缺 陷 名 称	木 材 等 级		
		Ⅰa	Ⅱa	Ⅲa
		受拉或拉弯构件	受弯或压弯构件	受压构件
3	扭纹：小头 1 m 长度上倾斜高度不大于	80 mm	120 mm	150 mm
4	髓心	应避开受剪面	不限	不限
5	虫蛀	允许有表面虫沟,不应有虫眼		

9.4.2　木材的强度等级

木材的强度等级应根据选用的树种按表 9-4 的规定选用(以针叶树为例)。

表 9-4　针叶树种木材适用的强度等级

强度等级	组　　别	适 用 树 种
TC17	A	柏木、长叶松、湿地松、粗皮落叶松
	B	东北落叶松、欧洲赤松、欧洲落叶松
TC15	A	铁杉、油杉、太平洋海岸黄柏、西部铁杉等
	B	鱼鳞云杉、西南云杉、南亚松
TC13	A	油松、西伯利亚落叶松、云南松、马尾松等
	B	红皮云杉、丽江云杉、樟子松、红松等
TC11	A	西北云杉、伯利亚云杉、西黄松等
	B	冷杉、速生杉木、速生马尾松、新西兰辐射松、日本柳杉

方木、原木等木材的强度设计值及弹性模量应按表 9-5 的规定采用(以针叶树为例)。

表 9-5　针叶树种方木、原木强度设计值及弹性模量　　　　单位:MPa

强度等级	组别	抗弯 f_m	顺纹抗压及承压 f_c	顺纹抗拉 f_t	顺纹抗剪 f_v	弹性模量 E
TC17	A	17	16	10	1.7	10000
	B		15	9.5	1.6	10000
TC15	A	15	13	9.0	1.6	10000
	B		12	9.0	1.5	10000
TC13	A	13	12	8.5	1.5	10000
	B		10	8.0	1.4	10000
TC11	A	11	10	7.5	1.4	9000
	B		10	7.0	1.2	9000

复习思考题

1. 分析木材作为土木工程材料的优缺点。
2. 什么是纤维饱和点？它对木材的物理力学性质有何影响？
3. 什么是平衡含水率？它有何实际意义？
4. 分析影响木材强度的主要因素。
5. 简述真菌在木材中生存和繁殖的条件。
6. 简述木材在土木工程中的应用范围。

10 墙 体 材 料

　　墙体材料是土木工程中使用较广泛的材料,而实心黏土砖因工艺简单、砌筑方便和耐久性好等优点,曾是最主要的墙体材料。随着国家产业政策调整和战略升级,以牺牲珍贵土地资源为代价的实心黏土砖已彻底被淘汰,取而代之的是新型、环保和绿色的墙体材料。

　　本章的学习重点是熟悉砌墙砖的种类与应用;掌握砌块和石材的种类和应用;了解建筑石材的技术要求。

实心黏土砖的生产破坏生态环境

　　墙体材料是指构成建筑物墙体的制品单元。随着高层建筑的普及,墙体材料由承受各种作用转变为具有多种功能。新型墙体材料不仅质轻、隔热、隔声、保温,有的甚至有良好的防火功能。

　　按使用部位的不同,墙体材料可分为内墙材料和外墙材料;按承载能力不同,可分为承重墙材料和非承重墙材料;按产品外形不同,可分为块状材料和墙板,其中块状材料又可分为砌墙砖和砌块。块体材料是由烧结或非烧结生产工艺制成的实(空)心或多孔正六面体块材;板材用于围护结构的各类外墙及分隔室内空间的各类隔墙板。本章主要介绍砌墙砖、砌块、墙板和天然石材。

10.1 砌 墙 砖

　　以黏土、工业废料或其他材料为主要原料,以不同工艺制成的,用于砌筑承重墙和自承重墙体的砖称为砌墙砖。其外形多为直角六面体,也有异形的,长度不超过 365 mm,宽度不超过 240 mm,高度不超过 115 mm。

　　根据不同的分类方法,砌墙砖的种类见表 10-1。

表 10-1　砌墙砖的分类

项　次	分 类 方 法	种　　类
1	原材料	黏土砖、页岩砖、煤矸石砖、粉煤灰砖、淤泥砖

项　次	分类方法	种　类
2	孔洞率	实心砖(孔洞率<25%)、多孔砖(孔洞率≥28%)、空心砖(孔洞率>40%)
3	生产工艺	烧结砖(通过焙烧工艺制得)、免烧砖(通过蒸养或者蒸压工艺制得)
4	外形	普通砖或标准砖(尺寸为240 mm×115 mm×53 mm)、八五砖(尺寸为216 mm×105 mm×43 mm)、异型砖(形状不是直角六面体的砖。常以形状命名,如刀口砖、斧形砖、扇形砖等)
5	颜色	青砖、红砖

10.1.1　烧结砖

1. 烧结普通砖

烧结普通砖是以黏土、页岩、煤矸石、粉煤灰、建筑渣土、淤泥(江河湖淤泥)、污泥等为主要原料,经焙烧而成,主要用于建筑物承重部位的普通砖。其外形为直角六面体,公称尺寸为:长240 mm、宽115 mm、高53 mm,如图10-1所示。烧结普通砖俗称小砖、标准砖、实心砖等。

按主要原料的不同,烧结普通砖分为黏土砖(N)、页岩砖(Y)、煤矸石砖(M)、粉煤灰砖(F)、建筑渣土砖(Z)、淤泥砖(U)、污泥砖(W)、固体废弃物砖(G)。当采用两种原材料时,掺配比质量大于50%以上的为主要原材料;当采用3种或3种以上原材料时,掺配比质量最大者为主要原材料;污泥掺量在30%以上的可称为污泥砖。利用工业固体废弃物和降低黏土的使用量,可减小成本、保护环境,是烧结普通砖的发展方向。

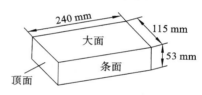

图10-1　烧结普通砖的公称尺寸

(1)生产工艺。

烧结普通砖的生产工艺流程为:原料准备→配料调制→制坯→干燥→焙烧→成品。焙烧是生产全过程中最重要的环节。根据原材料不同选用不同焙烧温度,一般黏土砖为950 ℃左右,页岩砖、粉煤灰砖为1050 ℃左右,煤矸石砖为1100 ℃左右。砖坯在焙烧过程中,应控制好烧成温度,若温度控制不当,则会产生欠火或过火砖。欠烧砖烧成温度过低,孔隙率大,强度低,色浅,声哑,耐久性差。过火砖烧成温度过高,弯曲变形大,砖的尺寸极不规整,色深,声清脆。

在氧化气氛中烧成的红色的黏土质砖,称为红砖。在还原气氛中烧成的青灰色的黏土质砖,称为青砖。青砖比红砖的耐碱性和耐久性好,但能耗较高,且不能大批量生产。

(2)主要技术性质。

根据国家标准《烧结普通砖》(GB/T 5101—2017)的规定,烧结普通砖的主要技术要求包括尺寸、外观质量、强度等级、抗风化性能、泛霜、石灰爆裂和放射性核素限量等,并规定产品中不准许有欠烧砖、酥砖和螺旋纹砖。

①尺寸偏差。烧结普通砖标准尺寸为240 mm×115 mm×53 mm,尺寸允许偏差应符合表10-2的规定。

表 10-2　尺寸允许偏差　　　　　　　　　　　　　　　　　　　　单位:mm

公称尺寸	指　　标	
	样本平均差	样本极差,≤
240	±2.0	6.0
115	±1.5	5.0
53	±1.5	4.0

②外观质量。烧结普通砖在制作和运输过程中,难免会出现外观质量缺陷,为了保证砌体质量,对两条面高度差、弯曲、杂质凸出高度、缺棱掉角、裂纹长度及完整面等方面的偏差进行了限制。具体指标见表 10-3。

表 10-3　外观质量　　　　　　　　　　　　　　　　　　　　　　单位:mm

项　　目		指　标
两条面高度差,≤		2
弯曲,≤		2
杂质凸出高度,≤		2
缺棱掉角的三个破坏尺寸,不得同时大于		5
裂纹长度,≤	a. 大面上宽度方向及其延伸至条面的长度	30
	b. 大面上长度方向及其延伸至顶面的长度或条顶面上水平裂纹的长度	50
完整面,不得少于		一条面和一顶面

③强度等级。烧结普通砖强度等级测定方法是取 10 块砖样,分别切断,用水泥净浆将半块砖与另半块砖两两叠一起,上下做抹平面,使试件呈近立方体,经养护后,进行抗压强度试验。根据抗压强度平均值和强度标准值划分为 MU30、MU25、MU20、MU15、MU10 五个强度等级。强度等级应符合表 10-4 的规定。

表 10-4　强度等级　　　　　　　　　　　　　　　　　　　　　　单位:MPa

强 度 等 级	抗压强度平均值 $\overline{f}$,≥	强度标准值 f_k,≥
MU30	30.0	22.0
MU25	25.0	18.0
MU20	20.0	14.0
MU15	15.0	10.0
MU10	10.0	6.5

强度标准差计算公式为

$$s = \sqrt{\frac{1}{9}\sum_{i=1}^{10}(f_i - \overline{f})^2} \tag{10.1}$$

式中:s 为 10 块砖样的抗压强度标准差,精确至 0.01 MPa;$\overline{f}$ 为 10 块砖样的抗压强度算术平均值,精确至 0.01 MPa;f_i 为单块砖样的抗压强度测定值,精确至 0.1 MPa。

抗压强度标准值计算公式为

$$f_k = \overline{f} - 1.83s \tag{10.2}$$

式中：f_k 为烧结普通砖抗压强度标准值，精确至 0.1 MPa。

④泛霜。砖在使用过程中，经过干湿循环后，原料中的可溶性盐随水分蒸发，迁移至砖表面产生盐析现象称为泛霜。一般为白色粉末，常在砖表面形成絮团状斑点，严重会起粉、掉角或脱皮。通常，轻微泛霜影响建筑物外观；中等程度泛霜使砖砌体表面产生粉化剥落，降低墙体的抗冻融或抗干湿能力；严重泛霜大大降低了建筑结构的承载能力。因此，国家标准要求砖不准许出现严重泛霜。

⑤石灰爆裂。当砖坯中夹杂有大颗粒石灰石时，烧成过程中生石灰留在砖内，通常为过烧的生石灰。当砌筑完成，砖内生石灰吸收水分消化生成氢氧化钙并产生体积膨胀，导致砌体开裂、断裂、局部崩溃等破坏现象称为石灰爆裂。石灰爆裂对砖砌体影响较大，轻者影响外观，重者降低承载能力，甚至造成砌体结构的破坏。国家标准规定：破坏尺寸大于 2 mm 且小于或等于 15 mm 的爆裂区域，每组砖不得多于 15 处，其中大于 10 mm 的不得多于 7 处；不准许出现最大破坏尺寸大于15 mm 的爆裂区域；试验后抗压强度损失不得大于 5 MPa。

⑥抗风化性能。抗风化性能是烧结普通砖重要的耐久性之一，是衡量砖在干湿变化、温度变化、冻融变化等气候条件下抵抗破坏的能力，用抗冻融试验或吸水率试验来衡量。

风化指数是日气温从正温降至负温，或从负温升至正温的平均天数与从霜冻之日起至霜冻消失之日降雨量（以 mm 计）的平均值的乘积。风化指数大于或等于 12700 为严重风化区，风化指数小于 12700 为非严重风化区。我国风化区的划分可参见 GB/T 5101—2017 的附录 B。

严重风化区中的砖应进行冻融试验；其他地区砖的抗风化性能符合表 10-5 规定时可不做冻融试验，否则，应进行冻融试验。淤泥砖、污泥砖、固体废弃物砖应进行冻融试验。

表 10-5　抗风化性能

砖 种 类	严重风化区				非严重风化区			
	5 h 沸煮吸水率/（%），≤		饱和系数，≤		5 h 沸煮吸水率/（%），≤		饱和系数，≤	
	平均值	单块最大值	平均值	单块最大值	平均值	单块最大值	平均值	单块最大值
黏土砖、建筑渣土砖	18	20	0.85	0.87	19	20	0.88	0.90
粉煤灰砖	21	23	0.85	0.87	23	25	0.88	0.90
页岩砖	18	18	0.74	0.77	18	20	0.78	0.80
煤矸石砖	18	18	0.74	0.77	18	20	0.78	0.80

（3）产品标记。

砖的产品标记按产品名称的英文缩写、类别、强度等级和标准编号顺序编写。例：烧结普通砖英文名称为 fired common bricks，则强度等级 MU15 的黏土砖标记为：FCB N MU15 GB/T 5101。

（4）烧结普通砖的应用。

烧结普通砖因具有足够的强度、良好的耐久性、良好的保温隔热和隔声吸声性能等优点，在土木工程中得到广泛应用。烧结普通砖主要用作墙体材料，也可用于砌筑柱、拱、窑炉、烟囱、沟道及基础等（还可用作预制振动砖墙版、复合墙体等），在砌体中配置适当的钢筋或钢丝网，可代替钢筋混凝土柱、梁等。

由于生产烧结普通砖需消耗大量的黏土和能量,不符合环境保护和绿色可持续发展的要求。近年来,各地都在推广非黏土砖、多孔或空心砖、混凝土小型砖块及硅酸盐板及其他利用非耗地的地方资源和工业废渣的墙体材料。

烧结多孔砖和烧结空心砖与烧结普通砖相比,具有自重轻、节能环保和施工效率高等优点。鼓励生产和使用多孔砖及空心砖是加快我国墙体材料改革和促进墙体材料工业技术进步的重要措施之一。

2. 烧结多孔砖和多孔砌块

根据《烧结多孔砖和多孔砌块》(GB 13544—2011)的定义,烧结多孔砖和多孔砌块是指以黏土、页岩、煤矸石、粉煤灰、淤泥(江河湖淤泥)及其他固体废弃物等为主要原料,经焙烧而成,孔的尺寸小而数量多的砖和砌块。

烧结多孔砖和多孔砌块的孔洞多与承压面垂直,它的单孔尺寸小,孔洞分布合理,非孔洞部分砖体较密实,具有较高的强度。主要用于砌筑六层以下建筑的承重部位。

按主要原料的不同,烧结多孔砖和多孔砌块分为黏土砖和砌块(N)、页岩砖和砌块(Y)、煤矸石砖和砌块(M)、粉煤灰砖和砌块(F)、淤泥砖和砌块(U)和固体废弃物砖和砌块(G)。

烧结多孔砖和多孔砌块的生产工艺与普通烧结砖基本相同,但由于坯体有孔洞,增加了成型的难度,所以对原料的可塑性要求较高。

(1)规格。

多孔砖和多孔砌块的外形一般为直角六面体。多孔砖尺寸规格(mm):290、240、190、180、140、115、90。结构示意图如图10-2所示。砌块规格尺寸(mm):490、440、390 、340、290、240、190、180、140、115、90。

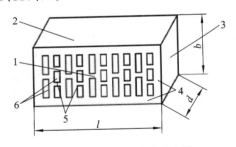

图 10-2　烧结多孔砖示意图

1—大面(坐浆面);2—条面;3—顶面;4—外壁;
5—肋;6—孔洞;l—长度;b—宽度;d—高度

在与砂浆的结合面上应设有增加结合力的粉刷槽和砌筑砂浆槽,具体要求为:①混水墙用砖和砌块,应在条面和顶面上设有均匀分布的粉刷槽或类似结构,深度不小于2 mm。②砌块应至少在一个条面或者顶面上设立砌筑砂浆槽。两个条面或顶面都有砌筑砂浆槽时,砌筑砂浆槽深度应大于15 mm且小于25 mm;只有一个条面或顶面有砌筑砂浆槽时,砌筑砂浆槽深度应大于30 mm且小于40 mm。砌筑砂浆槽宽度应超过砂浆槽所在砌块面宽度的50%。

(2)主要技术性质。

①尺寸偏差和外观质量。

多孔砖和多孔砌块的尺寸允许偏差见表10-6。

表 10-6　尺寸允许偏差　　　　　　　　　　　　　　　　　　　　　　　单位:mm

尺　寸	样本平均偏差	样本极差,≤
>400	±3.0	10.0
300～400	±2.5	9.0
200～300	±2.5	8.0
100～200	±2.0	7.0
<100	±1.5	6.0

规范对多孔砖和多孔砌块的杂质凸出高度、缺棱掉角、裂纹长度及完整面等方面的偏差也进行了限制。

②强度等级。

取 10 块砖样,通过检测抗压强度来评定强度等级。各参数的计算公式与烧结普通砖相同。根据抗压强度的大小,烧结多孔砖和多孔砌块可分为 MU30、MU25、MU20、MU15 和 MU10 五个强度等级。各强度等级的具体要求见表 10-4。

③密度等级。

烧结多孔砖和多孔砌块的密度等级分为 1000、1100、1200、1300 四个等级。多孔砌块的密度等级分为 900、1000、1100、1200 四个等级。具体要求见表 10-7。

表 10-7　密度等级　　　　　　　　　　　　　　　　　　单位:kg/m³

密 度 等 级		3 块砖干燥表观密度平均值
砖	砌块	
—	900	≤900
1000	1000	900~1000
1100	1100	1000~1100
1200	1200	1100~1200
1300	—	1200~1300

④孔洞及孔洞率。

国家标准《烧结多孔砖和多孔砌块》(GB 13544—2011)规定,所有烧结多孔砖和多孔砌块孔形均为矩形孔或矩形条孔;孔四个角应做成过渡圆角,不得做成直尖角。多孔砖孔洞率不小于 28%,多孔砌块的孔洞率不小于 33%。

孔洞排列要求:所有孔宽应相等,孔采用单向或双向交错排列;孔洞排列上下、左右应对称,分布均匀,手抓孔的长度方向尺寸必须平行于砖的条面。烧结多孔砖孔洞排列示意图见图 10-3。

⑤耐久性。

烧结多孔砖和多孔砌块耐久性要求主要包括对泛霜、石灰爆裂和抗风化性能的要求,各性能要求和烧结普通砖大致相同。

(3)产品标记。

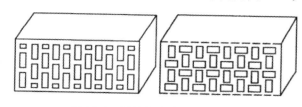

图 10-3　烧结多孔砖孔洞排列图

烧结多孔砖和多孔砌块的产品标记按产品名称、类别、规格、强度等级、密度等级和标准编号顺序编写。例:规格尺寸 290 mm×140 mm×90 mm、强度等级 MU25、密度 1200 级的黏土烧结多孔砖,其标记为:烧结多孔砖 N 290×140×90 MU25 1200 GB 13544—2011。

3. 烧结空心砖和空心砌块

根据《烧结空心砖和空心砌块》(GB/T 13545—2014)的定义,烧结空心砖和空心砌块是指以黏土、页岩、煤矸石、粉煤灰、淤泥(江河湖淤泥)、建筑渣土及其他固体废弃物等为主要原料,经焙烧而成,孔洞率不小于 40%,孔的尺寸大而数量少的砖和砌块。

烧结空心砖和砌块的孔洞多与承压面平行,它的单孔尺寸大、强度较低,多用于建筑的非承重部位,如建筑的内隔墙和填充墙等,但地面以下或防潮层以下的砌体不宜采用空心砖。

按主要原料的不同,烧结空心砖和空心砌块分为黏土砖和砌块(N)、页岩砖和砌块(Y)、煤矸石砖和砌块(M)、粉煤灰砖和砌块(F)、淤泥砖和砌块(U)、建筑渣土砖和砌块(Z)和固体废弃物砖和砌块(G)。

烧结空心砖和空心砌块的生产工艺与烧结普通砖基本相同。

(1)规格。

空心砖和空心砌块的外形一般为直角六面体。长度尺寸规格(mm):390、290、240、190、180(175)、140;宽度尺寸规格(mm):190、180(175)、140、115;高度尺寸规格(mm):180(175)、140、115、90。结构示意图如图10-4所示。

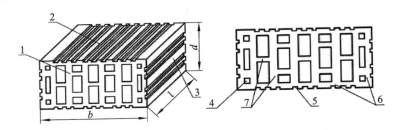

图 10-4 烧结空心砖示意图

1—顶面;2—大面;3—条面;4—壁孔;5—粉刷槽;6—外壁;7—肋;l—长度;b—宽度;d—高度

混水墙用空心砖应在大面和条面上设有均匀分布的粉刷槽或类似结构,深度不小于 2 mm。

(2)主要技术性质。

①尺寸偏差和外观质量。

空心砖和空心砌块的尺寸允许偏差见表10-8。

表 10-8　尺寸允许偏差　　　　　　　　　　　　　　　　　　　　　　　　　单位:mm

尺　　寸	样本平均偏差	样本极差,≤
>300	±3.0	7.0
>200~300	±2.5	6.0
100~200	±2.0	5.0
<100	±1.7	4.0

规范对空心砖和空心砌块的弯曲、垂直度高差、缺棱掉角、裂纹长度、肋和壁内残缺长度及完整面等方面的偏差也进行了限制。

②强度等级。

按抗压强度不同,烧结空心砖和空心砌块可分为MU10.0、MU7.5、MU5.0、MU3.5等四个强度等级。各强度等级的具体要求见表10-9。

表 10-9　强度等级　　　　　　　　　　　　　　　　　　　　　　　　　　　单位:MPa

强 度 等 级	抗压强度平均值 $\bar{f}$,≥	变异系数≤0.21	变异系数>0.21
		强度标准值 f_k,≥	单块最小抗压强度值 f_{min},≥
MU10.0	10.0	7.0	8.0
MU7.5	7.5	5.0	5.8
MU5.0	5.0	3.5	4.0
MU3.5	3.5	2.5	2.8

变异系数计算公式为

$$\delta = \frac{s}{f} \tag{10.3}$$

式中：δ 为该组砖试件的强度变异系数，精确至 0.01，其他符号和计算公式同烧结普通砖。

③密度等级。

烧结空心砖和空心砌块的密度等级分为 800、900、1000、1100 四个等级。具体要求见表 10-10。

表 10-10　密度等级　　　　　　　　　　　　　　单位：kg/m³

密　度　等　级	5 块体积密度平均值
800	≤800
900	801～900
1000	901～1000
1100	1001～1100

④孔洞排列及其结构。

空心砖和空心砌块孔洞排列及其结构要求见表 10-11。烧结空心砖孔洞排列示意图见图 10-5。

表 10-11　孔洞排列及其结构

孔　洞　排　列	孔洞排数/排		孔洞率/（%）	孔　　形
	宽度方向	高度方向		
有序或交错排列	宽度≥200 mm　≥4	≥2	≥40	矩形孔
	宽度<200 mm　≥3			

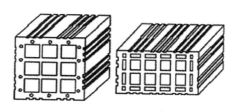

图 10-5　烧结空心砖孔洞排列示意图

⑤耐久性。

烧结空心砖和空心砌块耐久性要求主要包括对泛霜、石灰爆裂和抗风化性能的要求，各性能要求和烧结普通砖大致相同。

（3）产品标记。

烧结空心砖和空心砌块的产品标记按产品名称、类别、规格（长度×宽度×高度）、密度等级、强度等级和标准编号顺序编写。例：规格尺寸 290 mm×190 mm×90 mm，密度等级 800，强度等级 MU7.5 的页岩空心砖，其标记为：烧结空心砖 Y(290×190×90) 800　MU7.5　GB 13545—2014。

10.1.2　非烧结砖

1.蒸压粉煤灰砖和多孔砖

粉煤灰砖和多孔砖是以粉煤灰、生石灰为主要原料，可掺加适量石膏等外加剂和其他集料，经坯料制备、压制成型、高压蒸汽养护而制成的砖和多孔砖,产品代号分别为 AFB 和 AFPB,以下简称砖和多孔砖。

多孔砖的孔洞应与砖砌筑后承受压力的方向一致;铺浆面应为盲孔或半盲孔;孔洞率应不小于25%,不大于35%。砖的大面可设砌筑砂浆槽。

(1)规格。

砖和多孔砖的外形一般为直角六面体。砖的公称尺寸为长 240 mm、宽 115 mm、高 53 mm,外形如图 10-1 所示。多孔砖的长度尺寸规格(mm):360、330 、290、240、190、140;宽度尺寸规格(mm):240、190、115 、90;高度尺寸规格(mm):115、90。

(2)主要技术性质。

①尺寸偏差和外观质量。

砖和多孔砖的外观质量和尺寸允许偏差见表 10-12。

表 10-12　外观质量和尺寸偏差

项　目　名　称		技　术　指　标
外观质量	缺棱掉角　　个数/个	≤2
	三个方向投影尺寸的最大值/mm	≤15
	裂纹　　裂纹延伸的投影尺寸累计/mm	≤20
	层裂	不允许
尺寸偏差	长度/mm	+2,-1
	宽度/mm	±2
	高度/mm	+2,-1

②强度等级。

《蒸压粉煤灰砖》(JC/T 239—2014)规定,按 10 块试样的抗压强度和抗折强度分为 MU30、MU25、MU20、MU15、MU10 五个强度等级,见表 10-13。

表 10-13　砖的强度等级　　　　　　　　　　　　单位:MPa

强　度　等　级	抗压强度		抗折强度	
	平均值	单块最小值	平均值	单块最小值
MU10	≥10.0	≥8.0	≥2.5	≥2.0
MU15	≥15.0	≥12.0	≥3.7	≥3.0
MU20	≥20.0	≥16.0	≥4.0	≥3.2
MU25	≥25.0	≥20.0	≥4.5	≥3.6
MU30	≥30.0	≥24.0	≥4.8	≥3.8

《蒸压粉煤灰多孔砖》(GB 26541—2011)规定,按 5 块试样的抗压强度和抗折强度分为 MU25、MU20、MU15 三个强度等级,见表 10-14。

表 10-14　多孔砖的强度等级

単位:MPa

强　度　等　级	抗压强度		抗折强度	
	五块平均值	单块最小值	五块平均值	单块最小值
MU15	≥15.0	≥12.0	≥3.8	≥3.0
MU20	≥20.0	≥16.0	≥5.0	≥4.0
MU25	≥25.0	≥20.0	≥6.3	≥5.0

③耐久性。

抗冻性要求质量损失率不大于 5% 和抗压强度损失率不大于 25%;线性干燥收缩值应不大于 0.50 mm/m;碳化系数应不小于 0.85;吸水率应不大于 20%。

(3)应用范围。

蒸压粉煤灰砖的规格与烧结普通砖相同,但颜色呈深灰色,表观密度比烧结普通砖小。粉煤灰砖和多孔砖主要用于工业与民用建筑的墙体和基础,不得用于长期受热或急冷急热和有酸性介质侵蚀的建筑部位。为避免或减少建筑物收缩裂缝的产生,使用粉煤灰砖砌筑的建筑物,应适当增设圈梁及伸缩缝。

2. 蒸压灰砂实心砖、多孔砖和空心砖

灰砂砖是以砂、石灰为主要原料,可适量掺入其他材料,经配料、搅拌、消解、压制成型、高温高压蒸压养护制成的块体。当实心砖开孔的方向与使用承载方向一致时,其孔洞率不宜超过 10%;多孔砖的孔洞采用圆形或其他孔形,孔洞垂直于大面,孔洞排列上下左右对称,分布均匀,孔洞率不小于 25%;空心砖的空心率不小于 15%。

国家标准《蒸压灰砂实心砖和实心砌块》(GB/T 11945—2019)规定,实心砖的尺寸规格应考虑工程应用砌筑灰缝的宽度和厚度要求,由供需双方协商后确定;按抗压强度分为 MU30、MU25、MU20、MU15 和 MU10 五个强度等级,按颜色分为本色(N)、彩色(C)两类,彩色产品的颜色应基本一致,无明显色差。软化系数应不小于 0.85;抗冻性要求质量损失率平均值不大于 3.0% 和抗压强度损失率平均值不大于 15%;型式检验的线性干燥收缩率应不大于 0.050%;碳化系数应不小于 0.85;吸水率应不大于 12%。

《蒸压灰砂多孔砖》(JC/T 637—2009)规定,多孔砖的尺寸规格有 240 mm×115 mm×90 mm 和 240 mm×115 mm×115 mm 两种。按 10 块砖(单块整砖沿竖孔方向加压)抗压强度分为 MU30、MU25、MU20、MU15 四个强度等级。夏热冬暖地区冻融循环次数不少于 15 次,夏热冬冷地区不少于 25 次,寒冷地区不少于 35 次,严寒地区不少于 50 次。尺寸偏差和外观质量应符合要求;软化系数应不小于 0.85;线性干燥收缩值应不大于 0.050%;碳化系数应不小于 0.85。

《非承重蒸压灰砂空心砌块和蒸压灰砂空心砖》(JC/T,2489—2018)规定,空心砖的尺寸规格应考虑工程应用砌筑灰缝的宽度和厚度要求,由供需双方协商后确定。按抗压强度分为 MU10、MU7.5、MU5.0 三个强度等级;按干密度分为 B14、B12、B10 三个密度等级。折压比为抗折强度平均值与抗压强度平均值的比值,应不小于 0.15。软化系数应不小于 0.80;抗冻性要求质量损失率平均值不大于 3.0% 和抗压强度损失率平均值不大于 15%;型式检验的线性干燥收缩率应不大于 0.050%;碳化系数应不小于 0.85。

蒸压灰砂实心砖和多孔砖适用于各类民用建筑、公用建筑和工业厂房的内、外墙以及房屋的基础,可用于防潮层以上的建筑承重部位,是可替代烧结黏土砖的产品。不得用于受热 200℃ 以上、受急冷急热和有酸性介质侵蚀的建筑部位。蒸压灰砂空心砖还可用于建筑非承重结构部位。

3. 炉渣砖

炉渣砖是以炉渣为主要原料,掺入适量(水泥、电石渣)石灰和石膏,经混合、压制成型、蒸养或蒸压养护而成的实心砖。炉渣是煤燃烧后的残渣。

《炉渣砖》(JC/T 525—2007)规定,炉渣砖的外形为直角六面体,尺寸规格同烧结普通砖。按抗压强度分为 MU25、MU20、MU15 三个强度等级。抗冻性和抗碳化性能要求见表 10-15;耐火极限应不小于 2.0 h;线性干燥收缩率应不大于 0.060%。

表 10-15 抗冻性和抗碳化性能要求

强 度 等 级	冻后抗压强度/MPa	单块砖的干质量损失/(%)	碳化后强度平均值/MPa
MU25	≥22.0	≤20.0	≥22.0
MU20	≥16.0	≤16.0	≥16.0
MU15	≥12.0	≤12.0	≥12.0

炉渣砖主要用于一般建筑物的墙体和基础部位,不得用于受高温、急冷急热交替作用或有酸性介质侵蚀的建筑部位。

4. 混凝土实心砖和多孔砖

混凝土实心砖和多孔砖的出现是为了减少烧结制品的生产和使用。它是以水泥、砂、石等为主要原材料,根据需要加入掺合料、外加剂等,经配料搅拌、成型、养护制成的块体。混凝土多孔砖的孔洞率应不小于 25%,不大于 35%,开孔方向应与砖砌筑上墙后承受压力的方向一致。混凝土实心砖和多孔砖各部位名称见图 10-6 和图 10-7。

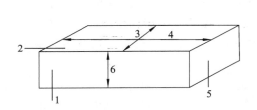

图 10-6 混凝土实心砖

1—条面;2—大面;3—宽度(B);
4—长度(L);5—顶面;6—高度(H)

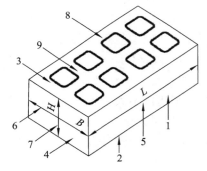

图 10-7 混凝土多孔砖

1—条面;2—坐浆面;3—铺浆面;4—顶面;5—长度(L);
6—宽度(B);7—高度(H);8—外壁;9—肋

《混凝土实心砖》(GB/T 21144—2007)规定,实心砖的外形为直角六面体,尺寸规格同烧结普通砖。按抗压强度分为 MU40、MU35、MU30、MU25、MU20、MU15 六个强度等级;按混凝土自身的密度分为 A 级(≥2100 kg/m³),B 级(1681～2 099 kg/m³)和 C 级(≤1680 kg/m³)三个密度等级。碳化系数应不小于 0.80;软化系数应不小于 0.80;最大吸水率 A 级不大于 11%,B 级不大于 13%,C 级不大于 17%。

《承重混凝土多孔砖》(GB 25779—2010)规定,多孔砖的外形为直角六面体,长度尺寸规格(mm):360、290、240、190、140;宽度尺寸规格(mm):240、190、115 、90;高度尺寸规格(mm):115、90。按抗压强度分为 MU25、MU20、MU15 三个强度等级。最大吸水率应不大于 12%;碳化系数应不小于0.85;软化系数应不小于0.85;尺寸偏差、外观质量、线性干燥收缩率、相对含水率和抗冻性要符合要求。

混凝土实心砖和多孔砖是混凝土制品,具有混凝土的技术特点。一般多用于工业与民用建筑等承重部位的砌体工程。

10.2 砌　　块

改革开放以来,我国已成为产量世界第一的砖瓦制造国,但自主创新的能力尚有不足,要提高砖瓦整体水平,就要在绿色制造上下功夫,丢弃和淘汰落后产品,促进行业健康发展。近年来,国家发布实心黏土砖使用禁令,从某种程度上为绿色、环保新型砌块的发展提供了机遇。

砌块是一种新型墙体材料,尺寸比砌墙砖大,主要原材料为混凝土、地方资源和工业废渣等。砌块具有原料来源广、自重较轻、砌筑灵活、施工效率高和绿色环保等优点,目前已迅速发展成为我国主要的墙体材料之一。

砌块外形多为直角六面体,主规格的长度、宽度或高度有一项或一项以上分别超过365 mm、240 mm或115 mm,但高度一般不大于长度或宽度的六倍,长度不超过高度的三倍。

砌块按生产工艺可分为烧结砌块和非烧结砌块;按在结构中的作用可分为承重砌块和非承重砌块;按有无孔洞及孔洞率的大小可分为实心砌块、多孔砌块和空心砌块;按生产砌块的原材料不同可分为混凝土砌块和硅酸盐砌块。目前砌块的种类繁多,本节主要介绍常用混凝土小型空心砌块、蒸压加气混凝土砌块、轻集料混凝土小型空心砌块和粉煤灰混凝土小型空心砌块。

10.2.1 混凝土小型空心砌块

混凝土砌块在我国的研究和使用已有20多年的历史,是一种较成熟的墙体材料。它是以水泥、矿物掺合料、砂石、水等为原材料,经搅拌、振动成型、养护等工艺制成的小型砌块,包括空心砌块(空心率不小于25%,代号:H)和实心砌块(空心率小于25%,代号:S)。按用途分为主块型砌块、辅助砌块和免浆砌块。

(1)规格。

主块型砌块的外形一般为直角六面体。长度尺寸规格(mm):360;宽度尺寸规格(mm):290、240、190、140、120、90;高度尺寸规格(mm):190、140、90。各部位名称见图10-8。

(2)主要技术性质。

《普通混凝土小型砌块》(GB/T 8239—2014)规定如下。

①强度等级。

普通混凝土小型砌块按抗压强度分的强度等级见表10-16。

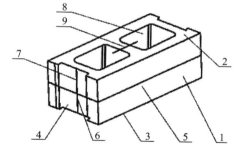

图 10-8　主块型砌块各部位名称

1—条面;2—坐浆面;3—铺浆面;4—顶面;
5—长度(L);6—宽度(B);7—高度(H);8—壁;9—肋

表 10-16　强度等级

单位:MPa

砌块种类	承重砌块(L)	非承重砌块(N)
空心砌块(H)	7.5、10.0、15.0、20.0、25.0	5.0、7.5、10.0

砌 块 种 类	承重砌块(L)	非承重砌块(N)
实心砌块(S)	15.0、20.0、25.0、30.0、35.0、40.0	10.0、15.0、20.0

②其他技术要求。

承重空心砌块的最小外壁厚应不小于 30 mm,最小肋厚应不小于 25 mm。非承重空心砌块的最小外壁厚和最小肋厚应不小于 20 mm。L 类砌块的吸水率应不大于 10%,线性干燥收缩值应不大于 0.45 mm/m;N 类砌块的吸水率应不大于 14%,线性干燥收缩值应不大于 0.65 mm/m。碳化系数应不小于 0.85;软化系数应不小于 0.85;尺寸偏差、外观质量、和抗冻性要符合要求。

(3)应用范围。

混凝土小型砌块自重较实心黏土砖轻,地震荷载较小,砌块有孔洞,便于浇筑配筋芯柱,能提高建筑物的延性。此外,混凝土砌块的隔热、隔声、防火、耐久性等大体与黏土砖相同,能满足一般建筑要求。混凝土砌块可用作无抗震要求或抗震设计烈度 6~8 度的一般民用建筑的承重墙体和非承重的填充墙体。

10.2.2 蒸压加气混凝土砌块

蒸压加气混凝土砌块是用钙质材料(如水泥、石灰)、硅质材料(粉煤灰、石英砂、粒化高炉矿渣等)和加气剂作为原料,经混合搅拌、浇注发泡、坯体静停与切割后,再经蒸压养护而成的多孔块状材料。

《蒸压加气混凝土砌块》(GB/T 11968—2020)规定如下。

砌块的外形一般为直角六面体。长度尺寸规格(mm):600;宽度尺寸规格(mm):300、250、240、200、180、150、125、120、100;高度尺寸规格(mm):300、250、240、200。

砌块按尺寸偏差、外观质量、干密度、抗压强度和抗冻性分为优等品(A)、合格品(B)两个等级。强度级别有 A1.0、A2.0、A2.5、A3.5、A5.0、A7.5、A10 七个级别;干密度级别有 B03,B04,B05,B06,B07,B08 六个级别,详见表 10-17 和表 10-18。

表 10-17 强度级别

干密度级别		B03	B04	B05	B06	B07	B08
强度级别	优等品(A)	A1.0	A2.0	A3.5	A5.0	A7.5	A10
	合格品(B)	A1.0	A2.0	A2.5	A3.5	A5.0	A7.5

表 10-18 干密度 单位:kg/m³

干密度级别		B03	B04	B05	B06	B07	B08
干密度	优等品(A),≤	300	400	500	600	700	800
	合格品(B),≤	325	425	525	625	725	825

砌块产品标记示例:强度级别为 A3.5、干密度级别为 B05、优等品、规格尺寸为 600 mm×200 mm×250 mm 的蒸压加气混凝土砌块,其标记为:ACB A3.5 B05 600×200×250 A GB 11968。

蒸压加气混凝土砌块表观密度小,是黏土砖的三分之一左右,可减轻结构自重,提高建筑物的抗震能力。

由于加气混凝土的内部结构像面包一样,均匀地分布着大量的封闭气孔,因此具有良好的吸声、保温和抗冻性能,保温性能是黏土砖的 3～4 倍,隔声性能是黏土砖的 2 倍,抗渗性能是黏土砖的一倍以上。

加气混凝土具有一定耐高温性,在温度为 600 ℃ 以下时,其抗压强度稍有增长;当温度在 600 ℃ 左右时,其抗压强度接近常温时的抗压强度,耐火性能是钢筋混凝土的 6～8 倍。

因此,蒸压加气混凝土砌块主要用于建筑物的外填充墙和非承重内隔墙,也可与其他材料组合成为具有保温隔热功能的复合墙体,但不宜用于最外层。不得使用在建筑物 ±0.000 以下(地下室的室内填充墙除外)部位,长期浸水或经常干湿交替的部位,砌体表面经常处于 80 ℃ 以上的高温环境的部位及屋面女儿墙。

10.2.3　轻集料混凝土小型空心砌块

用轻粗集料(堆积密度不大于 1100 kg/m³)、轻砂(或普通砂)、水泥和水等原材料制成的干表观密度不大于 1950 kg/m³ 轻集料混凝土制作的小型空心砌块,称为轻集料混凝土小型空心砌块。轻集料混凝土小型空心砌块按孔的排数可分为单排孔、双排孔、三排孔、四排孔等;按轻集料种类分为人造轻集料(页岩陶粒、黏土陶粒、粉煤灰陶粒、大颗粒膨胀珍珠岩)、天然轻集料(浮石、火山渣)、工业废料轻集料(自然煤矸石、煤渣等)。

根据《轻集料混凝土小型空心砌块》(GB/T 15229—2011)的规定,轻集料混凝土小型空心砌块的主规格尺寸长×宽×高为 390 mm×190 mm×190 mm。砌块按密度大小分为八个等级,即 700、800、900、1000、1100、1200、1300 和 1400 kg/m³;按抗压强度分为五个等级,即 MU2.5、MU3.5、MU5.0、MU7.5 和 MU10.0。强度等级应符合表 10-19 的规定,同一强度等级砌块的抗压强度和密度等级范围应同时满足表 10-19 的规定。规范规定其碳化系数应不小于 0.8;软化系数应不小于 0.8;吸水率应不大于 18%;干燥收缩率应不大于 0.065%。此外还对砌块的尺寸偏差和外观质量及抗冻性等性能都做了规定。

表 10-19　强度级别

强度等级	抗压强度 MPa		密度等级范围 /(kg/m³),≤
	平均值,≥	最小值,≥	
MU2.5	2.5	2.0	800
MU3.5	3.5	2.8	100
MU5.0	5.0	4.0	1200
MU7.5	7.5	6.0	1200[a](1300[b])
MU10.0	10	8.0	1200[a](1400[b])

注:当砌块的抗压强度同时满足 2 个强度等级或 2 个以上强度等级要求时,应以满足要求的最高强度等级为准。

[a] 除自燃煤矸石掺量不小于砌块质量 35% 以外的其他砌块;

[b] 自燃煤矸石掺量不小于砌块质量 35% 的砌块。

随着墙体材料改革的深入发展以及黏土砖的禁止使用,轻集料混凝土小型空心砌块以其突出的性能优点(重量轻、保温性能好、抗震性好、施工方便、砌筑速度快、工程造价低)已成为目前建筑市场上使用的主要墙体材料。其主要应用于非承重结构的围护和框架填充墙。但与烧结普通砖相比,轻集料混凝土小型空心砌块的温度变形和干缩变形较大,为防止裂缝,可根据具体情况设置伸缩缝,在必要的部位增加构造钢筋。

10.2.4　粉煤灰混凝土小型空心砌块

粉煤灰混凝土小型空心砌块是以粉煤灰、水泥、各种集料(也可加外加剂)为主要原料,制成的混凝土小型空心砌块。粉煤灰用量应不低于原材料干重量的 20%,且不高于原材料干重量的 50%。粉煤灰混凝土小型空心砌块按孔的排数分为单排孔、双排孔、多排孔 3 类。

根据《粉煤灰混凝土小型空心砌块》(JC/T862－2008)的规定,粉煤灰混凝土小型空心砌块主要规格尺寸长×宽×高为 390 mm×190 mm×190 mm。砌块按密度大小分为 7 个等级,即 600、700、800、900、1000、1200 和 1400 kg/m³;按抗压强度大小分为 6 个等级,即 MU3.5、MU5,MU7.5、MU10、MU15 和 MU20。

粉煤灰砌块的表观密度小,抗压强度较高,抗冻性较好,干燥收缩较小,且具有较好的保温隔热性能。主要用于一般建筑物的墙体和基础。但使用时应注意其干缩值和变形都大于水泥混凝土制品。根据《墙体材料应用统一技术规范》(GB 50574—2010)的规定,墙体不应采用非蒸压硅酸盐砖(砌块)及非蒸压加气混凝土制品,所以未经蒸压处理的粉煤灰混凝土小型空心砌块不能用作墙体材料。

10.3　墙　　板

墙板是指用于墙体的建筑板材,包括大型墙板、条板和薄板等。我国从 20 世纪 70 年代后期开始研发和使用板材,在传统板材的基础上,近几年轻质板材发展迅速,种类繁多。墙板大量使用工业废渣,尺寸大,密度小,通过复合技术可实现多功能,可适应装配化施工,生产和施工效率高,代表了墙体材料发展的方向。

墙板按建筑部位分为外墙板和隔墙板。按主要原材料可分为三类:第一类是水泥类墙用板材,如玻璃纤维增强水泥复合板(GRC),该类板材力学性能和耐久性较好,用于工业和民用建筑的承重墙、内外墙和复合墙板的外层面。第二类是石膏类墙用板材,如石膏纤维板,具有石膏制品的优点和强度低的缺点,用于各类建筑的非承重内隔墙、复合外墙板的内壁板、天花板等。第三类是轻质复合墙板,将不同材料扬长避短,组合成复合墙体。常用的复合墙板主要由承受外力的结构层(多为普通混凝土或金属板)、保温层(矿棉、泡沫塑料、加气混凝土等)和面层(各类具有可装饰性的轻质薄板)组成,如钢丝网架水泥夹芯墙板。轻质复合墙板具有坚固、轻质、环保、保温、隔热、隔声、防火及安装方便等综合优点,是现代建筑理想的节能型墙体材料。

10.3.1　玻璃纤维水泥增强轻质多孔隔墙条板(简称 GRC 轻质多孔隔墙条板)

GRC 轻质多孔隔墙条板是以低碱度硫铝酸盐水泥为胶凝材料,耐碱玻璃碱纤维为增强材料,膨胀珍珠岩为轻集料,按比例配合,经搅拌、浇注(或挤压)成型、养护、脱模等工序制成的轻质多孔内隔墙条板。

GRC 轻质多孔隔墙条板按板的厚度分为 90 型、120 型;按板型分为普通板、门框板、窗板框板、过梁;按外观质量、尺寸偏差及物理力学性能分为一等品(B)、合格品(C)。外形示意图见图 10-9。

GRC 轻质多孔隔墙条板具有质量轻、强度高、韧性好的优良性能,同时它还具有保温、隔声、防火、耐久、使用方便、施工快捷等优点。可用于多层和高层建筑的非承重内隔墙。

10.3.2 纸面石膏板

纸面石膏板按其功能分为普通纸面石膏板、耐水纸面石膏板、耐火纸面石膏板以及耐水耐火纸面石膏板四种。

普通纸面石膏板(代号 P):以建筑石膏为主要原料,掺入适量纤维增强材料和外加剂等,在与水搅拌后,浇注于护面纸的面纸与背纸之间,并与护面纸牢固地黏结在一起的建筑板材。

耐水纸面石膏板(代号 S):以建筑石膏为主要原料,掺入适量纤维增强材料和耐水外加剂等,在与水搅拌后,浇注于耐水护面纸的面纸与背纸之间,并与耐水护面纸牢固地黏结在一起,旨在改善防水性能的建筑板材。

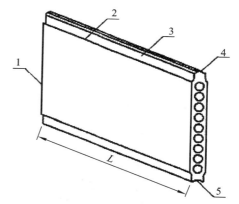

图 10-9　GRC 轻质多孔隔墙条板外形示意图
1—板端;2—板边;3—接缝槽;4—榫头;5—棉槽

耐火纸面石膏板(代号 H):以建筑石膏为主要原料,掺入无机耐火纤维增强材料和外加剂等,在与水搅拌后,浇注于护面纸的面纸与背纸之间,并与护面纸牢固地黏结在一起,旨在提高防火性能的建筑板材。

耐水耐火纸面石膏板(代号 SH):以建筑石膏为主要原料,掺入耐水外加剂和无机耐火纤维增强材料等,在与水搅拌后,浇注于耐水护面纸的面纸与背纸之间,并与耐水护面纸牢固地黏结在一起,旨在改善防水性能和提高防火性能的建筑板材。

纸面石膏板按棱边形状分为:矩形(代号 J)、倒角形(代号 D)、楔形(代号 C)和圆形(代号 Y)四种。板材的公称长度为 1500 mm、1800 mm、2100 mm、2400 mm、2440 mm、2700 mm、3000 mm、3300 mm、3600 mm 和 3660 mm。板材的公称宽度为 600 mm、900 mm、1200 mm 和 1220 mm。板材的公称厚度为 9.5 mm、12.0 mm、15.0 mm、18.0 mm、21.0 mm 和 25.0 mm。

纸面石膏板具有质量轻、防火、隔声、隔热、施工方便、能调节室内湿度等性能,主要用于内隔墙、内墙贴面、天花板、吸声板等,但其耐水性差,不宜用于潮湿环境中。

10.3.3 钢丝网架水泥夹芯板

钢丝网架水泥夹芯板是由钢丝制成的三维空间焊接网,内填泡沫塑料板或半硬质岩棉板构成的网架芯板,两面再喷抹水泥砂浆面层后形成的一种轻型复合墙板。钢丝网架夹芯板按照保温夹芯材料的不同,可分为:轻质泡沫塑料板,如聚苯乙烯泡沫塑料板、聚氨酯泡沫;轻质无机纤维板,如石棉,玻璃棉。按结构形式可分为集合式与整体式两种。集合式是指将两层钢丝网用 W 形钢丝焊接成网架,然后在空隙中填入聚苯乙烯板条等保温材料;而整体式是先将聚苯乙烯板置于两层钢丝焊接网之间,然后再用短的单根钢丝将两层钢丝网焊接成网架。

钢丝网架水泥夹芯板又称泰柏板,近年来在我国得到了迅速发展,该板有着质轻、高强、保温、隔声、抗震等众多优点。主要用于房屋建筑的内隔墙、非承重外墙、保温复合外墙、屋面及建筑加层等。

10.4　天 然 石 材

石材是以天然岩石为主要原材料,经加工制作并用于建筑、装饰碑石、工艺品或路面等用途的材料,包括天然石材和人造石材。天然石材是指经选择和加工成的特殊尺寸或形状的天然岩石。天然石材是最古老的建筑材料之一,我国河北省的赵州桥距今已有约 1400 年历史,是世界上现存年代最久远、跨度最大、保存最完整的单孔坦弧敞肩石拱桥,如图 10-10 所示。

图 10-10　赵州桥

天然石材具有分布广、强度高、耐磨性好和耐久等优点,曾是历史上最重要的建筑材料。虽然石材自重大、加工困难、开采和运输不够方便,但仍在砌筑工程和装饰工程中备受青睐。

砌筑石材主要用于基础、墙体、挡土墙、勒脚等部位。装饰板材主要有大理石板材和花岗石板材两大类,

天然石材
的分类

用于各种建筑部位的装饰。在土木建筑历史上石砌结构曾是主要的结构形式,而现代的土木建筑工程中,石砌工程仍然备受欢迎。砌筑石材应采用质地坚硬、无风化剥落和裂纹的天然石材。砌筑石材一般加工成块状。根据加工后的外形规则程度,砌筑石材可分为毛石和料石。

10.4.1　砌筑石材

1.分类

岩石经开采、加工后成为石材。砌筑石材按其加工后的外形规则程度分为料石、毛石。毛料是由矿山直接分离下来,形状不规则的石料。料石是用毛料加工成的具有一定规格,用来砌筑建筑物的石料。料石(毛料石、粗料石、半细料石、细料石)根据加工程度可用于砌筑墙身、地坪、踏步、柱和纪念碑等,形状复杂的料石制品也可用于砌筑柱头、柱基、窗台板、栏杆及其他装饰。

毛石是不成形的石料,按其表面的平整程度分为乱毛石和平毛石两类。形状不规则,一个方向尺寸达 30～40 cm 的称为乱毛石;有两个大致平行面,基本上有六个面,中部厚度不小于 200 mm 的称为平毛石。

毛石常用于砌筑基础、勒脚、墙身、堤坝、挡土墙等,也可用于配制片石混凝土等。乱毛石主要用于基础、挡土墙、毛石混凝土等;平毛石主要用于基础、勒脚、墙身、桥墩、涵洞等。

2.技术性质

(1)力学性能。

砌筑石材的力学性能主要是抗压强度。抗压强度以边长为 70 mm×70 mm×70 mm 的立方体试块,用标准试验方法测得的抗压极限强度的平均值表示。根据抗压强度值的大小,石材共分七个强度等级:MU100、MU80、MU60、MU50、MU40、MU30 和 MU20。抗压试件也可采用各种非标准尺寸的试件测得,但应对其试验结果进行修正。

石材是非均质和各向异性的脆性材料,抗拉强度不高,一般密实石材的抗拉强度为抗压强度的 1/15～1/5。

砌筑石材的力学性质除了考虑抗压强度外,根据工程需要,还应考虑抗剪强度、冲击韧性等。

（2）耐久性。

砌筑石材的耐久性主要包括抗冻性、抗风化性、耐水性、耐火性和耐酸性等。

①耐水性：石材的耐水性以软化系数表示。按软化系数的大小，石材的耐水性分为高、中、低三等，软化系数大于 0.9 的石材为高耐水性石材，软化系数在 0.70～0.90 之间的石材为中耐水性石材，软化系数为 0.60～0.70 之间的石材为低耐水性石材。软化系数小于 0.80 的石材，不允许用于重要建筑物中。

②抗冻性：石材的抗冻性用冻融循环次数表示，石材在吸水饱和状态下，经规定次数的冻融循环后，若无贯穿裂缝且质量损失不超过 5%，强度损失不超过 25% 时，则为抗冻性合格。经受的冻融循环次数越多，则抗冻性越好。石材抗冻性与吸水性有密切的关系，吸水率大的石材其抗冻性也差。一般吸水率小于 0.5% 的石材，则认为具有较高的抗冻性，无须进行抗冻性实验。

③耐热性：石材的耐热性与其化学成分及矿物组成有关。石材经高温后，由于热胀冷缩、体积变化而产生内应力或因组成矿物发生分解和变异而导致结构破坏。如含有石膏的石材，在 100 ℃以上时就开始破坏；由石英与其他矿物所组成的结晶石材，如花岗岩等，当温度达到 700 ℃ 以上时，由于石英受热发生膨胀，强度迅速下降。

④抗风化能力：水、冰、化学因素等造成岩石开裂或剥落称为岩石的风化。岩石抗风化能力的强弱与其矿物组成、结构和构造状态有关。岩石上所有的裂隙都能被水侵入，致使其逐渐崩解破坏。花岗石等具有较好的抗风化能力。

（3）物理性能。

①表观密度。天然石材根据表观密度大小可分为轻质石材（表观密度≤1800 kg/m³）和重质石材（表观密度＞1800 kg/m³）。表观密度的大小常间接反映石材的致密程度与孔隙率。致密的石材如花岗岩和大理岩等，其表观密度接近密度，为 2500～3100 kg/m³。孔隙率较大的火山凝灰岩、浮石等石材，其表观密度较小，为 500～1700 kg/m³。在通常情况下，同种石材的表观密度愈大，则抗压强度愈高，吸水率愈小，耐久性好，导热性好。

②吸水性。吸水率低于 1.5% 的岩石称为低吸水性岩石，介于 1.5%～3.0% 的称为中吸水性岩石，吸水率高于 3.0% 的称为高吸水性岩石。石材的吸水性主要与其孔隙率和孔隙特征有关。孔隙特征相同的石材，孔隙率愈大，吸水率愈高。岩浆深成岩以及许多变质岩，它们的孔隙率都很小，故而吸水率也很小，例如花岗岩的吸水率通常小于 0.5%。沉积岩由于形成条件、密实程度与胶结情况不同，孔隙率与孔隙特征的变动很大，这导致石材吸水率的波动也很大，例如致密的石灰岩，它的吸水率可小于 1%，而多孔的贝壳石灰岩吸水率可高达 15%。

10.4.2 天然岩石板材

天然岩石板材是用致密的岩石经凿平、锯断、磨光等加工工艺制成的具有一定厚度的板材。一般采用大理岩和花岗岩加工制作。

（1）天然大理石板材。

天然大理石是石灰岩或白云岩在地壳内经过高温高压作用形成的变质岩，多为层状结构，有明显的结晶，纹理有斑纹、条纹之分，是一种富有装饰性的天然石材。主要成分为碳酸盐，矿物成分为方解石或白云石。纯大理石为白色，称为汉白玉，其耐久性比其他大理石好。当含有部分其他深色矿物时，产生多种色彩与优美花纹；从色彩上来说，有纯黑、纯白、纯灰、墨绿等数种。大理石板材一般为磨光板，常以磨光后所显示的花色、产地等特征命名，如汉白玉、晚霞、残雪、杭灰等。

《天然大理石建筑板材》（GB/T 19766—2016）规定，天然大理石板材按矿物组成分为方解石大理石(FL)、白云石大理石(BL)和蛇纹石大理石(SL);按形状分为毛光板(MG)、普型板(PX)、圆弧板(HMD)和异型板(YX);按表面加工分为镜面板(JM)和粗面板(CM);按加工质量和外观质量分为 A、B、C 三级。标记顺序为名称(采用 GB/T 17670 标准规定的名称或编号)、类别、规格尺寸、等级、标准编号。例:用房山汉白玉大理石荒料加工的 600 mm×600 mm×20 mm 普型、A 级、镜面板材。标记为:房山汉白玉大理石(或 M1101)BL PX JM 600×600×20 A GB/T 19766—2016。

大理石板材可用于各种工程的装饰,如纪念性建筑、宾馆、展览馆、商场、图书馆、车站、机场等建筑物的装饰墙面、柱面、地面、造型面、楼梯踏步、石质栏杆、电梯门脸等,还可用于吧台、服务台的里面和台面、高档洗手间的盥洗台及各式家具的台面、桌面等。但天然大理石的碳酸盐易被酸侵蚀,若用于室外,易风化与溶蚀,表面失去光泽,影响装饰效果。因此,大理石除汉白玉、艾叶青等品种外,不宜用于室外装饰。

(2)天然花岗石板材。

花岗石是典型的火成岩,是全晶质岩石。主要成分为石英、长石和少量的暗色矿物和云母,颜色呈灰色、黄色、蔷薇色、红花等。

《天然花岗石建筑板材》(GB/T18601—2009)规定,天然花岗石板材按形状分为毛光板(MG)、普型板(PX)、圆弧板(HM)和异型板(YX)。按表面加工程度又分为镜面板材(JM)、细面板材(YG)和粗面板材(CM)。毛光板按厚度偏差、平面度公差、外观质量等将板材分为优等品(A)、一等品(B)、合格品(C)三个等级;普型板按规格尺寸偏差、平面度公差、角度公差、外观质量等将板材分为优等品(A)、一等品(B)、合格品(C)三个等级;圆弧板按规格尺寸偏差、有线度公差、线轮廓度公差、外观质量等将板材分为优等品(A)、一等品(B)、合格品(C)三个等级。标记顺序为:名称(采用 GB/T 17670 规定的名称或编号)、类别、规格尺寸、等级和标准编号。例:山东济南青花岗石荒料加工的 600 mm×600 mm×20 mm、普型、镜面、优等品板材。标记为:济南青花岗石(G3701)PX JM 600×600×20 A GB/T 18601—2009。

花岗岩类石材的化学成分多为酸性氧化物,对环境中的酸性介质的抵抗能力较强,具有良好的化学稳定性,花岗岩密度为 2300~2800 kg/m³,抗压强度高达 120~250 MPa,吸水率极低,硬度高、耐磨、耐久、耐腐蚀性能均优于其他石材。经抛光后,是室内外地面、墙面、踏步、柱石、勒脚等处首选的装饰材料,还可用于服务台、展示台及家具等。

人造石材

复习思考题

1.简述烧结普通砖的技术性质。

2.简述常用砌墙砖的种类。

3.列举至少 3 种免烧砖,并指出各种砖的应用范围。

4.砌块的定义是什么?同砌墙砖相比,砌块有何优点?

5.墙用板材主要有哪些品种?它们的特点及主要用途是什么?

6.砌筑石材分为哪些强度等级?

11 新型建筑功能材料

为了减轻4万平方米的"蛋壳"屋盖的自重,国家大剧院采用了钛金属饰面的轻型屋盖,但这种材料的最大缺点是隔声吸声性能差。清华大学研究团队创造性地提出在屋盖底层喷涂一层25 mm厚的纤维素吸声材料。使用纤维素喷涂后,大厅内语言清晰度明显提高。另外,纤维素吸声材料还具有良好的保温隔热作用,建筑节能效果明显。

本章的学习重点是熟悉防水材料、绝热保温材料、吸声与隔声材料的种类、性能及选用;了解防火材料和建筑光学功能材料的分类。

建筑材料根据在建筑上的用途,大体可分为三大类,即建筑结构材料、墙体材料和建筑功能材料。建筑结构材料主要指构成建筑物受力构件和结构所用的材料,如梁、板、柱、基础、框架等,对此类材料的主要技术性能要求就是力学性能和耐久性。建筑功能材料则主要是指担负某些建筑功能的、非承重用的材料,它们赋予建筑物防火、防水、保温、隔热、采光、隔声、装饰等功能。一般来说,建筑物的可靠度与安全度,主要取决于由建筑结构材料组成的构件和结构体系,而建筑物的使用功能与建筑品质,主要决定于建筑功能材料。

随着社会进步和人类生活水平的提高,建筑的种类与样式越来越丰富,功能也越来越多样化。除了满足最基本的防御和提供生产、生活空间功能外,人们对建筑的功能要求还包括舒适性、便利性、耐久性及美观性等诸多方面。因此,现代建筑对构建其主体的建筑材料提出了更高的要求。

建筑功能材料的种类繁多、功能各异,通常按材料在建筑物或构筑物中的功能进行分类,主要可分为:建筑保温隔热材料、建筑防水材料、建筑防火材料、建筑声学材料、建筑光学材料等。

11.1 建筑防水材料

11.1.1 防水材料的分类

建筑防水材料依据其外观形态可分为防水卷材、防水涂料、密封材料和刚性防水材料四大系列。建筑防水材料还可根据其特性分为柔性和刚性两类。柔性防水材料是指具有一定柔韧性和较大延伸率的防水材料,如防水卷材、有机涂料,它们构成柔性防水层。刚性防水材料是指采用较高强度和无延伸能力的防水材料,如防水砂浆、防水混凝土等,它们构成刚性防水层。

11.1.2 防水材料的性能与选用

1.防水卷材

防水卷材是可卷曲成卷状的柔性防水材料(见图11-1)。它是以原纸、纤维毡、金属箔、塑料膜、纺织物等材料中的一种或数种复合为胎基、浸涂石油沥青、煤沥青及高聚物改性沥青制成的或以高分子材料为基料、加入助剂及填充料经过多种工艺加工而成的,长条形片状成卷供应并起防水作用的产品,是目前我国使用量最大的防水材料。常用的防水卷材按照材料的组成不同一般分为沥青防水卷材、改性沥青防水卷材、合成高分子防水卷材三大系列。

图 11-1 防水卷材

(1)沥青防水卷材。

沥青防水卷材是以沥青为主要浸涂材料所制成的卷材,分有胎卷材和无胎卷材两类。有胎沥青防水卷材是以原纸、纤维毡等材料中的一种或数种复合为胎基,浸涂沥青、改性沥青或改性焦油,并用隔离材料覆盖其表面所制成的防水卷材,即含有增强材料的油毡。无胎沥青防水卷材是不含有增强材料的油毡。

①石油沥青油毡。

石油沥青油毡是以原纸为胎基,两面均匀浸渍低软化点沥青形成油纸,再在油纸两面均匀浸渍高软化点沥青,再涂撒隔离材料而制成的卷材,其主要用于建筑防潮和一般的防潮包装。

②煤沥青防水油毡。

它是先以低软化点沥青浸渍原纸,再用高软化点煤沥青涂盖油纸的两面并撒以撒布材料而制成的一种纸胎防水卷材。煤沥青油毡温度稳定性和大气稳定性能均不如石油沥青油毡,故工程上多用于地下防水和建筑物的防潮。

③沥青玻璃布油毡。

沥青玻璃布油毡是用石油沥青浸涂玻璃纤维织布的两面,再撒上隔离材料而制成的一种无胎防水卷材,主要优点是抗拉强度高、柔韧性好、耐腐蚀性强等,主要用于铺设屋面防水、地下防水以及金属管道的防腐保护层等。

④沥青玻璃纤维油毡。

沥青玻璃纤维油毡是以玻璃纤维薄毡为胎,两面浸涂石油沥青,表面再撒以矿物粉料或覆盖聚乙烯薄膜等隔离材料而制成的一种防水卷材。它主要用于地下、屋面防水和防腐工程中。

(2)改性沥青防水卷材。

改性沥青防水卷材是以改性沥青为涂盖层,纤维织物或纤维毡为胎体,粉状、片状、粒状或薄膜材料为覆盖层材料制成的可卷曲的片状防水材料。改性沥青防水卷材改善了普通沥青防水卷材温度稳定性差、延伸率小等缺点,具有高温不流淌、低温不脆裂、拉伸强度较高、延伸率较大等特点(见图11-2)。

①橡胶改性沥青防水卷材。

橡胶改性沥青防水卷材是以玻璃纤维毡或聚酯毡为胎基，浸涂橡胶改性沥青，两面覆盖聚乙烯薄膜、细砂、粉料或矿物粒料而制成的一种新型中、高档防水卷材。该防水卷材较沥青防水卷材，提高了延展性、柔韧性、黏附性，可以形成高强度的防水层，施工时可以热熔搭接。广泛地应用在各种类型的防水工程中，尤其适用于工业与民用建筑的地下结构防水、防潮，室内游泳池防水，各种水工构筑物和市政工程的防水、抗渗等。

图 11-2　防水卷材施工

②树脂改性沥青防水卷材。

树脂改性沥青防水卷材是用无规聚丙烯或聚烯烃类聚合物（如 SBS）作改性剂浸渍玻璃纤维胎基或聚酯胎基，两面再覆以砂粒、塑料薄膜隔离材料所制成的防水卷材。它具有优良的综合性能，尤其是耐热性能好，耐紫外线能力比其他改性沥青防水卷材都强，所以，特别适合高温地区或阳光辐射强烈地区防水工程，并且可以广泛用于各种屋面、地下室、游泳池、桥梁和隧道等工程的防水。

③再生橡胶改性沥青防水卷材。

再生橡胶改性沥青防水卷材是利用废橡胶粉作改性剂掺入石油沥青中，再加入适量的助剂，经过混炼、压延和硫化而制成的一种无胎防水卷材，其主要特点是自重轻，延伸性、低温柔性和耐腐蚀性都比普通油毡好，且价格便宜。适合用于屋面或地下接缝等部位的防水，还适合用于基层沉降较大或沉降不均匀的建筑物变形缝的防水。

（3）合成高分子防水卷材。

合成高分子防水卷材是指以合成橡胶、合成树脂或两者共混体为基料，加入适量的化学助剂和填充料等，经不同工序加工而成的可卷曲的片状防水材料。

①橡胶系防水卷材。

橡胶系防水卷材，是以涤纶短纤维无纺布为胎体，或无胎体，以氯丁橡胶、天然橡胶或改性再生橡胶为面料，制成的卷材。三元乙丙橡胶防水卷材是橡胶系防水卷材的主要品种。这种卷材是由石油裂解生成的乙烯、丙烯和少量的双环戊二烯三种单体共聚合成的三元乙丙橡胶为主体，掺入适量的丁基橡胶等外掺料，经熔炼、拉片、压延成型，再经硫化加工而成的一种新型防水卷材。它的主要优点是防水性能强、弹性好、抗拉强度高、耐腐蚀性好、耐久性好。三元乙丙橡胶防水卷材适用于防水要求高，使用年限长的屋面、地下室、隧道、水工构筑物的防水，尤其适合建筑物的外露屋面防水和大跨度、受震动荷载的建筑物防水。

②塑料系防水卷材。

聚氯乙烯防水卷材是塑料系防水卷材的主要品种。它是以聚氯乙烯树脂为基本原料，掺入适量的填充料、助剂，经混炼、造粒、挤出压延和冷却等工序而制成的一种柔性防水卷材。其原材料丰富，且价格便宜，可用于修缮或新建工程的防水，也可以用于地下室、水池、水渠和堤坝等防水抗渗工程。

③氯化聚乙烯-橡胶共混防水卷材。

氯化聚乙烯-橡胶共混防水卷材是以氯化聚乙烯树脂、合成橡胶为主要原料，再掺入适量的填充材料，如加入硫化剂、催化剂、软化剂和化学稳定剂等，经混炼和压延等工序成型，再经硫化而制成的具有较高弹性的防水卷材。它是一种橡塑共混的防水卷材，具有良好的耐热、耐油、耐寒和耐酸碱性，尤其耐臭氧性能优异，并且可以进行冷作，是屋面、地下和地面等建筑部位防水工程施工时理想的防水材料。

2. 防水涂料

防水涂料是以高分子材料为主体，在常温下呈无定形液态，经涂布能在结构物表面固化形成具有相当厚度并有一定弹性的防水膜的物料总称。

（1）沥青基防水涂料。

沥青基防水涂料是以沥青为基料配制而成的水乳型或溶剂型防水涂料。

（2）改性沥青类防水涂料。

改性沥青类防水涂料指以沥青为基料，用合成高分子聚合物进行改性，制成的水乳型或溶剂型防水涂料。改性沥青中最有代表性的是氯丁橡胶改性沥青防水涂料。氯丁橡胶改性沥青防水涂料从成分上分有水乳型和溶剂型两种类型。水乳型是以阳离子型氯丁胶乳与阳离子型沥青乳胶混合而成，以水代替溶剂，加入氯丁橡胶和石油沥青的微粒，借助于表面活性剂的作用，稳定地分散在水中而形成的一种乳液状防水涂料，它具有较好的耐候性、耐腐蚀性、黏结性，有较高的弹性和延伸性，且无毒、阻燃，对基层变形的适应能力强、抗裂性好。溶剂型氯丁橡胶改性沥青防水涂料是将氯丁橡胶和石油沥青溶解于芳烃溶剂（苯或二甲苯）中而形成的一种混合胶体溶液。

（3）合成高分子类防水涂料。

合成高分子防水涂料指以合成橡胶或合成树脂为主要成膜物质制成的单组分或多组分的防水涂料。这类涂料具有高弹性、高耐久性及优良的耐高低温性能。

①聚氨酯防水涂料。

聚氨酯防水涂料是合成高分子类防水涂料中应用较多的一个品种。它是一种化学反应型涂料，多以双组分形式混合使用，涂料喷、刷以后，借助组分间发生的化学反应，直接由液态变为固态，形成较厚的防水涂膜，涂料中几乎不含有溶剂，故涂膜体积收缩小，且其弹性、延伸性和抗拉强度高，耐候、耐蚀性能好，对环境温度变化和基层变形的适应性强，是一种性能优良的合成高分子防水涂料，缺点是有一定的毒性、不阻燃，且成本也较高。

②丙烯酸酯防水涂料。

丙烯酸酯防水涂料是以纯丙烯酸酯乳液或以改性丙烯酸共聚物乳液为基料，加入各种配剂制成的水乳型防水涂料。该类涂料成膜后，有较高的黏结力、弹性和耐候性，质轻、整体性好且施工方便。

③硅橡胶防水涂料。

它是以硅橡胶乳液与其他高分子乳液的复合物为基料，加入配剂和填料制成的涂渗性防水涂料。硅橡胶防水涂料可在潮湿基层上施工，能较深地渗入基层毛细孔，从而提高黏结力和透水性，施工方便，成膜速度快，不污染环境。

3. 密封材料

建筑密封材料是能承受位移以达到气密、水密目的而嵌入建筑接缝中的定形和未定形的材料。建筑密封胶如图 11-3 所示。

①建筑防水沥青嵌缝油膏。

建筑防水沥青嵌缝油膏是以石油沥青为基料，加入改性材料、稀释剂及填充料混合制成的冷用膏状密封材料。主要用于各种混凝土屋面板、墙板等建筑构件节点的防水密封。

②聚氯乙烯防水接缝材料。

聚氯乙烯防水接缝材料以聚氯乙烯树脂和焦油为基料，掺入适量的填充材料和增塑剂、稳定剂等改性材料，经塑化或热熔而成。产品呈黑色黏稠状或块状，按加工工艺不同分为热塑型（如胶泥）

和热熔型(如塑料油膏)。聚氯乙烯防水接缝材料具有良好的弹性、延伸性及抗老化的性能,与水泥砂浆、水泥混凝土基面有较好的黏结效果,能适应屋面振动、伸缩、沉降引起的变形要求。

③聚氨酯建筑密封膏。

聚氨酯建筑密封膏是以异氰酸基为基料,与含有活性氢化物的固化剂组成的一种常温固化弹性密封材料。这种密封膏能在常温下固化,并有优良的弹性、耐热、耐寒和耐久的性能,与混凝土、木材、塑料和金属等多种材料都有很好的黏结效果,广泛

图 11-3　建筑密封胶

用于屋面板、楼地板、阳台、窗框和卫生间等部位的接缝密封及各种施工缝的密封以及混凝土裂缝的修补等。

④聚硫建筑密封膏。

聚硫建筑密封膏是由液态硫橡胶为主剂与金属过氧化物等硫化剂反应在常温下形成的弹性体密封膏。在国内多为双组分产品。

⑤硅酮密封胶。

硅酮密封胶是以有机硅氧烷为主剂,加入适量硫化剂、硫化促进剂、增强填充剂和颜料等组成的。该类密封膏具有弹性高、耐水、防震、绝缘、耐高低温和耐老化性强等特性。

4. 刚性防水材料

刚性防水材料是指以水泥、砂、石为原料或掺入少量外加剂、高分子聚合物等配制成的具有一定抗渗透能力的水泥砂浆、混凝土类防水材料。根据施工方式不同,刚性防水材料可分为刚性止水材料和刚性抹面材料。

刚性防水材料按其胶凝材料的不同可分为两大类,一类是以硅酸盐水泥为基料,加入无机或有机外加剂配制而成的防水砂浆、防水混凝土,如外加气防水混凝土、聚合物砂浆等;另一类是以膨胀水泥为主的特种水泥为基料配制的防水砂浆、防水混凝土,如膨胀水泥防水混凝土等。

刚性防水材料按其作用又可分为有承重作用的防水材料(即结构自防水)和仅有防水作用的防水材料。前者指各种类型的防水混凝土,后者指各种类型的防水砂浆。

水泥砂浆类防水材料,早在 20 世纪 40 年代已在我国地下工程中应用,近年来,我国防水砂浆发展很快,品种日益增多,如氯化铁防水砂浆、膨胀剂防水砂浆、减水剂防水砂浆、硅粉防水砂浆等,这些防水砂浆已日益广泛地应用在各种防水工程中,均具有一定的防水效果,但这种防水材料适应变形能力差,承受不住由于干缩、温差及振动等引起的变形。近 10 年来,各种聚合物砂浆先后研制成功,以掺入高分子聚合物(合成树脂或合成橡胶浮液)的办法来提高砂浆的密实性、韧性和抗裂性,取得了一定的成效,砂浆的性能有了一定的改善,但并未能改变刚性防水材料的基本性质,仍存在着随基层开裂而开裂的缺点。因此,水泥砂浆类的防水材料,适合作为附加防水层,用于有防水防潮要求的地下工程混凝土结构的迎水面、背水面,以弥补大面积混凝土施工中出现的蜂窝、麻面等不密实缺陷,增强混凝土结构的防水性。防水砂浆在国外多采用掺外加剂的方法以改善和提高其抗裂、膨胀等性能。

混凝土结构自防水使用已久,在国外较受重视。我国从 20 世纪 50 年代开始研究开发结构自防水技术,早期曾一度采用德国骨料级配防水混凝土,之后经过 20 多年的实践和试验研究,发现了防水混凝土的防水原理,先后研制出适合我国国情的防水混凝土及外加剂防水混凝土,用于在地下

工程中采取各种措施,克服水泥、混凝土类材料抗拉强度低、极限拉应变小的缺点,减少总收缩值,增加混凝土的韧性。如采用聚合物混凝土,对混凝土施加预应力,在混凝土结构表面上附加各种防水层等方法,从而使刚性防水材料又有了新的发展。

11.2 绝热保温材料

11.2.1 绝热材料的性能要求

在建筑中,习惯上把用于控制室内热量外流的材料叫作保温材料;把防止室外热量进入室内的材料叫作隔热材料。保温材料和隔热材料统称为绝热材料(见图 11-4)。材料的温度敏感性是用导热性来表示的,导热性指材料传递热量的能力。材料的导热能力用导热系数表示。导热系数越小,则通过材料传送的热量越少,材料的保温隔热性能也越好。材料的导热系数主要取决于材料的成分、内部结构及其表观密度。此外,与传热时的平均温度、材料的含水量等也有一定的关系。工程上将导热系数 $\lambda < 0.17$ W/(m·K) 的材料称为绝热材料。材料的导热系数由大到小为:金属材料、无机非金属材料、有机材料。一般相同组成的材料,结晶结构的导热系数最大,微晶结构次之,玻璃体结构最小,如水淬矿渣就是一种较好的绝热材料。孔隙率

图 11-4 绝热材料

越大,材料导热系数越小。在孔隙相同时,孔径越大,孔隙间连通越多,导热系数越大。

11.2.2 绝热材料的结构与应用

1. 绝热材料的结构

绝热材料一般是轻质、疏松多孔的,且孔隙最好不连通,可为松散颗粒或纤维状,欲获得此类绝热材料,可以以天然多孔或纤维状的材料为主要组成材料,如软木、浮石、甘蔗板等;在材料中掺入加气剂或者泡沫剂(如加气混凝土、泡沫塑料等)以形成多孔结构;或加入能被烧去或于高温下可分解出气体而形成多孔的材料,如多孔陶瓷。材料本身也可在高温下自行膨胀为多孔结构,如膨胀珍珠岩、膨胀蛭石。

2. 绝热材料的应用

应用于墙体、屋面或冷藏库等处的绝热材料包括:以酚醛树脂黏结岩棉经压制而成的岩棉板;以玻璃棉、树脂胶等为原料的玻璃棉毡;以碎玻璃、发泡剂等经熔化、发泡而得的泡沫玻璃;以水泥、水玻璃等胶结膨胀蛭石而成的膨胀蛭石制品;聚苯乙烯树脂、发泡剂等经发泡而得的聚苯乙烯泡沫塑料等材料。其中岩棉板、膨胀蛭石制品和聚苯乙烯泡沫塑料等绝热材料还可应用于热力管道中。

11.2.3 绝热材料的种类、性能

绝热材料按照它们的化学组成可以分为无机绝热材料和有机绝热材料。常用无机绝热材料有多孔类无机绝热材料、纤维状无机绝热材料和散粒状无机绝热材料;常用有机绝热材料有泡沫塑料和硬质泡沫橡胶。

1. 无机绝热材料

无机绝热材料由矿物质材料制成,呈纤维状、散粒状或多孔状,具有不腐、不燃、不受虫害、价格便宜等优点。

(1)多孔状绝热材料。

多孔状绝热材料是指含有大量封闭、不连通气孔的隔热保温材料。在生产配料时,在基材中加入发泡剂,产生气泡并在制品硬化后保持下来。

①硅酸钙绝热制品。

硅酸钙绝热制品是经蒸压形成的以水化硅酸钙为主要成分,并掺加增强材料的制品。多以硅藻土、石灰为基料,加入少量石棉和水玻璃,经加水拌和,制成砖、板、管、瓦等,经过烘干、蒸压而成。该制品多用于围护结构和管道保温。

②泡沫玻璃。

泡沫玻璃是由玻璃粉料和发泡剂,经配料、装模、煅烧、冷却而成的多孔材料。经调整配料的磨细程度、发泡剂的类型和焙烧工艺,可得到多种孔形和孔径的泡沫玻璃,成为保温性能好、强度高、耐久性强的绝热材料。具有连通气孔的泡沫玻璃,是良好的吸声、隔声材料。泡沫玻璃加工性好,易锯切、钻孔等,可制成块状或板状,多用于冷库的绝热层、高层建筑框架填充料和热力装置的表面绝热材料。

(2)纤维状绝热材料。

①石棉。

石棉是蕴藏在中性或酸性火成岩矿床中的一种非金属矿物,按其矿物成分可分为蛇纹石类石棉和角闪石类石棉。蛇纹石类石棉又称温石棉,其纤维柔软,便于松解。平时通称的石棉即指温石棉。石棉具有耐火、耐热、耐酸、耐碱、防腐、隔声、绝缘及保温隔热等特性。松散的石棉很少单独使用,多制成石棉纸、石棉板、石棉毡,或与胶结物料混合制成石棉块材等。石棉保温材料技术性能如表11-1所示。

表 11-1　石棉保温材料技术性能

材 料 名 称	材　质	形　态	表观密度 /(kg/m³)	导热系数 /(W/(m·K))	最高使用温度/℃	用　途
耐热复合涂料	石棉、岩棉、矿棉、黏土	粉末	400	0.07	800	涂抹
硬水泥	石棉粉、水泥	粉末	1500	0.29	700	涂抹
快硬涂料	石棉、无机结合剂	粉末	800	0.12	800	涂层
石棉板	石棉、胶黏剂	板	200	0.042	650	承重部位
石棉白云石制品	石棉、白云石	板	350~400	0.079	450	保温

②矿渣棉、岩棉。

矿渣棉是将冶金矿渣熔化,用高速离心法或喷吹法制成的一种矿物棉。岩棉是以天然岩石为原料制成的矿物棉,常用岩石如玄武岩、辉绿岩、角闪岩等,在冲天炉或池窑中熔化,用喷吹法或离心法制成。矿渣棉和岩棉,都具有保温、隔热、吸声、化学稳定性好、不燃烧、耐腐蚀等特性,是可以直接使用和做成制品使用的无机棉状绝热材料。

矿渣棉、岩棉及其制品过去主要用在热力管道、设备的保温方面。近年来由于发展了轻型框架建筑,较多采用矿渣毡做保温墙板的填充料,或用沥青矿棉半硬质板生产轻质复合墙板或吸声板。

③玻璃棉。

玻璃棉是以硅砂、石灰石、萤石等为主要原料,在玻璃窑中熔化后,经喷吹工艺制成的。以玻璃棉为基料,加入适量胶黏剂,经压制、固化、切割等工艺可制成板、毡、毯、管壳等保温制品。制品多以牛皮纸、玻璃纤维布、铝箔等粘贴覆面。

④硅酸铝棉。

硅酸铝棉即直径为 $3\sim5$ μm 的硅酸铝纤维,又称陶瓷纤维,是近年来大力发展的新型轻质高效保温材料。硅酸铝棉的性能远优于传统保温材料,尤其是耐高温性和热稳定性最为突出。

(3)散粒状绝热材料。

①膨胀珍珠岩。

膨胀珍珠岩保温材料是膨胀珍珠岩矿石经过破碎、筛分、预热,在高温(126 ℃)下瞬间焙烧,骤然膨胀而成的一种白或灰白色的中性无机多孔粒状物料。它具有轻质、绝热、吸声、无毒、不燃烧等特性,是一种非常好的超轻质、高效能的保温材料。

生产珍珠岩的矿石有珍珠岩、松脂岩和黑曜岩等三种岩石,它们都同属于酸性火山玻璃质岩石。这三种矿石产生的产品统称为膨胀珍珠岩,其堆积密度小,一般为 $40\sim500$ kg/m³;导热系数低;耐火度和安全使用温度高,膨胀珍珠岩的最高使用温度为 800 ℃,最低使用温度为 -200 ℃;吸水性强,膨胀珍珠岩的吸水量可达自重的 $2\sim9$ 倍,吸水速度很快,半小时内质量吸水率可达 300%～400%,体积吸水率可达 28%～30%;吸湿率小、吸水性大,当表观密度为 $80\sim300$ kg/m³ 时,吸湿率为 0.006%～0.08%;抗冻性好,在 -20 ℃时,经 15 次冻融,颗粒组成不变。

膨胀珍珠岩在建筑工程中应用较广,可作为建筑物围护构件的保温隔热、工业管道及加热设备的保温隔热、工业设备的耐高温材料,低温、超低温保冷以及烟囱、烟道内的保温、隔热、防火材料,也可作为吸声材料。

②膨胀蛭石。

膨胀蛭石是一种新型的保温隔热材料。它是由蛭石经过晾干、破碎、筛选、煅烧和膨胀等工艺过程而制成的,其表观密度小,一般为 $80\sim200$ kg/m³;导热系数低;耐热、耐冻性高;抗菌性强,不受菌类的侵蚀,不腐烂、不变质、不易被虫蛀、老鼠咬;吸水性大,试验证明,膨胀蛭石浸水 15 分钟后,重量吸水率达 240%,体积吸水率达 37.6%;耐碱不耐酸,所以不宜用于有酸性侵蚀处。

膨胀蛭石可以单独作为填料使用,用于填充和装置在建筑物的结构中,如墙壁、楼板、顶棚和屋面板等部位,也可以与胶结材料配制成混凝土,现浇或预制成各种规格的构件(如墙板、楼板、屋面板等),还可以根据需要制成砖、板、管壳以及异形制品等。膨胀蛭石制品技术性能如表 11-2 所示。

表 11-2　膨胀蛭石制品技术性能

体积配合比/(%)		表观密度 /(kg/m³)	抗压强度 /MPa	导热系数 /[W/(m·K)]	使用温度 /℃
水泥	蛭石				
9	91	300	0.20	0.075	＜600
15	85	400	0.55	0.087	＜600
20	80	550	1.15	—	＜600

2. 有机绝热材料

有机绝热材料是由各种植物纤维经加工而制成的,如软木板、木丝板、毛毡等。有机绝热材料和无机绝热材料相比,有吸湿性大、受潮易腐烂,高温易分解或燃烧等特点,它的优点是表观密度小,原料来源广泛,而且价格低廉。

（1）软木板。

软木板是将软木（俗称栓皮）及软木废料，经切片以轧碎、筛选、压缩成型、烘焙加工而成的。由于原料中的木质或树皮松软，其中含有无数微小封闭的气孔，其内部又含有大量树脂。因此，加工成板后，不但表观密度小，导热系数低，弹性好，并且还具有高度的抗渗、抗毒和防腐性能，是一种优良的保温、隔热、防震、吸声材料。但由于目前原料价格较高，故软木板只用在热沥青错缝粘贴以及冷藏库的保温隔热材料上。

（2）木丝板。

木丝板是在木丝（松木、白杨等）中，加入胶结物质经成型、铺模、冷压、干燥、养护而成的一种吸声、保温、隔热材料。根据所用胶结物质的不同，分为水泥木和菱苦土木丝板两类。

水泥木丝板是将刨好的木丝浸入5％氯化钙溶液中进行处理，然后将木丝与水泥（325♯）拌和，经压模，养护而成。目前，水泥木丝板在建筑中应用得较为广泛。

这种木丝板属于难燃材料，不着火，只能阴燃，在较干燥的状态下，不致腐烂，也不适于昆虫寄生。它的主要缺点是持钉力不强，不宜直接用钉连接。

木丝板一般可分为保温用木丝板和构造用木丝板两种。保温用木丝板表观密度不大于350 kg/m³，导热系数为 0.11～0.128 W/(m·K)，常用于墙体和屋顶的保温隔热；构造用木丝板表观密度不大于 500 kg/m³，导热系数为 0.15～0.174 W/(m·K)，一般用于木骨架墙、天棚等处。使用时，表面最好再加抹灰层。

（3）蜂窝板。

蜂窝板是由两块较薄的面板，牢固地黏结在一层较厚的蜂窝状芯材两面而制成的板材，亦称蜂窝夹层结构。蜂窝状芯材是用浸渍过合成树脂（酚醛、聚酯等）的牛皮纸、玻璃布和铝片等，经加工黏合成六角形空腹（蜂窝状）的整块芯材。常用的面板为浸渍过树脂的牛皮纸、玻璃布或不经树脂浸渍的胶合板、纤维板、石膏板等。面板必须采用合适的胶粘剂与芯材牢固地黏合在一起，才能显示出蜂窝板的优异特性，即具有比强度大、导热性低和抗震性好等多种功能。

（4）泡沫塑料。

泡沫塑料是以各种树脂为基料，加入一定数量的发泡剂、催化剂、稳定剂等辅助材料，经加热发泡而制成的一种新型、轻质、保温隔热材料。它的种类很多，以所用树脂取名，如聚苯乙烯泡沫塑料、聚氯乙烯泡沫塑料、聚氨酯泡沫塑料、脲醛泡沫塑料等。

聚苯乙烯泡沫塑料是用低沸点的可挥发性聚苯乙烯树脂与适量的发泡剂（如 $NaHCO_3$），经加工进行预发泡后，放入模具中加压成型而制成的一种有微细闭孔结构的硬质泡沫塑料。

这种泡沫塑料的特点是质轻、保温、隔热、吸声、防震性能好、吸水性小、耐碱性低温性好、耐酸碱性强，产品规格多，有一定的弹性，并可切割加工，安装方便。其表观密度一般为 20～50 kg/m³，抗压强度大于 0.15 MPa，导热系数为 0.031～0.0465 W/(m·K)。建筑上广泛用作吸声、保温材料，以及制冷设备、冷藏设备和各种管道的绝热材料。

11.3　吸声与隔声材料

11.3.1　隔声材料

1. 隔声材料定义

建筑上把主要起隔绝声音作用的材料称为隔声材料。隔声材料主要用于外墙、门窗、隔墙以及隔断等。隔声可分为隔绝空气声(通过空气传播的声音)和隔绝固体声(通过撞击或振动传播的声音)。两者的隔声原理截然不同。

对于空气声,根据声学中的"质量定律",其传声的大小主要取决于墙或板的单位面积质量,质量越大,越不易震动,则隔声效果越好。可以认为:固体声的隔绝主要靠吸收,这和吸声材料是一致的;而空气声的隔绝主要靠反射,因此必须选择密实、沉重的如黏土砖、钢板等作为隔声材料。

2. 隔声材料结构与隔声效果

隔声材料五花八门,常见的有实心砖块、钢筋混凝土墙、木版、石膏板、铁板、隔声毡、纤维板等。严格意义上说,几乎所有的材料都具有隔声作用,其区别就是不同材料间隔声量的大小不同而已。同一种材料,由于面密度不同,其隔声量存在比较大的变化。隔声量遵循质量定律原则,即隔声材料的单位密集面密度越大,隔声量就越大,面密度与隔声量成正比。隔声材料在物理上有一定弹性,当声波入射时便激发振动在隔层内传播。当声波不是垂直入射,而是与隔层呈一角度 θ 入射时,声波波前依次到达隔层表面,而先到隔层的声波激发隔层内弯曲振动波沿隔层横向传播,若弯曲波传播速度与空气中声波渐次到达隔层表面的行进速度一致时,声波便加强弯曲波的振动,这一现象称为吻合效应。这时弯曲波振动的幅度特别大,且向另一面空气中辐射声波的能量也特别大,从而降低隔声效果。不透气的固体材料,对于空气中传播的声波都有隔声效果,隔声效果的好坏最根本取决于材料单位面积的质量。

11.3.2 吸声材料

1. 吸声材料的定义

对空气传递的声能,有较大程度吸收的材料,称为吸声材料。当声波遇到材料表面时,被吸收声能与入射声能之比,称为吸声系数 α,按式(11.1)计算。

$$\alpha = \frac{E}{E_0} \tag{11.1}$$

式中:E 为材料吸收的声能;E_0 为材料的全部能量。

通常取 125 Hz,250 Hz,500 Hz,1000 Hz,2000 Hz,4000 Hz 六个频率的吸声系数来表示材料的吸声频率特性。凡六个频率的平均吸声系数大于 0.2 的材料,均为吸声材料。有效地采用吸声材料,不仅可以减少环境中的噪声,还能适当控制混响时间,使音质获得改善。

2. 吸声材料结构

吸声材料和吸声结构的种类很多,按其材料结构状况可分为多孔吸声结构、共振吸声结构和其他吸声结构三大类。

3. 常见吸声材料介绍

(1)矿棉装饰吸声板。

以矿渣棉、岩棉或玻璃棉为基材,加入适量的胶粘剂、防潮剂、防腐剂,经过加压、烘干,制成的具有吸声和装饰功能的半硬制板状材料,统称矿棉装饰吸声板。矿棉装饰吸声板,具有质轻、不燃、吸声、保温、施工方便等特点,多用于吊顶和墙面。

(2)膨胀珍珠岩装饰吸声制品。

膨胀珍珠岩装饰吸声板,是以膨胀珍珠岩和胶凝材料为主要原料,加入其他辅料制成的正方形板。按照所用的胶凝材料不同,可分为水玻璃珍珠岩板、石膏珍珠岩板、水泥珍珠岩板等多种。

(3)泡沫塑料。

泡沫塑料以所用树脂不同,有聚苯乙烯泡沫塑料、聚氯乙烯泡沫塑料、聚胺泡沫塑料和脲醛泡沫塑料等多种。泡沫塑料的孔型以闭口为主,因此其吸声性能不够稳定,选作吸声材料时,往往要实测其吸声系数。软质泡沫塑料,如软质聚氨酯泡沫塑料和软质聚氯乙烯泡沫塑料等,基本上没有通气性,但因有一定程度的弹性,可导致声波的衰减,可作为柔性吸声材料使用。泡沫塑料品种及技术性能如表11-3所示。

表11-3 泡沫塑料品种及技术性能

材料名称	表观密度 /(kg/m³)	导热系数 /[W/(m·K)]	抗压强度/MPa	耐热度/℃	耐寒度/℃
聚苯乙烯泡沫塑料	21~51	0.03~0.04	0.14~0.36	75	−80
硬质聚氯乙烯泡沫塑料	≤45	≤0.043	≥0.18	80	−35
硬质聚氨酯泡沫塑料	30~40	0.037~0.048	≥0.2	—	—
脲醛泡沫塑料	≤15	0.028~0.03	0.015~0.025	—	—

(4)钙塑泡沫装饰吸声板。

钙塑泡沫装饰吸声板以聚乙烯树脂加入无机填料,经混炼模压、发泡、成型制得。该板有一般和难燃两类,可制成多种颜色和凸凹图案,同时还可加打孔图案。

(5)吸声薄板和穿孔板。

常用的吸声薄板有胶合板、石膏板石棉水泥板、硬质纤维板和金属板等。通常将它们的周边固定在龙骨上,背后留有适当的空气层,组成薄板共振吸声结构。采用上述薄板穿孔制品,可与背后的空气层形成空腔共振吸声结构。在穿孔板后的空腔中,填入多孔材料,可在很宽的频率范围内提高吸声系数。

金属穿孔板,如铝合金板、不锈钢板等,厚度较薄,因其强度高,可制得较大的穿孔率和微穿孔板。较大穿孔率的金属板,应背衬多孔材料使用,金属板主要起饰面作用。

建筑上常用的几种吸声材料如表11-4所示。

表11-4 建筑上常用的几种吸声材料

序号	名称	表观密度 /(kg/m³)	厚度 /mm	各种频率下的吸声系数						装置情况
				125	250	500	1000	2000	4000	
1	石膏砂浆(掺有水泥、玻璃纤维)		22	0.24	0.12	0.09	0.30	0.32	0.83	—
2	水泥膨胀珍珠岩板	250	50	0.16	0.46	0.64	0.48	0.56	0.56	粉刷在墙上
3	矿渣棉	210、240	313	0.10	0.21	0.60	0.95	0.85	0.72	贴实
			80	0.35	0.65	0.65	0.75	0.88	0.92	
4	沥青矿渣棉毡	200	60	0.19	0.51	0.67	0.70	0.85	0.86	贴实

序号	名　　称	表观密度/(kg/m³)	厚度/mm	各种频率下的吸声系数						装置情况
				125	250	500	1000	2000	4000	
5	脲醛泡沫塑料	20	50	0.22	0.29	0.40	0.68	0.95	0.94	贴实
6	软木板	260	25	0.05	0.11	0.25	0.63	0.70	0.70	贴实
7	木丝板	—	30	0.10	0.36	0.62	0.53	0.71	0.90	贴实
8	三夹板	—	30	0.21	0.73	0.21	0.19	0.08	0.12	钉在木龙骨上，后留10 cm空气层
				0.60	0.38	0.18	0.05	0.05	0.08	
9	穿孔纤维板	—	16	0.13	0.38	0.72	0.89	0.82	0.66	钉在木龙骨上，后留10 cm空气层

11.3.3 隔声材料与吸声材料的区别与联系

1. 主要区别

吸声材料对入射声能的反射很小，这意味着声能容易进入和透过这种材料；这种材料的材质应多孔、疏松和透气。典型的多孔性吸声材料在工艺上通常是用纤维状、颗粒状或发泡材料来形成多孔性结构的。结构特征是：材料中具有大量的、互相贯通的、从表到里的微孔，即具有一定的透气性。当声波入射到多孔材料表面时，引起微孔中的空气振动，由于摩擦阻力和空气的黏滞阻力以及热传导作用，将相当一部分声能转化为热能，从而起吸声作用。隔声材料要减弱透射声能，阻挡声音的传播，就不能如同吸声材料那样多孔、疏松、透气，相反它的材质应该是重而密实，如钢板、铅板、砖墙等。隔声材料材质的要求是密实无孔隙或缝隙，有较大的质量。由于隔声材料密实，难于吸收和透过声能而反射能强，所以它的吸声性能差。

在工程上，吸声处理和隔声处理所解决的目标和侧重点不同，吸声处理所解决的目标是减弱声音在室内的反复反射，即减弱室内的混响声，缩短混响声的延续时间即混响时间；在连续噪声的情况下，这种减弱表现为室内噪声级的降低，此点是针对声源与吸声材料同处一个建筑空间而言的。而对相邻房间传过来的声音，吸声材料也起吸收作用，相当于提高围护结构的隔声量。

隔声处理则着眼于隔绝噪声自声源房间向相邻房间的传播，以使相邻房间免受噪声的干扰。可以看出，利用隔声材料或隔声构造隔绝噪声的效果比采用吸声材料的降噪效果要高得多。这说明，当一个房间内的噪声源可以被分隔时，应首先采用隔声措施；当声源无法隔开又需要降低室内噪声时才采用吸声措施。

吸声材料的特有作用更多地表现在缩短、调整室内混响时间的能力上，这是任何其他材料代替不了的。由于房间的体积与混响时间成正比，体积大的建筑空间混响时间长，从而影响了室内的听音条件，此时往往离不开吸声材料对混响时间的调节。对诸如电影院、会堂、音乐厅等大型厅堂，可按其不同听音要求，选用适当的吸声材料，调整混响时间，达到听音清晰、丰满等不同主观感觉的要求。从这点来说，吸声材料显示了它特有的重要性，所以通常说的声学材料往往指的就是吸声材料。

2. 联系

吸声和隔声有着本质上的区别，但在具体的工程应用中，它们却常常结合在一起，并发挥综合的降噪效果。从理论上讲,加大室内的吸声量,相当于提高了分隔墙的隔声量。常见的有隔声房间、隔声罩、由板材组成的复合墙板、交通干道的隔声屏障、车间内的隔声屏、管道包扎等。

吸声材料如单独使用,可以吸收和降低声源所在房间的噪声,但不能有效地隔绝来自外界的噪声。当吸声材料和隔声材料组合使用,或者将吸声材料作为隔声构造的一部分时,其有利的结果一般都表现为隔声结构隔声量的提高。

11.4　建筑防火材料

火灾是指在时间或空间上失去控制的燃烧所造成的灾害,往往是由于人们在生活与生产的瞬间隐藏下的火患所致。火灾发生必须同时具备三个条件:一是可燃物;二是助燃物,如空气、氧气、氯气、硝酸钾、高锰酸钾等;三是引火源,如明火、电火花、烟头、雷击、摩擦发热、高温物体、受热自燃、本身自燃等。其中,建筑材料的防火及燃烧性是影响建筑物安全的一个重要方面。

建筑材料的燃烧性能是指其遇火时或在燃烧过程中所发生的一切物理变化,其材料性能主要取决于本身的可燃烧程度和对火焰的传播速度。建筑防火材料是在火灾条件下仍能在一定时间范围内保持其使用功能的材料。建筑防火材料是决定建筑自身安全的重要因素,直接关系到人们的生命财产安全。常见防火材料种类如下。

11.4.1　防火板

防火板是目前市场上最为常用的防火材料,其优点是防火、防潮、耐磨、耐油、易清洗,而且花色品种较多。在建筑物出口通道、楼梯井和走廊等处装设防火吊顶天花板,能确保火灾时人们安全疏散,并保护人们免受蔓延火势的侵袭。

11.4.2　防火门

防火门分为木质防火门、钢质防火门和不锈钢防火门。通常防火门用于防火墙的开口、楼梯间出入口、疏散走道、管道井开口等部位,对防火分隔、减少火灾损失起着重要作用。木质防火门自重轻,安装方便,便于二次装修,适用于各类民用建筑和部分工业建筑。

11.4.3　防火木制窗框

防火木制窗框周围嵌有木制密封材料,遇热膨胀,能防止火焰从缝隙钻入,即使屋外火势猛烈,它也可以耐火 30 min。这种窗框用松木制成,四周粘贴用石墨制成的密封材料,以堵住细微缝隙,增加防火效果。据实验,在距离窗框 10 cm 处,用喷火器对准该窗框,喷出温度高达 800 ℃的火焰,历时 20 min,火焰也未能透过窗框,表明其防火效果是铝制窗框的数倍。

11.4.4　防火卷帘

在建筑物内不便设置防火墙的位置可设置防火卷帘,防火卷帘一般具有良好的防火、隔热、隔烟、抗压、抗老化、耐磨蚀等各项功能。

11.4.5　防火防蛀木材

防火防蛀木材的做法是先将普通木材放入含有钙、铝等阳离子的溶液中浸泡,再放入含有磷酸根和硅酸根等阴离子的溶液中浸泡。这样,两种离子就会在木材中进行化学反应,形成类似陶瓷的物质,并紧密地充填到细胞组织的空隙中去,从而使木材具有防火和防蛀的性能。

11.4.6 防火贮物箱

防火贮物箱可承受相当高的外部温度。可独立摆放,也可嵌入墙壁中。它能保护钱币、账簿、凭证、磁带、录音带、摄影底片等贵重物品在火灾中不遭到损失。

11.4.7 防火玻璃

防火玻璃具有良好的透光性能和耐火、隔热、隔声性能,常见的防火玻璃有夹层复合防火玻璃、夹丝防火玻璃和中空防火玻璃三种。防火玻璃是金融保险、珠宝金行、图书档案、文物贵重物品收藏、财务结算等重要场所和商厦、宾馆、影剧院、医院、机场、计算机房、车站码头等公共建筑以及其他设有防火分隔要求的工业及民用建筑的防火门、窗和防火隔墙等的理想防火材料。

11.4.8 防火涂料

防火涂料是一类特制的,由氯化橡胶、石蜡和多种防火添加剂组成的溶剂型防火保护涂料,其耐火性好,施涂于普通电线表面,遇火时膨胀产生 200 mm 厚的泡沫,碳化成保护层,隔绝火源。适用于发电厂、变电所之类等级较高的建筑物室内外电缆线的防火保护。

11.4.9 防火封堵材料

防火封堵材料用于封堵电缆、风管、油管、天然气管等穿过墙(仓)壁、楼(甲)板时形成的各种开口以及电缆架桥的分段防火分隔,以免火势通过这些开口及缝隙蔓延,具有防火功能,便于安装,它包括有机防火堵料、无机防火堵料及阻火包。

11.5　建筑光学功能材料

建筑光学功能材料是对光具有透射或反射作用的,用于建筑采光、照明和饰面的材料。建筑光学材料的主要作用是控制和调整发光强度,调节室内照度,调节空间亮度和光、色的分布,控制眩光,改善视觉工作条件,创造良好的光环境。

11.5.1 光学特性及光学功能材料分类

建筑光学材料的光学参数有透光系数、反射系数、透明度等。入射到材料上的光通量,一部分被反射,一部分被吸收后变为热能,一部分透过材料。这三部分光通量与入射光通量之比,分别称为反射系数、吸收系数、透光系数。根据光线在材料中的透过情况,光学材料可分为透光型材料和反光型材料。

1.透光材料

按材料的光分布特性,可分为 3 种。

(1)透明材料。

透明材料为表面光洁的透明均匀介质,具有良好的正透射和正反射性能。材料的正反射系数和透光系数主要与材料的折射率和光的入射角有关。当材料的折射率越高、入射角越大时,材料的反射系数越高,透光系数则越低。无色透明材料吸收系数低,对各种色光的吸收系数相近。无色透明材料透明度和透光系数均较高,适宜制作观察窗、侧窗。在使用时应防止太阳辐射热和眩光。有色透明材料吸收系数高,而且对光谱有选择性,能使透射光呈现不同颜色,可用于调节光色。但一般有色透明材料透光系数较低。此外,特种有色透明材料(如吸热玻璃或热反射玻璃)能吸收或反射红外线,用于采光时可起遮阳作用,并能降低发光体表面亮度和改善眩光。

(2)扩散透光材料。

透明介质中若含有大量不同折射率的粒子,光线在粒子与介质的界面上散射,形成扩散透射。介质主体与粒子的折射率差别越大,粒子的直径与入射光的波长越接近,粒子的浓度越大,则散射效果越好。乳白玻璃就是在透明介质中混入乳浊剂而形成的扩散透光材料。此外,气泡、未熔透的玻璃体和表面凹凸的玻璃等也能引起散射。

(3)指向性透光材料。

指向性透光材料又称折光材料,是表面呈有规则排列的棱镜体透明介质。它利用光的折射原理,将光线折射到要求的方向。用于侧窗时,可提高房间进深的照度,改善采光均匀度,同时对防止眩光和减少太阳辐射热也有一定作用。

透光材料

2. 反光材料

反光材料分为镜反射材料、扩散和半扩散反射材料。

(1)镜反射材料。

镜反射材料就具有良好的正反射特性和表面光滑呈镜面的材料。镜反射材料的反射系数与光的入射角有关,对一般抛光的金属面,垂直入射时,其反射系数较大。银的反射系数最大,可达 0.93,但易氧化,因而反射系数不稳定。玻璃的反射系数约为 0.08,玻璃表面镀银后反射系数可提高到 0.85,同时又可防止银的氧化,反射系数较稳定。

(2)扩散和半扩散反射材料。

绝大多数建筑饰面材料属于扩散和半扩散反射材料。扩散反射材料表面极粗糙,可使入射光均匀地向各个方面反射,光分布符合郎伯定律;反射光柔和,不易产生眩光。半扩散反射材料如有光泽的油漆面,表层为正反射,光透入内层微粒时产生散射。表层的正反射特性与透明体表层反射相同,光泽度越大,反射越明显,也越容易引起反射眩光。因此,室内装修、家具等宜采用无光泽或低光泽的材料。

11.5.2　玻璃

玻璃是一种经典的建筑光学材料,过去在建筑中主要用作采光和装饰,随着现代建筑技术的不断发展,建筑玻璃正在向多品种、多功能的方向发展,兼备光学装饰性与功能性的玻璃新品种不断问世,可达到光控、温控、节能、降噪、隔声、减重以及美化环境等多种目的,成为建筑工程中重要的功能材料并得以广泛应用。

11.6　建筑功能材料的新发展

11.6.1　智能化建材

智能化建材是指材料本身具有自我诊断和预告失效、自我调节和自我修复的功能并可继续使用的建筑材料。当这类材料的内部发生异常变化时,能将材料的内部状况反映出来,以便人们在材料失效前采取措施;有的材料甚至能够在失效初期自动进行自我调节,恢复材料的使用功能。如自动调光玻璃能根据外部光线的强弱,自动调节透光率,保持室内光线的强度平衡,既避免了强光对人的伤害,又可调节室温和节约能源。

11.6.2　绿色建筑功能材料

绿色建材又称生态建材、环保建材等,其本质是相通的,即采用清洁生产技术,少用天然资源和能源,大量使用工农业或城市废弃物生产,无毒害、无污染,达生命周期后可回收再利用,有利于环境保护和人体健康的建筑材料。

在当前的科学技术和社会生产力条件下,已经可以利用各类工业废渣生产水泥、砌块、装饰砖和装饰混凝土等,利用废弃的混凝土生产再生骨料(见图 11-5),利用无机抗菌剂生产各种抗菌涂料和建筑陶瓷等各种新型绿色功能建筑材料。

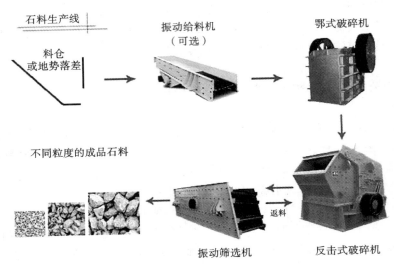

图 11-5　再生骨料生产线

注:箭头代表皮带输送机流程方向,也可根据客户实际要求进行工程设计

11.6.3　复合多功能建材

复合多功能建材是指材料在满足某一主要的建筑功能的基础上,附加了其他使用功能的建筑材料。例如抗菌自洁涂料,它既有一般建筑涂料对建筑主体结构材料的保护和装饰墙面的作用,同时又具有抵抗细菌的生长和自动清洁墙面的附加功能,使得人类的居住环境质量进一步提高,满足了人们对健康居住环境的要求。

11.6.4　新型功能材料应用举例

1. 热弯夹层纳米自洁玻璃

长春市最古老的商业街——长江路,以热弯夹层纳米自洁玻璃作采光棚顶。该玻璃充分利用纳米 TiO_2 材料的光催化活性,把纳米 TiO_2 镀于玻璃表面,在阳光照射下,可分解黏在玻璃上的有机物,在雨、水冲刷下自洁。

2. 自愈合混凝土

大部分建筑物在完工,尤其受到动荷载作用后,可能会产生不利的裂纹,对抗震尤其不利。自愈合混凝土有可能克服此缺点,大幅度提高建筑物的抗震能力。把低模量黏结剂填入中空玻璃纤维,并使黏结剂在混凝土中长期保持性能。当结构开裂,玻璃纤维断裂,黏结剂释放,黏结裂缝。为防玻璃纤维断裂,将填充了黏结剂的玻璃纤维用水溶性胶黏接成束,平直地埋入混凝土中,即形成自愈合混凝土。

自愈合
混凝土

3. 发光混凝土

来自荷兰的 Roosegarde 工作室研发出的一种新技术,可以将公路表面变成一种可传达信息的巨大"屏幕"。简单来说,这种技术基于一种特殊涂料,它可以吸收太阳能,并能感受到温度变化。这种道路表面目前已经应用在荷兰多条公路上,白天吸收太阳能,夜晚能够发光,代替路灯进行道路照明。不仅如此,如果感受到温度变化(如下雪),它还能够在道路上显示漂亮的大雪花,就像一幅画一样。

发光混凝土

复习思考题

1. 建筑功能材料主要分为哪些?
2. 绝热材料的定义是什么?
3. 隔声材料与吸声材料的区别与联系是什么?
4. 防水卷材主要有哪些?

12 合成高分子材料

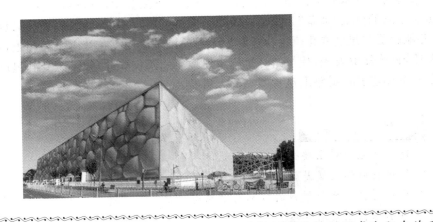

国家游泳中心(又名"水立方")的膜结构是世界之最。它是根据细胞排列形式和肥皂泡天然结构设计而成的,这种形态在之前的建筑结构中从未出现过,创意十分奇特。水立方首次采用 ETFE(乙烯-四氟乙烯共聚物)膜材料,这种材料耐腐蚀性和保温性俱佳,自洁能力强。

本章的学习重点是了解合成高分子材料的种类、特征和应用。

合成高分子材料主要是指塑料、合成橡胶和合成纤维这三大合成材料,此外还包括胶粘剂、涂料以及各种功能性高分子材料。合成高分子材料具有天然高分子材料所没有的或比其优越的性能,比如较小的密度,较高的耐磨性、耐腐蚀性、电绝缘性等。本章主要介绍建筑塑料和建筑胶粘剂。

高分子化合
物的分类
和结构

12.1 建筑塑料

随着石油化工工业的飞速发展及成型加工技术的不断创新,塑料凭着原材料丰富、质轻、电绝缘、耐化学腐蚀、容易加工成型、成本低廉等优点,已成为目前重要的新型材料之一。

建筑塑料是用于建筑工程的塑料制品的统称,经过多年的研究发展,已经在土木工程中广泛应用。其力学性能比金属材料差、表面硬度低、大多数品种易燃及耐热性较差等缺点是当前研究塑料改性的方向和重点。

12.1.1 建筑塑料的分类

1. 按树脂受热时发生变化

按树脂受热时所发生变化的不同分为热固性塑料和热塑性塑料。

热固性塑料由单体直接形成网状聚合物或通过交联线型预聚体而形成,一旦形成交联聚合物,受热后不能再恢复到可塑状态。因此,对热固性塑料而言,聚合过程和成型过程是同时进行的,所得制品是不熔的。热固性塑料的主要品种有酚醛树脂、不饱和聚酯、环氧树脂、氨基树脂等。

热塑性塑料受热后软化,冷却后又变硬,这种软化和变硬可重复、循环,因此可以反复成型,这对塑料制品的再生很有意义。热塑性塑料占塑料总产量的70%以上,大吨位的品种有聚乙烯、聚丙烯、聚氯乙烯等。

2. 按树脂的合成方法

按树脂的合成方法可分为缩合物塑料和聚合物塑料。缩合物指的是由两个或两个以上不同分子化合时放出水或其他简单物质,生成的一种与原来分子完全不同的生成物。如酚醛塑料、有机硅塑料和聚酯塑料等。聚合物是指由许多相同的分子连接而成的庞大的分子,并且基本组成不变的生成物。如聚乙烯塑料、聚苯乙烯塑料等。

建筑塑料
的特性

12.1.2 建筑塑料的组成

塑料是以合成树脂为主要成分,在一定条件(温度、压力等)下可塑成一定形状并且在通常条件下能保持形状不变的材料。可根据不同的性质和要求加入不同的添加剂,如稳定剂、增塑剂、增强剂、填料、着色剂等。塑料加入添加剂的目的是改善塑料的加工性能和使用性能,添加剂被物理地分散于塑料基体中,但不明显影响聚合物分子结构。

1. 合成树脂

合成树脂是建筑塑料最主要的组成材料,占总成分的40%以上,在塑料中起着黏结其他成分的作用。它不仅决定塑料的类型,而且决定塑料的主要性能。塑料的物理力学性质主要取决于合成树脂的种类、性质和数量。根据树脂用量的多少,将塑料分为单组分和多组分塑料。单组分塑料基本上由树脂组成,不加或仅加入少量的添加剂,如聚乙烯塑料、聚丙烯塑料、有机玻璃等。多组分塑料则除聚合物之外,还有大量辅助剂(如增塑剂、稳定剂、改性剂、填料等),绝大多数塑料都是多组分塑料,如酚醛塑料、聚氯乙烯塑料等。

2. 填料及增强剂

填料及增强剂是塑料重要的、但不是必须具有的组分。它是一种粉状或纤维状的物质,基本不参与树脂的化学反应,目的是改善塑料的物理力学性能和降低成本。它占塑料质量的20%~50%。常用的填料有滑石粉、石棉、玻璃纤维等。

3. 增塑剂

为制得常温下软质的制品和改善加工时熔体的流动性能,往往需要加入一定量的增塑剂。增塑剂可降低分子链间的作用力,降低软化温度和熔融温度,改善加工性,并赋予塑料良好的韧性、塑性和柔顺性。增塑剂一般沸点较高、不易挥发,如邻苯二甲酸酯、磷酸酯和樟脑等。聚氯乙烯是大量使用增塑剂的聚合物,80%左右的增塑剂用于聚氯乙烯塑料。

4. 稳定剂

稳定剂包括抗氧剂、热稳定剂、紫外线吸收剂、变价金属离子抑制剂、光屏蔽剂等。加入稳定剂是为了提高塑料在光、热、氧等条件下的抗老化性能,延长制品的使用寿命。例如:热稳定剂能改善塑料的热稳定性,常用的热稳定剂有硬脂酸盐、铅的化合物及环氧化合物等;光稳定剂能增加塑料在使用过程中的抗光降解能力,提高其耐光照性质,常用的光稳定剂有炭黑、钛白粉、水杨酸酯类等。

5. 固化剂

在热固性塑料成型时,线型聚合物转变为体型交联结构的过程称为固化。在固化过程中加入的,对固化起催化作用或本身参加固化反应的物质称为固化剂。

6. 润滑剂

润滑剂可分为内、外润滑剂两种。润滑剂的作用是防止塑料在成型加工过程中黏附在模具上。常用的外润滑剂是硬脂酸及其金属盐类;常用的内润滑剂是低分子量的聚乙烯等。

7. 抗静电剂、着色剂

抗静电剂的作用是通过降低电阻来减少摩擦电荷,从而减少或消除制品表面静电荷的形成。塑料中加入着色剂可制得所需的色彩和光泽。

12.1.3 土木工程中常用的塑料制品

建筑塑料的种类繁多,常用的主要有聚氯乙烯(PVC)、聚苯乙烯(PS)、聚乙烯(PE)、聚丙乙烯(PP)及酚醛树脂(PF)。目前土木工程中广泛使用的主要建筑塑料制品有塑料门窗、塑料管材及装饰塑料制品。

1. 塑料管材

塑料管材的应用已经普及各个领域。建筑内给水管、建筑内排水管、室外给水管、埋地排水管、燃气管、护套管、工业用管、农业用管八个领域内塑料管的应用都在增加。建筑内给水管领域:包括生活用冷热水和采暖用热水,有 PP-R、PEX、铝塑复合管等。建筑内排水管领域:以 UPVC 建筑排水管为主,还有少量 PE、PP 的建筑排水管。室外给水管领域:包括城市和农村的给水管,有 UPVC、PE、玻璃钢 GRP 给水管等。工业领域:包括工业生产过程中输送液体、气体和固-液混合体(如泥浆)的管道,有 UPVC、PE、PP、ABS 等工程塑料管和塑料-金属复合管等。

(1)硬质聚氯乙烯(UPVC)管。

硬质聚氯乙烯管是指以聚氯乙烯树脂为主要原料,添加适量助剂,经挤出成型的管材。通常分为压力管和非压力管。压力管一般为单壁,承受 4 Pa、6 Pa、10 Pa、16 Pa 压力。非压力管包括单壁管、单壁波纹管、双壁波纹管。国外通常将 UPVC 管分为三种:Ⅰ型为普通硬质聚氯乙烯管,应用广泛;Ⅱ型为改性聚氯乙烯管;Ⅲ型为具有良好的抗冲击和耐热性能的聚氯乙烯管材。

聚氯乙烯管材是应用较早,价格最低廉的管材,占整个塑料管材用量的 80% 以上,是应用最为广泛的塑料建材之一。聚氯乙烯管材优点是化学稳定性高,耐各种酸、碱、盐的腐蚀,耐老化性好,长期使用时管内无沉淀物,使用寿命长。

根据聚氯乙烯管材的特点,在使用时应注意,普通硬质聚氯乙烯管使用温度不得超过 60 ℃,因此不能用于热水管道,且在低温下使用时应避免冲击。当使用温度高于 60 ℃时,必须采用Ⅲ型硬质聚氯乙烯管;当聚氯乙烯塑料用于上水管路时,不允许使用有毒性的稳定剂等原料;用于室内供水系统时,管材中的铅、铬的析出量必须符合国家规定。

(2)聚乙烯(PE)管。

聚乙烯(PE)管是以聚乙烯树脂为主要原料,采用挤出成型工艺生产的。聚乙烯(PE)管不仅密度小,质量轻,而且耐腐蚀,可耐多种化学介质的侵蚀,耐电化学腐蚀,不需要防腐层。此外还具有接头牢固、不泄漏、无毒、卫生、水力特性好、管道阻力小、高韧性、抵抗刮痕能力强、使用寿命长等一系列优点。

近年来,通过交联等改性措施制得的交联聚乙烯(PE-X)管,是以交联聚乙烯(PE-X)材料为原料,经挤出成型的管材。主体原料为高密度聚乙烯,交联的目的是使聚乙烯的分子链之间形成化学键,获得三维网状结构。因此交联聚乙烯(PE-X)管具有良好的卫生性和综合力学物理性能,被视为新一代的绿色管材。它可在−70~95 ℃下长期使用,抗内压强度高,无毒,不滋生细菌,导热系数小,不生锈,耐腐蚀性好,因此它的应用范围十分广泛,包括建筑用冷热水供应系统、建筑用空调冷热水系统、民用住宅供暖系统、地面采暖系统、管道饮用水系统、食品工业中液体的输送管线等。

（3）聚丙烯（PP）管。

聚丙烯管比 PE 管还要轻，它的刚度、强度高，耐腐蚀性好，耐热性比 PVC 和 PE 好，在 100～120 ℃下，仍能保持一定的强度，尤其适合用作热水管。

20 世纪 90 年代初研制的无规共聚聚丙烯（PP-R）管，力学性能、耐热性、保温性、卫生性、耐腐蚀性、防冻裂性等性能更佳，是较为理想的塑料冷热水专用管，也是国家推广应用的三大管材（PE-X 管、PP-R 管和铝塑复合管）之一。

（4）聚丁烯（PB）管。

聚丁烯兼有聚丙烯和聚乙烯的优点，既有聚丙烯的耐环境应力开裂性和抗蠕变性，又有聚乙烯的韧性。聚丁烯是环保材料，废弃物粉碎后可重复利用，且在燃烧过程中基本不产生有毒气体。PB 管具有韧性好、无毒、不结垢、受热不变形、冻结不脆裂、质轻等特点，是低温及辐射采暖的先进管材。

（5）丙烯腈-丁二烯-苯乙烯（ABS）管。

ABS 树脂表现出三种单体的协同效应，具有良好的韧性、坚固性和耐腐蚀性，是理想的卫生洁具系统的下水、排污、放空的管材。

2. 塑料门窗

塑料门窗因节能、保温隔热、隔声、耐腐蚀、耐老化、轻便、牢固、美观等优点而得到了迅速的推广应用。

塑料门窗是以树脂为主要原料，加入一定比例的稳定剂、填充剂、着色剂及紫外线吸收剂等添加料，先挤出成型，再经切割、焊接、拼装和修整而制得的，如图12-1所示。为增加型材的刚性，当超过一定长度时，型材空腔内需要填加钢衬（加强筋）。当今的塑料门窗主要有三种：聚氯乙烯（PVC）塑料门窗、玻璃纤维增强不饱和聚酯（GUP）塑料门窗和聚氨基甲酸酯（PUR）硬质泡沫塑料门窗，其中聚氯乙烯（PVC）塑料门窗占90％以上。

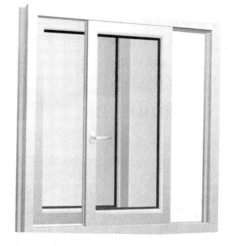

图 12-1　塑料门窗

与钢、木、铝合金门窗比较，塑料门窗具有密封性好、导热系数低、保温性好、耐腐蚀性好、能阻燃、能自熄、耐老化性能好、寿命长、绝缘性好、装饰性强、质感舒适、资源充足、价格适中等优点。其缺点就是安装工艺要求较高，长期热环境下不宜采用，异型结构组装困难等。

3. 装饰塑料制品

（1）塑料地板。

塑料地板是用塑料材料铺设的地板。按其供货状态可分为块材（地板砖）和卷材（地板革）两种。塑料卷材地板是以 PVC 为基料，制成发泡、印花、压花等单层、双层或多层结构的软质地板；地板砖是以 PVC 为基料，添加石英砂或者碳酸钙等填料和各种添加剂制成的半硬质地面材料。按其材质可分为硬质、半硬质和软质（弹性）三种。按其基本原料可分为聚氯乙烯塑料、聚乙烯塑料和聚丙烯塑料等数种。

它的优点是：地面接缝少，容易保持清洁，弹性好，步感舒适，具有良好的绝热吸声性能。此外，用腈纶、丙纶、尼龙等合成纤维编织制成的塑料地毯和人造草坪也已得到了广泛应用。

（2）塑料壁纸。

塑料壁纸又称塑料墙纸，是以一定材料为基材，在其表面进行涂塑后再经过印花、压花或发泡处理等多种工艺而制成的一种墙面装饰材料，是装饰室内墙壁的优质饰面材料。这种壁纸具有一定的透气性、难燃性和耐污染性，表面可以用清水刷洗。我国70年代开始试制塑料墙纸，近年来新品种不断问世，一般把塑料墙纸分为印花墙纸、压花墙纸、发泡墙纸、特种墙纸、塑料墙布五大类，每一类有几个品种，每一品种又有几十至几百种花色。

（3）塑料贴墙布。

塑料贴墙布是以天然纤维或人造纤维织成的布为基料，表面涂树脂，并印刷上图案而制成的，也可用无纺成型方法制成。贴墙布图案美观、色彩绚丽多彩、富有弹性、手感舒适，是一种使用广泛的室内装饰材料。目前，我国生产的主要品种有纸基织物壁纸、玻璃纤维印花贴墙布、化纤装饰墙布、棉纺装饰墙布及织锦缎等。

12.2　建筑胶粘剂

胶粘剂亦称为胶接剂，是指把同种的或不同种的两种固体材料表面连接在一起的物质，是现代工业发展中不可缺少的重要材料。土木工程中的防水工程、新旧混凝土连接、室内外装饰工程粘贴及结构补强加固等常用到胶粘剂。

胶粘剂具有密度较小、黏结无破坏、污染较小等优点。大多胶粘剂的密度在 $0.9\sim2\ \text{g/cm}^3$ 之间，是金属或无机材料密度的 $20\%\sim25\%$，因而可以大大减轻被粘物体连接材的质量。粘接技术是一种非破坏性连接技术，并因粘接界面整体承受负荷而提高负载能力，延长使用寿命。

12.2.1　建筑胶粘剂的分类

胶粘剂品种繁多，组成各异，分类方法有很多种，常用的分类方法主要有按胶粘剂的主要化学成分、外观形态、粘接强度特性、应用方法和使用领域等。各类胶粘剂见图12-2。

图12-2　各类胶粘剂

我国胶粘剂标准通常是按被粘物材质来编写，可分为石材用胶粘剂、木材用胶粘剂、塑料用胶粘剂、橡胶和皮革用胶粘剂、纸张用胶粘剂、金属用胶粘剂、织物纤维用胶粘剂、玻璃陶瓷用胶粘剂等。

1. 按化学成分

胶粘剂按化学成分可分为有机胶粘剂和无机胶粘剂两类，其中有机类又可分为人工合成有机类和天然有机类。例如：硅酸盐水泥和水玻璃为无机胶粘剂，淀粉和石油沥青是天然有机胶粘剂。胶粘剂一般多为有机合成材料。

2. 按外观形态

按外观形态可分为溶液类胶粘剂、乳液类胶粘剂、膏糊类胶粘剂、膜状类胶粘剂和固体类胶粘剂等。

溶液类的主要成分是树脂和橡胶，它们能在适当的有机溶液中溶解成为有黏性的溶液。主要有聚醋酸纤维、聚醋酸乙烯、氯丁橡胶、丁腈橡胶等。

乳液类的属于分散型，树脂能在水中分散成乳液。主要有聚醋酸乙烯、聚丙烯碳酯、天然乳胶和氯丁胶乳等。

膏糊类胶粘剂是一种充填良好的非常黏稠的胶粘剂。

膜状类胶粘剂以纸、布、玻璃纤维织物等为基料,涂敷或吸附胶粘剂后,干燥成胶膜状,主要有酚醛-聚乙烯醇缩醛、酚醛-丁腈、环氧-丁腈等。

3. 按固化条件

按固化方式的不同可将胶粘剂分为熔融固化型、挥发固化型、遇水固化型、反应固化型。

熔融固化型胶粘剂是指胶粘剂在受热熔融状态下进行黏合的一类胶粘剂。其中应用较普遍的为焊锡、银焊料等低熔点金属,棒状、粒状、膜状的 EVA(聚乙烯·醋酸乙烯)热熔胶。

挥发固化型胶粘剂是指胶粘剂中的水分或其他溶剂在空气中自然挥发,从而固化黏结的一类胶粘剂。如水玻璃系列胶粘剂、氯丁胶等。

遇水固化型胶粘剂是指遇水后即发生化学反应并固化凝结的一类胶粘剂。以石膏、各类水泥为代表。

反应固化型胶粘剂是指由粘料与水以外的物质发生化学反应固化粘接的一类胶粘剂。磷酸盐类胶粘剂、丙烯酸双酯厌氧胶等都属于这一类。

12.2.2 建筑胶粘剂的作用机理

胶接是综合性强、影响因素复杂的一类技术,现有的胶接理论比较多,都是从某一方面出发来阐述其原理,所以至今没有全面唯一的理论。主要理论如下。

1. 化学键力理论

某些胶粘剂分子与材料分子间能发生化学反应,即胶粘剂与材料之间存在化学键力。化学键的强度比范德华作用力高得多,化学键形成不仅可以提高黏附强度,还可以克服胶接接头破坏的弊病。

2. 吸附理论

固体对胶粘剂的吸附是胶接主要原因的理论,称为胶接的吸附理论。该理论认为:黏接力的主要来源是黏结体系的分子作用力,即范德华引力和氢键力。

3. 静电理论

胶粘剂与被胶结物具有不同的电子亲和力,当它们接触时就会在界面产生接触电势,形成双电层而产生胶结。当在干燥环境中从金属表面快速剥离黏结胶层时,可用仪器或肉眼观察到放电的光、声现象,证实了静电作用的存在,但静电作用仅存在于能够形成双电层的黏结体系,因此不具有普遍性。

4. 扩散理论

两种聚合物在具有相容性的前提下,当它们相互紧密接触时,由于分子的布朗运动或链段的摆动产生相互扩散作用。这种扩散作用是穿越胶粘剂、被粘物的界面交织进行的。扩散的结果导致界面的消失和过渡区的产生。

5. 机械作用力理论

胶粘剂渗入材料表面的凹陷处和表面的孔隙内,固化后如同镶嵌在材料内部,产生机械咬合力。从物理化学观点看,机械作用并不是产生黏结力的因素,而是增加黏结效果的一种方法。机械连接力的本质是摩擦力。在黏合多孔材料、纸张、织物等时,机械连接力是很重要的,但对某些坚实而光滑的表面,这种作用并不显著。

可见,胶粘剂黏结强度的产生并不能用某一理论解释,而影响胶结强度的因素也很多,最主要的是根据被黏结材料的性质,选择合适的胶粘剂;其次,被黏结物表面的润湿性也对强度有较大影响;另外,黏结工艺和环境条件也有影响。

12.2.3 常用的建筑胶粘剂

1. 环氧树脂胶粘剂

环氧树脂胶粘剂俗称万能胶,主要由环氧树脂和固化剂两大部分组成。为改善某些性能,满足不同用途还可以加入增韧剂、稀释剂、促进剂、偶联剂等辅助材料。环氧树脂的品种、牌号很多,其中双酚 A 环氧树脂是最重要的一类,它占环氧树脂总产量的 90% 左右。

环氧树脂的优点是:黏结力强、胶结强度高,因含有多种极性基团和活性很大的环氧基,所以对金属、玻璃、水泥、木材、塑料等多种极性材料,尤其是表面活性高的材料具有很强的黏结力;收缩性小,胶层尺寸稳定性好;耐腐蚀性及介电性能好,能耐酸、碱、盐、溶剂等多种介质的腐蚀。环氧树脂在航空、航天、汽车、机械、建筑、化工、轻工、电子、电器以及日常生活等领域得到广泛的应用。

环氧胶粘剂的主要缺点是:不增韧时,固化物一般偏脆,抗剥离、抗开裂、抗冲击性能差;对极性小的材料(如聚乙烯、聚丙烯、氟塑料等)黏结力小,使用时必须先进行表面活化处理。

2. 合成橡胶胶粘剂

合成橡胶胶粘剂是以合成橡胶为基料制得的合成胶粘剂。氯丁橡胶胶粘剂是合成橡胶胶粘剂中产量最大、应用最广的品种。

氯丁橡胶胶粘剂是以氯丁橡胶为基料,加入其他树脂、增稠剂、填料等配制而成的。它对水、油弱酸弱碱和醇类具有良好的抵抗力,但它的强度不高,耐热性也不太好,具有徐变性,易老化。它可用于橡胶、塑料、织物、皮革、木材等柔软材料的粘接,或金属-橡胶等热膨胀系数相差比较大的两种材料的黏结,是机械、交通、建筑、纺织、塑料、橡胶等工业部门不可缺少的材料。

3. 改性酚醛树脂胶粘剂

酚醛树脂是由苯酚和甲醛在催化剂条件下缩聚、中和及水洗而制成的树脂。酚醛树脂胶粘剂常分为酚醛树脂胶粘剂和改性酚醛树脂胶粘剂,后者用于丁腈橡胶、氯丁橡胶、硅橡胶、缩醛环氧尼龙等的改性,酚醛树脂胶粘剂和改性酚醛树脂胶粘剂都是以酚醛树脂为主体材料配合其他物质组成的。

改性酚醛树脂胶粘剂具有良好的柔性、耐酸性、力学性能、耐热性能,因此广泛用于防腐蚀工程中。

4. 改性丙烯酸酯胶粘剂

改性丙烯酸酯胶粘剂是较早实现工业化生产的胶种之一。第 2 代丙烯酸酯胶粘剂,也称为改性丙烯酸酯胶粘剂,在 1975 年由美国杜邦公司发明,是目前重点发展的品种。改性丙烯酸酯胶粘剂具有固化速度快、可油面黏结、混合比例要求不严格等优点,是环氧胶粘剂、聚氨酯胶粘剂等其他胶种难以比拟的。但是,改性丙烯酸酯胶粘剂也存在着耐温、耐候、气味等方面的不足。近年来,国内外都开展了大量的研究工作,不断开发出新产品,使改性丙烯酸酯胶粘剂的性能有了明显的改善,其应用领域不断拓展。502 胶就是一种改性丙烯酸酯胶粘剂。

502 胶是以 α-氰基丙烯酸乙酯为主,加入增粘剂、稳定剂、增韧剂、阻聚剂等,通过先进生产工艺合成的单组分瞬间固化黏合剂,在空气中微量水催化作用下发生加聚反应,迅速固化而将被粘物粘牢。它黏结速度快,透明性好,使用方便,气密性好,且对极性材料、金属、陶瓷、塑料、木材、玻璃等材料都有较高的黏结强度。由于氰基丙烯酸是较好的有机溶剂,所以 502 胶对大多数塑料及橡胶制品也都有极好的黏结力。

5. 双组分聚氨酯胶粘剂

双组分聚氨酯胶粘剂是聚氨酯胶粘剂中最重要的一个大类,其用途广、用量大。通常是由甲、乙两个组分分开包装的,使用前按一定比例配制即可。甲组分为烃基组分或端基 NCO 和聚氨酯聚体,乙组分为含游离异聚氨酯基团的组分。甲组分和乙组分按一定比例混合形成聚氨酯胶粘剂。

聚氨酯胶粘剂属于反应性的胶粘剂,两个组分混合后,发生交联反应,产生固化产物。制备时,可以调节两组分的原料组成和分子量,使之在室温下有合适的黏度,制成高固含量或无溶剂双组分胶粘剂。通常可室温固化,通过选择制备胶粘剂的原料或加入催化剂来调节固化速度。两个组分的用量可在一定范围内调节。

双组分聚氨酯胶粘剂主要用于胶粘石路面、沥青冷铺路面,也可用于塑料地板、泡沫塑料、金属材料(铁、铝、不锈钢)、混凝土、木材、硬 PVC 塑料、陶瓷、硬泡材料等。它具有粘接强度高、剥离强度好、耐高低温、耐老化、施工方便等优点。

13 前沿专题

巫山长江大桥,世界百座名桥之一,位于长江三峡段的巫峡入口处,主跨长 492 米,是目前世界上跨度最大的中承式钢管混凝土拱桥。主桥两条拱肋为化学自应力钢管混凝土组成的桁架结构,钢管内混凝土压注采用了分段连续灌注技术,并使用光纤传感监测系统对钢管内混凝土质量进行远程监测。

本章的学习重点是了解一些新型材料在实际工程中的应用。

13.1　微膨胀自密实混凝土

13.1.1　钢管微膨胀自密实混凝土简介

混凝土材料的发展经历了三次大变革,第一次是钢筋混凝土的应用和普及;第二次是预应力混凝土的推广应用;第三次是掺加各种外加剂的高性能混凝土在工程上的广泛应用。微膨胀自密实混凝土就是高性能混凝土中的一种。

自密实混凝土首次出现在 20 世纪 80 年代,由日本学者提出。与普通混凝土相比,自密实混凝土具有很高的流动性,不离析、不泌水;有优良的间隙通过性,在成型过程中不需额外的人工振捣,仅依靠自重作用就能够穿过钢筋间隙,填充模板,形成密实的混凝土结构。所以,自密实混凝土工作性评价内容主要包括流动性或填充性、间隙通过性及抗离析性或稳定性等三个方面。经过二十多年的研究和发展,自密实混凝土以其工作性能优异、施工效率高、噪声小等优点,在各种建设工程中得到了越来越广泛的应用,比如桥梁工程、隧道工程、高层建筑工程和核电工程等。

钢管混凝土结构是钢-混凝土组合结构的一种,是将混凝土填入钢管内形成的一种新型的结构,通常钢管内部不再另配置钢筋。其原理是通过钢管对核心混凝土的约束,增强混凝土的强度和塑性变形能力,同时核心混凝土又延缓或避免了外部钢管过早地发生局部屈曲现象,充分发挥两种材料各自的性能优点,使钢管混凝土整体性能得到改善。此外,在钢管混凝土的施工中,钢管可以作为浇筑混凝土的模板,这样可以大大加快施工进度。因此,钢管混凝土已被认为是高层建筑和桥梁工程中比较理想的建筑材料。

随着钢管混凝土使用的普及,核心混凝土振捣困难的缺点逐渐暴露。为了保证钢管核心混凝土的浇筑质量,自密实钢管混凝土应运而生。自密实混凝土以其良好的工作性能解决了核心混凝土施工难题,同时自密实混凝土优良的力学性能和耐久性能保证了构件的承载力和安全性。虽然自密实混凝土可以避免在钢管中产生蜂窝、狗洞等缺陷,但由于其自收缩值较大,会在核心混凝土与钢管之间产生空隙,不仅破坏了钢管与混凝土的共同工作,而且还使钢管的内表面在长期使用过程中产生锈蚀现象。为了解决这一问题,在工程中常掺加适量的膨胀剂,使自密实混凝土产生一定的膨胀变形来补偿其收缩。

将钢管混凝土、自密实混凝土和自应力混凝土相结合,可更好地发挥各自的优点,并弥补其不足。

13.1.2　微膨胀自密实混凝土在某桥梁工程中的应用

1. 工程概况

该项目是国家高速公路网的组成部分,全长约 116.29 km,双线四车道,设计时速 120 km/h,整体式路基标准宽度为 27 m。其中:行车道双向四车道宽度 $4×3.75$ m,中央分隔带宽度 3 m,硬路肩宽度 3 m,路缘带宽度 0.5 m,土路肩 0.75 m。该项目的建设对于完善国家高速公路网,改善区域交通条件,促进沿线地区资源开发和经济社会协调发展具有重要意义。

新万福河桥结构形式为 $L_j = 100$ m 的下承式钢管混凝土简支系杆拱桥。拱肋的理论计算跨径为 100 m,计算矢高 20 m,矢跨比 1/5,理论拱轴线方程为悬链线方程,拱轴系数 $m = 1.167$。该大桥全桥钢管拱肋内填充 C50 自密实补偿收缩混凝土,弦杆、缀板内灌注 C50 自密实补偿收缩混凝土,吊杆钢绞线外套钢管的钢管内压注 C50 自密实补偿收缩混凝土,全桥边肋自密实补偿收缩混凝土 298 m^3,全桥中肋自密实补偿收缩混凝土 215.5 m^3。

2. 配合比设计

自密实混凝土的配合比中胶凝材料用量大、砂率较高、高效外加剂掺量较多。配制原理是通过高效外加剂、矿物掺合料、粗细骨料的选择搭配及配合比的精心设计使混凝土拌和物的屈服应力减小到适宜范围,拥有优异的流动性,同时必须具有足够的塑性黏度,使骨料悬浮于水泥浆中,不出现离析与泌水的现象。在浇筑过程中水泥浆能带动骨料一起流动,填充模板内空间。

自密实混凝土与普通振捣混凝土配合比有较大区别,普通振捣混凝土配合比设计方法对于本工程不适用。本工程混凝土配合比设计主要参考了《自密实混凝土应用技术规程》(JGJ/T 283—2010)和《补偿收缩混凝土应用技术规程》(JGJ/T 178—2009)。

(1)原材料及混凝土技术性能指标。

水泥采用鲁南中联水泥有限公司生产的 P·O 52.5 水泥,水泥物理力学性能和化学成分符合国标《通用硅酸盐水泥》(GB 175—2007)的要求。

粉煤灰采用华电国际电力股份有限公司邹县发电厂生产的 F 类 Ⅰ 级粉煤灰;细集料采用宁阳县大汶河诚信砂场生产的天然砂;粗集料采用山东东平源希石材厂生产的粒径 5～10 mm、10～20 mm 的碎石。三种材料所检各项指标均满足《公路桥涵施工技术规范》(JTG/T 3650—2020)的相关要求。

减水剂采用山东荣智新型建材有限公司生产的缓凝型聚羧酸高性能减水剂 RZ-A2 型,掺减水剂混凝土性能符合国标要求。

选择武汉三源特种建材有限责任公司生产的膨胀剂。

自密实补偿收缩混凝土的技术性能指标见表 13-1。

表 13-1　混凝土主要技术性能指标

混凝土种类	设计强度等级	级配	水泥品种及等级	限制膨胀率/(%)		扩展度/mm	T_{500}/s
				水中 14 d	转空气中 28 d		
自密实补偿收缩混凝土	C50	二	P·O 52.5	—	0.0005	550～650	≥2

(2)选定配合比。

根据混凝土的和易性、强度及限制膨胀率的要求,选定的混凝土配合比见表 13-2。

表 13-2　C50 自密实补偿收缩混凝土推荐配合比

水胶比	砂率/(%)	石体积/L	砂体积分数	粉煤灰掺量/(%)	减水剂掺量/(%)	膨胀剂掺量/(%)	混凝土材料用量/kg							
							水	水泥	粉煤灰	砂	碎石 5～10 mm	碎石 10～20 mm	减水剂	膨胀剂
0.33	47	320	0.43	10	1.1	10	180	437	54	772	479	392	5.995	54

3.部分构件施工方案

(1)拱肋及风撑。

全桥共设三根钢管混凝土拱肋,拱肋截面为哑铃形,其中中肋高 260 cm、宽 120 cm,钢管壁厚为 18 mm;边肋高 240 cm、宽 100 cm,钢管壁厚为 16 mm;钢管混凝土采用泵送混凝土顶升灌注。拱肋钢管的进料口及排气孔由施工单位根据施工方案设置,待泵送混凝土完毕后,封死排气孔及进料口;拱肋与加劲纵梁固接,三根拱肋横向间距均为 14.65 m,在拱肋间设置 7 道钢管风撑,风撑截面为哑铃形,直径 $D=80$ cm,钢管壁厚 12 mm,风撑钢管内不灌混凝土。

(2)吊杆。

每榀拱肋设 18 根厂制吊杆,吊杆间距为 5.0 m。中拱肋和边拱肋吊杆分别采用 GJ15—31 和 GJ15—19 钢绞线整束挤压式吊杆体系。钢绞线索体采用符合《预应力混凝土用钢绞线》(GB/T 5224—2014)标准要求的 $\varphi_s=15.2$ mm 的钢绞线,$f_{pk}=1860$ MPa,钢绞线弹性模量 $E_p=1.95\times10^5$ MPa,破断力分别为 $N_{b1}=8060$ kN 和 $N_{b2}=4940$ kN。锚具采用其配套的 GJ15A-31(19) 及 GJ15B-31(19)锚具,外套钢管,钢管内压注 C50 自密实补偿收缩混凝土。吊杆采用上端张拉,吊杆锚垫板上下导管外设加强螺旋筋及钢筋网格,以弥补吊杆锚固对纵梁和拱肋截面的削弱。

部分施工现场图片如图 13-1～图 13-4 所示。

图 13-1　拱肋吊装

图 13-2　自密实补偿收缩混凝土灌注

图 13-3　吊杆预应力筋张拉

图 13-4　完工图片

13.2　有机硅混凝土

混凝土的耐久性直接影响着混凝土构筑物的质量和使用寿命,特别是特殊环境下的混凝土结构工程,如处于海洋和近海环境中的海工、水工混凝土工程和地下混凝土工程等对混凝土的耐久性尤为重视。这些混凝土结构物长期受到海水或地下水的作用,特别是受到氯盐、镁盐和硫酸盐的侵蚀,会发生破坏的危险,且混凝土结构一旦发生破坏,维护将比较困难。造成混凝土破坏的主要原因,是外界环境因素对混凝土的腐蚀。其中,水是造成混凝土耐久性问题的一个重要因素。目前国内外在提高水泥混凝土抗渗性方面采取的方法主要是从混凝土结构自防水和附加防水两方面着手的。附加防水主要是以表面外防水为主,如氯丁胶乳、环氧树脂、聚氨酯涂层、聚甲基丙烯酸甲酯(PMMA)、水泥基渗透结晶防水涂料,有机硅防水材料等。其中,采用有机硅材料对水泥混凝土进行抗渗、防水处理是混凝土防水工程中一种行之有效的措施。目前,有机硅材料主要用于混凝土的表面处理,即用外涂或浸渍的方式达到抗渗、防水的目的。采用有机硅对混凝土进行改性是近年来有机硅材料在混凝土领域的发展趋势。

13.2.1　有机硅的组成、结构和性质

有机硅产品的基本结构单元是由硅—氧链节构成的,侧链则通过硅原子与其他各种有机基团相连。因此,在有机硅产品的结构中既含有"有机基团",又含有"无机结构",这种特殊的组成和分

子结构使它集有机物的特性与无机物的功能于一身。与其他高分子材料相比,有机硅产品的最突出性能如下。

1. 耐温特性

有机硅产品是以硅—氧($Si-O$)键为主链结构的,$C-C$键的键能为 82.6 千卡/摩尔,$Si-O$键的键能在有机硅中为 121 千卡/摩尔,所以有机硅产品的热稳定性高,高温(或辐射照射)下分子的化学键不断裂、不分解。有机硅不但可耐高温,而且耐低温,可在一个很宽的温度范围内使用。无论是化学性能还是物理机械性能,随温度的变化都很小。

2. 低表面张力和低表面能

有机硅的主链十分柔顺,其分子间的作用力比碳氢化合物要弱得多,因此,有机硅比同分子量的碳氢化合物黏度低,表面张力弱,表面能小,成膜能力强。这种低表面张力和低表面能是它获得多方面应用的主要原因。有机硅常用于疏水、消泡、泡沫稳定、防黏、润滑、上光等。

3. 耐候性

有机硅产品的主链为—$Si-O$—,无双键存在,因此不易被紫外光和臭氧所分解。有机硅具有比其他高分子材料更好的热稳定性以及耐辐照和耐候能力。有机硅在自然环境中的使用寿命可达几十年。

4. 生物特性

生物活性有机硅是人体必需的一种营养素。有机硅是构成人体组织和参与新陈代谢的重要元素,存于人体的每一个细胞当中,作为细胞构建的支撑,同时帮助其他重要物质(如镁、磷、钙等)吸收。人体只能通过食物不断获得有机硅。

5. 电气绝缘性能

有机硅产品都具有良好的电绝缘性能,其介电损耗、耐电压、耐电弧、耐电晕、体积电阻系数和表面电阻系数等均在绝缘材料中名列前茅,而且它们的电气性能受温度和频率的影响很小。因此,它们是一种稳定的电绝缘材料,被广泛应用于电子、电气工业上。有机硅除了具有优良的耐热性外,还具有优异的拒水性,这是电气设备在湿态条件下使用时具有高可靠性的保障。

13.2.2 有机硅混凝土的性能

1. 防水性

水是造成混凝土耐久性问题的一个重要因素,对混凝土的影响有:①水作为运输载体,把溶于水中的 Mg^{2+}、CO_2、SO_4^{2-}、Cl^- 带入混凝土中,对混凝土造成腐蚀破坏;②水分的侵入使胶结体 $Ca(OH)_2$ 和 CSH-gel 溶解,并促使其中的其他水化物分解,造成混凝土结构不稳定;③在严寒地区,还会发生因水渗入而导致的混凝土的冻胀破坏,严重影响混凝土的耐久性和建筑的运行安全。因此,混凝土的整体防水性对于混凝土的耐久性能起着至关重要的作用。

有机硅混凝土较普通混凝土试件,其整体防水性能有较大提高(见图 13-5)。且随着有机硅掺量的增大,吸水率降低越明显,表明其防水抗渗性能明显改善。其主要原因基于以下几点:有机硅表面张力低,自身具有良好疏水作用,当水泥砂浆掺加有机硅聚合物后,使聚合物改性混凝土具有一定的疏水作用,使混凝土防水抗渗性能提高。

2. 抗冻融循环性

抗冻性是反映水泥砂浆耐久性的重要指标之一,特别是在北方寒冷天气条件下的工程中,在饱水的状态下砂浆在经受多次冻融循环一般会被破坏并且强度也会严重降低。

加适量有机硅聚合物可提高水泥砂浆的抗冻融性能。当水泥砂浆和有机硅聚合物一起拌和

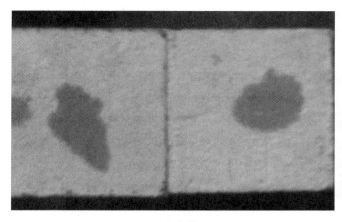

(a) 空白样　　　　　　　　　　　(b) 内掺有机硅的试样

图 13-5　防水效果

时，有机硅均匀地分散在水泥砂浆中，随着水泥水化过程的不断进行及水分的不断蒸发，有机硅聚合物形成絮凝物，这些絮凝物会填充水泥砂浆中的孔隙；而且有机硅本身具有疏水性能，使有机硅聚合物水泥砂浆具有一定的密封性能，水分不易侵入砂浆体系内的孔隙，有效提高了水泥砂浆的抗冻融性能。如图 13-6、图 13-7 所示。

图 13-6　空白样冻融前后效果图

图 13-7　内掺有机硅的试样冻融前后效果图

3. 抗裂性能

由图 13-8 可以看出，普通混凝土在抗裂试验中出现了一条较长的裂缝，而掺加有机硅的水泥混凝土裂缝宽度较小、但条数较多。这说明有机硅的加入对裂缝的产生起到了抑制作用，也说明有机硅加入量存在一个最适范围,在这个最适范围内可以达到最好的抗裂效果。在裂缝宽度差不多的情况下,添加有机硅的水泥混凝土产生的裂缝较未添加有机硅的水泥混凝土产生的裂缝有更好的抗渗作用。

图 13-8　抗裂试验效果图

对普通水泥混凝土和掺加有机硅的水泥混凝土不同宽度裂缝做渗水试验,如图 13-9 所示。当水滴到普通水泥混凝土裂缝上时,水会很快渗透到裂缝中;当水滴到掺加有机硅的水泥混凝土的裂缝上时,随着宽度的减小,水渗到裂缝中的时间越来越长,当裂缝宽度在 0.8 mm 左右时,水很难渗进裂缝中,而相同宽度的普通水泥混凝土则没有这种效果,这说明有机硅的加入对于一定程度开裂的混凝土仍有防水作用。这主要是由于有机硅自身的疏水特性所致。此外,添加的有机硅聚合物在水泥混凝土内部形成聚合物薄膜,薄膜的搭接作用提高了有机硅聚合物水泥混凝土的密实度和韧性,又对裂缝的产生形成了一定的阻碍作用,使得添加有机硅的水泥混凝土裂缝宽度较普通水泥混凝土的小。

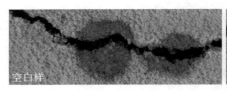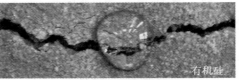

图 13-9　抗裂试验后渗水试验效果图

附录 常用土木工程材料试验

试验是土木工程材料课程的重要组成部分,本附录依据《高等学校土木工程本科指导性专业规范》中规定的试验内容,参照现行国家(或行业)标准或其他规范、资料编写。

试验一 土木工程材料基本性质

一、密度(李氏比重瓶法)

(一)试验目的

密度是指材料在绝对密实状态下单位体积(不包括开口与闭口孔隙体积)的质量。利用密度可计算材料的孔隙率。密度是材料的物理常数,借助它可确定材料的种类。本试验操作以粉体材料为例。

(二)主要仪器设备

李氏比重瓶(分度值0.1 mL,见附图1-1)、筛子(孔径 0.20 mm)、烘箱、干燥器、天平(感量0.001 g)、温度计、恒温水槽、粉磨设备等。

(三)试样制备

将材料(如砖、石灰石等)试样磨成粉末,使它完全通过0.20 mm的筛子(如为粉末可不用研磨),再将粉末放入烘箱中,在不超过110 ℃的温度下烘干至恒重,烘干后储放在干燥器中冷却至室温,备用。

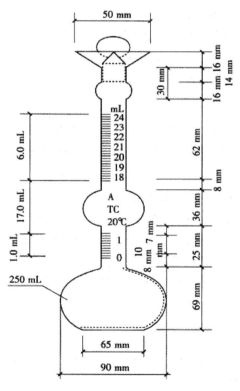

附图 1-1 李氏比重瓶

(四)试验步骤

(1)李氏比重瓶中注入煤油、水或其他与试样不反应的液体至突颈下部0~1 mL刻度之间。将李氏比重瓶放在温度为(20±1)℃的恒温水槽内,使刻度部分完全浸入水中,恒温 30 min,读取李氏瓶中凹液面刻度值 V_1(精确到 0.05 mL,下同)。

(2)从恒温水槽中取出李氏瓶,用滤纸将李氏瓶液面以上的瓶颈内部仔细擦净。

(3)用天平秤取 80 g 左右试样(精确至0.01 g),记为 m_1,用牛角匙和漏斗小心地将试样徐徐送入李氏瓶内,为避免在咽喉部分形成气泡,妨碍粉末的继续下落,试样不能快速装入,当液面上升至 20 mL 刻度处(或略高于 20 mL 刻度处)时,停止装入试样,并称量剩余试样的质量,记为 m_2。

注意勿使试样黏附在液面以上瓶颈内壁上。

(4)轻轻摇动李氏瓶,排出粉末中的空气,至液体不再产生气泡为止。

(5)将李氏瓶放入恒温水槽中,在相同温度下恒温 30 min,记下李氏瓶凹液面刻度值 V_2。

(五)试验结果

试样密度按附式(1.1)计算(精确到 0.01 g/cm³):

$$\rho = \frac{m_1 - m_2}{V_2 - V_1} \qquad \text{附式(1.1)}$$

式中:ρ 为试样的密度(g/cm³);m_1 为试验前试样的质量(g);m_2 为试验后剩余试样的质量(g);V_1 为李氏瓶第一次读数(mL);V_2 为李氏瓶第二次读数(mL)。

密度试验以两个试样平行进行,以两次试验结果的算术平均值作为测定值,如两次试验结果相差大于 0.02 g/cm³,应重新取样进行试验。

二、体积密度(表观密度)

(一)试验目的

考虑开口孔隙和闭口孔隙体积时,材料在自然状态下单位体积的质量称为体积密度。它是计算材料孔隙率,确定材料体积及结构自重的必要数据。

对于几何形状规则的试样采用测量试样的尺寸,通过数学公式计算其体积密度;对于形状不规则的试样,体积密度可采用静水称量法或蜡封法测定。

(二)主要仪器设备

天平(称量 500 g、感量 0.01 g)、游标卡尺(精度 0.1 mm)、烘箱、石蜡等。

(三)试样制备

将试样(如石料)加工成规则几何形状的试样(3 个);或将试样破碎成边长为 5~7 cm 的碎块 3~5 个,然后置于低于 110 ℃的烘箱中烘干至恒重,备用。

(四)规则形状试样的试验步骤

(1)规则几何形状的试样(3 个):用游标卡尺测量其各边尺寸(精确至 0.01 cm),每边测量三次,取平均值;如试样为圆柱体,则在圆柱体上、下两个平行切面上及试样腰部,按两个相互垂直的方向量直径,取 6 次量测的直径平均值,再在互相垂直的两直径与圆周交界的四点上量其高度,取四次测量的平均值;用数学公式计算试样的表观体积 V_0。

(2)用天平称量试样在空气中的质量 m(精确至 0.001 g)。按附式(1.2)计算其表观密度(体积密度)(g/cm³),精确至 0.01 g/cm³:

$$\rho_0 = \frac{m}{V_0} \qquad \text{附式(1.2)}$$

(3)结构均匀的试样,其体积密度应为 3 个试样测得的平均值;结构不均匀的试样,应记录最大值与最小值。

(五)不规则形状试样的试验步骤(蜡封法)

(1)用天平称量试样在空气中的质量 m(精确至 0.001 g,下同)。

(2)将试样置于熔融石蜡中,1~2 s 后取出,使试样表面沾上一层厚度小于 1 mm 的蜡膜,如蜡膜上有气泡,用烧红的细针将其刺破,再用热针蘸蜡封住气泡口,以防水分渗入试样。

（3）称量蜡封试样在空气中的质量 m_1 及在水中的质量 m_2。

（4）检定石蜡的密度（一般为 0.93 g/cm³）。

（5）按附式（1.3）计算其体积密度（g/cm³），精确至 0.01：

$$\rho_0 = \frac{m}{\dfrac{m_1 - m_2}{\rho_w} - \dfrac{m_1 - m}{\rho_蜡}}$$

附式（1.3）

（6）结构均匀的试样，其体积密度应为 3 个试样测得的平均值；结构不均匀的试样，应为 5 个试样测得的平均值，并记录最大值与最小值。

试验二　水泥性能试验

本试验方法适用于通用硅酸盐水泥。

一般规定如下。

水泥出厂前按同品种、同强度等级编号取样。袋装水泥和散装水泥应分别进行编号和取样，每一编号为一取样单位。水泥的出厂编号，按水泥厂年生产能力规定为：

200 万吨以上，不超过 4000 吨为一编号；

120～200 万吨，不超过 2400 吨为一编号；

60～120 万吨，不超过 1000 吨为一编号；

30～60 万吨，不超过 600 吨为一编号；

10～30 万吨，不超过 400 吨为一编号；

10 万吨以下，不超过 200 吨为一编号。

取样方法按《水泥取样方法》（GB 12573—2008）进行，可连续取，亦可从 20 个以上不同部位取等量样品，总量至少 12 kg。当散装水泥运输工具的容量超过该厂规定的出厂编号吨数时，允许该编号的数量超过取样规定吨数。

无特殊说明时，试验室温度应为（20±2）℃，相对湿度应大于 50%；湿气养护箱温度应为（20±1）℃，相对湿度应大于 90%。试验用水必须是洁净的饮用水，如有争议也可使用蒸馏水。水泥试样、标准砂、水、仪器和用具等的温度均应与试验室温度相同。

一、水泥细度检验方法（筛析法）GB/T 1345（选择性指标）

细度是指水泥颗粒的粗细程度，细度对水泥强度、安定性、耐久性及生产能耗等影响较大。硅酸盐水泥的细度以比表面积表示，不小于 300 m²/kg；普通硅酸盐水泥、矿渣硅酸盐水泥、火山灰质硅酸盐水泥、粉煤灰硅酸盐水泥和复合硅酸盐水泥以筛余量表示。采用 80 μm 方孔筛和 45 μm 方孔筛对水泥试样进行筛析试验，用筛上筛余物占试样总量的质量百分数来表示水泥的细度，80 μm 方孔筛余不大于 10% 或 45 μm 方孔筛余不大于 30%。

筛析法分负压筛法、水筛法和手工干筛法三种，在检验工作中，如对负压筛法与水筛法或手工干筛法的结果发生争议时，以负压筛法的结果为准。

（一）负压筛法

（1）主要仪器设备。

①负压筛析仪：负压筛析仪由筛座、负压筛、负压源及收尘器组成，其筛座由转速为（30±2）r/min 的喷气嘴、负压表、控制板、微电机及壳体等构成，见附图 2-1。筛析仪负压可调范围为 4000～

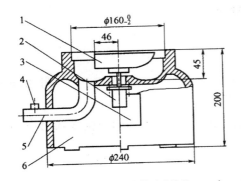

附图 2-1 负压筛析仪筛座(单位:mm)

1—喷气嘴;2—微电机;3—控制板开口;
4—负压表接口;5—负压源及收尘器接口;6—壳体

6000 Pa。

②天平:最大称量 100 g,感量 0.01 g。

(2)试验步骤。

①筛析试验前,所用试验筛应保持清洁,试验时,80 μm 筛析试验秤取试样 25 g,45 μm 筛析试验秤取试样 10 g,精确至 0.01 g。

②把负压筛放在筛座上,盖上筛盖,接通电源,检查控制系统,调节负压至 4000~6000 Pa 范围内。

③将试样置于洁净的负压筛中,盖上筛盖,放在筛座上,开动筛析仪连续筛析 2 min,在此期间如有试样附着在筛盖上,可轻轻地敲击,使试样落下,筛毕,用天平称量筛余物。

(二)水筛法

1. 主要仪器设备

标准筛、筛支座、喷头、天平、烘箱等。

2. 试验步骤

①筛析试验前,应确保水中无泥、砂,调整好水压及筛架的位置,使其能正常运转,喷头底面和筛网之间距离为 35~75 mm。

②称取试样 50 g(精确至 0.01 g),置于洁净的水筛中,立即用淡水冲洗至大部分细粉通过后,放在水筛架上,用水压为(0.05±0.02) MPa 的喷头连接冲洗 3 min。筛毕,用少量水把筛余物冲至蒸发皿中,等水泥颗粒全部沉淀后,小心倒出清水,烘干并用天平称量筛余物。

(三)手工干筛法

在没有负压筛析仪和水筛的情况下,可用手工干筛法测定。

(1)称取 50 g(精确至 0.01 g)试样倒入手工筛内。

(2)用一只手执筛往复摇动,另一只手轻轻拍打,往复摇动和拍打过程应保持近于水平。拍打速度每分钟约 120 次,每 40 次向同一方向转动 60°,使试样均匀分布在筛网上,直至每分钟通过的试样量不超过 0.03 g 为止。用天平称筛余物量。

(四)试验结果计算及处理

水泥试样筛余百分数按附式(2.1)计算:

$$F = \frac{R_t}{W} \times 100 \qquad 附式(2.1)$$

式中:F 为水泥试样的筛余百分数(%);R_t 为水泥筛余物的质量(g);W 为水泥试样的质量(g)。

结果计算至 0.1%,试验筛在使用中会有磨损,筛析结果可根据试验筛的有效修正系数,进行修正。

二、标准稠度用水量试验 GB/T 1346

(一)试验目的和原理

用水量的大小对水泥的一些技术性质,如凝结时间、体积安定性等有较大影响,为了消除试验条件的影响,使测得的结果有可比性,必须采用标准稠度的水泥净浆测定凝结时间和安定性。

标准稠度用水量是指水泥浆体达到规定的标准稠度时的用水量占水泥质量的百分比。水泥净浆对标准试杆(或试锥)的沉入具有一定的阻力,通过试验不同用水量水泥净浆的穿透性,以确定水泥标准稠度净浆中所需的加水量。

(二)主要仪器设备

(1)标准法维卡仪(见附图 2-2):标准稠度测定用试杆的有效长度为 50 mm±1 mm,由直径为 10 mm±0.05 mm 的圆柱形耐腐蚀金属制成。

(2)水泥净浆试模:试模为深 40 mm±0.2 mm、顶内径 65 mm±0.5 mm、底内径 75 mm±0.5 mm 的截顶圆锥体,每只试模应配备一个大于试模且厚度不小于 2.5 mm 的平板玻璃底板。

(3)水泥净浆搅拌机,符合 JC/T729 要求。

(4)量水器、天平(感量 1 g)。

(三)试验方法一(标准法)

(1)试验前必须做到:维卡仪的金属棒能自由滑动;试模和玻璃底板用湿布擦拭,将试模放在底板上;调整至试杆接触玻璃板时指针对准零点;搅拌机运行正常。

(2)水泥净浆拌和前,搅拌锅和搅拌叶片先用湿棉布擦过。将拌和水倒入锅内,然后在 5～10 s 内将称好的 500 g 水泥加入水中。拌和时,先将搅拌锅放到搅拌锅座上,升至搅拌位置,启动搅拌机,低速搅拌 120 s,停拌 15 s,同时将叶片和锅壁上的水泥浆刮入锅中间,接着高速搅拌 120 s,停机。

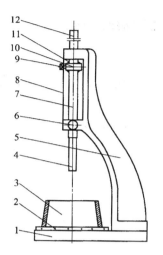

附图 2-2 标准法维卡仪
1—底座;2—玻璃板;3—截锥模;
4—试杆;5—支架;6—固定螺栓;
7—滑动杆;8—示值板;9—指针;
10—固定圈;11,12—连接杆

(3)拌和结束后,立即取适量水泥净浆一次性将其装入已置于玻璃底板上的试模中,浆体超过试模上端,用宽约 25 mm 的直边刀轻轻拍打超出试模部分的浆体 5 次以排除浆体中的孔隙,然后在试模上表面约 1/3 处,略倾斜于试模分别向外轻轻锯掉多余净浆,再从试模边沿轻抹顶部一次,使净浆表面光滑。在锯掉多余净浆和抹平的操作过程中,注意不要压实净浆;抹平后迅速将试模和底板移到维卡仪上,并将其中心定在试杆下,降低试杆直至与水泥净浆表面接触,拧紧螺丝 1～2 s 后,突然放松,使试杆垂直自由地沉入水泥净浆中。在试杆停止沉入或释放试杆 30 s 时记录试杆距底板之间的距离,升起试杆后,立即擦净;整个操作应在搅拌后 1.5 min 内完成。

(4)以试杆沉入净浆并距底板 6 mm±1 mm 时的水泥净浆为标准稠度净浆。拌和水量为该水泥的标准稠度用水量(P),按水泥质量的百分比计。

(四)试验方法二(代用法)

标准稠度用水量可用调整水量和不变水量法这两种方法的任一种测定,有争议时以调整水量方法为准。

采用调整水量方法时拌和水量按经验找水,采用不变水量法时拌和水量为 142.5 mL,水量精确至 0.5 mL。

将代用法的试杆改为试锥,圆锥模改为锥模。试锥由黄铜制造,锥底直径 40 mm,高 50 mm。

(1)拌和结束后,立即将拌好的净浆装入锥模内,用小刀插捣,振动数次,刮去多余净浆,抹平后迅速将锥模移到维卡仪上,降低试锥至净浆表面拧紧螺丝 1～2 s 后,突然放松,让试杆自由沉入净浆中,试杆停止沉入时记录试锥下沉深度。整个操作应在搅拌后 1.5 min 内完成。

（2）根据测得的试锥下沉深度 $S(mm)$ 按附式（2.2）（或仪器上对应标尺）计算得到标准稠度用水量 $P(\%)$。

$$P = 33.4 - 0.185S$$

附式（2.2）

三、凝结时间的测定 GB/T 1346

（一）试验目的

凝结时间是影响混凝土施工难易程度和速度的重要性质，测定水泥的凝结时间在施工中具有重要意义。

（二）主要仪器设备

（1）凝结时间测定仪（维卡仪，同前）与测定试针（见附图 2-3）。

（2）湿气养护箱：应能使温度控制在 20 ± 3 ℃，湿度大于 90%。

（3）水泥净浆搅拌机、量水器等。

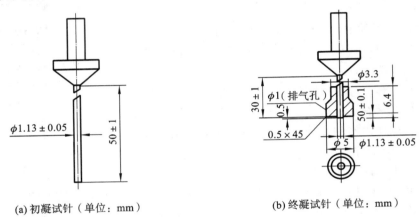

(a) 初凝试针（单位：mm）　　(b) 终凝试针（单位：mm）

附图 2-3　凝结时间测定试针

（三）试验方法

（1）测定前，将圆模放在玻璃板上，在内测稍稍涂上一层机油；调整凝结时间测定仪，使试针接触玻璃板时，指针对准标尺零点。

（2）称取水泥试样 500 g（精确至 1 g），以标准稠度用水量，按测定标准稠度方法制备净浆，制成标准稠度净浆，立即一次装满试模，振动数次后刮平，然后放入湿气养护箱内。记录水泥全部加入水中的时间作为凝结时间的起始时间。

（3）初凝时间测定。

试样在湿气养护箱中养护至加水后 30 min 时进行第一次测定。测定时，从湿气养护箱中取出试模放到试针下，降低试针与净浆表面接触，拧紧螺丝 $1 \sim 2$ s 后，突然放松，使试针垂直自由地沉入水泥净浆。观察试针停止下沉或释放试针 30 s 时的指针读数。临近初凝时间时每隔 5 min（或更短时间）测定一次，当试针沉至距底 4 mm ± 1 mm 时，即为水泥达到初凝状态。由水泥全部加入水中至初凝状态的时间为水泥的初凝时间，用 min 表示。

（4）终凝时间测定。

为了准确观测试针沉入的状况，在终凝试针上安装了一个环形附件（见附图 2-3（b））。在完成初凝时间测定后，立即将试模连同浆体以平移的方式从玻璃板取下，翻转 180°，直径大端向上，小端在下,放在玻璃板上,再放入湿气养护箱中继续养护。临近终凝时间时,每间隔15 min(或更短时间)测一次,当试针沉入试体 0.5 mm 时,即环形附件开始不能在试体上留下痕迹时,为水泥达到终凝状态。以水泥全部加入水中至终凝状态的时间为该水泥的终凝时间,用 min 来表示。

（5）测定时应注意,在最初测定操作时应轻轻扶持金属柱,使其徐徐下降以防试针撞弯,但结果以自由下落为准;在整个测试过程中试针贯入的位置至少距试模内壁 10 mm。临近初凝时,每隔 5 min(或更短时间)测定一次,临近终凝时每隔 15 min(或更短时间)测定一次。到达初凝时应立即重复测一次,当两次结论相同时才能确定到达初凝状态。到达终凝时,需要在试体另外两个不同点测试,确认结论相同才能确定到达终凝状态。每次测定不能让试针落入原针孔,每次测试完毕须将试针擦净并将试模放回湿气养护箱内,整个测试过程要防止试模受振。

四、安定性的测定 GB/T 1346

（一）试验目的

检测水泥在凝结硬化过程中体积变化的均匀性,以决定水泥是否可使用。沸煮法可检验由游离氧化钙引起的水泥体积安定性不良,测定方法可以用试饼法也可以用雷氏法,有争议时以雷氏法为准。试饼法是观察水泥净浆试饼沸煮后的外形变化来检验水泥的体积安定性;雷氏法是测定水泥净浆在雷氏夹中沸煮后试针的相对位移来表示其体积膨胀值。

（二）主要仪器设备

（1）沸煮箱。有效容积约为 410 mm×240 mm×310 mm,内设箅板和加热器,箅板结构应不影响试验结果,箅板与加热器之间的距离大于 50 mm。箱的内层由不易锈蚀的金属材料制成,能在 30±5 min 内将箱内的试验用水由室温升至沸腾,并可保持沸腾状态 3 h 而不需补充水量。

（2）雷氏夹。雷氏夹由铜制材料制成,其结构如附图 2-4 所示。当一根指针的根部悬挂在一根金属丝或尼龙丝上,另一根指针的根部再挂上 300 g 质量的砝码时,两根指针的针尖距离增加应在 17.5±2.5 mm 范围内,当去掉砝码后针尖的距离恢复至挂砝码前的状态(见附图 2-5)。

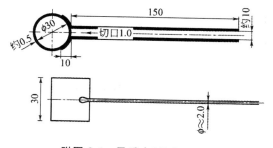

附图 2-4　雷氏夹(单位:mm)

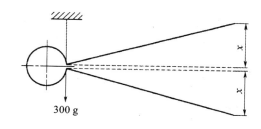

附图 2-5　雷氏夹校正图

（3）雷氏夹膨胀测定仪,标尺最小刻度为 1 mm。

（4）水泥净浆搅拌机、湿气养护箱、量水器、天平等。

（三）试验方法一(标准法)

（1）准备工作。

每个试样需成型两个试件,每个雷氏夹需配备两个边长或直径约 80 mm、厚度 4～5 mm 的玻璃板。凡与水泥净浆接触的玻璃板和雷氏夹内表面都要稍稍涂上一层机油。

（2）以标准稠度用水量制备标准稠度净浆。

（3）雷氏夹试样成型。

将预先准备好的雷氏夹放在已稍涂油的玻璃板上，并立刻将制好的标准稠度净浆装满试模，装模时一只手轻轻扶住试模，另一只手用宽约 25 mm 的小刀插捣 3 次左右，然后抹平，盖上稍涂油的玻璃板，接着立刻将试模移至湿气养护箱内养护 24 h±2 h。

（4）沸煮。

调整好沸煮箱内水位，保证整个沸煮过程水都能没过试样，不需中途加水；同时又能保证在 30 min±5 min 内加热至沸腾。

从养护箱内取出试样，脱去玻璃板，先测量雷氏夹试样指针尖端间的距离（A），精确至 0.5 mm，接着将试样放入沸煮箱水中的试件架上，指针朝上，试样之间相互不交叉。然后在 30 min±5 min 内加热至沸腾并恒沸 180 min±5 min。

（5）结果判定。

沸煮结束，立即放掉沸煮箱中的热水，打开箱盖，等箱体冷却至室温，取出试样进行判别。

测量雷氏夹试样指针尖端间的距离（C），准确至 0.5 mm，当两个试样煮后增加距离（C−A）的平均值不大于 5.0 mm 时，即认为该水泥安定性合格；当两个试样煮后的增加距离（C−A）值超过 5.0 mm 时，应用同一样品立即重做一次试验，依然如此，则认为该水泥安定性不合格。

（四）试验方法二（代用法）

（1）准备工作。

采用试饼法，每个样品需要准备两块约 100 mm×100 mm 的玻璃板，需成型两个试样，与水泥净浆接触的玻璃板上稍稍涂一层机油。

（2）以标准稠度用水量制备标准稠度净浆。

（3）试饼的成型。

将制好的净浆取出一部分分成两等分，使之成球形，放在预先准备好的玻璃板上，轻轻振动玻璃板并用湿布擦过的小刀由边缘向中央抹，做成直径 70～80 mm、中心厚约 10 mm、边缘渐薄、表面光滑的试饼，接着放入湿气养护箱内养护 24 h±2 h。

（4）从养护箱内取出试样，脱去玻璃板。

先检查试饼是否完整（如已开裂翘曲要检查原因，确证无外因时，则该试饼属不合格，不必沸煮），在试饼无缺陷的情况下将试饼放在沸煮箱的篦板上。

（5）沸煮。

调整好沸煮箱内水位，保证整个沸煮过程水都能没过试样，不需中途加水；然后在 30 min±5 min 内加热至沸腾并保持 180 min±5 min。

（6）结果判定。

沸煮结束，立即放掉沸煮箱中的热水，打开箱盖，等箱体冷却至室温，取出试样进行判别。目测试饼未发现裂缝，用钢直尺检查也没有弯曲（钢直尺和试饼底部紧靠，以两者间不透光为不弯曲）的试饼为安定性合格，反之为不合格。当两个试饼判别结果有矛盾时，该水泥的安定性为不合格。

五、水泥胶砂强度试验（ISO 法）GB/T 17671

（一）试验目的

水泥的强度是水泥的重要技术指标，测定各个龄期水泥的强度，可评定和检验水泥强度等级。

（二）主要仪器设备

（1）行星式水泥胶砂搅拌机，应符合 JC/T 681 的要求。

（2）胶砂振实台。振动频率为 60 次/(60±2)s,振幅为(15±0.3) mm,符合 JC/T 682 的要求。

（3）抗折强度试验机:应符合 JC/T 724 要求。一般采用杠杆比值 1:50 的电动抗折试验机,也可以采用性能符合要求的其他试验机。抗折夹具的加荷与支撑圆柱直径应为(10±0.1) mm[允许磨损后尺寸(10±0.2) mm],两个支撑圆柱中心间距为(100±0.2) mm。

（4）抗压试验机:试验机精度要求±1%,具有(2400±200) N/S 速率加荷的能力,最大荷载以 200～300 kN 为佳。

（5）抗压夹具:当需要使用夹具时,应把它放在压力机的上下压板之间并与压力机处于同一轴线,以便将压力机的荷载传递至胶砂试件表面。夹具由硬质钢材制成,应符合 JC/T 638 的要求,受压面积为 40 mm×40 mm。

（6）试模由三个水平的槽模组成。模槽内腔尺寸为 40 mm×40 mm×160 mm,可同时成型三条棱柱体试样,其材质和构造应符合 GB/T 726 的要求,如附图 2-6 所示。成型操作时应在试模上面加一个壁高 20 mm 的金属套模;为控制料层厚度和刮平表面,应备有两个播料器和一个金属刮平尺。

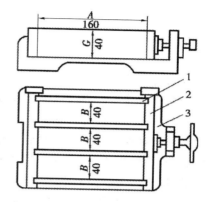

附图 2-6　可拆卸三联模(单位:mm)

1—隔板;2—端板;3—底座

（7）天平(精度 1 g)、量水器(精度 1 mL)等。

（三）试样制备

试体成型试验室的温度应保持在 20±2 ℃,相对湿度不低于 50%。试体带模养护的养护箱或雾室温度保持在 20±2 ℃,相对湿度不低于 90%。试体养护池水温应在 20±1 ℃范围内。

（1）将试模擦净,四周模板与底座的接触面上应涂黄油,紧密装配,防止漏浆;内壁均匀刷一薄层机油。

（2）中国 ISO 标准砂符合 GB/T 17671 中关于颗粒分布和湿含量的规定。标准砂可以单级分包装,也可以各级预配合以(1350±5) g 量的塑料袋混合包装,但所用塑料袋材料不得影响强度试验结果。当试验水泥从取样至试验要保持 24 h 以上时,应把它贮存在基本装满和气密的容器里,这个容器应不与水泥起反应。

（3）胶砂的质量配合比应为一份水泥,三份标准砂和半份水(水灰比为 0.5)。每锅胶砂成型三条试体。每锅胶砂用天平称取水泥(450±2) g、中国 ISO 标准砂(1350±5) g,用量水器量取(225±1) mL 水。

（4）每锅胶砂用搅拌机进行机械搅拌。先使搅拌机处于待工作状态,然后按以下的程序进行操作:把水加入锅里,再加入水泥,把锅放在固定架上,上升至固定位置;然后立即开动机器,低速搅拌 30 s 后,在第二个 30 s 开始的同时均匀地将砂子加入。当各级砂分装时,从最粗粒级开始,依次将所需的每级砂加完。把机器转至高速再搅拌 30 s。

停拌 90 s,在第 1 个 15 s 内用一胶皮刮具将叶片和锅壁上的胶砂刮入锅中间。再在高速下继续搅拌 60 s。各个搅拌阶段时间误差应在±1 s 以内,将粘在叶片上的胶砂刮下。

（5）胶砂制备后立即进行成型。将空试模和模套固定在振实台上,用一个适当的勺子直接从搅拌锅里将胶砂分两层装入试模,装第一层时,每个槽里约放 300 g 胶砂,用大播料器垂直架在模套顶部沿每个模槽来回一次将料层播平,接着振实 60 次。再装入第二层胶砂,用小播料器播平,再振实 60 次。移走模套,从振实台上取下试模,用一金属直尺,以近似 90°的角度架在试模模顶的一端,然后沿试模长度方向以横向锯割动作慢慢向另一端移动,一次将超过试模部分的胶砂刮去,并用同一直尺以近乎水平的情况将试体表面抹平。

去掉留在模子四周的胶砂,在试模上做标记或加字条标明试件编号,立即放入湿气养护箱或雾室进行养护。湿空气应能与试模各边接触,养护时不应将试模放在其他试模上,一直养护到规定的脱模时间。

(四)脱模与养护

(1)养护到规定脱模时间后,取出脱模。脱模前,用防水墨或颜料笔对试体进行编号。两个龄期以上的试体,编号时应将同一试模中的三条试样分在两个以上的龄期内。

(2)脱模应非常小心。对于24 h龄期的,应在破型前20 min内脱模。对于24 h以上龄期的,应在成型后20~24 h之间脱模。硬化较慢的水泥允许延期脱模,但须记录脱模时间。

(3)将做好标记的试件立即水平或竖直放在(20±1) ℃水中养护,水平放置时刮平面应朝上。试件放在不易腐烂的篦子上,并彼此保持一定间距,以让水与试件的六个面接触。养护期间,试件之间间隔或试体上表面的水深不得小于5 mm。每个养护池只养护同类型的水泥试样。先用自来水装满养护池(或容器),随后随时加水保持适当的恒定水位,不允许在养护期间全部换水。

(五)强度测定

除24 h龄期或延迟至48 h脱模的试体外,任何到龄期的试体应在试验(破型)前15 min从水中取出。揩去试体表面沉积物,并用湿布覆盖至试验为止。试体龄期从水泥加水搅拌开始试验时算起。不同龄期强度试验在下列时间里进行。

①24 h龄期:15 min。

②48 h龄期:30 min。

③72 h龄期:45 min。

④7 d龄期:2 h。

⑤28 d龄期:8 h。

(1)抗折强度测定。

①每龄期取出三条试样先做抗折强度测定。测定前须擦去试样表面的水分和砂粒。清除夹具上圆柱表面黏附的杂物,将试样放入抗折夹具内,应使试样侧面与圆柱接触。

②采用杠杆式抗折试验机时,试样放入前,应使杠杆呈平衡状态。试样放入后,调整夹具,使杠杆在试样折断时尽可能地接近平衡位置。

③抗折强度测定时的加荷速度为50 N/s±10 N/s。

④抗折强度按附式(2.3)计算(计算至0.1 MPa):

$$R_f = \frac{3F_f L}{2bh^2} \qquad \qquad 附式(2.3)$$

式中:R_f为单个试样抗折强度(MPa);F_f为折断时施加于棱柱体中部的荷载(N);L为支撑圆柱之间的距离(mm);b、h分别为棱柱体正方形截面的宽度和高度,均为40 mm。

以三个试样测定值的算术平均值作为抗折强度的试验结果(精确至0.1 MPa)。若三个强度值中有超出平均值的±10%的,应剔除后,再取平均值作为抗折强度试验结果。

当不需要抗折强度数值时,抗折强度试验可以省去。但抗压强度试验应在不使试件受有害应力情况下折断的两截棱柱体上进行。

(2)抗压强度测定。

①抗折强度测定后的两个断块应立即进行抗压强度测定。抗压强度测定须用抗压夹具进行，试样受压面积为 40 mm×40 mm，棱柱体露在压板外的部分约 10 mm。测定前应清除试样受压面与加压板间的砂粒或杂物。测定时以试样的侧面作为受压面，并使夹具对准压力机压板中心。

②整个加荷过程中以 2400 N/s±200 N/s 的速率均匀加荷直至破坏。

③抗压按附式(2.4)计算(计算至 0.1 MPa)：

$$R_{\mathrm{c}} = \frac{F_{\mathrm{c}}}{A} \qquad\qquad \text{附式(2.4)}$$

式中：R_{c} 为单个试样抗压强度(MPa)；F 为破坏时的最大荷载(N)；A 为受压部分面积，即 40 mm×40 mm＝1600 mm²。

以六个试件的抗压强度测定值的算术平均值作为抗压强度的试验结果(精确至 0.1 MPa)。如六个测定值中有一个超出平均值的±10%，应剔除这个结果，而以剩下的五个的平均数为试验结果。如五个测定值中还有超过它们平均数±10%的，则此组结果作废。

试验三　集料性能试验

一、砂的筛分试验 GB/T 14684

(一)试验目的

测定各筛上的分计筛余和累计筛余，计算砂的细度模数，判断砂的粗细程度；通过级配曲线，评定砂的颗粒级配。

(二)试样制备

在料堆上取样时，取样部位应均匀分布。取样前先将取样部位表层铲除，然后从不同部位随机抽取大致等量的砂 8 份，组成 1 组样品；从皮带运输机上取样时，应用与皮带等宽的接料器在皮带运输机机头的出料处全断面定时随机抽取大致等量的砂 4 份，组成 1 组样品；从火车、汽车、货船上取样时，应从不同部位和深度抽取大致等量的砂 8 份，组成 1 组样品。

进行各项试验的每组试样应不小于标准规定的最少取样量，见附表 3-1。试验时需按人工四分法分别缩取各项试验所需的数量。首先将所取试样在自然状态下置于平板上，在潮湿状态下拌匀，并堆成厚度约为 20 mm 的圆饼，在饼上沿互相垂直的两直径把饼分成大致相等的四份，取其对角的两份重新拌匀，再堆成圆饼，照上述四分法缩取，直至缩分后试样量略多于该项试验所需的量为止。试样缩分也可用分料器进行。

附表 3-1　单项试验取样数量

试 验 项 目	最少取样数量/kg	试 验 项 目	最少取样数量/kg
颗粒级配	4.4	松散堆积密度与空隙率	5.0
表观密度	2.6	含泥量	4.4
饱和面干吸水率	4.4	泥块含量	20.0
碱集料反应	20.0	云母含量	0.6

（三）仪器设备

（1）鼓风干燥箱：能控制温度在 105±5 ℃。

（2）托盘天平：称量 1 kg，感量 1 g。

（3）摇筛机。

（4）方孔筛：孔径为 150 μm、300 μm、600 μm、1.18 mm、2.36 mm、4.75 mm 及 9.50 mm 的筛各一只，并附有筛底和筛盖。

（5）浅盘、毛刷等。

（四）试验步骤

按四分法将试样缩分至约 1100 kg，先筛除大于 9.5 mm 颗粒。如试样含泥量超过 5%，应先用水洗。然后将试样充分拌匀，在（105±5）℃下烘干至恒重，冷却至室温后，分为大致相等的两份备用。

（1）准确称取烘干试样 500 g，精确至 1 g。将试样倒入按孔径大小从上到下组合的套筛（附筛底）上进行筛分。将套筛装入筛机摇筛约 10 min，取下套筛，按孔径大小顺序逐个在清洁的浅盘上进行手筛，筛至每分钟的通过量小于试样总量 0.1% 为止。通过的试样并入下一号筛中，并和下一号筛中的试样一起过筛。按此顺序进行，至各号筛全部筛完为止。

（2）称量各号筛筛余试样的质量，精确至 1 g。试样在各号筛上的筛余量均不得超过附式（3.1）计算出的量：

$$G = \frac{A \times d^{1/2}}{200} \qquad 附式（3.1）$$

式中：G 为筛余量；d 为筛孔尺寸；A 为筛的面积（mm^2）。

超过时应按下列方法之一处理。

①将该粒级试样分成少于按附式（3.1）计算出的量，分别筛分，并以筛余量之和作为该号筛的筛余量。

②将该粒级及以下各粒级的筛余混合均匀，称出其质量，精确至 1 g。再用四分法缩分为大致相等的两份，取其中一份，称出其质量，精确至 1 g，继续筛分。计算该粒级及以下各粒级的分计筛余量时应根据缩分比例进行修正。

（3）筛分后，所有各号筛的筛余量和筛底的剩余量之和与原试样总质量的差值不得超过 1%，否则，应重新试验。

（4）试验结果计算。

计算分计筛百分率：各号筛的筛余量除以试样总质量的百分比，精确至 0.1%。

计算累计筛余百分率：该号筛上的分计筛余百分率与大于该号筛的各号筛上的分级筛百分率之和，精确至 0.1%。

计算细度模数 M_x：

$$M_x = \frac{(A_2 + A_3 + A_4 + A_5 + A_6) - 5A_1}{100 - A_1} \qquad 附式（3.2）$$

式中：A_1、A_2、A_3、A_4、A_5、A_6 分别为筛孔直径 4.75 mm、2.36 mm、1.18 mm、600 μm、300 μm、150 μm 筛上累计筛余百分率。

筛分析试验应采用两个试样进行平行试验。累计筛余百分率取两次试验结果的平均值，精确至 1%。细度模数取两次试验结果的算术平均值，精确至 0.1；如两次试验所得细度模数之差大于 0.20，应重新进行试验。

砂的颗粒级配评定根据各号筛的累计筛余百分率,采用修约值比较法评定该试样的颗粒级配。绘制筛孔尺寸-累计筛余百分率曲线,对照规定的级配区范围,判定是否符合级配区要求。

二、砂的表观密度试验 GB/T 14684

（一）试验目的

砂的表观密度是计算空隙率和进行混凝土配合比设计的重要数据。

（二）仪器设备

（1）托盘天平。称量 1 kg,感量 1 g。

（2）容量瓶。容积 500 mL。

（3）烘箱、干燥箱、温度计、料勺等。

（三）试验步骤

按前述的四分法,将缩分至约 660 g 的试样在(105±5) ℃的烘箱中至恒重,并在干燥箱中冷却至室温后分成两份试样备用。

（1）称取烘干试样 300 g(m_0),精确至 0.1 g,将试样放入容量瓶,注入冷开水至接近 500 mL 刻度处,用手旋转摇动容量瓶,使试样充分搅动以排除气泡,塞紧瓶塞。静置 24 h 后,打开瓶盖,用滴管小心加水至瓶颈刻度线 500 mL 处。

（2）塞紧瓶塞擦干瓶外水分,称其重量(m_1),精确至 1 g。

（3）倒出容量瓶中的水和试样,清洗瓶内外,再注入与上次水温相差不超过 2 ℃（在 15～25 ℃的温度范围内）的冷开水至瓶颈刻线。塞紧瓶塞,擦干瓶外水分,称其质量(m_2),精确至 1 g。

（4）试验结果计算。

试样的表观密度 ρ_0 按附式(3.3)计算,精确至 10 kg/m³:

$$\rho_0 = \left(\frac{m_0}{m_0 + m_2 - m_1} - \alpha_t \right) \times 1000 \qquad \text{附式（3.3）}$$

式中：ρ_0 为表观密度(kg/m³)；m_1 为瓶＋试样＋水总质量(g)；m_2 为瓶＋水总质量(g)；m_0 为烘干试样质量(g)；α_t 为水温对水相对密度修正系数,见附表 3-2。

表观密度以两次测定结果的算数平均值为测定值,精确至 10 kg/m³。如两次结果之差大于 20 kg/m³,应重新取样进行试验。

附表 3-2 水温对水相对密度修正系数 α_t

水温/℃	15	16	17	18	19	20	21	22	23	24	25
α_t	0.002	0.003	0.003	0.004	0.004	0.005	0.005	0.006	0.006	0.007	0.008

三、砂的堆积密度与空隙率试验 GB/T 14684

（一）试验目的

测定砂的堆积密度,可计算砂的空隙率和材料数量。

（二）主要仪器

（1）天平：称量 10 kg,感量 1 g。

（2）容量筒：圆柱形金属筒,内径 108 mm,净高 109 mm,筒壁厚 2 mm,筒底厚 5 mm,容积约1 L。

(3)鼓风干燥箱:能控制温度在(105±5)℃。

(4)方孔筛:孔径 4.75 mm。

(5)垫棒:直径 10 mm,长 500 mm 的圆钢。

(6)漏斗或料勺、直尺、浅盘及毛刷等。

(三)试验步骤

按前述的四分法,取约 3 L 的试样,在 105±5 ℃的烘箱中至恒重,并在干燥箱中冷却至室温后,筛除大于 4.75 mm 的颗粒,分成大致相等的两份备用。

(1)松散堆积密度:取试样一份,用料勺或漏斗将试样从容量筒中心上方 50 mm 处徐徐装入容量筒内,让试样自由落下,当容量筒上部试样呈堆体,且容量筒四周溢满时,即停止加料。用直尺将多余的试样沿筒口中心线向两个相反的方向刮平,称容量筒和试样总质量 m_1,精确至 1 g。

(2)紧密堆积密度:取一份试样分两次装入容量筒。装完一层后(约计稍高于 1/2),在筒底垫上一根直径为 10 mm 的钢筋,将筒按住,左右交替颠击地面各 25 下。再装入第二层,第二层装满后用同样的方法颠实(筒底所垫钢筋的方向与第一层时的方向垂直)后,加料至试样超出容量筒口,然后用直尺将多余试样沿筒口中心线向两个相反的方向刮平,称其质量 m_2,精确至 1 g。

(3)测定结果计算。

砂的松散或紧密堆积密度按附式(3.4)计算,精确至 10 kg/m³:

$$\rho_0' = \frac{m_2 - m_1}{V} \times 1000 \qquad \text{附式(3.4)}$$

式中:ρ_0' 为试样的松散或紧密堆积密度(kg/m³);m_1 为容量筒质量(g);m_2 为容量筒和试样总质量(g);V 为容量筒容积(L)。

空隙率 P' 按附式(3.5)计算,精确至 1%:

$$P' = \frac{V_0' - V_0}{V_0'} \times 100\% = \left(1 - \frac{V_0}{V_0'}\right) \times 100\% = \left(1 - \frac{\rho_0'}{\rho_0}\right) \times 100\% \qquad \text{附式(3.5)}$$

以两次测定结果的算术平均值作为测定值。

(4)容量筒的校正。

将温度为(20±2)℃的饮用水装满容量筒,用玻璃板沿筒壁滑移,使其紧贴水面,擦干筒外壁水分,然后称量,精确至 1 g。容量筒容积用附式(3.6)计算:

$$V = G_1 - G_2 \qquad \text{附式(3.6)}$$

式中:V 为容量筒容积(mL);G_1 为筒、玻璃板和水总质量(g);G_2 为筒和玻璃板总质量(g)。

四、碎石或卵石的筛分试验 GB/T 14685

(一)试验目的

通过筛分试验测定碎石或卵石的颗粒级配,选择优质粗集料,达到节约水泥和改善混凝土性能的目的。

(二)试样制备

在料堆取样时,取样部位应均匀分布,在料堆的顶部、中部、底部各均匀分布 5 个(共计 15 个)取样部位,取样前先将取样部位的表层铲除,然后由各部位抽取相等的试样共 15 份组成一组试样;从皮带运输机上取样时,应用接料器在皮带运输机机尾的出料处用与皮带等宽的容器,全断面定时抽取大致等量的石子 8 份,组成一组样品;从火车、汽车、货船上取样时,从不同部位和深度抽取大致等量的石子 16 份,组成一组样品。进行各项试验的每组样品数量应不小于规范规定的最少取样量。

试验时需将每组试样分别缩分至各项试验所需的数量,其步骤是:将所取样品在自然状态下置于平板上拌匀,并堆成椎体,然后按沿相互垂直的两条直径把堆体分成大致相等的四份,取其中对角线的两份重新拌匀,再堆成堆体,重复上述过程,直至缩分后试样量略多于该项试验所需的量为止。试样的缩分也可用分料器进行。

(三)仪器设备

(1)鼓风干燥箱:能控制温度在(105±5) ℃。

(2)台秤:称量 10 kg,感量 1 g。

(3)摇筛机。

(4)方孔筛:孔径为 2.36 mm、4.75 mm、9.50 mm、16 mm、19 mm、26.5 mm、31.5 mm、37.5 mm、53 mm、63 mm、75 mm 及 90 mm 的筛各一只,并附有筛底和筛盖(筛框内径为 300 mm)。

(5)浅盘、毛刷等。

(四)试验步骤

试验所需的试样量按最大粒径确定,应不少于附表 3-3 的规定。用四分法把试样缩分到略多于试验所需的量,烘干或风干后备用。

附表 3-3　颗粒级配试验所需试样最少量

最大粒径/mm	9.1	16.0	19.0	26.5	31.5	37.5	63.0	75.0
最少试样质量/kg	1.9	3.2	3.8	5.0	6.3	7.5	12.6	16.0

(1)称量并记录烘干或风干试样质量。

(2)按要求选用所需筛孔直径的一套筛,将套筛置于摇筛机上,摇 10 min,取下套筛,按孔径大小顺序再逐个手筛,筛至每分钟的通过量不超过试样总量的 0.1% 为止。通过的颗粒并入下一号筛中,并和下一号筛中的试样一起过筛,直至各号筛全部筛完为止。当筛余颗粒的粒径大于 19.0 mm 时,筛分时允许用手指拨动试样颗粒,使其通过筛孔。

(3)称取各筛筛余的质量,精确至 1 g。

(4)结果计算和评定。

计算分计筛余百分率:各号筛的筛余量与试样总质量之比,精确至 0.1%。

计算累计筛余百分率:该号筛的筛余百分率加上该号筛以上各分计筛余百分率之和,精确至 1%。筛分后,如所有筛的筛余量与筛底的试样之和与原试样总量相差超过 1%,须重新试验。

根据各号筛的累计筛余百分率,采用修约值比较法评定该试样的颗粒级配。粗集料各号筛上的累计筛余百分率应满足规范规定的颗粒级配的范围要求。

五、碎石或卵石表观密度试验(广口瓶法)GB/T 14685

此法可用于最大粒径不大于 37.5 mm 的碎石或卵石。

(一)试验目的

粗集料的表观密度是一项重要的技术指标,可以反映骨料的坚实和耐久度。通过试验测定表观密度,为评定粗集料的质量和混凝土配合比设计提供依据。

（二）主要仪器设备

(1)天平:称量 2 kg,感量 1 g。

(2)广口瓶:容积 1000 mL,磨口并带玻璃片。

(3)方孔筛:孔径为 4.75 mm。

(4)鼓风烘箱:能控制温度在 105±5 ℃。

(5)金属丝刷、浅盘、带盖容器、毛巾等。

（三）试验步骤

将试样筛去粒径 4.75 mm 以下的颗粒,用四分法缩分至不少于附表 3-4 规定的数量,洗刷干净后,分成大致相等的两份备用。

附表 3-4　表观密度试验所需试样最少量

最大粒径/mm	小于 26.5	31.5	37.5	63.0	75.0
最少试样质量/kg	2.0	3.0	4.0	6.0	6.0

(1)取一份试样浸水饱和后,装入广口瓶中。装试样时广口瓶应倾斜放置,注入饮用水,用玻璃片覆盖瓶口,用上下左右摇晃的办法排除气泡。

(2)气泡排尽后,向瓶中添加饮用水,直至水面凸出瓶口边缘。然后用玻璃片沿瓶口迅速滑行,使其紧贴瓶口水面。擦干瓶外水分,称出试样、水、瓶和玻璃片的总质量,精确至 1 g。

(3)将瓶中试样倒入浅盘中,放在温度为(105±5) ℃的烘箱中烘干至恒重,然后取出,置于带盖的容器中,冷却至室温后,称出试样的质量,精确至 1 g。

(4)将瓶洗净,重新注入饮用水,用玻璃片紧贴瓶口水面,擦干瓶外水分后,称出水、瓶和玻璃片的总质量,精确至 1 g。

(5)试验结果计算。

表观密度 ρ_0 应按附式(3.7)计算,精确至 10 kg/m³:

$$\rho_0 = \left(\frac{m_0}{m_0 + m_2 - m_1} - \alpha_t \right) \times 1000 \qquad \text{附式(3.7)}$$

式中:ρ_0 为表观密度(kg/m³);m_0 为烘干后的试样质量(g);m_1 为试样、水、瓶、玻璃片总质量(g);m_2 为水、瓶、玻璃片总质量(g);α_t 为水温对水相对密度修正系数,见附表 3-2。

表观密度取两次试验结果的算术平均值,精确至 10 kg/m³;如两次结果之差大于 20 kg/m³,应重新试验。对颗粒材质不均匀的试样,如两次结果之差值超过 20 kg/m³,可取四次测定结果的算术平均值作为测定值。

六、碎石或卵石的堆积密度试验 GB/T 14685

（一）试验目的

堆积密度是衡量粗骨料级配优劣和空隙大小的重要参数,是混凝土配合比设计的重要参考数据,也可用于估计运输工具的数量及存放堆场面积等。

（二）主要仪器设备

(1)磅秤:称量 50 kg,感量 50 g;台秤:称量 10 kg,感量 10 g。

(2)容量筒:金属制,规格要求见附表 3-5。试验前应校正容积,方法同砂的堆积密度试验。

(3)烘箱、小铲、垫棒(直径 16 mm、长 600 mm 的圆钢)等。

附表 3-5　容量筒规格要求

最大粒径/mm	容量筒容积/L	容量筒规格		
		内径/mm	净高/mm	壁厚/mm
9.5,16.0,19.0,26.5	10	208	294	2
31.5,37.5	20	294	294	3
53.0,63.0,75.0	30	360	294	4

（三）试验步骤

取数量不少于附表 3-6 规定的试样,在(105±5) ℃的烘箱中烘干或摊于洁净的地面上风干,拌匀后,分为大致相等的两份试样备用。

附表 3-6　堆积密度试验所需试样最少量

最大粒径/mm	小于26.5	31.5	37.5	63.0	75.0
最少试样质量/kg	40.0	80.0	80.0	120.0	120.0

（1）松散堆积密度:取一份试样,置于平整干净的地板上,用铁铲将试样从距筒口上方 50 mm 处放入容量筒,使上部试样呈堆状,且注意容量筒四周溢满时,即停止加料。除去凸出筒表面的颗粒,并以较合适的颗粒填充凹陷空隙,使表面凸起部分和凹陷部分的体积基本相等。称出容量筒和试样的总质量 m_1,精确至 10 g。

（2）紧密堆积密度:将试样分三层装入容量筒。装完一层后,在筒底垫放一根直径为 25 mm 的钢筋,将筒按住,左右交替颠击地面各 25 下;再装入第二层,用同样的方法颠实;然后装入第三层,如法颠实。待三层试样装填完毕后,加料至试样超出容量筒筒口,用钢筋沿筒口边缘刮下高出筒口的颗粒,以较合适的颗粒填充凹陷空隙,使表面凸起部分和凹陷部分的体积基本相等。称出容量筒和试样的总质量 m_2,精确至 10 g。

（3）试验结果计算。

碎石或卵石试样的松散或紧密堆积密度按附式(3.8)计算,精确至 10 kg/m³:

$$\rho_0' = \frac{m_2 - m_1}{V} \times 1000 \qquad\qquad 附式(3.8)$$

式中: ρ_0' 为试样的松散或紧密堆积密度(kg/m³); m_1 为容量筒质量(g); m_2 为容量筒和试样总质量(g); V 为容量筒容积(L)。

堆积密度取两次试验结果的算术平均值,精确至 10 kg/m³。

空隙率 P' 按附式(3.5)计算。取两次试验结果的算术平均值,精确至 1%。

七、砂、碎石或卵石的堆积密度试验 GB/T 14685、GB/T 14684

（一）试验目的

测定粗细集料的含水率,为计算混凝土施工配合比提供依据。

（二）主要仪器设备

（1）鼓风干燥箱:能控制温度在(105±5) ℃。

（2）台秤:称量 10 kg,感量 1 g。

（3）小铲、搪瓷盘、毛巾、刷子等。

（三）试验步骤

（1）将自然潮湿状态下的试样用四分法缩分至约 1100 g（细集料）或 4.0 kg（粗集料），拌匀后分为大致相等的两份备用。

（2）称取一份试样的质量 G_2，精确至 0.1 g。将试样倒入已知质量的烧杯中，放在干燥箱中于 (105 ± 5) ℃下烘至恒量。待冷却至室温后，再称出其质量 G_1，精确至 0.1 g。

（3）试验结果计算。

试样的含水率按附式（3.9）计算，精确至 0.1%。

$$Z = \frac{G_2 - G_1}{G_1} \times 100\% \qquad 附式（3.9）$$

式中：Z 为试样的含水率（%）；G_1 为烘干后的试样质量（g）；G_2 为烘干前的试样质量（g）。

含水率取两次试验结果的算术平均值，精确至 0.1%。两次试验结果之差大于 0.2% 时，应重新试验。

试验四　混凝土性能试验

一、普通混凝土拌和物主要性能试验

本节试验主要选自《普通混凝土拌合物性能试验方法标准》（GB/T 50080—2016）。普通混凝土拌和物性能试验包括稠度试验、凝结时间试验、泌水与压力泌水试验、表观密度试验等。本节仅介绍部分试验内容。

（一）试样的取样与制备

（1）同一组混凝土拌和物的取样，应在同一盘混凝土或同一车混凝土中取样。取样量应多于试验所需量的 1.5 倍，且不宜小于 20 L。

（2）混凝土拌和物的取样应具有代表性，宜采用多次采样的方法。宜在同一盘混凝土或同一车混凝土中的 1/4 处、1/2 处和 3/4 处分别取样，并搅拌均匀；第一次取样和最后一次取样的时间间隔不宜超过 15 min。宜在取样后 5 min 内开始各项性能试验。

（3）试验室搅拌混凝土时，材料用量应以质量计。骨料的称量精度应为 ±0.5%；水泥、掺合料、水、外加剂的称量精度均应为 ±0.2%。

（4）主要仪器设备。混凝土搅拌机：容量 50～100 L，转速 18～20 r/min。磅秤：50～100 kg，感量 50 g。其他用具：天平（称量 1 kg，感量 0.5 g）、量筒、拌和钢板、铁铲、盛料容器等。

（5）人工拌和法。（非标准法）

①按所定配合比计算每盘混凝土和材料用量后备料，拌制混凝土的材料用量以质量计。

②将钢板和铁铲清洗干净，并保持表面湿润。

③将称好的砂和胶凝材料（水泥和掺合料预先搅拌均匀）倒在拌板上，用铲自钢板一端翻拌至另一端，如此重复，直至充分混合、颜色均匀，再放入称好的粗骨料，至少翻拌三次，然后堆成锥形。在中间做一凹坑，将已称量好的水（外加剂一般先溶于水）倒一半左右在凹槽中（勿使水流出），然后仔细翻拌，并徐徐加入剩余的水，继续翻拌，每翻拌一次，用铲在拌和物上铲切一次，直到拌和均匀为止（至少翻拌六次）。

④拌和时力求动作敏捷，拌和时间从加水时算起，应大致符合下列规定：

拌和物体积在 30 L 以下时,4～5 min;

拌和物体积为 30～50 L 时,5～9 min;

拌和物体积为 50～75 L 时,9～12 min;

⑤混凝土拌和好后,应根据试验要求,立即进行测试或成型试样。从开始加水时算起,全部操作须在 30 min 内完成。

(6)机械搅拌法(标准法)。

①混凝土拌和物一次搅拌量不宜少于搅拌机公称容量的 1/4,不应大于搅拌机公称容量,且不应少于 20 L。按所定配合比计算每盘混凝土各材料用量备料。

②拌和前将搅拌机冲洗干净,即用按配合比配制的水泥、砂和水组成的砂浆及少量石子预拌一次,搅拌机内壁挂浆后将剩余料卸出。其目的是避免正式拌和时影响拌和物的实际配合比。

③称好的粗骨料、胶凝材料、细骨料和水应依次加入搅拌机,难溶和不溶的粉状外加剂宜与胶凝材料同时加入搅拌机,液体和可溶外加剂宜与拌和水同时加入搅拌机,混凝土拌和物宜搅拌 2 min 以上,直至搅拌均匀。

④将拌和物卸在钢板上,刮去黏结在搅拌机上的拌和物,再人工翻拌 2～3 次,即可进行测试或成型试样。从开始加水时算起,全部操作必须在 30 min 内完成。

(二)混凝土拌和物坍落度试验

试验目的:测定混凝土拌和物的坍落度,用于评定混凝土拌和物的和易性。适用于骨料最大粒径不大于 40 mm、坍落度不小于 10 mm 混凝土拌和物。

(1)主要仪器设备。

①坍落度筒:由 2～3 mm 厚的钢板或其他金属制成的圆台形筒(见附图 4-1),底面和顶面应互相平行并与锥体的轴线垂直,顶部直径(100±2) mm。

②捣棒:直径 16 mm,长 650 mm 的钢棒,一端为弹头形。

③装料漏斗、小铲、直尺、拌板、镘刀等。

(2)试验步骤。

①润湿坍落度筒及其他用具,并把筒放在不吸水的刚性水平底板上,然后用脚踩住两边的脚踏板,使坍落度在装料时保持位置固定。

②将按要求取得的混凝土试样用小铲分三层均匀地装入筒内,底层厚约 70 mm,中层厚约 90 mm,每层用捣棒按螺旋方向由外向中心插捣 25 次。插捣深度:底层应穿透该层,中、上层应

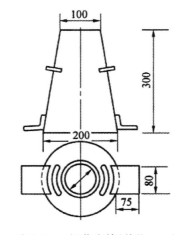

附图 4-1　坍落度筒(单位:mm)

分别插入下层 10～20 mm。顶层插捣完后,刮去多余的混凝土并用镘刀抹平,清除筒周围的混凝土。

③垂直平稳地徐徐提起坍落度筒,轻放在试样旁。从开始装料到提起坍落度筒的整个进程应不间断地进行,并应在 2～3 min 内完成。

④提起坍落度筒后,当试样不再继续坍落时,测量筒高与坍落后混凝土试体最高点之间的高度差,即为该混凝土拌和物的坍落度值(精确至 1 mm,结果应修约至 5 mm)。

⑤坍落度筒提离后,如出现试体崩塌或一边剪坏的现象,应重新取样进行测定。如第二次仍出现这种现象,则表示该拌和物和易性不好,应予记录备查。

⑥测定坍落度时,可目测混凝土拌和物的其他性能。

　　棍度:根据做坍落度时插捣混凝土的难易程度分为上、中、下三级。"上"表示容易插捣,"中"表示插捣时稍有阻滞感觉,"下"表示很难插捣。

　　黏聚性:用捣棒在已坍落的拌和物锥体侧面轻轻敲打,如果锥体逐渐下沉,表示黏聚性良好;如果锥体倒塌、部分崩裂或出现离析现象,即为黏聚性不好。

　　保水性:提起坍落度筒后如有较多的稀浆从底部析出,锥体部分的拌和物因失砂而骨料外露,则表明此拌和物保水性不好;如无这种现象,则表明保水性良好。

　　含砂情况:根据镘刀抹平程度分为多、中、少三级。"多"表示用镘刀抹混凝土拌和物表面时,抹1~2次就可使混凝土表面平整无蜂窝;"中"表示抹4~5次就可使混凝土表面平整无蜂窝;"少"表示抹面困难,抹8~9次混凝土表面仍不能消除蜂窝。

　　(三)混凝土拌和物坍落度经时损失试验

　　试验目的:测定混凝土拌和物的坍落度随静置时间变化,为检测外加剂性能及施工运输提供技术依据。

　　(1)仪器设备同坍落度试验。

　　(2)试验步骤。

　　①测量出机时的混凝土拌和物的初始坍落度值 H_0。

　　②将全部混凝土拌和物试样装入塑料桶或不会被水泥浆腐蚀的金属桶内,用桶盖或塑料薄膜密封静置。

　　③自搅拌加水开始计时,静置 60 min 后将桶内混凝土拌和物试样全部倒入搅拌机内,搅拌 20 s,进行坍落度试验,得出 60 min 坍落度值 H_{60}。

　　④计算初始坍落度值与 60 min 坍落度值的差值,可得到 60 min 混凝土坍落度经时损失试验结果。

　　(四)混凝土拌和物表观密度试验

　　试验目的:测定混凝土拌和物捣实后的单位体积重量(即表观密度),以供调整混凝土配合比计算中的材料用量。

　　(1)主要仪器设备。

　　①容量筒:应为金属制成的圆筒,筒外壁应有提手。骨料最大公称粒径不大于 40 mm 的混凝土拌和物,宜采用容积不小于 5 L 的容量筒,筒壁厚不应小于 3 mm;骨料最大公称粒径大于 40 mm 的混凝土拌和物,应采用内径与内高均大于骨料最大公称粒径 4 倍的容量筒。容量筒上沿及内壁应光滑平整,顶面与底面应平行并与圆柱体的轴垂直。

　　②电子天平:最大量程应为 50 kg,感量不应大于 10 g。

　　③振动台、捣棒、小铲和镘刀等。

　　(2)试验步骤。

　　①测定容量筒的容积:将干净的容量筒与玻璃板一起称重后,将容量筒装满水,缓慢将玻璃板从筒口一侧推到另一侧,使容量筒内满水并且不存在气泡,擦干容量筒外壁,再次称重两次,称重结果之差除以该温度下水的密度应为容量筒容积 V;常温下水的密度可取 1 kg/L。用湿布把容量筒内外擦干净,称出其质量 m_1,精确至 10 g。

　　②对混凝土拌和物试样进行装料,并插捣密实。

　　坍落度不大于 90 mm 时,混凝土拌和物宜用振动台振实;用振动台振实时,应一次性将混凝土拌和物装填至高出容量筒筒口,装料时可用捣棒稍加插捣,振动过程中如混凝土低于筒口,应随时添加混凝土,振动直至表面出浆为止。

坍落度大于 90 mm 时,混凝土拌和物宜用捣棒插捣密实。插捣时,应根据容量筒的大小决定分层与插捣次数:用 5 L 容量筒时,混凝土拌和物应分两层装入,每层的插捣次数应为 25 次;用大于 5 L 的容量筒时,每层混凝土的高度不应大于 100 mm,每层插捣次数应按每 10000 mm² 截面不小于 12 次计算。各次插捣应由边缘向中心均匀地进行,插捣底层时捣棒应贯穿所有层,插捣第二层时,捣棒应插透本层至下一层的表面;每一层捣完后用橡皮锤沿容量筒外壁敲击 5~10 次,进行振实,直至混凝土拌和物表面插捣孔消失并无大气泡为止。

自密实混凝土应一次性填满,且不应进行振动和插捣。

③用刮刀将筒口多余的混凝土拌和物刮去,表面如有凹陷应予以填平。将容量筒外壁擦净,称出混凝土与容量筒总重 m_2,精确至 10 g。

④试验结果计算。

混凝土的表观密度按附式(4.1)计算,精确至 10 kg/m³:

$$\rho_0 = \frac{m_2 - m_1}{V} \times 1000 \qquad \text{附式(4.1)}$$

式中:ρ_0 为混凝土拌和物表观密度(kg/m³);m_1 为容量筒质量(kg);m_2 为容量筒和试样质量(kg);V 为容量筒的容积(L)。

二、普通混凝土力学性能试验

本节试验选自《混凝土物理力学性能试验方法标准》(GB/T 50081—2019)。混凝土物理力学性能试验包括抗压强度试验、轴心抗压强度试验、静力受压弹性模量试验、劈裂抗拉强度试验以及抗折强度试验等。本节仅介绍部分试验内容。

(一)立方体抗压强度试验

混凝土立方体抗压强度试验

试验目的:学会混凝土抗压强度试件的制作及测定方法,用于检验混凝土强度,确定、校核混凝土配合比,并为控制混凝土施工质量提供依据。

(1)主要仪器设备。

①压力试验机:试验机的精度(示值的相对误差)应不低于±2%,其量程应能使试样的预期破坏荷载不小于全量程的 20%,也不大于全量程的 80%。试验机应按计量仪表使用规定进行定期检查,以确保试验机工作的准确性。

②振动台:试验机所用振动台的振动频率为(50±3)Hz,空载振幅约为 0.5 mm。

③试模:试模由铸铁或钢制成,应具有足够的刚度并拆装方便。试模内表面应机械加工,其不平度应为每 100 mm 不超过 0.05 mm,组装后各相邻面的不垂直度应不超过±0.5°。

④捣棒、小铁铲、金属直尺、镘刀等。

(2)试样的制作。

①试样制作前,应将试模擦干净并将试模的内表面涂以一薄层矿物油脂。

②用振动台振实制作试件应按下述方法进行。

将混凝土拌和物一次性装入试模,装料时应用抹刀沿试模内壁插捣,并使混凝土拌和物高出试模上口;试模应附着或固定在振动台上,振动时应防止试模在振动台上自由跳动,振动应持续到表面出浆且无明显大气泡溢出为止,不得过振。

③用人工插捣制作试件应按下述方法进行。

混凝土拌和物应分两层装入模内,每层的装料厚度应大致相等。插捣应按螺旋方向从边缘向中心均匀进行。在插捣底层混凝土时,捣棒应达到试模底部;插捣上层时,捣棒应贯穿上层后插入下层 20～30 mm;插捣时捣棒应保持垂直,不得倾斜,插捣后应用抹刀沿试模内壁插拔数次。每层插捣次数按每 10000 mm² 截面不得少于 12 次。插捣后应用橡皮锤或木槌轻轻敲击试模四周,直至插捣棒留下的空洞消失为止。

④用插入式振捣棒振实制作试件应按下述方法进行。

将混凝土拌和物一次装入试模,装料时应用抹刀沿试模内壁插捣,并使混凝土拌和物高出试模上口。宜用直径为 φ25 mm 的插入式振捣棒插入试模振捣,振捣棒距试模底板宜为 10～20 mm 且不得触及试模底板,振动应持续到表面出浆且无明显大气泡溢出为止,不得过振;振捣时间宜为 20 s;振捣棒拔出时应缓慢,拔出后不得留有孔洞。

⑤自密实混凝土应分两次将混凝土拌和物装入试模,每层的装料厚度宜相等,中间间隔 10 s,混凝土应高出试模口,不应使用振动台、人工插捣或振捣棒方法成型。

⑥试件成型后刮除试模上口多余的混凝土,待混凝土临近初凝时,用抹刀沿着试模口抹平。试件表面与试模边缘的高度差不得超过 0.5 mm。

(3)试样的养护。

①试件成型抹面后应立即用塑料薄膜覆盖表面,或采取其他保持试件表面湿度的方法。

②试件成型后应在温度为(20±5)℃、相对湿度大于 50% 的室内静置 1～2 d,试件静置期间应避免受到振动和冲击,静置后编号标记、拆模,当试件有严重缺陷时,应按废弃处理。

③试件拆模后应立即放入温度为(20±2)℃、相对湿度为 95% 以上的标准养护室中养护,或在温度为(20±2)℃的不流动氢氧化钙饱和溶液中养护。标准养护室内的试件应放在支架上,彼此间隔 10～20 mm,试件表面应保持潮湿,但不得用水直接冲淋试件。

④试件的养护龄期可分为 1 d、3 d、7 d、28 d、56 d 或 60 d、84 d 或 90 d、180 d 等,也可根据设计龄期或需要进行确定,龄期应从搅拌加水开始计时,养护龄期的允许偏差宜符合规范的规定。

(4)强度试验。

①试样自养护室取出后,应尽快进行试验。将试样表面擦干净并量出其尺寸(精确至 1 mm),据以计算试样的受压面积 $A(mm^2)$。

②将试样安放在下承压板上,试样的承压面应与成型时的顶面垂直。试样的中心应与试验机下压板中心对准。开动试验机,当上压板与试样接近时,调整球座,使接触均衡。

③加压时,应连续而均匀地加荷,混凝土强度等级<C30 时,加荷速度取每秒 0.3～0.5 MPa;混凝土强度等级≥C30 且<C60 时,取每秒 0.5～0.8 MPa;混凝土强度等级≥C60 时,取每秒 0.8～1.0 MPa。当试样接近破坏而开始迅速变形时,停止调整试验机油门,直至试样破坏。记录破坏荷载 $F(N)$。

(5)试验结果计算。

①混凝土立方体试样的抗压强度按附式(4.2)计算(精确至 0.1 MPa):

$$f_{cc} = \frac{F}{A} \qquad\qquad 附式(4.2)$$

式中:f_{cc} 为混凝土立方体试样抗压强度(MPa);F 为破坏荷载(N);A 为试件承压面积(mm²)。

②以三个试样测值的算术平均值作为该组试样的抗压强度(精确至 0.1 MPa)。如果三个测定值中的最小值或最大值中有一个与中间值的差异超过中间值的 15%,则把最大及最小值一并舍除,取中间值作为该组试样的抗压强度值。如最大和最小值与中间值相差均超过 15%。则该组试样试验结果无效。

③混凝土的抗压强度以 150 mm×150 mm×150 mm 的立方体试样的抗压强度为标准。混凝土强度等级小于 C60 时,用非标准试件测得的强度值均应乘以尺寸换算系数,其值为:对边长为 200 mm 立方体试件取 1.05;对边长为 100 mm 的立方体试件取 0.95。当混凝土强度等级为 C60 及以上时,宜采用标准试件;使用非标准试件时,尺寸换算系数应由试验确定。

（二）劈裂抗拉强度试验

试验目的:本方法适用于测定混凝土立方体试件的劈裂抗拉强度,劈裂抗拉强度是评价混凝土力学性能的重要指标之一。

（1）主要仪器设备。

①垫块:应采用横截面为半径 75 mm 的钢制弧形垫块(见附图 4-2),垫块的长度应与试件相同。

②垫条:由三层胶合板制成,宽度为 20 mm,厚度为 3～4 mm,长度不小于试件长度,垫条不得重复使用。

③定位钢支架:如附图 4-3 所示。

④压力机、试模等:与混凝土抗压强度试验中的规定相同。

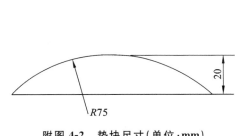

附图 4-2　垫块尺寸(单位:mm)

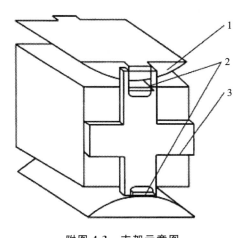

附图 4-3　支架示意图

1—垫块;2—垫条;3—支架

（2）试验步骤。

①试件从养护地点取出后应及时进行试验,将试件表面与上下承压板面擦干净。

②将试件放在试验机下压板的中心位置,劈裂承压面和劈裂面应与试件成型时的顶面垂直;在上、下承压板与试件之间垫以圆弧形垫块及垫条各一条,垫块与垫条应与试件上、下面的中心线对准并与成型时的顶面垂直。宜把垫条及试件安装在定位架上使用。

③开动试验机,当上承压板与圆弧形垫块接近时,调整球座,使接触均衡。加荷应连续均匀,当混凝土强度等级小于 C30 时,加荷速度取 0.02～0.05 MPa/s;当混凝土强度等级在 C30～C60(包含 C30)之间时,加荷速度取 0.05～0.08 MPa/s;当混凝土强度等级大于或等于 C60 时,加荷速度取 0.08～0.10 MPa/s。至试件接近破坏时,应停止调整试验机油门,直至试件破坏,然后记录破坏荷载。

（3）试验结果计算。

①混凝土劈裂抗拉强度按附式(4.3)计算(精确至 0.01 MPa):

$$f_{ts} = \frac{2F}{\pi A} = 0.637 \times \frac{F}{A} \qquad \text{附式(4.3)}$$

式中：f_{ts}为混凝土劈裂抗拉强度(MPa)；F为破坏荷载(N)；A为试样劈裂面积(mm^2)。

②以三个试样测值的算术平均数作为该组试样的劈裂抗拉强度值(精确至0.01 MPa)。如果三个测定值中的最小值或最大值中有一个与中间值的差异超过中间值的15%，则把最大及最小值一并舍除，取中间值作为该组试样的抗压强度值。如最大和最小值与中间值相差均超过15%，则该组试样试验结果无效。

③边长为150 mm的立方体试样为标准试样；如采用边长为100 mm的立方体非标准试样，测得的强度应乘以尺寸换算系数0.85。当混凝土强度等级不小于C60时，应采用标准试件。

(三)抗折(抗弯拉)强度试验

试验目的：本方法适用于测定混凝土抗折强度，抗折强度是评价混凝土力学性能的重要指标之一。

(1)主要仪器设备。

①试验机：万能试验机，或带有抗拉试验架的压力试验机。

②试验加荷装置：双点加荷的钢制加压头，其应使两个相等的荷载同时作用在小梁的两个三分点处；与试件接触的两个支座头和两个加压头应具有直径约15 mm的弧形端面，其中的一个支座头及两个加压头宜做成既能滚动又能前后倾斜的。

③试模：水泥混凝土抗折强度试样为直角棱柱体小梁，标准试样尺寸为150 mm×150 mm×600 mm或150 mm×150 mm×550 mm。试件长度方向中部1/3区段内表面不得有直径超过5 mm、深度超过2 mm的孔洞；每组有同条件制作和养护的试样三块。

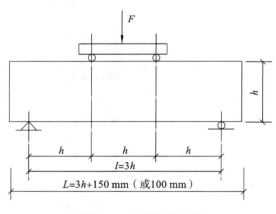

附图4-4 抗折试验装置

(2)试验步骤。

①试件到达试验龄期时，从养护地点取出后，应检查其尺寸及形状，尺寸公差应满足标准的规定，试件取出后应尽快进行试验。

②试件放置在试验装置前，应将试件表面擦拭干净，并在试件侧面画出加荷线位置。安装试件时，可调整支座和加荷头位置，安装尺寸偏差不得大于1 mm(见附图4-4)。试件的承压面应为试件成型时的侧面。支座及承压面与圆柱的接触面应平稳、均匀，否则应垫平。

③在试验过程中应连续均匀地加荷，当对应的立方体抗压强度小于30 MPa时，加载速度宜取0.02~0.05 MPa/s；对应的立方体抗压强度为30 MPa～60 MPa时，加载速度宜取0.05~0.08 MPa/s；对应的立方体抗压强度不小于60 MPa时，加载速度宜取0.08~0.10 MPa/s。

④手动控制压力机加荷速度，当试件接近破坏时，应停止调整试验机油门，直至破坏，并记录破坏荷载及试件下边缘断裂位置。

(3)试验结果计算。

①若试件下边缘断裂位置处于两个集中荷载作用线之间，抗折强度f_f(以MPa计)按附式(4.4)计算，精确至0.1 MPa：

$$f_{\mathrm{f}} = \frac{FL}{bh^2}$$
附式(4.4)

式中：f_{f} 为混凝土劈裂抗拉强度(MPa)；F 为极限荷载(N)；L 为支座间距离(mm)，$L = 3\,h$；b 为试样宽度(mm)；h 为试样高度(mm)。

②以三个试样测值的算术平均数作为该组试样的劈裂抗拉强度值(精确至 0.1 MPa)。如果三个测定值中的最小值或最大值中有一个与中间值的差异超过中间值的 15%，则把最大及最小值一并舍除，取中间值作为该组试样的抗压强度值。如最大和最小值与中间值相差均超过 15%，则该组试样试验结果无效。

③当有两个试件的下边缘断裂位置位于两个集中荷载作用线之外时，该组试件试验无效。

④采用 100 mm×100 mm×400 mm 非标准试样时，测得的结果应乘以尺寸换算系数 0.85；当使用其他非标准试件时，尺寸换算系数应由试验确定。当混凝土强度等级不小于 C60 时，宜采用标准试件。

试验五　建筑砂浆基本性能试验

一、取样及试样制备

(1)取样。

①建筑砂浆试验用料应从同一盘砂浆或同一车砂浆中取样。取样量应不少于试验所需量的 4 倍。

②施工中取样进行砂浆试验时，其取样方法和原则应按相应的施工验收规范执行。一般在使用地点的砂浆槽、砂浆运送车或搅拌机出料口处，至少从三个不同部位取样。现场取来的试样，试验前应人工搅拌均匀。

③从取样完毕到开始进行各项性能试验，不宜超过 15 min。

试验室拌制砂浆时，材料用量应以质量计。称量精度：水泥、外加剂、掺合料等为±0.5%；砂为±1%。

(2)试验制备。

①在试验室制备砂浆试样时，所用材料应提前 24 h 运入室内。拌和时，试验室的温度应保持在(20±5)℃。当需要模拟施工条件下所用的砂浆时，所用原材料的温度宜与施工现场一致。

②试验所用原材料应与现场使用材料一致。砂应通过 4.75 mm 筛。

③试验室拌制砂浆时，材料用量应以质量计。水泥、外加剂、掺合料等的称重精度应为±0.5%，细骨料的称量精度应为±1%。

④在试验室搅拌砂浆应采用机械搅拌，搅拌机应符合现行行业标准《试验用砂浆搅拌机》(JG/T 3033—1996)的规定，搅拌的用量宜为搅拌机容量的 30%～70%，搅拌时间不应少于 120 s。掺有掺合料和外加剂的砂浆，其搅拌时间不应少于 180 s。

二、稠度试验 JGJ/T 70

(一)试验目的

通过稠度试验，可以测定达到设计稠度时的加水量，或在施工期间控制稠度以保证施工质量。

（二）主要仪器设备

（1）砂浆稠度仪：如附图 5-1 所示，由试锥、容器和支座三部分组成。试锥由钢材或铜材制成，试锥高度为 145 mm，锥底直径为 75 mm，试锥连同滑杆的质量应为（300±2）g；盛载砂浆的容器由钢板制成，筒高为 180 mm，筒底内径为 150 mm；支座包括底座、支架及刻度显示三个部分，由铸铁、钢及其他金属制成。

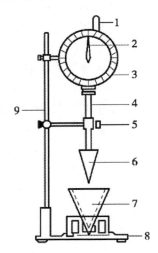

附图 5-1　砂浆稠度测定仪
1—齿条测杆；2—摆针；3—刻度盘；
4—滑杆；5—制动螺丝；6—试锥；
7—盛装容器；8—底座；9—支架

（2）钢制捣棒：直径 10 mm、长 350 mm，端部磨圆。

（3）秒表等。

（三）试验步骤

（1）用少量润滑油轻擦滑杆，再将滑杆上多余的油用吸油纸擦净，使滑杆能自由滑动。

（2）先用湿布擦净盛浆容器和试锥表面，将砂浆拌和物一次装入容器，使砂浆表面低于容器口约 10 mm，用捣棒自容器中心向边缘均匀地插捣 25 次，再轻轻地将容器摇动或敲击 5～6 下，使砂浆表面平整，然后将容器置于稠度测定仪的底座上。

（3）拧松制动螺丝，向下移动滑杆，当试锥尖端与砂浆表面接触时，拧紧制动螺丝，使齿条侧杆下端接触滑杆上端，并将指针对准零点。

（4）拧松制动螺丝，同时计时，10 s 时立即拧紧螺丝，将齿条测杆下端接触滑杆上端，从刻度盘上读出下沉深度（精确至 1 mm），即为砂浆的稠度值；

（5）盛装容器内的砂浆，只允许测定一次稠度，重复测定时，应重新取样测定。

（四）稠度试验结果

稠度试验结果应按下列要求确定。

（1）同盘砂浆应取两次试验结果的算术平均值作为测定值，精确至 1 mm；

（2）如两次试验值之差大于 10 mm，应重新取样测定。

三、分层度试验（标准法）JGJ／T 70

（一）试验目的

测定砂浆拌和物在运输及停放时的保水能力，保水性的好坏，直接影响砂浆的使用及砌体的质量。

（二）主要仪器设备

（1）砂浆分层度筒（见附图 5-2）：用钢板制成，内径为 150 mm，上节高度为 200 mm，下节带底净高为 100 mm，两节连接处加宽 3～5 mm，并设有橡胶热圈。

（2）振动台：振幅（0.5±0.05）mm，频率（50±3）Hz。

（3）砂浆稠度仪、木槌等。

（三）试验步骤

（1）首先对砂浆拌和物按稠度试验方法测定稠度。

（2）将砂浆拌和物一次装入分层度筒内，待装满后，用木槌在容器周围距离大致相等的四个不同部位轻轻敲击 1～2 下，如砂浆沉落到低于筒口，则应随时添加，然后刮去多余的砂浆并用抹刀抹平。

（3）静置 30 min 后，去掉上节 200 mm 砂浆，将剩余的 100 mm 砂浆倒出放在拌和锅内拌 2 min，再按稠度试验方法测其稠度。前后测得的稠度之差即为该砂浆的分层度值。

（四）分层度试验结果

分层度试验结果应按下列要求确定：

（1）取两次试验结果的算术平均值作为该砂浆的分层度值，精确至 1 mm；

（2）两次分层度试验值之差如大于 10 mm，应重新取样测定。

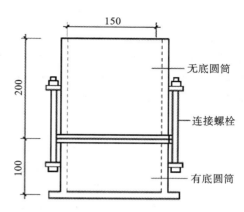

附图 5-2 砂浆分层度筒（单位：mm）

四、立方体抗压强度试验 JGJ／T 70

（一）试验目的

检验砂浆配合比和强度等级是否满足设计和施工要求。

（二）主要仪器设备

（1）试模：尺寸为 70.7 mm×70.7 mm×70.7 mm 的带底试模，应具有足够的刚度并拆装方便。试模的内表面应机械加工，其不平度应为每 100 mm 不超过 0.05 mm，组装后各相邻面的不垂直度不应超过±0.5°。

（2）钢制捣棒：直径为 10 mm，长为 350 mm，端部应磨圆。

（3）压力试验机：精度为 1%，试件破坏荷载应不小于压力机量程的 20%，且不大于全量程的 80%。

（4）垫板：试验机上、下压板及试件之间可垫以钢垫板，垫板的尺寸应大于试件的承压面，其不平度应为每 100 mm 不超过 0.02 mm。

（5）振动台：空载中台面的垂直振幅应为（0.5±0.05）mm，空载频率应为（50±3）Hz，空载台面振幅均匀度应不大于 10%，一次试验应至少能固定三个试模。

（三）立方体抗压强度试件

立方体抗压强度试件的制作及养护应按下列步骤进行。

（1）采用立方体试件，每组试件 3 个。

（2）应用黄油等密封材料涂抹试模的外接缝，试模内涂刷薄层机油或脱模剂，将拌制好的砂浆一次性装满砂浆试模，成型方法根据稠度而定。当稠度大于 50 mm 时采用人工振捣成型，当稠度不大于 50 mm 时采用振动台振实成型。

①人工振捣：用捣棒均匀地由边缘向中心按螺旋方式插捣 25 次，插捣过程中如砂浆沉落低于试模口，应随时添加砂浆，可用油灰刀插捣数次，并用手将试模一边抬高 5～10 mm 各振动 5 次，使砂浆高出试模顶面 6～8 mm。

②机械振动：将砂浆一次装满试模，放置到振动台上，振动时试模不得跳动，振动 5～10 s 或持续到表面出浆为止，不得过振。

（3）待表面水分稍干后,将高出试模部分的砂浆沿试模顶面刮去并抹平。

（4）试件制作后应在室温为(20±5)℃的环境下静置(24±2) h。当气温较低时,可适当延长时间,但不应超过 2 d。然后对试件进行编号、拆模。试件拆模后应立即放入温度为(20±2)℃,相对湿度为 90% 以上的标准养护室中养护。养护期间,试件彼此间隔不小于 10 mm,混合砂浆试件上面应覆盖,防止有水滴在试件上。

（四）砂浆立方体抗压强度试验

砂浆立方体试件抗压强度试验应按下列步骤进行。

（1）试件从养护地点取出后应及时进行试验。试验前将试件表面擦拭干净,测量尺寸,并检查其外观,计算试件的承压面积,如实测尺寸与公称尺寸之差不超过 1 mm,可按公称尺寸进行计算。

（2）将试件安放在试验机的下压板或下垫板上,试件的承压面应与成型时的顶面垂直,试件中心应与试验机下压板或下垫板中心对准。开动试验机,当上压板与试件(或上垫板)接近时,调整球座,使接触面均衡受压。承压试验应连续而均匀地加荷,加荷速度应为 0.25~1.5 kN/s,砂浆强度不大于 2.5 MPa 时,宜取下限值。当试件接近破坏而开始迅速变形时,停止调整试验机油门,直至试件破坏,然后记录破坏荷载。

（五）试验结果计算

（1）砂浆立方体抗压强度应按附式(5.1)计算,精确至 0.1 MPa：

$$f_{m,cu} = K \frac{N_u}{A} \qquad \text{附式(5.1)}$$

式中：$f_{m,cu}$ 为砂浆立方体试件抗压强度(MPa)；N_u 为试件破坏荷载(N),A 为试件承压面积(mm^2)；K 为换算系数,取 1.35。

（2）应以三个试件测值的算术平均值作为该组试件的砂浆立方体抗压强度平均值(f_2),精确至 0.1 MPa。

（3）当三个测值的最大值或最小值中有一个与中间值的差值超过中间值的 15% 时,则把最大值及最小值一并舍除,取中间值作为该组试件的抗压强度值；如有两个测值与中间值的差值均超过中间值的 15% 时,则该组试件的试验结果无效。

五、抗渗性能试验 JGJ/T 70

（一）试验目的

检验砂浆抵抗压力水渗透的能力。

（二）主要仪器设备

（1）金属试模：应采用截头圆锥形带底金属试模,上口直径应为 70 mm,下口直径应为 80 mm,高度应为 30 mm。

（2）砂浆渗透仪。

（三）试验步骤

（1）应将拌和好的砂浆一次装入试模中,并用抹灰刀均匀插捣 15 次,再颠实 5 次,当填充砂浆略高于试模边缘时,应用抹刀以 45°角一次性将试模表面多余的砂浆刮去,然后再用抹刀以较平的角度在试模表面反方向将砂浆刮平。应成型 6 个试件。

（2）试件成型后,应在室温(20±5)℃的环境下,静置(24±2) h 后再脱模。试件脱模后,应放入温度(20±2)℃、湿度90%以上的养护室养护至规定龄期。将试件取出,待表面干燥后,应采用密封材料密封,装入砂浆渗透仪中进行抗渗试验。

(3)抗渗试验时,应从0.2 MPa开始加压,恒压2 h后增至0.3 MPa,以后每隔1 h增加0.1 MPa。当6个试件中有3个试件表面出现渗水现象时,应停止试验,记下当时水压。在试验过程中,当发现水从试件周边渗出时,应停止试验,重新密封后再继续试验。

(四)试验结果计算

砂浆抗渗压力值应根据每组6个试件中3个试件未出现渗水时的最大压力计算,即按附式(5.2)计算,精确至0.1 MPa:

$$P = H - 0.1 \qquad\qquad 附式(5.2)$$

式中:P 为砂浆抗渗压力值(MPa);H 为6个试件中3个试件出现渗水时的水压力(MPa)。

试验六 石油沥青的针入度和软化点试验

一、沥青针入度试验 GB/T4509、JTG E20

(一)试验目的

沥青针入度是在规定温度(25 ℃)和规定时间(5 s)内,附加一定质量的标准针(100 g)垂直贯入沥青试样中的深度,单位为0.01 mm。通过针入度的测定,可掌握不同沥青的黏滞性以及进行沥青牌号的划分。

(二)主要仪器设备

(1)针入度仪:能保证针和针连杆在无明显摩擦下垂直运动,并能指示针贯入深度准确至0.01 mm的仪器。它的组成部分有拉杆、刻度盘、按钮、针连杆组合件,针连杆的质量为(47.5±0.05)g,针和针连杆的总质量为(50±0.05)g,另附(50±0.05)g砝码1只,试验时总质量为(100±0.05)g。仪器设有放置平底玻璃皿的平台,并有可调水平的机构,针连杆应与平台垂直。仪器设有针连杆制动按钮,紧压按钮针连杆可以自由下落。针连杆要易于拆卸,以便定期检查其质量。

自动针入度仪如附图6-1所示。

(2)标准针(见附图6-2):由硬化回火的不锈钢制成,洛氏硬度HRC54~60,针长约50 mm,长针长约60 mm,所有针的直径为1.00~1.02 mm。针的一端应磨成8.7°~9.7°的锥形。针及针杆总质量(2.5±0.5)g,针杆上打印有号码标志,应妥善保管针,防止碰撞针尖,使用过程中应当经常检验,并应有计量部门的检验单。

附图6-1 自动针入度仪

(3)盛样皿:金属制的圆柱形平底容器。小盛样皿的内径55 mm,深35 mm(适用于针入度小于200的试样);大盛样皿内径70 mm,深45 mm(适用于针入度200~350的试样);对针入度大于350的试样需使用特殊盛样皿,其深度不小于60 mm,试样体积不小于125 mL。

(4)恒温水槽。容量不少于10 L,控温精度为±0.1 ℃。水中应设有一带孔的搁板(台),位于距水面不小于100 mm、距水槽底不小于50 mm处。

（5）平底玻璃皿。容量不少于 1 L，深度不小于 80 mm。内设有一不锈钢三脚支架，能使盛样皿稳定。

（6）温度计。0 ℃～50 ℃，分度 0.1 ℃。

（7）秒表。分度 0.1 s。

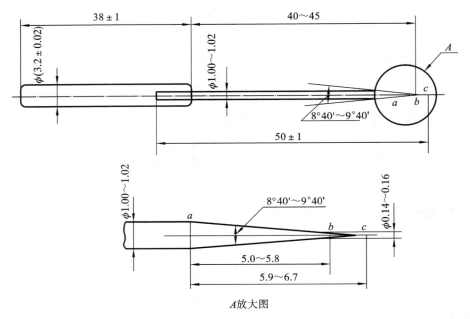

附图 6-2　针入度用标准针（单位：mm）

（8）盛样皿盖。平板玻璃，直径不小于盛样皿开口尺寸。

（9）溶剂。三氯乙烯等。

（10）其他。电炉或砂浴、石棉网、金属锅或瓷把坩埚等。

（三）试样制备

（1）小心加热样品，不断搅拌以防局部过热，加热到使样品易于流动。焦油沥青的加热温度不超过软化点的 60 ℃，石油沥青不超过软化点的 90 ℃。加热时间在保证样品充分流动的基础上尽量短。加热、搅拌过程中避免试样中进入气泡。

（2）将试样倒入预先选好的试样皿中，试样深度应至少是预计锥入深度的 120%。如果试样皿的直径小于 65 mm，而预期针入度高于 200，则每个实验条件都要倒三个样品。如果样品足够，浇注的样品要达到试样皿边缘。

（3）将试样皿松松地盖住以防落入灰尘。在 15～30 ℃的室温下，小的试样皿（φ33 mm×16 mm）中的样品冷却 45 min～1.5 h，中等试样皿（φ55 mm×35 mm）中的样品冷却 1～1.5 h；较大的试样皿中的样品冷却 1.5～2.0 h。冷却结束后将试样皿和平底玻璃皿一起放入测试温度下的水浴中，水面应没过试样表面 10 mm 以上。在规定的试验温度下恒温，小试样皿恒温 45 min～1.5 h，中等试样皿恒温 1～1.5 h，较大的试样皿恒温 1.5～2.0 h。

（四）试验步骤

（1）调整针入度仪使之水平。检查针连杆和导轨，以确认无水和其他外来物，无明显摩擦。如果预测针入度超过 350 应选择长针，否则用标准针。用合适的溶剂清洗标准针，并擦干。将标准针插入针连杆,用螺丝固紧。按试验条件,加上附加砝码。

(2)取出达到恒温的盛样皿,并移入水温控制在试验温度±0.1 ℃(可用恒温水槽中的水)的平底玻璃皿中的三脚支架上,试样表面以上的水层深度不少于 10 mm。

(3)将盛有试样的平底玻璃皿置于针入度仪的平台上。慢慢放下针连杆,用适当位置的反光镜或灯光反射观察,使针尖与水中针头的投影刚刚接触。拉下刻度盘的拉杆,使其与针连杆顶端轻轻接触,调节刻度盘或深度指示器的指针指示为零或归零。

(4)开动秒表,在指针正指 5 s 的瞬间,用手紧压按钮,使标准针自动下落贯入试样,经规定时间,停压按钮使针停止移动。拉下刻度盘拉杆与针连杆顶端接触,读取刻度盘指针或位移指示器的读数,即为针入度,准确至 0.5(0.1 mm)。当采用自动针入度仪时,计时与标准针下落贯入试样同时开始,至 5 s 时自动停止。

(5)同一试样平行试验至少 3 次,各测试点之间及测试点与盛样皿边缘的距离不应小于 10 mm。每次试验后应将盛有盛样皿的平底玻璃皿放入恒温水槽,使平底玻璃皿中水温保持试验温度。每次试验应换一根干净标准针或将使用过的标准针取下,用蘸有三氯乙烯溶剂的棉花或布揩净,再用干棉花或布擦干后重复使用。

(6)测定针入度大于 200 的沥青试样时,至少用 3 根标准针,每次试验用的针留在试样中,直到 3 根针扎完后,才能将标准针取出。

(五)试验结果及数据整理

(1)同一试样的 3 次平行试样结果的最大值与最小值之差在附表 6-1 规定的允许偏差范围内时,计算 3 次试验结果的平均值,取整数作为针入度试验结果,以 0.1 mm 为单位。

当试验结果超出附表 6-1 所规定的范围时,应重新进行试验。

附表 6-1 允许差指标

单位:0.1 mm

针 入 度	0~49	50~149	150~249	250~349	350~500	规 范
允许差	2	4	12	20	20	JTG E20
允许差	2	4	6	8	20	GB/T 4509

(2)当试验结果小于 50(0.1 mm)时,重复性试验的允许差为不超过 2(0.1 mm),复现性试验的允许差为不超过 4(0.1 mm)。

(3)当试验结果大于或等于 50(0.1 mm)时,重复性试验的允许差为不超过平均值的 4%,复现性试验的允许差为不超过平均值的 8%。

二、软化点试验 GB/T 4507、JTG E20

(一)试验目的

沥青软化点是沥青达到规定黏度时的温度,所以软化点既是反映沥青温度敏感性的重要指标,也是沥青黏稠性的一种量度,它是在不同环境下选用沥青的最重要指标之一。

(二)主要仪器设备

(1)软化点试验仪(环球法)(见附图 6-3):由钢球、试样环、钢球定位环、金属支架和烧杯组成。钢球直径 9.53 mm,质量(3.5 ±0.05)g,表面光滑。试样环由黄铜或不锈钢等制成。钢球定位环由黄铜或不锈钢制成,能使钢球定位于试样中央。金属支架由两个主杆和三层平行的金属板组成。上层为一圆盘,直径略大于烧杯直径,中间有一圆孔,用于插放温度计;中层板上有两个圆孔,用于放置试样环,与下底板之间的距离为 25.4 mm。在连接立杆上距中层板顶面(51±0.2)mm 处,刻有一液面指示线。烧杯是由耐热玻璃制成的无嘴高型烧杯,其上口应与上盖板相配合。

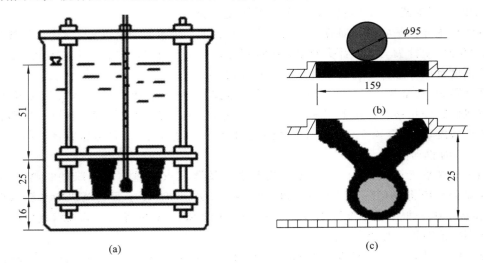

附图 6-3　沥青软化点试验仪(单位:mm)
(a)软化点试验仪;(b)、(c)试验前后钢球位置图

(2)装有温度调节器的电炉或其他加热炉具(如天然气炉具等):应采用带有振荡搅拌器的加热炉,振荡子置于烧杯底部。

(3)试样底板:金属板或玻璃板。

(4)恒温水槽:控温的准确度为±0.5C。

(5)甘油、滑石粉隔离剂(甘油与滑石粉的质量比为 2:1),蒸馏水或纯净水,平直刮刀等。

(三)试验准备

(1)将黄铜环置于涂有隔离剂的金属板或玻璃上,将沥青加热熔化至流动状态,加热石油沥青温度不得比估计软化点高出 110 ℃,煤焦油沥青加热温度不得比估计软化点高出 55 ℃。注入黄铜环内至略高出环面为止(如估计软化点在 120 ℃ 以上,应将金属板与黄铜环预热至 80 ℃～100 ℃)。

(2)试样在空气中冷却 30 min 后,用热刀刮去高出环面的试样,使之与环面齐平。

(3)将盛有试样的黄铜环及板置于盛满水(或甘油,软化点为 80～157 ℃ 的试样)的保温槽内,或将盛试样的环水平地安在环架中层板的圆孔内,然后放在烧杯中,恒温 15 min,水温保持(5±0.5) ℃[甘油温度保持(30±1) ℃],同时将钢球置于恒温的水(或甘油)中。

(4)烧杯内注入新煮沸并冷却至约 5 ℃ 的蒸馏水(或注入预先加热至约 30 ℃ 的甘油),使水面(或甘油液面)略低于连接杆上的深度标记。

(四)试验方法及步骤

(1)从水(或甘油)保温槽中,取出盛有试样的黄铜环放置在环架中层板上的圆孔中,为了使钢球居中,应套上钢球定位器,把整个环架放入烧杯内,调整水面(或甘油液面)至深度标记,环架上任何部位均不得有气泡,将温度计由上层板中心孔垂直插入,使水银球与铜环下面齐平。

(2)将烧杯移至放有石棉网的电炉上,然后将钢球放在试样上(须使各环的平面在全部加热时间内,完全处于水平状态),立即加热,使烧杯内水(或甘油)温度在 3 min 后保持(5±0.5) ℃/min

的上升速度,在整个测定过程中如温度上升速度超出此范围,则试验应重做。

(3)试样受热软化下坠至与下层底面接触时的温度,即为试样的软化点(精确至 0.5 ℃)。

(五)试验结果

(1)同一试样平行试验 2 次,当 2 次测定值的差值符合重复性试验允许误差要求时,取其平均值作为软化点试验结果,精确至 0.5 ℃。

(2)当软化点小于 80 ℃时,重复性试验、再现性试验的允许差分别为 1 ℃、4 ℃;当软化点大于 80 ℃时,重复性试验、再现性试验的允许差分别为 2 ℃、8 ℃。

三、延度试验 GB/T 4508

(一)试验目的

延度是规定形态的沥青试样,在规定温度下以一定速度受拉伸至断开时的长度,以 cm 计。通过测定沥青的延度,可以评定其塑性,延度也是确定沥青的牌号重要依据。本方法适用于测定道路石油沥青聚合物改性沥青、液体石油沥青蒸馏残留物和乳化沥青蒸发后残留物的延度。

(二)主要仪器设备

(1)延度仪:将试件浸入水中,能保持规定的试验温度及按照规定的拉伸速度拉伸试件,且试验时无明显振动的延度仪均可使用,其形状与组成如附图 6-4 所示。

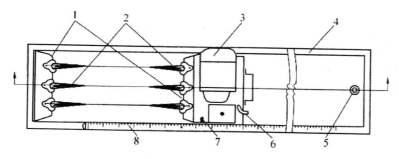

附图 6-4　沥青延度仪

1—试模;2—试样;3—电动机;4—水槽;5—泄水孔;6—开关柄;7—指针;8—标尺

(2)制模仪具:制模仪具包括延度试模和试模底板。延度试模由黄铜制成,由两个端模和两个侧模组成,其形状尺寸如附图 6-5 所示。试模底板为玻璃板或者磨光的铜板或不锈钢板。

(3)恒温水槽:容积不小于 10 L,精度 0.1 ℃。水槽中应设有一带孔的搁架,搁架距水槽底不得少于 50 mm。试件浸入水中深度不小于 100 mm。

(4)温度计、隔离剂、平刮刀、石棉网等。

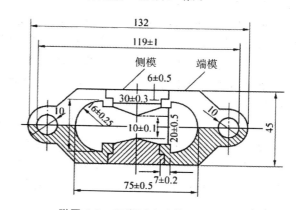

附图 6-5　沥青延度试模(单位:mm)

(三)试样制备

(1)将模具组装在支撑板上,将隔离剂涂于支撑板表面及侧模的内表面,以防沥青黏在模具上。板上的模具要水平放好,以便模具的底部能够充分与板接触。

（2）小心加热样品，充分搅拌以防局部过热，直至样品容易倾倒。待试样呈细流状，自试模的一端至另一端往返注入模中，并使试件略高于试模。

（3）将试件在 15～30 ℃ 的空气中冷却 30～40 min，然后置于规定试验温度的恒温水浴中，保持 30 min 后取出，用热刀将高出试模的沥青刮走，使沥青面与模面齐平。沥青的刮法应自中间向两端，表面应刮得十分平滑。

（4）将金属板、试模和试件一起放入水浴中，并在试验温度（25±5）℃ 下保持 1～1.5 h。

（四）试验步骤

（1）将保温后的试件连同底板移入延度仪的水槽中，然后将盛有试样的试模自玻璃板或不锈钢板上取下，将试模两端的孔分别套在滑板及槽端固定板的金属柱上，并取下侧模。水面距试件表面应不小于 25 mm。

（2）启动延度仪，并观察试样的延伸情况。此时应注意，在试验过程中，水温应始终保持在试验温度规定范围内，且仪器不得振动，水面不得晃动，当水槽采用循环水时，应暂时中断循环，停止水流。在试验中，如发现沥青细丝浮于水面或沉入槽底，则应在水中加入酒精或食盐，调整水的密度至与试样相近后，重新试验。

（3）试件拉断时，读取指针所指标尺上的读数，以 cm 表示。在正常情况下，试件延伸时应成锥尖状，拉断时实际断面接近于零。如不能得到这种结果，则应在报告中注明。

（五）试验结果

（1）取三个平行测定值的平均值作为测定结果。若三个试件测定值在其平均值的 5% 内，取平行测定三个结果的平均值作为测定结果。

（2）若三个试件测定值不在其平均值的 5% 以内，但其中两个较高值在平均值的 5% 之内，则弃去最小测定值，取两个较高值的平均值作为测定结果，否则应重新测定。

试验七　钢筋试验

钢筋混凝土用热轧带肋钢筋应成批验收，组批规则为：以同一牌号、同一炉罐号、同一规格、同一交货状态组成，不超过 60t 为一批。

钢筋应有出厂证明，或试验报告单。验收时应抽样做机械性能试验，包括拉伸性能试验和冷弯试验。钢筋在使用中若有脆断、焊接性能不良或机械性能显著不正常情况时，还应进行化学成分分析。验收项目包括尺寸、表面积质量偏差等。

钢筋拉伸及冷弯使用的试样不允许进行车削加工。试验应在（20±10）℃ 的温度下进行，否则应在报告中注明。

钢筋拉伸、冷弯试样各需两个，可分别从每批钢筋任选两根截取。检验中如有某一项试验结果不符合规定要求，则从同一批钢筋中再任取双倍数量的试样进行该不合格项目的复检，复检结果（包括该项目试验所要求的任一指标）如有一项以上指标不合格，则整批不予验收。

拉伸及冷弯试件的长度分别按下式计算后截取：

拉伸试件：
$$L = L_0 + 2h + 2h_1$$

冷弯试件：
$$L_w = 5a + 150$$

式中：L_0 为拉伸试件的标距（mm），$L_0 = 5a$ 或 $L_0 = 10a$；h、h_1 分别为夹具长度和预留长度（mm），$h_1 = (0.5-1)a$；a 为钢筋的公称直径（mm）。

一、拉伸试验 GB/T 228.1、GB/T 28900

（一）试验目的

测定钢筋的屈服点、抗拉强度和伸长率三个指标作为评定钢筋强度等级的主要技术依据。

（二）主要仪器设备

（1）电子万能试验机：由测量系统、中横梁驱动系统及载荷机架三部分组成。测量系统主要用于检测材料的承受载荷大小、试样的变形量及中横梁位移等。中横梁驱动系统由速度设定单元、伺服放大器、功率放大器、速度与位置检测器、直流伺服电动机及传动机构组成，由直流伺服电动机驱动主齿轮箱，带动丝杠使中横梁上下移动，实现拉伸、压缩和各种循环试验。载荷机架包括上横梁、中横梁台面和丝杠。试验机的测力系统应按照 GB/T 16825.1 进行校准，并且其准确度应为 1 级或优于 1 级。

（2）引伸计：测量拉伸试样的微量变形，或者研究构件在外力作用下的线性变形所采用的仪器。引伸计一般由以下三部分组成：①感受变形部分，用来直接与试样表面接触，以感受试样的变形；②传递和放大部分，把所感受的变形加以放大的机构；③指示部分，指示或记录变形大小的机构，有机械式和光学式两种。引伸计的准确度级别应符合 GB/T 12160 的要求。

（3）钢筋打点机或刻痕机。

（三）试样制备

（1）试样的形状与尺寸取决于被试验的金属产品的形状与尺寸。通常从产品、压制坯或铸件上切取样坯经机械加工制成试样。但具有恒定横截面的产品（型材棒材、线材等）和铸造产品（铸铁和铸造非铁合金）可以不经机械加工而进行试验。

原始标距 L_0 与原始横截面积 S_0 有 $L_0 = k\sqrt{S_0}$ 关系者称为比例试样，国际上使用的比例系数 k 的值为 5.65。

（2）抗拉试验用钢筋试样不得进行车削加工，可以用两个或一系列等分小冲点或细划线标出原始标距（标记不应影响试样断裂），测量标距 L_0（精确至 0.1 mm），如附图 7-1 所示。

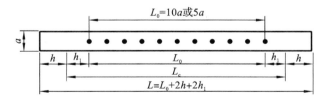

附图 7-1 钢筋拉伸试验试件

L_0—拉伸试件的标距（mm）；h、h_1—分别为夹具长度和预留长度（mm）

（3）测定试样原始横截面积。热轧带肋钢筋和热轧光圆钢筋采用公称截面积，无须测量。

（四）试验步骤

（1）在试验加载链装配完成后，试样两端被夹持之前，应设定力测量系统的零点。一旦设定了零点，在试验期间力测量系统不能再发生变化。

（2）应使用例如螺纹夹头、平推夹头、套环夹具等合适的夹具夹持试样，并尽最大努力确保夹持的试样受轴向拉力的作用，尽量减小弯曲。

（3）上屈服强度 R_{eH} 或规定延伸强度 R_p、R_t 和 R_r 的测定。当测定这些数据时，应变速率应保持恒定。如果试验机不能直接进行应变速率控制，应该采用通过平行长度估计的应变速率。

下屈服强度 R_{eL} 和屈服点延伸率 A_e 的测定。测定上屈服强度之后，在测定下屈服强度和屈服点延伸率时，应当保持符合规范要求的平行长度估计的应变速率 eL，直到不连续屈服。

抗拉强度 R_m、断后伸长率 A、最大力下的总延伸率 A_{ge}、最大力下的塑性延伸率 A_g 和断面收缩率 Z 的测定。在屈服强度或塑性延伸强度测定后，根据试样平行长度估计的应变速率，应转换成符合规定范围之一的应变速率。

（五）试验结果

（1）上屈服强度 R_{eH}：可以从力-延伸曲线图或峰值力显示器上测得，定义为力首次下降前的最大力值对应的应力，如附图 7-2 所示。

下屈服强度 R_{eL}：可以从力-延伸曲线上测得，定义为不计初始瞬时效应时屈服阶段中的最小力所对应的应力，如附图 7-2 所示。

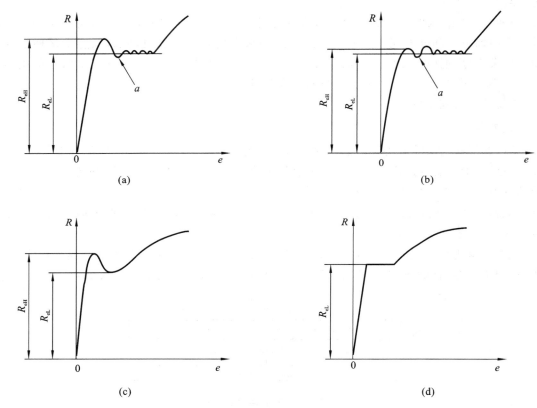

附图 7-2　不同类型曲线的上屈服强度和下屈服强度

e—延伸率；R—应力；a—初始瞬时效应

对于上、下屈服强度位置判定的基本原则如下。

①屈服前的第 1 个峰值应力（第 1 个极大值应力）判为上屈服强度，不管其后的峰值应力比它大还是比它小。

②屈服阶段中如出现两个或两个以上的谷值应力，舍去第 1 个谷值应力（第 1 个极小值应力）不计，取其余谷值应力中之最小者判为下屈服强度。如果只出现 1 个下降谷，则此谷值应力判为下

屈服强度。

③屈服阶段中出现屈服平台,则平台应力判为下屈服强度。如果出现多个而且后者高于前者的屈服平台,判第 1 个平台应力为下屈服强度。

④正确的判定结果应是下屈服强度一定低于上屈服强度。

(2)抗拉强度 R_m:对于有明显屈服(不连续屈服)现象的金属材料,从记录的力-延伸或力-位移曲线图,或从测力度盘读取过了屈服阶段之后的最大力 F_m;对于无明显屈服(连续屈服)现象的金属材料,从记录的力-延伸或力-位移曲线图,或从测力度盘读取试验过程中的最大力 F_m。抗拉强度按附式(7.1)计算:

$$R_m = \frac{F_m}{S_0}$$ 附式(7.1)

式中:R_m 为钢材的抗拉强度,精确至 1 MPa;F_m 为最大荷载(N);S_0 为试样原始横截面积(mm^2)。

(3)最大力总延伸率的测定。

在用引伸计得到的力-延伸曲线图上读取最大力总延伸 ΔL_m。最大力总延伸率 A_{gt} 按附式(7.2)计算:

$$A_{gt} = \frac{\Delta L_m}{L_e} \times 100$$ 附式(7.2)

式中:A_{gt} 为最大力总延伸率,修约至 0.5%;ΔL_m 为最大力总延伸(mm);L_e 为延伸计标距(mm)。

(4)断后伸长率的测定。

为了测定断后伸长率,应将试样断裂的部分仔细地接在一起使其轴线处于同一直线上,并采取特别措施确保试样断裂部分适当接触后测量试样断后标距。这对小横截面试样和低伸长率试样尤为重要。按附式(7.3)计算断后伸长率:

$$A = \frac{L_u - L_0}{L_0} \times 100$$ 附式(7.3)

式中:A 为断后伸长率,修约至 0.5%;L_0 为原始标距(mm);L_u 为断后标距(mm)。以断裂时的总延伸作为伸长量时,为了得到断后伸长率,应从总延伸中扣除弹性延伸部分。

(5)断面收缩率的测定。

将试样断裂部分仔细地接在一起,使其轴线处于同一直线上。断裂后最小横截面积的测定应准确到 ±2%。按照附式(7.4)计算断面收缩:

$$Z = \frac{S_0 - S_u}{S_0} \times 100$$ 附式(7.4)

式中:Z 为断面收缩率,修约至 1%;S_0 为平行长度部分的原始横截面积(mm^2);S_u 为断后最小横截面积(mm^2)。

二、冷弯试验 GB/T 232

(一)试验原理及目的

弯曲试验是使圆形、方形、矩形或多边形横截面试样在弯曲装置上经受弯曲塑性变形,不改变加力方向,直至达到规定的弯曲角度。

通过冷弯试验,可对钢筋塑性进行严格检验,也可间接测定钢筋内部的缺陷及可塑性。

(二)主要仪器设备

(1)压力机或万能试验机:配有两个支辊和一个弯曲压头的支辊式弯曲装置,或配有一个 V 形模具和一个弯曲压头的 V 形模具式弯曲装置,或虎钳式弯曲装置。

(2)不同直径的弯心(弯心直径由有关标准规定)。

(三)钢筋试样制备

(1)试样的外表面不得有划痕。

(2)试样加工时,一般情况来讲应去除剪切或火焰切割等形成的影响区域,若试验结果不受影响,也可以不去除试样受影响的部分。

(3)试样不得进行车削加工,试样长度通常取 $L_1 = 5a + 150$(mm)(a 为钢筋的公称直径,单位 mm)。

(四)试验步骤

(1)按附图 7-3(a)调整试验机各种平台上支辊距离 L_1。d 为冷弯冲头直径,$d = na$,n 为自然数,其值根据钢筋级别确定。

(2)将试样按附图 7-3(a)安放好后,缓慢地施加弯曲力,以使材料能够自由地进行塑性变形。首先对试样进行初步弯曲,然后将试样置于两平行压板之间,连续施加力压试样两端使其进一步弯曲,直至两臂平行。钢筋弯曲至规定角度(90°或 180°)后,停止冷弯,如附图 7-3(b)和附图 7-3(c)所示。

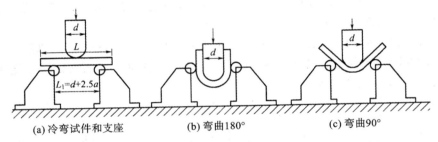

(a)冷弯试件和支座　　　　(b) 弯曲180°　　　　(c) 弯曲90°

附图 7-3　钢筋冷弯试验示意图

(3)结果评定。

在常温下,钢筋弯曲后,按有关标准的规定检查试样弯曲外表面,进行结果评定。若无裂纹、裂缝或裂断,则评定试样冷弯合格。做冷弯试验的两根试样中若有一根不合格,则要取双倍数量的试样重新做试验;若在第二次试验中仍有一根不合格,则可判定该批钢筋不合格。

参 考 文 献

[1] 湖南大学,天津大学,同济大学,东南大学.土木工程材料[M].2 版.北京:中国建筑工业出版社,2011.

[2] 刘斌,许汉明.土木工程材料[M].武汉:武汉理工大学出版社,2009.

[3] 白宪臣,朱乃龙.土木工程材料[M].北京:中国建筑工业出版社,2011.

[4] 孙家瑛,龙变珍.土木工程材料[M].西安:西北工业大学出版社,2020.

[5] 王立久,李振荣.建筑材料学[M].北京:中国水利水电出版社,1997.

[6] 林祖宏.建筑材料[M].北京:北京大学出版社,2008.

[7] 曾刚,全峰,王学兵,胡丹.基于课程思政的《土木工程材料》绪论课教学探究[J].教育教学论坛,2019(32):53-54.

[8] 何晓鸣,伦云霞.土木工程材料[M].北京:化学工业出版社,2011.

[9] 苏达根.土木工程材料[M].3 版.北京:高等教育出版社,2015.

[10] 余丽武,朱平华,张志军.土木工程材料[M].北京:中国建筑工业出版社,2017.

[11] 严捍东.土木工程材料[M].2 版.上海:同济大学出版社,2014.

[12] 陈斌.建筑材料[M].重庆:重庆大学出版社,2008.

[13] 彭红,周强.建筑材料[M].重庆:重庆大学出版社,2010.

[14] 杨帆.建筑材料[M].北京:北京理工大学出版社,2017.

[15] 张君,阎培渝,覃维祖.建筑材料[M].北京:清华大学出版社,2008.

[16] 柯国军.土木工程材料[M].北京:北京大学出版社,2012.

[17] 张志国,曾光廷.土木工程材料[M].武汉:武汉大学出版社,2013.

[18] 吴东云,吕春.土木工程材料[M].武汉:武汉理工大学出版社,2014.

[19] 付明琴,龙变珍.建筑材料[M].杭州:浙江大学出版社,2015.

[20] 赵丽萍,何文敏.土木工程材料[M].3 版.北京:人民交通出版社,2020.

[21] 田卫明,韩子英,樊红英.建筑材料[M].北京:北京航空航天大学出版社,2021.

[22] 苏卿.土木工程材料[M].4 版.武汉:武汉理工大学出版社,2020.

[23] 刘志勇.土木工程材料[M].重庆:西南交通大学出版社,2017.

[24] 郑毅.土木工程材料[M].武汉:武汉大学出版社,2014.

[25] 朋改非.土木工程材料[M].武汉:华中科技大学出版社,2008.

[26] 黄显彬.土木工程材料[M].重庆:西南交通大学出版社,2011.

[27] 李立寒.道路工程材料[M].北京:人民交通出版社,2018.

[28] 黄晓明.路基路面工程[M].北京:中国建筑工业出版社,2014.

[29] 杨医博,王绍怀,彭春元,等.土木工程材料实验[M].广州:华南理工大学出版社,2017.

[30] 肖桂元.土木工程试验[M].长沙:湖南大学出版社,2014.

[31] 杨柳涛,关蒙恩.高分子材料[M].成都:电子科技大学出版社,2016.

[32] 徐有明.木材学[M].北京:中国林业出版社,2006.

[33] 尚作庆.钢管自应力自密实混凝土柱力学性能研究[S].大连:大连理工大学,2007.

[34] 戴炜.膨胀自密实混凝土的配制及工程应用[S].长沙:湖南大学,2011.